一个字节的奇妙之旅

白话计算机系统

Yangmin◎著

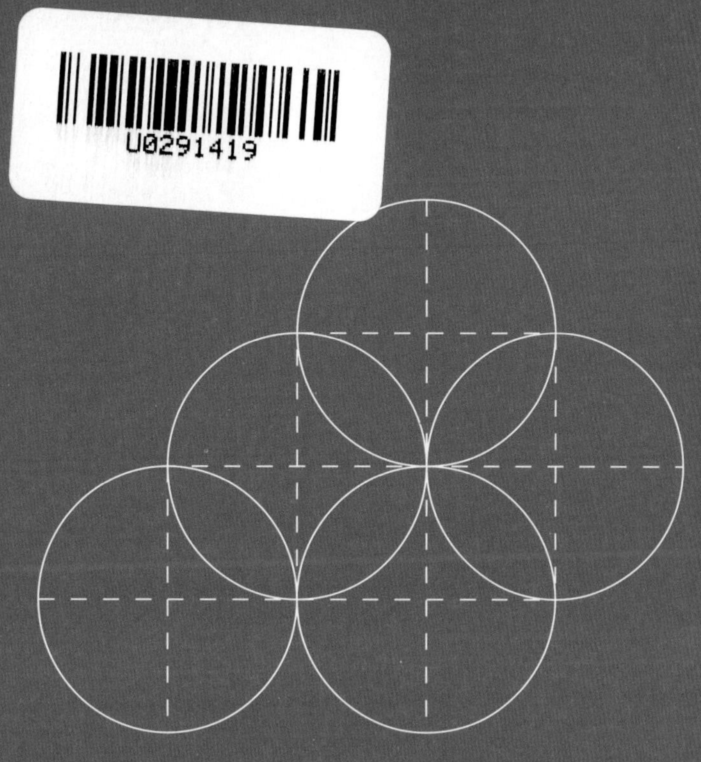

清华大学出版社
北京

内 容 简 介

编程是思想的技艺，它需要程序员先想好计算过程，然后再运用编程技巧描摹写照，实现为软件。因此，想要写出好的程序，就需要了解整个计算机系统背后的思想。本着这个想法，本书尽可能介绍一个编程初学者所需了解的知识，特别着重于这些知识背后的动机。

全书共 8 章，分为 3 部分。第 1 部分偏体系结构，主要讨论冯·诺依曼体系架构下的 CPU 计算过程。第 2 部分偏操作系统，主要介绍同时运行多道程序的抽象。第 3 部分偏数据结构与计算理论，主要介绍红黑树与 λ 表达式。

本书提供了不少代码供读者参考，代码量比较大的部分有：一个支持部分 RISC-V 指令的解释器，一个高速缓存模拟器，一个红黑树管理器，以及一个无类型的 λ 表达式解释器。感兴趣的读者请尽情改造这些代码，让它们更加健壮，可以畅快地在计算机中运行。

图书在版编目（CIP）数据

一个字节的奇妙之旅 ： 白话计算机系统 / Yangmin 著. -- 北京：清华大学出版社，2024.9. -- ISBN 978-7-302-67200-5

Ⅰ. TP303

中国国家版本馆 CIP 数据核字第 2024F9M513 号

责任编辑： 杜　杨　申美莹
封面设计： 杨玉兰
责任校对： 徐俊伟
责任印制： 杨　艳

出版发行： 清华大学出版社
网　　址： https://www.tup.com.cn, https://www.wqxuetang.com
地　　址： 北京清华大学学研大厦 A 座　　**邮　　编：** 100084
社 总 机： 010-83470000　　**邮　　购：** 010-62786544
投稿与读者服务： 010-62776969, c-service@tup.tsinghua.edu.cn
质 量 反 馈： 010-62772015, zhiliang@tup.tsinghua.edu.cn
课 件 下 载： https://www.tup.com.cn, 010-83470236
印 装 者： 三河市铭诚印务有限公司
经　　销： 全国新华书店
开　　本： 185mm×260mm　　**印　　张：** 20　　**字　　数：** 502 千字
版　　次： 2024 年 10 月第 1 版　　**印　　次：** 2024 年 10 月第 1 次印刷
定　　价： 109.00 元

产品编号：100636-01

前言

这是一个字节的奇妙之旅，也是初学编程者的入门书，它诞生在一个计算机蓬勃发展的伟大时代。计算机以惊人的生命力蔓延、侵入、扎根到每一个领域，并在智能制造、电子商务、直播视频、广告推荐这些领域做出了自己的卓越贡献。不仅如此，计算机本身的各分支也毫不削减自己的发展速度，如深度学习、分布式软件架构、网络安全、数据库的每个领域都同时在学术界与工业界吸引了最聪明的人才与最大笔的投资。在这个时代，凡人力所不能及之处，皆有计算机的身影。

在这背后支撑整个计算机世界的，就是程序员，也就是我们。从计算机学院教授到互联网公司员工，每一个从业者在他们各自职业身份之前，都是一名程序员。

很多人在涌入计算机行业，他们的第一道门槛就是编程。可惜的是，编程的学习曲线并不平缓。光面对 `Hello World` 编译报错，很多人可能就要浪费一整天时光。这本书的写作动机就是把编程讲得更简单些，让学习曲线不那么陡峭，最好再开阔一些视野，通过编程看到背后的思想，激发对计算机编程的热情。

为此，我虚设三个角色：计算机科学家、电子科学家、数学家，代表各自的领域知识，通过对话阐明计算机系统设计背后的动机。编程中的很多实践并不是拍脑袋决定的，其实需要计算机系统知识的支撑。想要知其所以然，常常需要从数学、电子科学的角度去理解。颜师古注《汉书》云："穷波讨源"，就是设置三个角色的宗旨大纲。

编程是一门非常独特的技艺，它像是一个纯粹的形式逻辑游戏。数学系学生做数理逻辑证明题，哲学系学生做分析哲学论述，程序员则是把一些字符串变成另一些字符串。但如果这样看待计算机，其实写不出优秀的程序。这是计算机科学本身特点所决定的，程序员必须深入思考这门游戏的载体，计算机本身。不要"在数学中"编程，而是"在计算机体系结构中"编程。程序员需要先在脑海中构想软件架构、设计模式、数据结构、储存系统，通过多个层次的抽象控制复杂度，再运用编程技巧落实到软件中，使得计算过程变为一个个字节，运行在计算机中。

为了说明这些计算机科学中的伟大思想，我会与读者一道编程。本书所有程序都可以在 Linux 中编译运行，读者可以选择一个简单易用的 Linux 发行版本（我的选择是 Ubuntu），搭建自己喜欢的编程环境。不过，关于本书代码需要说明两点：首先是代码的排版，毕竟出版物被印刷在纸上，所以不得不在螺蛳壳里做道场，代码排版只得辗转腾挪。还有就是代码逻辑，所有代码只运行 Happy Path。这是因为书中代码都只作示例，不宜用于任何生产环境。

希望本书对读者学习计算机有所增益。但书中错谬在所难免，读者发现错误还请不要嘲笑，如不吝告知，则将不胜感激。

编　者

2024 年 8 月

目录

第 1 部分　冯·诺依曼机器的雏形

第 2 部分 系统与应用的对话

第 3 部分 精彩纷呈的程序

第 1 部分

冯·诺依曼机器的雏形

第 1 章 电容器中的数据

在第 1 章中，我们主要介绍怎样在电子计算机中表示整数与字符串。这涉及整数与字符串怎样在储存器（内存）中保存，怎样定位，又怎样进行加减法运算。这些知识点是现代计算机系统的基石，也与后续章节关系密切。

现在，就让我们从数据开始，踏上一个字节的奇妙之旅吧。

1.1 电容器与晶体管

我们的故事从计算机科学家和电子科学家的对话开始。

计算机科学家说："工程师们在草稿纸上做了很多重复的数学计算，比如几何演绎、求解方程、微分积分，这些计算彼此不同，但计算的过程似乎有某种共通之处。我们有没有办法提取共同的要素，实现一种通用的'计算机'，从而避免重复劳动呢？"

电子科学家回答道："那你说说有什么共通之处，我看看能不能实现它们。举一个简单的例子吧，具体讲讲你刚才说的，工程师在草稿纸上求解方程。"

于是计算机科学家开始向电子科学家展示怎么在草稿纸上求解一元二次方程，如图 1.1 所示。

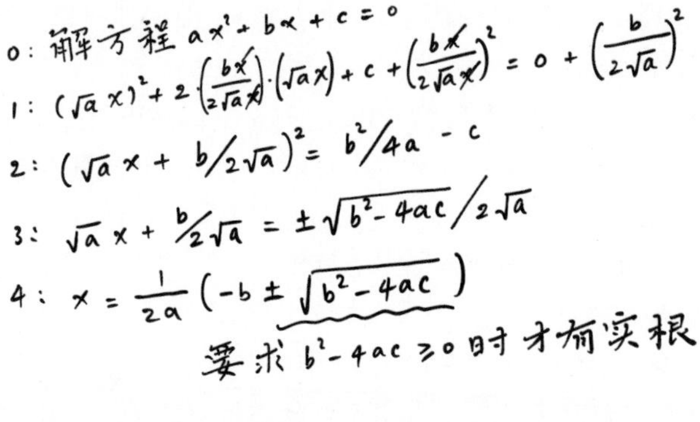

0: 解方程 $ax^2+bx+c=0$

1: $(\sqrt{a}x)^2+2\left(\frac{bx}{2\sqrt{a}x}\right)\cdot(\sqrt{a}x)+c+\left(\frac{bx}{2\sqrt{a}x}\right)^2=0+\left(\frac{b}{2\sqrt{a}}\right)^2$

2: $(\sqrt{a}x+b/2\sqrt{a})^2=b^2/4a-c$

3: $\sqrt{a}x+b/2\sqrt{a}=\pm\sqrt{b^2-4ac}/2\sqrt{a}$

4: $x=\frac{1}{2a}(-b\pm\sqrt{b^2-4ac})$

要求 $b^2-4ac\geq 0$ 时才有实根

图 1.1 在草稿纸上求解一元二次方程

计算机科学家说："我观察在草稿纸上解方程的过程，只不过需要一张'草稿纸'，还需要'笔'，然后在'草稿纸'的不同'位置'上写下一些'符号'。这些符号根据我们'大脑'中的代数规则，从 $ax^2+bx+c=0$ 变成了 $x=\dfrac{-b\pm\sqrt{b^2-4ac}}{2a}$。我希望'计算机'也能像工程师在草稿纸上解方程一样工作，甚至它也可以计算微积分，计算矩阵，计算几何关系。"

计算机科学家继续说："这是一个很宏大的目标，就像搭建一座大厦一样，我们先从一些简单的地方开始吧。在'草稿纸上求解方程'中，数学家最关心的问题是怎么解方程。但是，对于我而言，最基础的并不是解方程、代数运算这些玩意儿，我最关心的是'草稿纸'。为了制造一台计算机，我得先给它提供'草稿纸'才行。"

电子科学家问："你说'计算机'需要'草稿纸'，具体是指什么呢?"

计算机科学家："我需要的其实是一个**储存设备**，就像草稿纸中'纸纤维'储存'墨水'一样，储存设备需要能够储存数据。"

电子科学家："啊，那我懂了，你需要的是**电容器**和**晶体管**。"

在计算机中，"草稿纸"就是**储存器**（Memory），一般我们称它为"**内存**"或"**主存**"（主储存器，Main Memory）。而"大脑"则是 CPU，但本章我们暂时只讨论内存。CPU 则会在第 2 章中再介绍。物理学家与电子科学家为内存设计了巨量、微小的**电容器**（Capacitor），用来储存**电荷**（Electric Charge）。

莱顿瓶

荷兰物理学家 P. V. Musschenbroek(1696 − 1761 年) 在莱顿市（Leyden）发明了第一个电容器，我们现在称它为"莱顿瓶"（Leyden Jar）。不论是在物理学史，还是在人类科技史中，这项发明都举足轻重。莱顿瓶起初是为了储存静电而诞生的，当时谁也不会想到，数百年后由它衍生出来的电容器会被用来储存数据。

科学家与工程师们想尽一切办法，把无数电容器塞进了内存芯片。这些电容器彼此独立，但始终处于两种状态:

（1）电容器中有电荷，可以对外**放电**（Discharge），形成放电电流。电荷全部释放后，电容器中便不再有电荷了;

（2）电容器中没有电荷，无法对外放电。但是，外部电路可以对电容器**充电**（Charge）。充电以后，电容器便再次有电荷。

而控制电容器状态改变的，则是**晶体管**（Transistor）。晶体管就像一个开关，一个阀门。当它"打开"时，电流会按照电压的高低流动，电容器可能从"有电荷状态"转移到"无电荷状态"，也可能反过来从"无电荷状态"转移到"有电荷状态"。当晶体管"关闭"时，电容器的状态便维持不变。如图 1.2 所示，按照电容器是否有电荷、晶体管是否打开、外部电路电压的高低，我们一共可以得到 8 种情况。

在计算机科学家眼中，这就形成了一个典型的**状态机**（State Machine）：一个电容器永远处于两种状态（有电荷状态与无电荷状态），并且两种状态可以通过"充电""放电"相互转换，如图 1.3 所示。

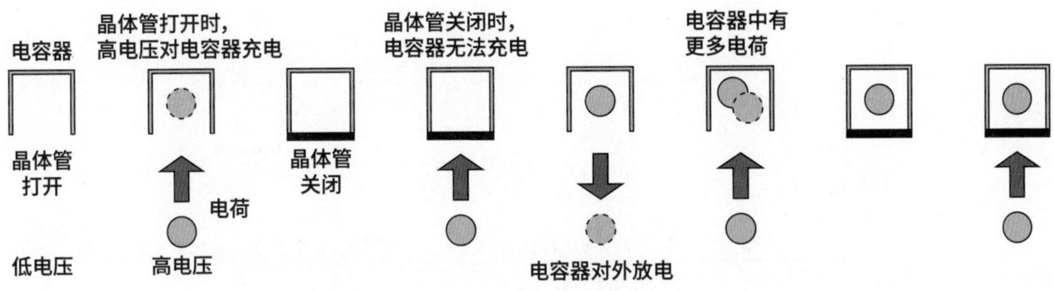

图 1.2　晶体管是电容器的“大门”

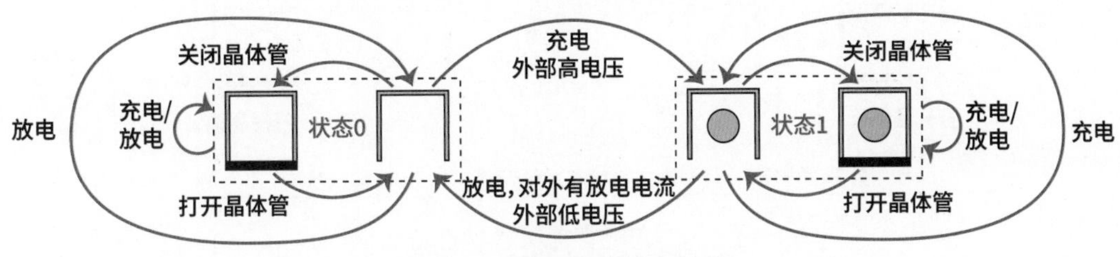

图 1.3　电容器的状态转移

于是，计算机科学家便把“有电荷状态”称为“1”，把“无电荷状态”称为“0”。这就是计算机中的“草稿纸”，而每一个电容器的状态（0 或 1）则被称为**比特**（bit）。bit 在英文中的原义是很小的事物，在这里它指的是两个小小的状态——0 和 1。

1.1.1　读取与写入

有了电容器与晶体管，电子科学家自豪地对计算机科学家说：“太好了，计算机科学家。现在，只要我关闭晶体管的‘大门’，电容器就会维持它的状态不变。而我打开晶体管的‘大门’，电容器的状态就可能变化。怎么样，这是不是足够你制作一台计算机了？”

计算机科学家想了想，不自信地对电子科学家说：“可能……可能还不够吧？我们学计算机的不是很懂物理，我心里想的还是草稿纸。例如，我在草稿纸上求解方程，我会在草稿纸上**写入**一些公式，我也会用眼睛从草稿纸上**读取**之前写过的一些记号，这样才能完成计算。电容器和晶体管能做到吗？”

电子科学家自信地说：“这很简单，只是你不懂怎么利用电容器和晶体管而已。既然你已经在图 1.3 中标记了充电、放电，那我就用图 1.4 来告诉你，怎么向电容器中写入‘状态 0’‘状态 1’，又怎么从其中读取电容器的状态。”

我们先来看看怎么向一个电容器写入状态。分为两种情况：向电容器写入状态 0 和向电容器写入状态 1。如图 1.4 所示，要写入状态 0，只需要在外部施加低电压，打开晶体管，电容器中的电荷便会归零，同时对外产生放电电流，转换为状态 0。相反，如果要写入状态 1，只需要施加高电压，打开晶体管，电容器便会充电，转换为状态 1。

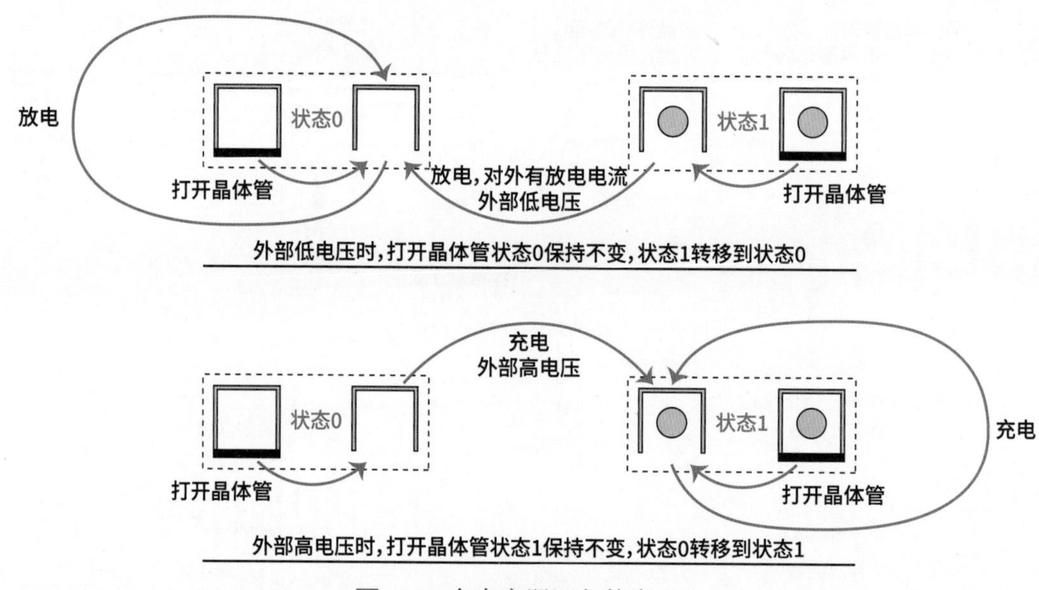

图 1.4　向电容器写入状态 0/1

读取的情况要稍微复杂一些，因为读取依赖于放电电流，会破坏电容器中的电荷。读取也分为两种情况：读取状态 0 和读取状态 1。如图 1.5 所示，读取依赖于低电压。如果电容器原先没有电荷，为状态 0，那么低电压下打开晶体管时，也不会有放电电流。外部电路检测不到放电电流，便感知到电容器原先处于状态 0。与之相反，如果电容器原先处于状态 1，那么外部电路会检测到放电电流。

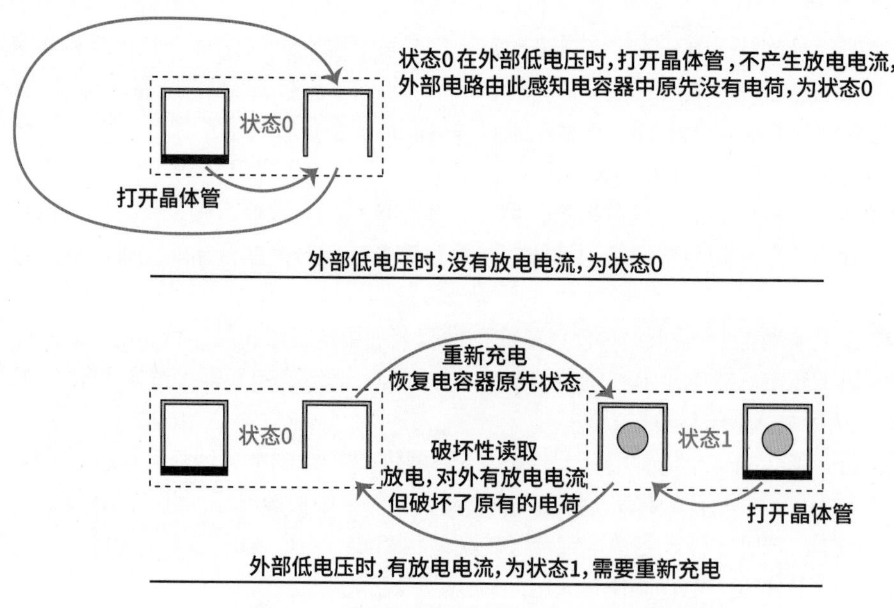

图 1.5　读取电容器中的 0/1，破坏性读取

问题是状态 1 经过放电后，会转换为状态 0，电容器中不再有电荷。这样一来，读取状态 1

便破坏了电容器中原有的电荷。因此，外部电路发现读取到状态 1 后，需要重新对电容器充电，使得它恢复为状态 1。这种情况被称为**破坏性读取**（Destructive Read）。

计算机科学家被电子科学家说服了："好吧，好吧，你说得很有道理。但是电荷、电流、电容器、晶体管这些东西对我来说太复杂了。而且我总是在担心，万一有一个平行世界，那里没有电子、电容器这些玩意儿，那我要怎么造出一台计算机呢？所以，我要对这些现实世界的东西进行**抽象**。不论是草稿纸和钢笔，还是电容器和晶体管，抑或平行世界里的其他什么东西，总之，只要这个东西能做到以下事情，就可以用作计算机的储存器。"

计算机科学家随即列出了几点：

（1）每一个单元可以稳定地储存 0 与 1 的状态。

（2）可以查找到储存单元的位置。

（3）可以读取储存单元中的状态。

（4）可以向储存单元写入状态。

计算机科学家说："只要这个东西能够储存、查找、读取、写入，我就能用它制作一台计算机，求解二次方程。它是造纸厂做出来的也好，晶圆厂做出来的也好，平行世界的外星人做出来的也好，我统统不关心。"

这就是**抽象**（Abstract）。抽象是计算机科学中最重要的思维方式，弥漫在计算机科学的每一个角落，我们也会在这本书中不断加深对抽象的理解。

1.1.2 查找数据

计算机科学家转念一想，对电子科学家说："不对不对，按照我对储存器的抽象，晶体管和电容器还差一个条件。现在没办法根据一个'地址'定位到数据。就像草稿纸一样，在图 1.1 中，我说'第 2 行的公式'，就可以找到 $\left(\sqrt{a}x + \frac{b}{2\sqrt{a}}\right)^2 = \frac{b^2}{2a} - c$。那如果我需要向内存上的'第 365 个电容器'写入'状态 1'，你要怎么把 365 对应到一个电容器呢？"

电子科学家嘿嘿一笑，说："那是因为你不懂电容器和晶体管是怎么摆放的。告诉你吧，怎么摆放电容器可是有讲究的。"

如图 1.6 所示，在计算机中，我们把每 8 比特（电容器）称为 1 **字节**（Byte），每一个比特可能是状态 0 或状态 1。那么，根据排列组合的乘法原理，这 8 比特一起就有 $\underbrace{2 \times 2 \times \cdots \times 2}_{8} = 2^8 = 256$ 种排列。在计算机中，我们以字节为单位查找数据（电容器中的状态），每一字节都有自己的**地址**（Address），而不给比特编写地址，因此，字节也被称为最小的**可寻址单元**（Addressable Unit）。

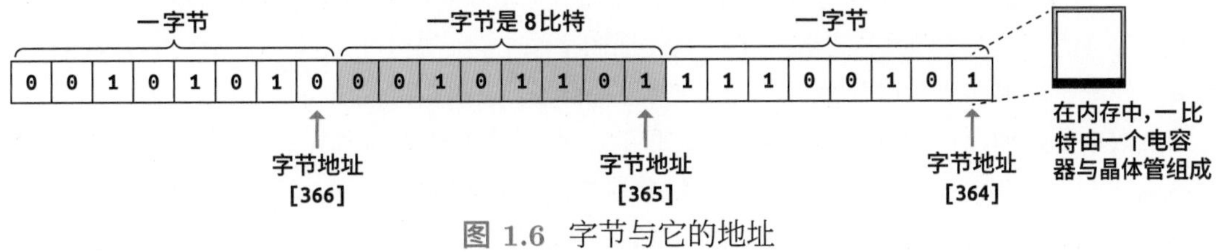

图 1.6　字节与它的地址

数据的单位换算

在这里，我们简单做一点单位换算。1 字节是 8 比特，字节的单位是 B（Byte 的首字母）。$2^{10} = 1024$B，大约是一千字节，被称为一个 KB（Kilobyte），这个数量级的数据大概是一些简短的文本文件。接下来，1024KB 大约有一百万字节，被称为一个 MB（Megabyte），这个数量级的数据大概是相机拍摄的图片。1024MB 被称为一个 GB（Gigabyte），这个数量级的数据大概是一部 2 小时左右的高清电影。

这样一来，我们就可以把整个内存看作一个字节的序列，一个巨大的字节数组，其中每一字节都有自己的地址，如图 1.7 所示。

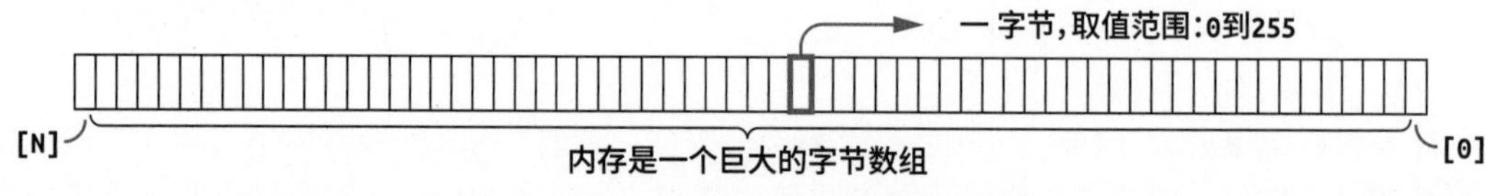

图 1.7 字节与它的地址

那么，电子科学家要怎么根据一个地址（数字，如 365）找到一字节（8 组晶体管与电容器）呢？电子科学家制作了**动态随机存取储存器**（Dynamic Random Access Memory）的芯片，简称 DRAM 芯片，用来作为内存的储存介质。许多 DRAM 芯片堆叠到一起，就构成了一个**储存器模块**（Memory Module），由此构成了计算机的内存。计算机主板上插着的内存条里就是这些堆叠的 DRAM 芯片。

其中，一组晶体管与电容器被称为一个DRAM **单元**（DRAM Unit）。能够根据地址找到数据的奥秘就在于怎样摆放 DRAM 单元。

在内存中，DRAM 单元就像集装箱一样搭在一起。如图 1.8 所示，DRAM 单元按照 4×4 为一层，叠加了 8 层，于是一共有 $4 \times 4 \times 8$ 个 DRAM 单元。

在图 1.8 中，每一个 DRAM 单元会和两条线相连，一条是**字线**（Word Line），用来控制晶体管打开与关闭；另一条是**位线**（Bit Line），用来感知电容器的放电电流，从而传输数据。8 层 4×4 的 DRAM 单元共享同一组字线与位线，也就是说，字线选一行，实际上选的是 $1 \times 4 \times 8$ 的数据。

这样一来，就可以在内存中查找地址了，以读取第 365 个字节的数据为例。

首先，**内存控制器**（Memory Controller）将地址 365 分解为行坐标和列坐标，假如是 [1] 行、[2] 列。接着，内存控制器会把坐标转换为“DRAM 单元行的晶体管开关信号”。例如，图中一共有 4 行 DRAM 单元，要选择 [1] 行，那么字线上就施加不同的电压：[0]、[2]、[3] 行为低电压，关闭晶体管；[1] 行为高电压，打开晶体管，用来读取数据。

读取数据是通过在位线上施加低电压实现的。[1] 行的 DRAM 单元晶体管打开，位线上又有低电压，因此如果 DRAM 单元里有电荷，便会产生微弱的放电电流。**行缓冲器**（Row Buffer）会感知到放电电流，并且作为**放大器**（Amplifier）放大电流，将电荷储存在行缓冲器中。当然，这是**破坏性读取**（Destructive Read），对于有放电电流的位线，需要重新加上电压，将 1 写回相应的电容器。

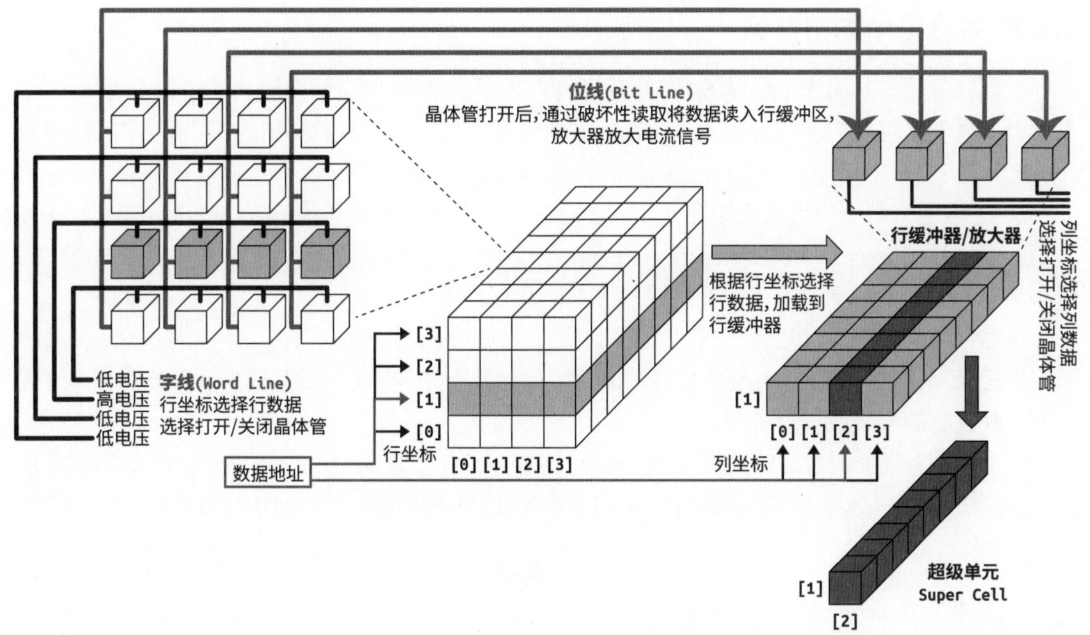

图 1.8 DRAM 单元的堆叠

至此，行的读取完成，数据储存在行缓冲器中。接下来，阵列收到关于 [2] 列的信息。按照同样的方式，列选择器会将“[2] 列”转换成相应的电压，选择行缓冲器中的 [2] 列。读取的结果是 8 个比特组成的一个电容器阵列，被称为一个**超级单元**（Supercell）。

电子科学家眼中的内存是如此的复杂，但对于计算机科学家而言，脑海中只有一句话：内存是一个巨大的字节数组。有了这一抽象，计算机科学家便可以抛弃复杂的电路细节，只需要按照图 1.7来理解内存就足够了。

1.2 整数类型

这时，走过来一位数学家，加入计算机科学家与电子科学家的讨论。

计算机科学家对电子科学家说：“感谢你，电子科学家，你为我们设计出了内存。接下来，就像我们在草稿纸上写写画画一样，我们需要在内存的这些电容器中写写画画。我们可以在草稿纸上写出‘$1+1=2$’，那么也需要在内存上实现‘$1+1=2$’。”

数学家一听，立刻说：“你们想用内存中的电容器表示数据，进行‘$1+1=2$’的运算，这很有趣。但是，有一个最基础的问题还没有解决，你要怎样用比特串表示数字呢？更一般地，用比特串表示正整数、负整数，并且能够进行整数的加法运算、减法运算。这并不是一个简单的问题。”

计算机科学家诚恳地说：“确实，我数学也不太好，希望你能帮忙想想办法。如果我们有比较好的数学规律，或许电子科学家就可以帮我们用电路实现了。”

数学家说：“那我们需要先来讨论一下‘数字’的本质，然后才能想办法在比特串中表示它们。”

1.2.1 集合论中的自然数

尽管我们从幼儿园和小学就开始学习“数字”和“加法”，但这两个概念其实并不容易说明。在这里，数学家想要向我们说明的是：我们需要分离“数”的“本质”和数的“形式”。我们说 365 这个数字，说的其实是它的十进制形式，而非它的本质。

这里，数学家试图采用**集合论**（Set Theory）中的ZFC **选择公理**（Zermelo–Fraenkel set theory with axiom of Choice）和**皮亚诺公理**（Peano Axioms）来定义自然数。当然，数学家知道计算机科学家不怎么懂数学，所以也只是浮光掠影地介绍一下。

自然数有一个起点，在十进制、二进制、十六进制中我们都把它写为 0。在集合论里，数学家则用**空集**（Empty Set）$\varnothing$ 表示自然数的起点。这是一个非常恰当的起点，可以证明 $\varnothing$ 是唯一的，并且它的语义也和 0 相同。

有了起点，就需要有它的**后继**（Successor）。例如，在十进制中，0 的后继是 1，1 的后继是 2，2 的后继是 3，等等。在二进制中，0 的后继是 1，1 的后继是 10，10 的后继是 11，等等。

$$0 \to 1 \to 2 \to 3 \to 4 \to \cdots$$

$$0 \to 1 \to 10 \to 11 \to 100 \to \cdots$$

X 进制形式的后继依赖于“数字”，我们需要生造出 1、2、3、4 来表示后继的结果。但集合论形式完全避免了这种尴尬。在集合论中，任意一个集合 S 的后继可以通过它自身定义：$\boldsymbol{S^+ = S \cup \{S\}}$，即集合 S 的后继为 S 自身与只含 S 的集合的**并集**（Union）。因此，$\varnothing$ 的后继是 $\{\varnothing\}$，一个只含空集的集合。$\{\varnothing\}$ 的后继是 $\{\varnothing, \{\varnothing\}\}$，$\{\varnothing, \{\varnothing\}\}$ 的后继是 $\{\varnothing, \{\varnothing\}, \{\varnothing, \{\varnothing\}\}\}$，等等。

$$\underbrace{\varnothing}_{0} \to \underbrace{\{\varnothing\}}_{1} \to \underbrace{\{\varnothing, \{\varnothing\}\}}_{2} \to \underbrace{\{\varnothing, \{\varnothing\}, \{\varnothing, \{\varnothing\}\}\}}_{3} \to \underbrace{\{\varnothing, \{\varnothing\}, \{\varnothing, \{\varnothing\}\}, \{\varnothing, \{\varnothing\}, \{\varnothing, \{\varnothing\}\}\}\}}_{4} \to \cdots$$

这是一个极其简洁优雅的定义，它构造了集合对自身的运算，$S^+ = S \cup \{S\}$，就像一个自己行走的机器人一样，从起点 $\varnothing$ 出发，一步一步地递推下去。这个定义与计算机也有非常深刻的联系，计算理论的两大支柱：图灵机与 λ 演算，都建立在这样的算数公理的基础之上。

1.2.2 二进制、十进制、十六进制

计算机科学家听了数学家的长篇大论，一头雾水：“等等，我们不是在讨论怎么在内存上表示数字吗？为什么会牵扯到皮亚诺算术这么抽象的概念？”

数学家满怀自信，丝毫不觉得自己把话题扯远了：“那是因为讨论形式之前，我们需要先了解本质。通过集合的后继运算 $S^+ = S \cup \{S\}$，我们已经构造了整个自然数集 $\mathbb{N}$。接下来，我们才能理解二进制、十进制、十六进制都只是集合的形式。”

电子科学家到底是三个人中物理最好的，他小声地说：“我倒是觉得，你说的集合论什么的，才是数的形式。数的本质其实就是一个东西、两个东西、三个东西。”

数学家刚想反驳，但计算机科学家赶忙拦住：“好了好了，我们还是回到内存上吧。就假定我们在最底层用集合论作为自然数，那么要怎么通过电容器来表示它们呢？”

说到底，**二进制数**（Binary Number）、**十进制数**（Decimal Number）、**十六进制数**（Hexadecimal Number）都只是自然数的别名。对于自然数 $\{\varnothing,\{\varnothing\},\{\varnothing,\{\varnothing\}\},\{\varnothing,\{\varnothing\},\{\varnothing,\{\varnothing\}\}\}\}$，在二进制里我们为它起名为 100，十进制中起名为 4，十六进制中也起名为 4。

为了避免混淆，我们给二进制数加一个**前缀**（Prefix），`0b`：`0b0`，`0b1`，`0b10`，`0b111`。给十六进制数加另一个前缀，`0x`：`0x1`，`0x2`，`0x3`，`0x4`。十进制不加任何前缀。见表1.1。

表 1.1　二进制、十进制与自然数

二进制	十进制	自然数
0b0	0	$\varnothing$
0b1	1	$\{\varnothing\}$
0b10	2	$\{\varnothing,\{\varnothing\}\}$
0b11	3	$\{\varnothing,\{\varnothing\},\{\varnothing,\{\varnothing\}\}\}$

表1.1 中枚举了一些二进制和十进制别名与自然数的关系。我们可以用两个**向量**（Vector）的**内积**（Inner Product，读者应当从高中数学课或物理课中了解过什么是内积）来定义 N 进制的别名。在 N 进制下，一个数字 $x_{m-1}\cdots x_2x_1x_0$，它所对应的自然数是：

$$\sum_{i=0}^{m-1} x_i \times N^i$$

其中，x_i 是一个 N 进制的数字字符：$0 \leqslant x_i \leqslant N-1$。也就是说，$N$ 进制的数字 $x_{m-1}\cdots x_2x_1x_0$ 其实代表了一个向量，$[x_{m-1},\cdots,x_2,x_1,x_0]$，它所代表的集合论自然数是：

$$[x_{m-1},\cdots,x_2,x_1,x_0]\cdot[N^{m-1},\cdots,N^2,N^1,N^0]$$

例如，十进制数 `365` 代表向量 `[3, 6, 5]`，它的内积为 `[3, 6, 5]`·`[100, 10, 1]`。它对应的自然数是 $\varnothing$ 的 365 次后继。二进制形式下，`0b1101` 代表向量 `[1,1,0,1]`，内积为：`[1,1,0,1]`·`[8,4,2,1]`，对应的自然数是 $\varnothing$ 的 13 次后继。

这样一来，就可以把内存上的一个比特串当作一个二进制数，从而得到它对应的自然数，如图 1.9 所示。

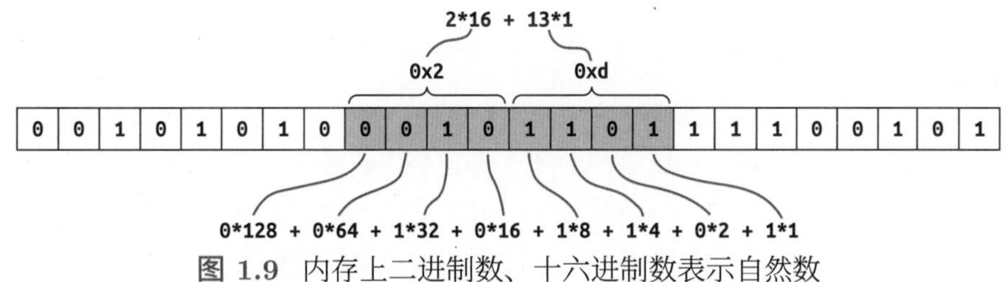

图 1.9　内存上二进制数、十六进制数表示自然数

十六进制数用到的符号更多一些：`0x0`、`0x1`、`0x2`、`0x3`、`0x4`、`0x5`、`0x6`、`0x7`、`0x8`、`0x9`、`0xA`、`0xB`、`0xC`、`0xD`、`0xE`、`0xF`，对 `0xF` 定义其**后继**的自然数记号为 `0x10`。扩充一下表 1.1，我们有包含十六进制数的表 1.2。

二进制、十进制、十六进制这些记法彼此等价，但我们特别关注二进制，因为它对应了 DRAM

芯片上的一组组电容器与晶体管和一个个比特。同时，我们关注十六进制，因为内存上的 1 字节是 8 比特，刚好可以用两个十六进制数去记录 1 字节。

表 1.2 二进制、十进制与十六进制

二进制	十进制	十六进制	二进制	十进制	十六进制
0b0000	0	0x0	0b1000	8	0x8
0b0001	1	0x1	0b1001	9	0x9
0b0010	2	0x2	0b1010	10	0xA
0b0011	3	0x3	0b1011	11	0xB
0b0100	4	0x4	0b1100	12	0xC
0b0101	5	0x5	0b1101	13	0xD
0b0110	6	0x6	0b1110	14	0xE
0b0111	7	0x7	0b1111	15	0xF

1.2.3 无符号整数类型

电子科学家打断了数学家对于二进制、十进制、十六进制的介绍。他说："这些都是很浅显易懂的东西，说白了，二进制就是'逢二进一'，十进制就是'逢十进一'，十六进制就是'逢十六进一'，因为数字不够了，所以要进到更高位，才能表示更大的数。"

数学家："你说的是小学生的看法，但说得也不错，小学老师确实是这么教的。"

电子科学家："但关键问题是自然数是无限的。而现实世界就像图 1.9 一样，内存是有限的，我们也不可能把所有内存都拿去存一个数字。"

计算机科学家说："不错，如果我们设计一个编程语言，如 `C` 语言，我们可以在内存上申请一块地方用来储存自然数。但这个自然数不可能是任意大的，它必须能通过有限个比特来表示。比如说代码1.1，你们先不管这个程序在做什么，只看第一句话：`uint32_t u32 = 0xffffffff`，它向 32 位比特中写入 1。这样，在比特有限的情况下，自然数的加法、减法、乘法的性质还会保持吗？"

代码 1.1 `/data/Basic.c`

```c
#include <stdint.h>
int main()
{
    uint32_t u32  = 0xffffffff;
    return 0;
}
```

数学家："运算性质可以等一等，比起这个，你还是先解释一下这一行代码是什么意思吧。"

如图 1.10 所示，在代码 1.1 的第一句话中，`uint32_t` 代表的是数据的**类型**（Type）。对于内存而言，它并不知道自己储存的是自然数，是小数，还是图片或视频。内存只负责保存 0 和 1。但是，程序员在编程时必须对自己的内存负责，程序员需要解释这一段内存到底是自然数，还是小数，抑或图片。

数据类型 `uint32_t` 是在头文件 `stdint.h` 中定义的，它说明从 `u32` 开始，数 4 字节，这 32 比特都当作一个**无符号整数**（Unsigned Integer）来看。`u32` 是这一片内存的名字，在图 1.10 中，它的具体位置是内存地址 `[364]`。

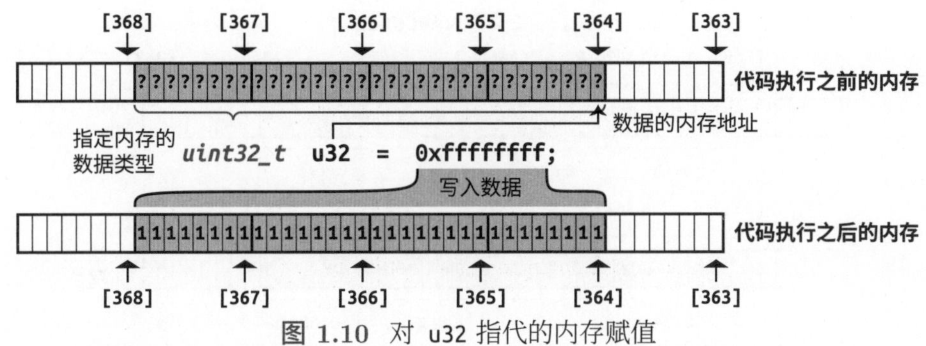

图 1.10　对 u32 指代的内存赋值

无符号整数就是直接按照自然数来计算的。例如，32 位无符号整数，根据它的比特串 $b_{31}b_{30}\cdots b_1b_0$，数值就是 $\sum_{i=0}^{31} b_i \cdot 2^i$。也有 64 位无符号整数类型，uint64_t，$b_{63}b_{62}\cdots b_1b_0$，它的数值是 $\sum_{i=0}^{63} b_i \cdot 2^i$。这里，u32 的十进制数值是 4294967295，也就是 $2^{32}-1$。

1.2.4 字节的顺序：大端、小端

我们来看一个更复杂的例子，在 uint32_t 上保存 0xABCD1234。这里的复杂之处在于，不同的机器会按照不同的顺序保存 4 字节。为了方便理解，我们先看一下表 1.3 中 0xABCD1234 对应的二进制数：

表 1.3　**0xABCD1234** 对应的二进制数

0xA	0xB	0xC	0xD	0x1	0x2	0x3	0x4
1010	1011	1100	1101	0001	0010	0011	0100

以字节为单位，一共有 4 字节见表 1.4。

表 1.4　**0xABCD1234** 对应的 4 字节

0xAB	0xCD	0x12	0x34
10101011	11001101	00010010	00110100

问题是，0xAB、0xCD、0x12、0x34 这 4 字节，要按照什么顺序放在 [365]、[365]、[366]、[367] 这 4 个地址中？有两种布局，分别称为**大端**（Big Endian）和**小端**（Little Endian），如图 1.11 所示。

小端储存的方式如图 1.11（a）所示，它将 0xABCD1234 中最低位的字节 0x34 储存在最小的地址 a，将最高位的字节 0xAB 储存在最大的地址 a+3。在这一顺序下，内存从高到低，32 比特依次为 10101011、11001101、00010010 和 00110100，这就是二进制计数法从左到右的比特顺序。

图 1.11（b）中列出了大端储存的顺序，它与小端的顺序相反。大端机器将最低位的字节 0x34 储存在最大的地址 a+3，将最高位的字节 0xAB 储存在最小的地址 a。

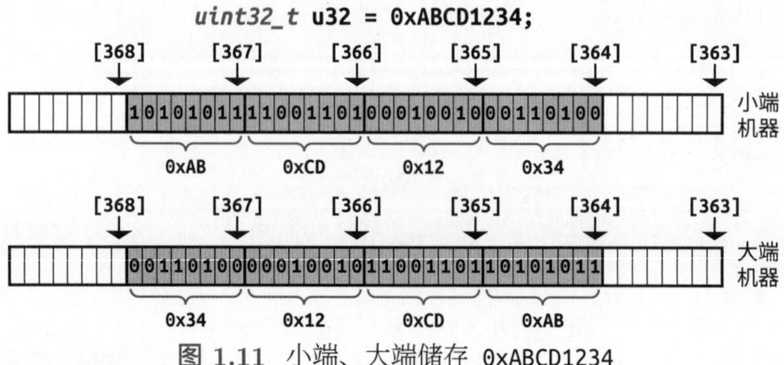

图 1.11　小端、大端储存 0xABCD1234

《格列佛游记》

"大端"与"小端"是《格列佛游记》(*Gulliver's Travels*)中的典故，作者乔纳森·斯威夫特(Jonathan Swift)安排主角格列佛船长游经小人国，两个小人国为怎样打破鸡蛋而发动战争：一个国家从鸡蛋较大的一端打破，称为大端派；另一个国家从鸡蛋较小的一端打破，称为小端派。从哪一头打破鸡蛋并没有优劣之分，计算机的大端布局与小端布局也没有高低之分，只是小端布局更符合一般人的阅读习惯。

常见的家用计算机通常采用小端布局。但在涉及计算机网络的数据时，会采用大端布局。一个典型的例子是网络协议中的 `IPv4` 地址，一个 `IPv4` 地址是一个 32 位的无符号数，因此可以用一个 `uint32_t` 来储存。它将 4 个字节用"."号隔开，例如 `127.0.0.1`，对应的 4 字节是 `0x7F`、`0x00`、`0x00`、`0x01`。这 4 字节会以大端的方式储存，也就是说，内存地址从低到高储存的字节为：`0x7F`、`0x00`、`0x00`、`0x01`。此外，一些特殊的机器也会使用大端布局，不过并不常见。

1.2.5　环形结构

数学家："我明白你的代码了。说到底，因为物理限制，你只能使用 32 比特或 64 比特来做计算。但在我看来，32 比特和 3 比特并没什么不同。计算机科学家和电子科学家总是偏爱 2 的幂次，真是奇怪的癖好。你想要知道有限比特能不能保持自然数加法、减法的性质，那我觉得，研究一个大的问题，可以从更小规模的问题入手，这叫作'由小见大'。先看一下 3 比特的运算性质，再推广到任意有限比特的运算，然后再问问电子科学家有没有办法实现。"

既然只有 3 比特，那么就需要修改后继的定义。从 `0b000` 开始，一直进行后继运算，直到 `0b111`。对 `0b111` 后继应该得到 `0b1000`，但我们只有 3 比特，因此需要选择一个已经出现过的比特串，作为 `0b111` 的后继。

`0b000` 是最好的选择，它使得比特串的后继运算"闭合"，如图 1.12 所示。从储存器的角度看，如果我们舍弃 `0b1000` 的最高比特，那我们也就自然地得到了 `0b000`。

如图 1.12 所示，我们来分析加法。计算加法 `0b011 + 0b110`，如果没有 3 比特限制，我们应该得到 `0b1001`。在修改了 `0b111` 的后继为 `0b000` 后，对 `0b011` 进行 6 次后继操作，即 `0b011`

`+ 0b110`，得到的是 `0b001`，刚好是 `0b1001` 舍弃最高位 `1` 的结果。

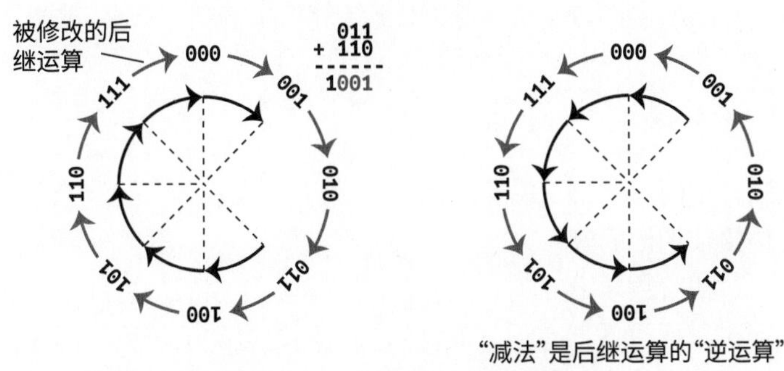

图 1.12　3 比特的后继环形图

而减法是加法的逆运算，图 1.12 (a) 中加法是一次顺时针旋转的后继运算，那么图 1.12 (b) 中减法就是一次逆时针旋转的“前序运算”。我们计算 `0b001 - 0b110`，也就是 `1 - 6`。如果负数有定义，应该得到 `-5`。在图 1.12 的环结构中，6 次前序操作得到的是 `0b011`。

实际上，这就是小学算术里的**带余除法**（Division with Remainder）：$x = q \times d + r$，其中，x 是**被除数**（Dividend），d 是**除数**（Divisor），q 是**商**（Quotient），r 是**余数**（Remainder），$0 \leqslant r < d$。如上一个例子中的 $3+6=9=8\times1+1$，其中 `0b011 + 0b110` 得到了 `0b1001`，也就是被除数 9。对 9 求 8（`0b011`）的余数，得到余 1。

对于 $x = q \times d + r$，根据 x 和 q 求余数 r 的运算，被称为**模运算**（Modular Operator）。我们用一个新的符号“`%`”来表示它。也就是说，`9 % 8 = 1`。对于商，我们用符号“`/`”表示，有 `9 / 8 = 1`，它会对分数 $\dfrac{9}{8} = 1.125$ 向下取整，$\lfloor 1.125 \rfloor = 1$。

这里的运算符“`%`”和“`/`”的含义，与它们在 C 语言中的含义一致。

3 比特的加法，实际上是对 2^3 进行模运算。因此我们在图 1.12 中看到，加法、减法沿着环进行后继、前序操作，得到的结果与直接舍弃最高位是一样的。

数学家说：“朋友们，看到没有，图 1.12 中的环形结构其实是一个**代数结构**（Algebra），是一个**有限阿贝尔群**（Finite Abelian Group）。对于这种有限阿贝尔群，我们可以直接枚举出加法运算 $x + y = a$，见表 1.5。”

表 1.5　模运算 3 位加法的结果：无符号数加法

a \ x, y	0	1	2	3	4	5	6	7
0	0	1	2	3	4	5	6	7
1	1	2	3	4	5	6	7	0
2	2	3	4	5	6	7	0	1
3	3	4	5	6	7	0	1	2
4	4	5	6	7	0	1	2	3
5	5	6	7	0	1	2	3	4
6	6	7	0	1	2	3	4	5
7	7	0	1	2	3	4	5	6

数学家继续说："对于任何加法，如 3+4+5+6，直接查表 1.5 就可以得到结果：$3+4+5+6 = ((3+4)+5)+6 = (7+5)+6 = 4+6 = 2$，就像计算机里的状态转移一样。"

1.2.6 加法器

数学家还想继续介绍阿贝尔群，说着什么"结合律""交换律""单位元"，但是计算机科学家和电子科学家连忙捂住了他的嘴。

计算机科学家一边捂着数学家的嘴，一边说："感谢数学家的帮忙，现在我们大概搞清楚了，有限比特时，加法通过模运算依然有很好的性质。虽然他提到了阿贝尔群这种对我们没什么必要的概念，但确实可以帮助我们在数学上证明。现在的问题是，我们要怎样在现实世界中制作这样的'有限阿贝尔群'？"

电子科学家："说是阿贝尔群，但从图 1.12 来看，其实就是小学的**竖式加法**，如果发生 `0b1001` 这样的进位，直接舍弃最高位就可以了。而且按照数学家说的，阿贝尔群其实就是表 1.5，表 1.5 既定义了集合，也定义了集合元素的**二元运算**，那么加法器直接按照表 1.5 去做就没问题。"

计算机科学家："确实，按照阿贝尔群的说法，这是一个二元运算。那么，加法器只要可以实现两数相加，就足够了。"

电子科学家："我是按照模拟小学生竖式加法来设计电路的。大自然里没办法直接做竖式加法，但幸好我最喜欢的晶体管具有一些神奇的性质，于是我们把晶体管拼拼凑凑，做出了**逻辑电路**（Logical Circuit）。比如，有一种门电路有三根导线，一根施加高电压，另一根施加低电压，第三根就会展现高电压（或门），有了这些神奇的半导体，我就可以设计出加法器了，如图 1.13 所示。"

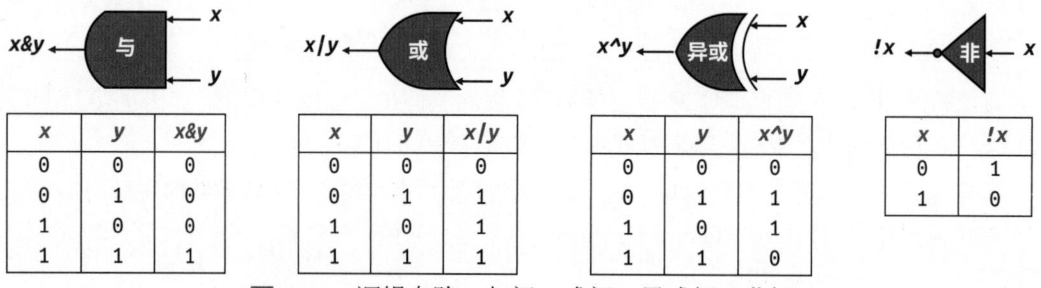

x	y	x&y
0	0	0
0	1	0
1	0	0
1	1	1

x	y	x|y
0	0	0
0	1	1
1	0	1
1	1	1

x	y	x^y
0	0	0
0	1	1
1	0	1
1	1	0

x	!x
0	1
1	0

图 1.13 逻辑电路：与门、或门、异或门、非门

图 1.13 展现了 4 种门电路和电压关系：**与门**（And Gate）、**或门**（Or Gate）、**异或门**（Xor Gate）、**非门**（Not Gate）。每一个门电路都由半导体制作而成，输入端与输出端有特殊的电压关系。例如，图 1.13 中的与门，对它的两个输入端 `x`、`y` 同时施加高电压（标记为 `1`），它的输出端才表现为高电压。否则，输出端为低电压。

按照门电路的输入端、输出端的电压关系，我们用 `0` 表示低电压，用 `1` 表示高电压，可以得到图 1.13 中的运算表，被称为**真值表**（Truth Table）。有了真值表，我们就可以设计一种关于逻辑运算的函数，这种函数被称为**布尔函数**（Boolean Function）。

现在，电子科学家要利用图 1.13 中的门电路和真值表，来设计一个 3 比特的加法器。

加法器的原理其实就是小学生都会的竖式加法。两数相加：$a_2a_1a_0 = x_2x_1x_0 + y_2y_1y_0$，需要从最低位开始，按位对每一位上的数字相加：$a_0 = x_0 + y_0, a_1 = x_1 + y_1, a_2 = x_2 + y_2$。

关键问题是两数相加可能产生**进位**（Carrying），所以 $a_i = x_i + y_i$ 是不对的，需要考虑前一位结果的进位，这也是小学生最容易犯错误的地方。于是，我们有 $a_i = x_i + y_i + c_i$，其中 c_i 是前一位的进位。

考虑了前一位的进位，我们还需要考虑对下一位的进位。这时，就需要"逢二进一"，利用我们的模运算了：

$$a_i = (x_i + y_i + c_i)\%2 \qquad c_{i+1} = (x_i + y_i + c_i)/2$$

对于最高位 $x_2 + y_2 + c_2$ 产生的进位 c_3，加法器直接舍弃这一位的结果。3 位加法器如图 1.14 所示。

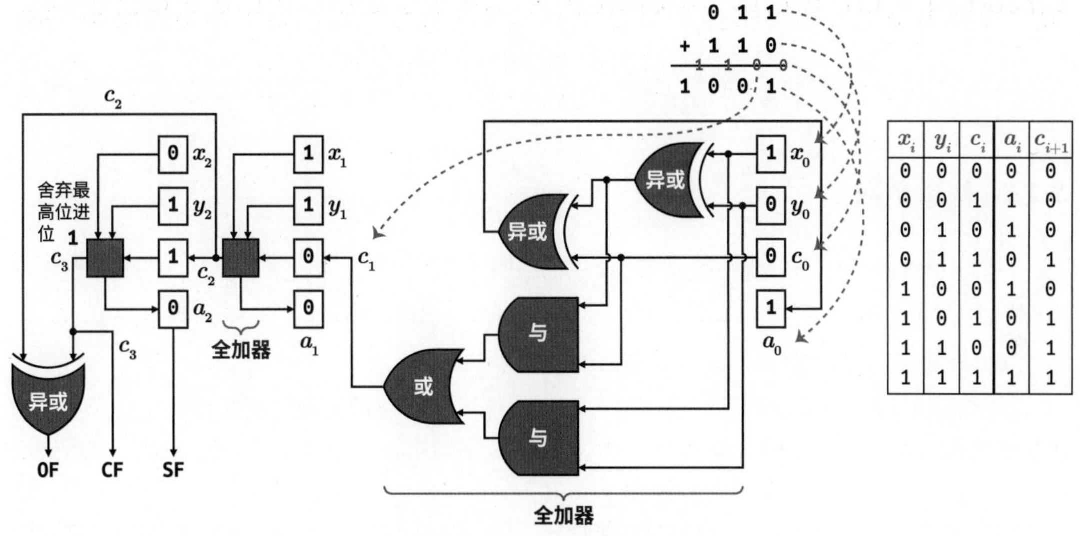

x_i	y_i	c_i	a_i	c_{i+1}
0	0	0	0	0
0	0	1	1	0
0	1	0	1	0
0	1	1	0	1
1	0	0	1	0
1	0	1	0	1
1	1	0	0	1
1	1	1	1	1

图 1.14　3 位加法器

电子科学家说："模运算太复杂了，我还是直接按 x_i、y_i、c_i、a_i、c_{i+1} 写出真值表吧。" 如图 1.14 所示，电子科学家列出了一张真值表。这张表对应一个三个输入 $\{x_i, y_i, c_i\}$、两个输出 $\{a_i, c_{i+1}\}$ 的布尔函数。电子科学家有特殊的计算技巧，把真值表转换成了等价的布尔函数：

$$a_i = x_i \texttt{ Xor } y_i \texttt{ Xor } c_i$$

$$c_{i+1} = (x_i \texttt{ And } y_i) \texttt{ Or } (c_i \texttt{ And } (x_i \texttt{ Xor } y_i))$$

这在逻辑电路中被称为一个**全加器**（Full Adder）。

计算机科学家："等等。我大概看懂图 1.14 了，其实就是用逻辑电路去实现图 1.14 中的真值表。而真值表的值是我们自己用模运算手工算出来的，然后布尔代数是你从真值表里总结出来的。但是，图 1.14最左侧，也就是 a_2、c_2、c_3 到 OF、CF、SF 这部分，这里又是在做什么呢？它们似乎和加法运算没有关系。"

电子科学家："你观察得很仔细。确实，a_2、c_2、c_3 到 OF、CF、SF 这部分电路是关于'溢出检测'的电路，我们暂时不需要它。只看加法器部分，要实现内存上两个比特串的相加，我们就把比特串拷贝到加法器的输入端。内存上电容器有电荷，表示 1，加法器的输入端在这一位上施加高电压；电容器没有电荷，代表 0，施加低电压。这样一来，晶体管就会通过门电路帮我们做小学生的竖式加法，我们就可以在输出端得到加法运算的结果了。”

3 位加法器与 32 位加法器、64 位加法器没什么不同，只不过 32 位、64 位把电路重复更多次，但本质是相同的，如图 1.15 所示是 32 位加法器上的竖式加法。

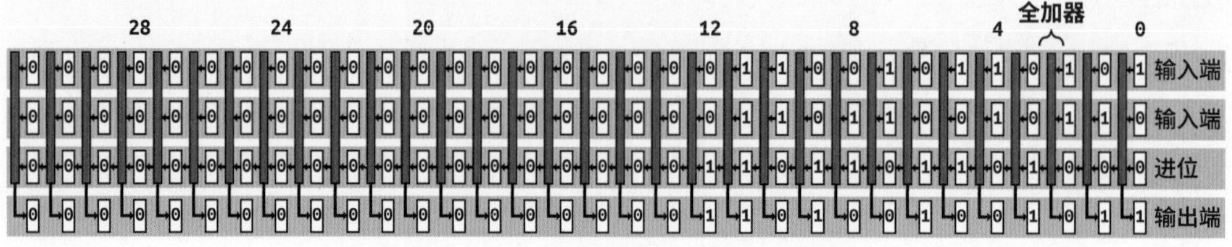

图 1.15　32 位加法器上的竖式运算

1.2.7　构造负数

这时，数学家终于从计算机科学家手中挣脱出来：“让我说，让我说。现在，你们用逻辑电路做出来了加法器，但是你们还没有证明 $<n$ 位内存，n 位加法器 $>$ 是一个阿贝尔群。”

电子科学家：“我为什么一定要证明它是一个阿贝尔群?”

数学家：“因为只有证明了阿贝尔群，你们才能真正放心地实现整数运算。显然，加法器满足**结合律**（Associativity），你把一个加法器的输出端接在一个加法器的输入端，可以证明 $(x+y)+z=x+(y+z)$。也满足**交换律**（Commutativity），加法器两个输入端的比特互换，输出端结果不变：$x+y=y+x$。显然存在**单位元**（Identity），也就是 $\underbrace{00\cdots00}_{N}$。显然也**运算封闭**（Closure），因为输入、输出端都是 N 位。”

计算机科学家：“啊? 这样哦，那挺好的。嗯，它确实是一个阿贝尔群。”

数学家：“等等，我还没说完呢。你们还差一步，还没有构造**逆元**（Inverse）!”

电子科学家：“数学家说的话确实有道理。到现在为止，我们只能说，加法器可以放心地做自然数加法。但是我们还不知道怎么处理减法，怎么定义负数。最坏的情况，我们需要修改逻辑电路，才能支持负数和减法运算。”

在代数结构 $<S,+>$ 中，一个元素 $x\in S$ 的逆元 $y\in S$，就是使得二元运算 $x+y$ 结果为单位元 0 的 y。在整数集与加法的阿贝尔群 $<\mathbb{Z},+>$ 中，一个数的逆元就是它的相反数，也就是负数。

数学家：“这样，我们还是需要借助模运算来找相反数。找相反数的关键就在于单位元——0。与 0 等价的，还有 $2^N,2\times2^N,3\times2^N,\cdots$，这些其实在模运算下也都是单位元。直接找逆元 $-x$ 并不容易，但 2^N-x 是可以找到的，它就是模运算中 x 的相反数。如图 1.16 所示，三位数加法中，3 的相反数 -3 等价于 $2^3-3=8-3=+5$。所以问题就是，在加法器的输入端有任意电压，那么怎么找到相反数的电压?”

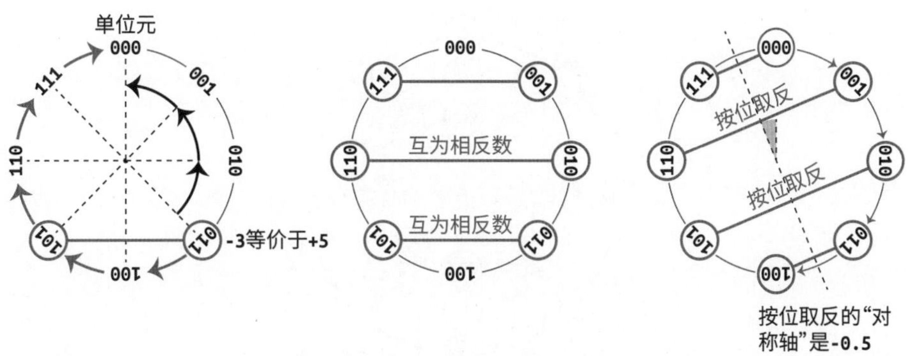

图 1.16　环上的相反数

电子科学家：“这很好办。直接对 x**按位取反**，不就可以构造出两数相加为 $\underbrace{11\cdots11}_{N}$ 吗？再给它加一个 1，然后舍弃最高位的进位，不就得到单位元了吗？以一个四位加法器为例，如图 1.17 所示。所以说，相反数/逆元就是**按位取反加一**。用 32 个非门（按位取反）和一个 32 位加法器（加一），我就能给出任意比特相反数的电压。”

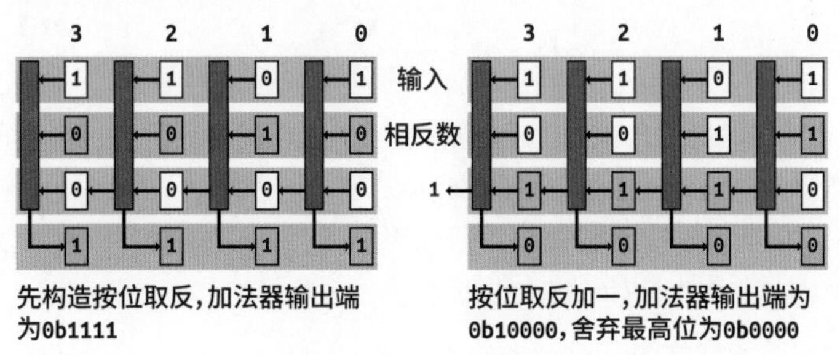

图 1.17　构造相反数

数学家：“你说的这个性质非常不错，我们也可以从几何的角度来证明。如图 1.16 所示，对于 N 比特的加法器，很容易证明‘按位取反’的对称轴是 $-0.5\cdots\cdots$”

数学家还没说完，又被捂住了嘴。计算机科学家：“好了，好了，我们知道你可以从图 1.16 来证明‘相反数是按位取反加一’了。比起证明，我们还是来看看这个性质怎么帮助我们构造负数吧，这才是更重要的事情。”

数学家连忙点头，这才得以说话：“我们已经证明了 $<N$ 位内存，N 位加法器 $>$ 是一个阿贝尔群了，所以说加法器已经满足了所需要的所有数学性质。有了逆元以后，怎样构造负数就是显而易见的了。”

N 比特的加法器，一共可以区分 2^N 个不同的比特串。选其中的一半作为负数，可以使得非负整数与负整数的数量平衡。按照“按位取反加一”的原则，我们可以在同一个环形结构里画出自然数、正负整数的关系。

如图 1.18 所示，图中一共有三个环。最内侧的环是比特串，中间一层是对应的**无符号整型数**，最外侧是相应的**有符号整型数**。有符号整型数就是包含负数的整数类型。我们选择了一半比特串，将它们看作负数，加法器便可以实现加减法了。

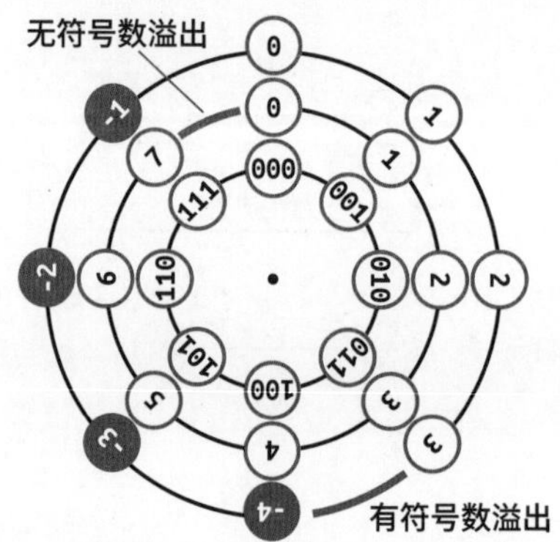

图 1.18　有符号数、无符号数

其中特别需要提醒的是，对于有符号数，依然有“相反数是按位取反加一”。例如，-2 的比特串是 `0b110`，按位取反得到 `0b001`，再加一得到 `0b010`，也就是 2。

推广到 32 位，我们可以得到有符号数的计算公式：对于比特串 $b_{31}b_{30}\cdots b_1b_0$，它的有符号整数类型的数值是：

$$(-1)^{b_{31}} \times 2^{31} + \sum_{i=0}^{30} b_i \times 2^i$$

这种编码被称为**2 的补码**（Two's Complement）。在补码中，负数的最高位 b_{31} 是 1。因此，这一位也被称为**符号位**（Sign Bit），当它是 1 时，表示这个数是一个负数；当它是 0 时，表示这个数是正数或 0。因此，在上述公式里，我们用 $(-1)^{b_{31}}$ 描述正负性。

虽然公式更加完备，但是我建议不如忘掉公式，多看看图 1.18 和图 1.17，关于有符号数与无符号数的所有性质其实都在图中。

1.2.8　溢出检测程序

计算机科学家：“感谢数学家和电子科学家为我们提供的帮助。现在，我们已经理解了内存怎样保存数据，怎样读取、写入、查找每一个字节，也理解了 0 和 1 是怎样保存在内存中的。多亏电子科学家，我们设计了 32 位加法器，数学家又帮助我们证明了加法器的性质，以及根据逆元的性质设计了负数的编码。我们现在不仅知道这些事情是怎么回事，而且知道它们是怎样推理来的。”

他继续说：“对于计算机科学而言，我一直坚信，编程语言是对计算机的抽象。在 `C` 语言中，我们写下 `uint32_t u32`、`int32_t i32` 时，映射到计算机上，实际是在内存上分配了一片区域。当我们写下 `a + b` 时，我们实际上希望计算机中的加法器计算两片内存相加的结果。作为计算机科学家，我特别关注的是编程。我们要对自己写下的每一行代码负责，而要负起责任，就需要了解代码底层的工作原理。”

计算机科学家开始介绍编程中容易出现的错误：“对于我们讨论过的无符号整数类型 `uint32_t`，以及有符号整数类型 `int32_t`，如果不熟悉底层的加法器，程序员便很容易犯下‘溢出’的错误。”

2038 年问题

关于溢出，在计算机中有一个经典的例子。系统程序员起初在 32 位计算机系统上设计了一套统一的**时间戳**（Time Stamp）标准，当应用程序向系统请求一个时间戳时，系统会返回从格林威治时间 1970 年 01 月 01 日 00 时 00 分 00 秒直到当前的总秒数。在 32 位计算机上，标准时间戳在底层使用了一个 `int32_t` 用来计算秒数，而 `int32_t` 可表达的最大正数是 `0x7fffffff`，也就是 `2147483647`，时间是 2038 年 1 月 19 日 03:14:07，星期二。超过这一时间，时间戳会溢出到 `0x80000000`，也就是-1。这时，Linux 系统上依赖时间戳的功能可能会进入不确定的状态，应用程序可能会因此崩溃。

回顾表 1.6，两个无符号数相加时，可能会丢失最高位，这种现象就被称为**溢出**（Overflow），表中用淡红色标记出了这部分结果。再对照图 1.18，两数相加之所以丢失最高位，是因为它们越过了 $7 \to 0$ 这一界限。发生溢出现象时，等价于发生了减法，因此 $a+b$ 的结果反而小于 a 和 b。

同理，有符号数也可能发生溢出现象。为此，我们列出有符号数相加的结果，见表 1.6，溢出的结果也用淡红色标记出来了。

表 1.6　3 位加法器的结果：有符号数加法

a \ x / y	0	1	2	3	−4	−3	−2	−1
0	0	1	2	3	−4	−3	−2	−1
1	1	2	3	−4	−3	−2	−1	0
2	2	3	−4	−3	−2	−1	0	1
3	3	−4	−3	−2	−1	0	1	2
−4	−4	−3	−2	−1	0	1	2	3
−3	−3	−2	−1	0	1	2	3	−4
−2	−2	−1	0	1	2	3	−4	−3
−1	−1	0	1	2	3	−4	−3	−2

从表 1.6 中我们可以得到一些启发：

（1）符号相异的两个数相加，不会溢出。

（2）两个数皆为非负数，相加溢出到负数，也即两数相加的结果大于 $2^{n-1}-1$。

（3）两个数皆为负数，相加溢出到非负数，也即两数相加的结果小于等于 -2^{n-1}。

根据上述性质，我们可以写一个溢出检测程序，见代码 1.2。

代码 1.2　`/data/Overflow/Overflow.c`

```c
#include <stdint.h>
#include <stdlib.h>
#include <stdio.h>
#include <inttypes.h>
/// @brief 检查32位无符号数相加(uint32_t+uint32_t)是否溢出
/// @param x 32位无符号数
/// @param y 32位无符号数
/// @return 如果无符号数溢出，返回1。不溢出，返回0
```

```
int uint32_overflow(uint32_t x, uint32_t y)
{
    return (x + y) < x;
}
/// @brief 检查32位有符号数相加(int32_t+int32_t)是否溢出
/// @param x 32位有符号数
/// @param y 32位有符号数
/// @return 如果有符号数溢出，返回1。不溢出，返回0
int int32_overflow(int32_t x, int32_t y)
{
    return (x >= 0 && y >= 0 && (x + y) < 0) ||
        (x < 0 && y < 0 && (x + y) >= 0);
}
/// @brief 主函数
/// @param argc 命令行参数的个数
/// @param argv 命令行的字符串参数
/// @return 主程序退出状态
int main(int argc, const char **argv)
{
    // 按照16进制读取4个字节，作为内存上储存的比特串
    uint32_t x = strtol(argv[1], NULL, 16);
    uint32_t y = strtol(argv[2], NULL, 16);
    // 将x, y的比特串解释为有符号数
    int32_t *xp = (int32_t *)&x;
    int32_t *yp = (int32_t *)&y;
    // 检查无符号数是否溢出
    if (uint32_overflow(x, y) == 1)
        printf("Unsigned: %"PRIu32" Overflow\n", x + y);
    else
        printf("Unsigned: %"PRIu32" No overflow\n", x + y);
    // 检查有符号数是否溢出
    if (int32_overflow(*xp, *yp) == 1)
        printf("Signed: %"PRId32" Overflow\n", *xp + *yp);
    else
        printf("Signed: %"PRId32" No overflow\n", *xp + *yp);
    return 0;
}
```

我们可以通过 Makefile 与 make 命令编译代码。本书使用的编译器配置基本都是代码 1.3 中所列举的 gcc-10，编译器选项也可以参见代码 1.3。读者照抄一份 Makefile，然后用 make 命令就可以编译了。

代码 1.3 /data/Overflow/Makefile

```
1 CC = /usr/bin/gcc-10 # 选择自己的编译器路径，最好使用gcc-10
2 CFLAGS = -g -Wall -Werror -std=c99 # 编译器参数
3 build:
4 ↹ $(CC) $(CFLAGS) Overflow.c -o overflow
5 test: overflow
6 ↹ ./overflow 1 2
7 ↹ ./overflow 1 ffffffff
8 ↹ ./overflow 1 7fffffff
9 ↹ ./overflow 80000000 80000000
10 clean:
11 ↹ rm -f overflow
```

需要特别提醒的是，在代码 1.3 中，Makefile 第 4 行、第 6 行命令的开头符号“↹”是一个 Tab 字符。如果读者抄错了，会导致 make 失败。

```
>_                                                        Linux Terminal
> make -f Makefile build # make -f Makefile build 通过执行 Makefile 中的 build 命令进行编译
> ./overflow abcd1234 ffffffff  # 运行程序，检查 0xabcd1234 + 0xffffffff 是否有溢出
Unsigned: 2882343475 Overflow
Signed: -1412623821 No overflow
> make test # 执行 Makefile 中编写好的测试用例
```

代码 1.2 所做的事情如图 1.19 所示。首先，main() 函数拿到整个程序的两个字符串输入，"abcd1234" 与"ffffffff"，这些字符串储存在内存中的某个位置。

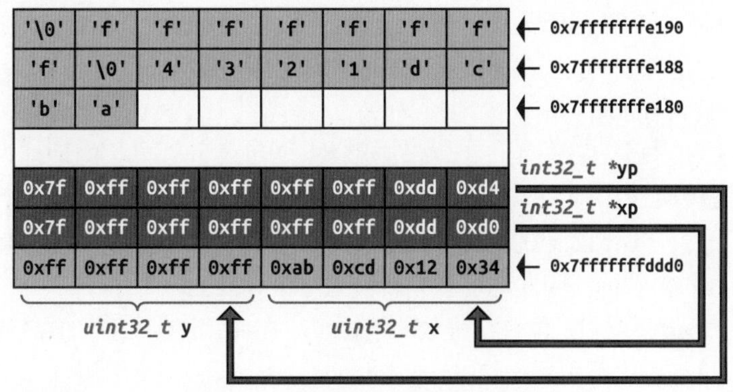

图 1.19　溢出检测程序的内存

strtol() 函数

strtol() 函数是一个 C 语言的标准库函数，可以通过 stdlib.h 头文件引入定义。

```
long int strtol(const char *str, char **endptr, int base)
```

这个函数“尽最大努力”将字符串转换为数字。第一个参数 str 就是要被转换为数字的字符串，例如"365Hello world"。第二个参数 endptr 是一个字符串指针的指针，用来存放第一个非数字的位置，也就是'H' 字符的地址。第三个参数 base 是进制，10 表示字符串是十进制的数字，例如，"365" 转换为 365，16 表示十六进制，365 便被转换为 0x365，也就是 869。

接下来，main() 函数通过 strtol() 函数将两个输入的字符串转换为 4 字节的 32 位有符号整数。这需要在内存中找两个位置，用来存放两组 4 字节的数据，x、y，也就是图 1.19 中淡红色的部分。在 x 的位置保存的 4 字节是：0x34、0x12、0xcd、0xab，这就是按照“小端”顺序保存的 0xabcd1234。在 y 位置保存的 4 字节数据则是 0xff、0xff、0xff、0xff，也就是 0xffffffff。

接下来，main() 函数将 x、y 的“内存地址”保存在两个**指针**（Pointer）xp、yp 中，这是图 1.19 中深红色的部分。在 C 语言中，指针用关键字 * 表示。一个指向 int 类型数据的指针就是 int *，一个指向 uint32_t 类型的指针就是 uint32_t *。

xp、yp 两个指针的大小都是 8 字节，也就是 64 位。这也是我们常说的“64 位计算机”，如果是“32 位计算机”，那么指针的长度就是 4 字节。xp 指向 x 位置，用 &x 表示。如图 1.19 所示，数据 uint32_t x 在内存中的**地址**是 0x7fffffffddd0，大小是 4 字节，所储存的数据是 0xabcd1234；数据 uint32_t y 在内存中的**地址**是 0x7fffffffddd4，大小是 4 字节，所储存的数据是 0xffffffff。

在 C 语言中，有一个特殊的符号 &，用来表示**取地址操作**（Address-Of Operator）。例如，在图 1.19 中，变量 x 的地址是 0x7fffffffddd0，那么“取地址运算”(&x) 的结果也就是地址 0x7fffffffddd0。

xp 是一个 8 字节的指针，它本身的地址是 0x7fffffffddd8，这是由编译器和操作系统决定的。它的大小是 8 字节，因为 xp 是“64 位计算机”中的一个指针。它所储存的数据是 0x7fffffffddd0，这是 x 的地址（&x）。同理，yp 的地址是 0x7fffffffdde，大小是 8 字节，储存的数据是 0x7fffffffddd4，是 y 的地址（&y）。

实际上，(&x) 和 (&y) 只是两个 8 字节的整数，它们是 x 与 y 的地址。代码 (int32_t *)(&x) 是**强制类型转换**（Type Casting），意思是程序员充分了解 (&x) 是一个 32 位无符号数 x 的地址，应该用一个 uint32_t 的指针表示。但是，程序员希望将这一段内存当作一个 32 位有符号数（int32_t）来看待，因此地址强制转换为一个 int32_t 的指针。

这样一来，xp、yp 就是 32 位有符号数的指针了。在 C 语言中，* 加在指针之前，表示取这一段指针的值，这被称为**解引用操作**（Dereference Operator）。解引用 * 其实是取地址 & 的“逆运算”，也就是说，对于 int x = 365，不管 x 被分配在内存的哪一部分，始终有 x 与 *(&x) 相等，都是内存上的数据，365。

而对于 xp，(*xp) 的含义是指针 xp 保存的地址是 0x7fffffffddd0，现在，我们把这一段地址当作 int32_t 看待，也就是 4 字节的有符号整数。(*xp) 就是取这个有符号整数的值，也就是 0xabcd1234 对应的有符号整数（补码），−1412623820。

如此一来，通过“取地址”“强制类型转换”“解引用”，我们就可以通过 uint32_overflow() 和 int32_overflow() 两个函数检查加法是否溢出了。uint32_overflow(x, y) 检查的是无符号数相加：0xabcd1234 + 0xffffffff，结果为 0xabcd1233。也就是说，两个正数相加，结果反而小于它们，那必定是发生溢出了。

int32_overflow(*xp, *yp) 检查的是有符号数相加：(−1412623820)+(−1)=(−1412623821)，两个负数相加，结果依然是负数，那必定没有发生溢出。

读者可以自己玩一玩这个程序，尝试不同的输入，看看自己计算的结果是否与程序结果相同。

思考题：有符号数、无符号数溢出

请读者回顾图 1.18，以及代码 1.2，考虑何时发生这几种情况：两数相加，有符号数溢出，但无符号数不溢出；有符号数不溢出，无符号数溢出；同时发生有符号数与无符号数溢出。运行一下溢出检测程序，验证你的想法。

1.2.9 加法器中的溢出检测

电子科学家对计算机科学家说："你搞的这一套溢出检测程序确实可以工作，但是好像又有点绕远路了。既然我们已经造出了 3 位、32 位，甚至 64 位加法器，为什么不直接用加法器来完成溢出检测呢?"

计算机科学家恍然大悟："啊！我明白了！这就是你在图 1.14 的最左边添加的电路！但是它们又是怎样设计出来的呢?"

电子科学家："这个不难。和代码 1.2 不同，如果我们在加法器这样的硬件设备上实现溢出检测，那么我们其实没有办法比较大小，如 `(a < b)`。实际上，这一行比大小的 `C` 语言代码在底层是通过加法器实现的。在硬件世界里，我们仅有的就是比特。"

电子科学家给加法器添加了三比特，作为**标志位**（Flag）：`CF`（Carry Flag），这个比特表示加法器的最高位是否产生进位；`SF`（Sign Flag），这个比特表示加法器的结果最高位（也即符号位）是否为 1；`OF`（Overflow Flag），这个比特表示加法器是否发生有符号数的溢出。

（1）`CF`。如果该标志位比特为 `1`，则最高位有进位。如果为 `0`，则不发生进位。因此，如果加法器的两个输入为无符号数 `uint32_t`，标志为 `1` 则表示发生了无符号数溢出。这只对无符号加法有意义。

（2）`SF`。如果该标志位比特为 `1`，则结果寄存器的符号位为 `1`。如果为 `0`，则符号位为 `0`。因此，如果加法器的两个输入为有符号数 `int32_t`，标志为 `1` 则表示加法的结果是负数。这只对有符号数加法有意义。

（3）`OF`。如果该标志位比特为 `1`，则发生了有符号数溢出：正数相加溢出到负数，或是负数相加溢出到正数。如果为 `0`，则表示没有发生有符号数溢出。这只对有符号数加法有意义。

以 32 位加法器为例，我们把注意力放在最高位的运算上：

$$x_{31} + y_{31} + c_{31} \mapsto a_{31}, c_{32}$$

显而易见的是，按照 `CF` 的定义，`CF` 就是 c_{32}；按照 `SF` 的定义，`SF` 就是 a_{31}，唯独 `OF` 的结果并不能直接得到。按照老方法，想要设计出 `OF` 的逻辑电路，就需要写出它的真值表，计算对应的布尔函数。

`OF` 表示有符号整数相加溢出，我们依然按照两条原则："符号相异（x_{31} 与 y_{31}）不会溢出（`OF = 0`）"以及"符号相同时，结果的符号相反（a_{31}）则溢出（`OF = 1`）"，可以写出 `OF` 的真值表，如表 1.7 所示。

表 1.7　32 位加法器中的 `CF`、`SF`、`OF` 标志位

x_{31}	y_{31}	c_{31}	CF(c_{32})	SF(a_{31})	OF
0	0	0	0	0	0
0	0	1	0	1	1
0	1	0	0	1	0
0	1	1	1	0	0
1	0	0	0	1	0
1	0	1	1	0	0
1	1	0	1	0	1
1	1	1	1	1	0

电子科学家稍动脑筋，把 OF 的真值表化简为布尔函数：OF = c_{32} Xor c_{31}。于是，电子科学家便完成了图 1.14 中最左侧的溢出检测电路。

1.2.10 32 位加法器模拟程序

计算机科学家惊喜地说："太棒了，这样一来，我可以按照加法器的原理，写出一个 32 位加法器的模拟程序。它可以实现两个 32 位整数的加法、减法（利用补码），也可以检测有符号数、无符号数加法是否发生溢出。"

数学家小声地说："是的，一个简单的阿贝尔群。"

计算机科学家写出了一个模拟程序，见代码 1.4。

代码 1.4 /data/Adder/Adder32.c

```c
#include <stdint.h>
#include <stdio.h>
#include <stdlib.h>
/// @brief 32位加法器：支持有符号数、无符号数加减法
/// @param x 加法输入比特串。注意，这不是数值！
/// @param y 加法输入比特串。注意，这不是数值！
/// @param cf 进位指针。如果无符号数溢出，设为1
/// @param sf 符号位指针。设为加减法结果的最高位比特
/// @param of 有符号数溢出指针，如果溢出，设为1
/// @return 有符号数、无符号数加减法比特串。不是数值！
uint32_t adder_32(uint32_t x, uint32_t y,
    uint32_t *cf, uint32_t *sf, uint32_t *of)
{
    uint32_t a  = 0;            // 加法器结果比特串
    uint32_t cj = 0;            // cj即c[i+1]，输出的进位
    uint32_t ci = 0;            // c[i]，输入的进位。c[0]必定为0
    uint32_t xi = 0;            // x的第[i]位x[i]
    uint32_t yi = 0;            // y的第[i]位y[i]
    uint32_t ai = 0;            // a的第[i]位a[i]

    // 从最低位[0]到最高位[31]，按位相加
    for (uint32_t i = 0; i < 32; ++ i)
    {
        xi = ((x >> i) & 1); // 得到x[i]
        yi = ((y >> i) & 1); // 得到y[i]
        ci = cj;             // 得到c[i]，即上一组进位的结果

        // 根据真值表计算a[i]，c[i+1]
        ai = (xi ^ yi ^ ci);
        cj = (xi & yi) | (ci & (xi ^ yi));

        // 将a[i]的结果写入a的比特串
        a = a | ((ai & 1) << i);
    }
    // 根据指针，将结果写入指针所指向的内存
    *cf = (cj & 1);
    *sf = (ai & 1);
    *of = ((ci ^ cj) & 1);
    return a;
}
/* --------- 程序入口 - Entry Point --------- */
int main(int argc, char *argv[])
{
    uint32_t cf, sf, of;
    // 将程序命令行的参数转换为加法器的输入比特串
    uint32_t x = strtoul(argv[1], NULL, 10);
```

```
    uint32_t y = strtoul(argv[2], NULL, 10);
    // 进行加法器运算
    uint32_t a = adder_32(x, y, &cf, &sf, &of);
    // 打印计算结果：结果比特串、CF,SF,OF的数值
    printf("0x%x + 0x%x = 0x%x\nCF=%u,SF=%u,OF=%u\n",
        x, y, a, cf, sf, of);
    return 0;
}
```

与它配套的是 Makefile，包括一些测试用例，见代码 1.5。

代码 1.5　/data/Adder/Makefile

```
CC = /usr/bin/gcc-10 # 选择自己的编译器路径，最好使用gcc-10
CFLAGS = -g -Wall -Werror -std=c99 # 编译器参数
build:
	$(CC) $(CFLAGS) Adder32.c -o adder32
test: adder32
	./adder32 1 2
	./adder32 2147483648 1
	./adder32 4294967295 0
	./adder32 4294967295 1
	./adder32 2147483647 1
	./adder32 2147483647 1
	./adder32 2147483648 4294967295
	./adder32 2147483648 2147483648
clean:
	rm -f adder32
```

在代码 1.4 中，函数 adder_32() 接收两个参数：x、y，就是参与加法器运算的两个比特串。返回值是加法器的结果比特串，cf、sf、of 是三个指针，指向保存标志位结果的内存区域。

在代码 1.4 中最核心的部分就是 32 次循环。这 32 次循环完全按照图 1.14 工作，对于第 [i] 位的比特，x_i, y_i, c_i，按照图 1.14 中的逻辑电路计算 c_{i+1}（即 c_j）和 a_i。

在这里，需要特别解释的是**逻辑左移操作**（Logical Left Shift, <<）与**逻辑右移操作**（Logical Right Shift, >>）。在代码 1.4 中，计算机科学家通过“逻辑右移 i 位”及“按位取与运算”得到 x 和 y 的第 [i] 比特，如图 1.20 所示。

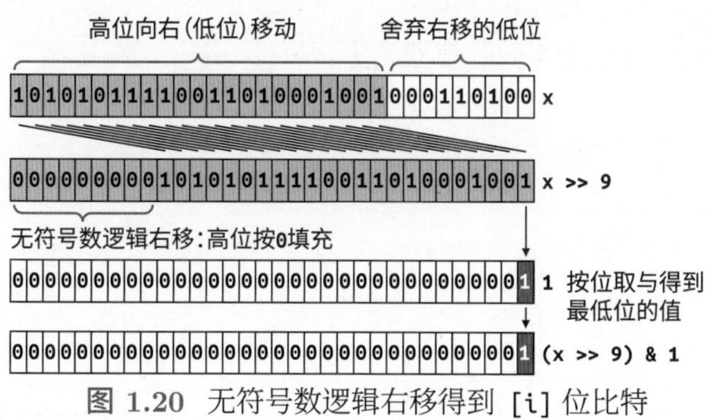

图 1.20　无符号数逻辑右移得到 [i] 位比特

例如，i = 9 时，要计算 $x_9 + y_9 + c_9 \mapsto c_{10}, a_9$。这时，需要先得到 x 与 y 的 [9] 位置比特。为此，需要利用“逻辑右移”运算。在 C 语言中，对于无符号数，右移运算符 >> 实现逻辑右移。例如 x >> 9，就是将 x 的每一个比特向低位方向移动 9 比特。最低的 9 比特直接被

舍弃。多出来的 9 个高位比特，在逻辑右移中直接填充为 0。但在**算数右移**（Arithmetic Right Shift）中，则按照原来的符号位填充。

如图 1.20 所示，经过逻辑右移 `x >> i` 后，把 x_i 置于最低位，即 `[0]` 位置。这时，想要知道它是 0 还是 1，只需要再进行一次“按位取与”即可。图 1.20将 `x >> 9` 与 `0x1` 进行按位取与，相同位置的比特位两两进行与运算。既然运算的另一方是 `0x1`，那么除了最低位，其他位置的结果一定都是 0。至于最低位，则按照 `x >> 9` 的最低位与 1 进行与运算。这样一来，也就得到了 x_i 的值。

计算得到 a_i 以后，需要将结果合并到 `a` 中。代码 1.4在循环中采用“逻辑左移”与“按位取或”，就可以将 `a` 变量的 `[i]` 位设置为 `ai`，这几乎就是上述“逻辑右移”与“按位取与”的逆运算。

计算机科学家：“最后，按照 `CF`、`SF`、`OF` 的布尔函数，写出它们的值。这样，我们就在 C 语言中模拟了 32 位加法器。通过 `make` 命令进行编译与测试。”

```
>_                                                          Linux Terminal
> make -f Makefile build # make -f Makefile build 通过执行 Makefile 中的 build 命令进行编译
> make test # 执行 Makefile 中编写好的测试用例
```

1.2.11 其他整数类型

除了 `int32_t` 与 `uint32_t` 之外，还有其他不同长度、不同名称的整数类型。这些整数也依然被分为**有符号数**与**无符号数**，数值的计算与前文叙述没有区别。表 1.8 给出这些数据的类型。

特别需要注意的是 `long` 类型，在比较老旧的 32 位机器上，它的长度是 4 字节，32 比特。而在现在常见的 64 位机器上，它的长度是 8 字节，64 比特。如果要在 32 位机器上使用长度为 64 比特的 `int`，应该使用 `long long` 类型。

表 1.8 常见的整数类型及其大小

类型	32 位机器-比特	32 位机器-字节	64 位机器-比特	64 位机器-字节
`char`	8	1	8	1
`short`	16	2	16	2
`int`	32	4	32	4
`long`	32	4	64	8
`long long`	64	8	64	8
`unsigned char`	8	1	8	1
`unsigned short`	16	2	16	2
`unsigned`	32	4	32	4
`unsigned long`	32	4	64	8
`unsigned long long`	64	8	64	8

上面这一段是不是很拗口，像一段饶舌？记忆这些规则没有意义（当然，期末考试可能会考一些填空题）。在 C 语言的标准委员会于 1999 年左右推出的 C 语言标准中（`C99` 标准，也是本书 `gcc` 编译器所使用的标准），定义了一个标准头文件，`stdint.h`（Standard Integer）。有了

这个头文件，就可以在 C 语言中直接使用“固定长度”的整数类型了。例如 int64_t，这个类型可以被展开，在 32 位机器上展开为 long long 类型，在 64 位机器上可能被展开为 long 类型，程序员便不必再担心每一种数据类型的长度。

C 语言标准委员会

C 语言标准委员会（International Standards Committee for the C programming language），ISO 编号是 ISO/IEC JTC 1/SC 22/WG 14。委员会大约每 10 年推出一个 C 的编程语言标准。第一个标准是 1989 年推出的，因此被称为 C89 标准。目前（2022 年），标准委员会的召集人是 David M.Keaton，他是体系结构与编译器方面的专家，他在自己的主页（www.dmk.com）上放了一句话：*People don't hire me because I know the answer. They hire me because nobody knows the answer.*

这里给出一个简略的类型对照表，见表 1.9。

表 1.9　stdint.h 中固定长度的整数类型

stdint.h 类型	C89 类型	比特长度	字节长度
int8_t	char	8	1
int16_t	short	16	2
int32_t	int	32	4
int64_t	long (long)	64	8
uint8_t	unsigned char	8	1
uint16_t	unsigned short	16	2
uint32_t	unsigned int	32	4
uint64_t	unsigned long (long)	64	8

1.2.12 浮点数类型

除了整数，C 语言也可以用 32 或 64 比特去描述部分有限小数，被称为**浮点数**（Floating Point Number）。浮点数也有一个标准委员会，编译器通常使用的是 IEEE 754 标准。该标准由 UC Berkley 的教授 William Kahan 于 1985 年定制，他凭借浮点数方面的工作而获得 1989 年的图灵奖。IEEE 754 中定义了两种浮点数，分别被称为 32 位的**单精度浮点数**（Single-Precision Floating Point Number）与 64 位的**双精度浮点数**（Double-Precision Floating Point Number）。

浮点数大多与高精度的科学计算有关，但这部分并非本书所要介绍的内容。其实任何一本计算机教科书都会介绍浮点数的格式，因此有兴趣的读者可以自行查找资料，本书便不在此赘述了。

1.3 字符与字符串

计算机科学家：“浮点数可以不关注，但是**字符**（Character）与**字符串**（String）是非常重要的。在之前的代码里，我们将字符串转换为数字的函数，strtol()。但当时其实我们还不了解什么是字符与字符串。”

电子科学家：“没错。我们用无符号整数 unsigned char 表示**字符**。unsigned char 的取值是 0~255，一共有 $2^8 = 256$ 种比特串。按照 ASCII 标准，其中只有 128 个比特串被使用，每一个比特串对应一个字符。通常我们使用大小写英文字母'a~zA~Z'、数字'0~9'、空格' '，还有一些标点符号。”

尽管枚举 128 个 ASCII 字符没有意义，但在这里电子科学家依然将这张表列出来，因为在后续章节中，读者可能需要回头查这张表，查找字符对应的十六进制数，或者十六进制数对应的字符。对于有计算机的读者，如果安装了 Linux 系统，通常可以在控制台中输入命令：ascii，就可以看到这一张表了。见表 1.10，其中包括一些控制字符，但我们主要关注字母和数字这类的字符。

表 1.10 ASCII 码表

Hex		Hex		Hex		Hex		Hex		Hex		Hex		Hex	
00	NUL	10	DLE	20	(space)	30	0	40	@	50	P	60	`	70	p
01	SOH	11	DC1	21	!	31	1	41	A	51	Q	61	a	71	q
02	STX	12	DC2	22	"	32	2	42	B	52	R	62	b	72	r
03	ETX	13	DC3	23	#	33	3	43	C	53	S	63	c	73	s
04	EOT	14	DC4	24	$	34	4	44	D	54	T	64	d	74	t
05	ENQ	15	NAK	25	%	35	5	45	E	55	U	65	e	75	u
06	ACK	16	SYN	26	&	36	6	46	F	56	V	66	f	76	v
07	BEL	17	ETB	27	'	37	7	47	G	57	W	67	g	77	w
08	BS	18	CAN	28	(	38	8	48	H	58	X	68	h	78	x
09	HT	19	EM	29	)	39	9	49	I	59	Y	69	i	79	y
0A	LF	1A	SUB	2A	*	3A	:	4A	J	5A	Z	6A	j	7A	z
0B	VT	1B	ESC	2B	+	3B	;	4B	K	5B	[	6B	k	7B	{
0C	FF	1C	FS	2C	,	3C	<	4C	L	5C	\	6C	l	7C	|
0D	CR	1D	GS	2D	-	3D	=	4D	M	5D	]	6D	m	7D	}
0E	SO	1E	RS	2E	.	3E	>	4E	N	5E	^	6E	n	7E	~
0F	SI	1F	US	2F	/	3F	?	4F	O	5F	_	6F	o	7F	DEL

有了 ASCII 字符的表示，就可以表示一个**字符串**了。一个字符串是字符的集合，它以 ASCII 的 0x00 结尾。如一个经典的字符串"Hello World!\n"，它在内存上对应这样的字节数组，如图 1.21 所示。

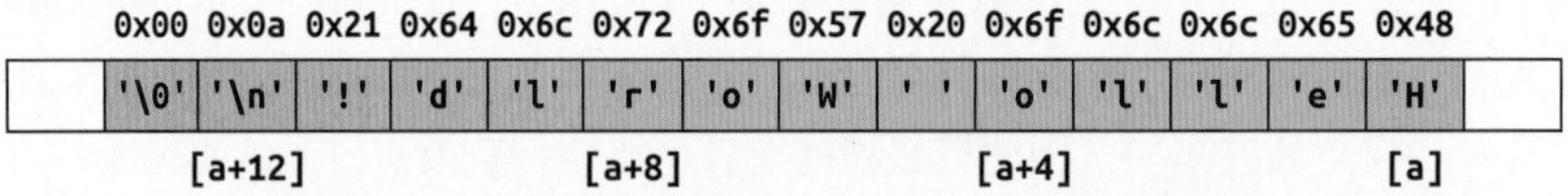

0x00 0x0a 0x21 0x64 0x6c 0x72 0x6f 0x57 0x20 0x6f 0x6c 0x6c 0x65 0x48

'\0' '\n' '!' 'd' 'l' 'r' 'o' 'W' ' ' 'o' 'l' 'l' 'e' 'H'

[a+12] [a+8] [a+4] [a]

图 1.21 字符串"Hello World!" 的内存布局

我们以第一个字符串'H' 的地址 [a] 作为字符串的起始地址，向高地址增加，一直到遇到字符串的截止符'0'（ASCII 码为 0x00）为止。这个区间里的全部字符，按照其顺序，为字符串。

字符串的有很多标准库函数在头文件 string.h 中，在这里列举一些常用的标准库函数：

```
int strcmp(const char *s1, const char *s2);             // 比较字符串s1与s2是否相等
int strncmp(const char *s1, const char *s2, size_t n); // 比较字符串s1与s2的前n个
                                                           字符是否相等
```

```
char *strcpy(char *dest, const char *src)                 // 将字符串src复制到dest
char *strncpy(char *dest, const char *src, size_t n)      // 将字符串src最多n个字符
                                                             复制到dest
size_t strlen(const char *str);                          // 计算字符串长度，直到'\0'
```

计算机科学家："现在，我们来写一个有趣的程序。如果给你一个字符串，如"365"、"0x1234"、"-17"，甚至前后可能含若干空格，如" 0xabcd "，可以是十进制或十六进制，写一个程序，将它转换为对应有符号整数。程序需要自动推断是否是十六进制，如果无法推断（如"365"），就按照十进制转换。不需要检查输入是否有溢出。"

他补充道："但是，我们有一个有趣的限制——只能进行一次扫描，或者说每一个字符的内存只能被读取一次。也就是说，从第一个字符'3' 扫描到最后一个字符'5' 时，就应该得到结果了。这个条件限制了你不可以使用库函数 strlen()，因为 strlen() 本身会对字符串扫描一遍，浪费了你的机会。这叫作**一遍扫描**（One-Time Scanning）。"

电子科学家："有很多方法可以做到这一点吧，我们可以写一堆 if-else 来解决问题。"

计算机科学家："没错，但我会采取另一种方法：**确定有限自动机**（Deterministic Finite Automaton，DFA），这是在字符串处理中常见的一种算法，并且在计算机的计算理论中有举足轻重的地位。"

DFA 会定义一些**状态**S_i，以及**状态转移**$\longrightarrow$。当 DFA 处于某一状态S_i时，如果满足一定条件，可以转移到另一个状态：$S_i \rightarrow S_j$。程序员要做的就是定义好状态，定义好状态转移，以及发生状态转移时怎样完成计算，如图 1.22 所示。

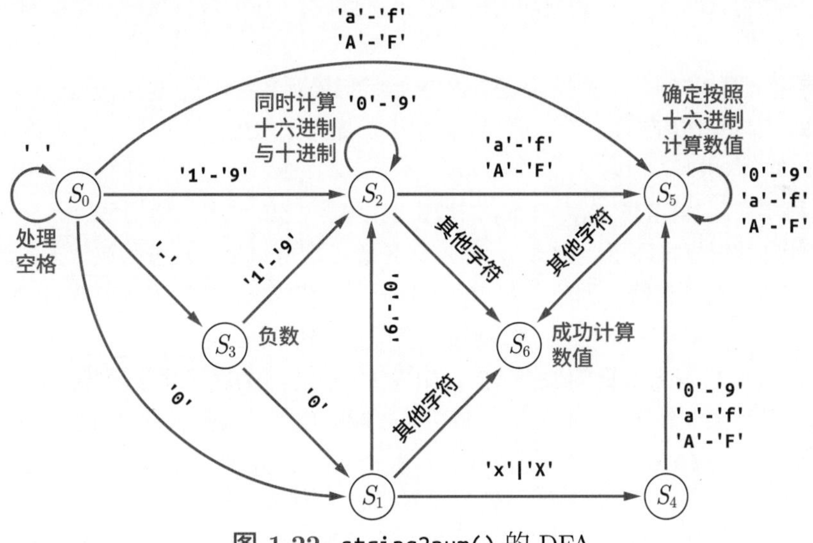

图 1.22 string2num() 的 DFA

算法需要定义一个初始状态 S_0，当算法开始的时候，DFA 处于 S_0 状态，扫描尚未开始。现在，DFA 开始从左向右扫描输入的字符串：str，每扫描到一个字符 str[i]，便依据 str[i] 进行状态转移。而在每一个状态上，DFA 维护两个 int 数据，一个是十进制的当前结果，另一个是十六进制的当前结果。

字符的运算

注意，每一个 ASCII 字符 `str[i]` 其实也是一个 `int8_t` 类型的无符号整数，因此它可以与其他字符比较大小，甚至运算。例如，`'9'-'0'` 这句话的含义是，我们找到字符`'9'` 的 ASCII 码数值,`0x39`,字符`'0'` 的 ASCII 码数值是 `0x30`,两个数值做差,`0x39-0x30=9`。也就是说,字符做差`'9'-'0'`,它的结果正是一个 `int8_t` 整数,9。同理,`'f'-'a'=0x66-0x61=5`。

现在，思考 S_0 要怎样转移。一共有这几种情况：`str[0] == ' '`，这说明 DFA 依然在处理前导的空格，因此状态不发生转移，回到 S_0。`str[0] == '-'`，这说明 DFA 处理一个负数，但无法判断是十进制的负数（如`"-123"`），还是十六进制的负数（如`"-0xabcd"`），因此 DFA 转移到状态 S_3。

比较复杂的情况是 `str[0]=='0'`,这时 DFA 无法判断要扫描的是一个十进制数,如`"00012"`,还是十六进制数`"0x0012"`。因此，DFA 转移到一个单独的状态 S_1，等下一个字符，再判断十进制与十六进制。

`'1' <= str[0] && str[0] < '9'`，这时依然无法判断是十进制还是十六进制，但至少不可能是`"0x"` 开头。转移到状态 S_2。`'a' <= str[0] && str[0] < 'f'` 或`'A' <= str[0] && str[0] < 'F'`，这时直接判断是十六进制数，转移到状态 S_5。

接下来，考虑 S_1。S_1 是接收了第一个`'0'` 而抵达的状态，如果再收到字符`'x'` 或`'X'`，那可以确定是十六进制数，DFA 转移到下一个状态 S_4。如果收到其他数字字符`'0'-'9'`，那么转移到 S_2，等待判断十进制数还是十六进制。除此以外，如果收到其他字符，说明数字部分已经处理结束了，转移到状态 S_6，作为成功的结束状态。此时，DFA 仅仅接受一个字符，`'0'`，因此也返回 `0x0`。

S_2 是待定十进制与十六进制的状态。如果始终扫描到数字字符`'0'-'9'`，状态转移到它自身，S_2，计算可能的十进制数与十六进制数。如果扫描到十六进制字符`'a'-'f'` 或`'A'-'F'`，转移到 S_5，计算十六进制。

计算机科学家：“再考虑 S_3，与 S_0 的地位很相似，它的作用是标记负数。”

剩余的状态就很好推理了。到 S_4，DFA 只是确定这是一个十六进制数（正数或负数），但依然不能确定它的具体数值。因此，对 S_4 增加一个后续状态，S_5，用来接收十六进制的字符，`'0'-'9'`,`'a'-'f'`,`'A'-'F'`。当 S_5 收到其他字符时，转移到 S_6。

状态转移图 1.22 有它等价的表格形式，如表 1.11，被称为**状态转移矩阵**，每一行代表一个状态 S_i，每一列代表一种输入。我们可以将所有可能的输入分为以下几个类别：`'0'`、`'1'`～`'9'`、`'x'|'X'`、`'a'`～`'f'`、`'A'`～`'F'`、`''` 以及其他。当处于状态 S_i 时，我们查找转移矩阵的第 i 行，根据输入找到对应的列 j，假如 i 行 j 列的元素是 S_k，那么，状态转移就是 $S_i \to S_k$。表 1.11 中空白的状态，表示处理到当前字符为止，发现这不是一个可以转换的数字字符串，因此转换失败。

表 1.11　DFA 等价的状态转移矩阵

	0 '0'	1 '1'～'9'	2 '-'	3 'x'|'X'	4 'a'～'f'	5 'A'～'F'	6 ' '	7 其他字符
S_0	S_1	S_2	S_3		S_5	S_5	S_0	
S_1	S_2	S_2	S_6	S_4	S_6	S_6	S_6	S_6
S_2	S_2	S_2	S_6	S_6	S_5	S_5	S_6	S_6
S_3	S_1	S_2						
S_4	S_5	S_5			S_5	S_5	S_6	S_6
S_5	S_5	S_5	S_6	S_6	S_5	S_5	S_6	S_6

还有一些细节需要讨论。

第一个问题，DFA 什么时候结束字符串的处理，即转移到 S_6。S_6 之前主要有三个状态：S_1、S_2、S_5。这三个状态下，如果收到任何其他的字符，如 ','、'x'、'y'、'z'，或者字符串结束，那么 DFA 的状态转移也就结束了。

第二个问题，怎样计算整数。计算的部分主要在 S_2、S_5 这两个状态，我们维护 dec 与 hex 两个数，用来表示可能的十进制数与十六进制数。

假定 DFA 状态处于 S_2，如果下一次输入 str[i] 导致的状态转移是 $S_2 \to S_2$，那么 dec 的更新是：dec = dec*10 + (str[i]-'0')，hex 的更新是：hex = hex*16 + (str[i]-'0')。

对于十六进制 $S_5 \to S_5$ 的情况，或是状态转移 $S_2 \to S_5$，又或是 $S_0 \to S_5$，hex 的更新稍微复杂一些：

```
    *val = (*val) * 16 +
            (('0' <= str[i] && str[i] <= '9') ? (str[i] - '0'      ) : 0) +
            (('A' <= str[i] && str[i] <= 'F') ? (str[i] - 'A' + 10) : 0) +
            (('a' <= str[i] && str[i] <= 'f') ? (str[i] - 'a' + 10) : 0);
```

计算机科学家换一口气：“这样一来，我们就可以写出这个程序了，见代码 1.6。在这里，我们不使用‘图结构’的 DFA，因为那样写起来很烦琐，而是用状态转移矩阵，也就是表 1.11。”

代码 1.6　/data/String2Num/String2Num.c

```
#include <stdio.h>
/// @brief 将单个字符<c>转换为DFA的输入（转移表的列号）
/// @param c 输入字符
/// @return DFA的输入（状态转移表的列号）
int get_inputnum(char c)
{
    if (c == '0')                return 0;
    if ('1' <= c && c <= '9')    return 1;
    if (c == '-')                return 2;
    if (c == 'x' || c == 'X')    return 3;
    if ('a' <= c && c <= 'f')    return 4;
    if ('A' <= c && c <= 'F')    return 5;
    if (c == ' ')                return 6;
    return 7;
}
// DFA状态转移表：二维数组实现
int Transfer[6][8] = {
    // 0;1-9;  -; xX;a-f;A-F;spc;oth
    {  1,  2,  3, -1,  5,  5,  0, -1 },    // DFA状态0
    {  2,  2,  6,  4,  6,  6,  6,  6 },    // DFA状态1
    {  2,  2,  6,  6,  5,  5,  6,  6 },    // DFA状态2
```

```c
    {  1,  2, -1, -1, -1, -1, -1, -1 },   // DFA状态3
    {  5,  5, -1, -1,  5,  5,  6,  6 },   // DFA状态4
    {  5,  5,  6,  6,  5,  5,  6,  6 },   // DFA状态5
};
/// @brief 将字符串<str>转换为32位有符号数
/// @param str 输入字符串，可以含Leading Spaces
/// @param val 指向输出结果的指针
/// @return 转换成功，返回1；失败，返回0
int string2num(char *str, int *val)
{
    int state = 0, i = 0, neg = 0, _state = 0, hex = 0, dec = 0;
    char c;
    // 一遍扫描
    while (1)
    {
        c = str[i];
        // DFA状态转移
        _state = state;
        state = Transfer[_state][get_inputnum(c)];
        // 根据当前状态，判断是否进行数值计算
        switch (state)
        {
            case -1:
                // 转换失败
                return 0;
            case 2:
                // 十进制数/十六进制数计算
                dec = dec * 10 + (c - '0');
                hex = hex * 16 + (c - '0');
                break;
            case 3:
                // 数值为负数
                neg = 1;
                break;
            case 5:
                // 十六进制数计算
                hex = hex * 16 +
                    (('0' <= c && c <= '9') ? (c - '0'      ) : 0) +
                    (('a' <= c && c <= 'f') ? (c - 'a' + 10) : 0) +
                    (('A' <= c && c <= 'F') ? (c - 'A' + 10) : 0);
                break;
            case 6:
                // 转换成功，按照上一个状态确定十进制/十六进制
                if      (_state == 5) *val = hex;
                else if (_state == 2) *val = dec;
                else return 0;
                // 处理正负号
                if (neg == 1) *val = (*val) * -1;
                return 1;
            default: break;
        }
        i += 1;
    }
    // 转换失败
    return 0;
}
/* --------- 程序入口 - Entry Point --------- */
int main(int argc, char *argv[])
{
    int a = 0, s = string2num(argv[1], &a);
    // 打印绿色的成功结果
    if (s == 1) printf("\e[1;32m[OK]'%s' => %d\e[0m\n", argv[1], a);
    // 打印红色的失败结果
    else        printf("\e[1;31m[FAILED]'%s'\e[0m\n", argv[1]);
    return 0;
}
```

对应的 Makefile 与测试用例为代码 1.7。

代码 1.7 /data/String2Num/Makefile

```
CC = /usr/bin/gcc-10 # 选择自己的编译器路径，最好使用gcc-10
CFLAGS = -g -Wall -Werror -std=c99 # 编译器参数
build:
	$(CC) $(CFLAGS) strnum.c -o strnum
test: strnum
	./strnum "1"
	./strnum "2147483647"
	./strnum "2147483648"
	./strnum "-1"
	./strnum "-1234"
	./strnum "-2147483648"
	./strnum "0xaBcD"
	./strnum "  abcd1234 abcd"
	./strnum "-0xabcd"
	./strnum "0xffffffff"
	./strnum "-0x80000000"
	./strnum "-0xffffffff"
	./strnum "    1234"
	./strnum "    1234abcd"
	./strnum "0x1234abcd"
	./strnum "0xabcdHellow World"
	./strnum "NOT a Number"
clean:
	rm -f strnum
```

编译与执行测试用例：

```
Linux Terminal
> make -f Makefile build # make -f Makefile build 通过执行 Makefile 中的 build 命令进行编译
> make test # 执行 Makefile 中编写好的测试用例
```

代码 1.6 使用二维数组 int Transfer[6][8] 表示状态转移矩阵1.11。这个语法会在第 4 章详细分析，但它本身是很直观的，就是一个矩阵，可以通过行、列两个索引找到一个元素。接下来，让我们验证一下这个算法。读者如果有计算机，可以自己试着写一下这个程序，每读取一个字符的时候打印一下状态，见表 1.12。

表 1.12 处理字符串"-0x1234"

下标 [i]	字符 str[i]	矩阵列号	状态转移	数值 (hex)
0	' '	6	$S_0 \to S_0$	$0 \to 0$
1	' '	6	$S_0 \to S_0$	$0 \to 0$
2	'-'	2	$S_0 \to S_3$	$0 \to 0$
3	'0'	0	$S_3 \to S_1$	$0 \to 0$
4	'x'	3	$S_1 \to S_4$	$0 \to 0$
5	'1'	1	$S_4 \to S_5$	$0 \to 1$
6	'2'	1	$S_5 \to S_5$	$1 \to 18$
7	'3'	1	$S_5 \to S_5$	$18 \to 291$
8	'4'	1	$S_5 \to S_5$	$291 \to 4660$
9	0x00	7	$S_5 \to S_6$	$4660 \to -4660$

电子科学家："这也太麻烦了，除了使用 DFA 这个工具，还有没有其他办法完成这个任务？"

计算机科学家："可以的，这正是 C 语言标准库函数 `strtol()` 所做的事情，它的主要工作和我们写的函数 `string2num()` 基本一样。这是开源项目，你可以去阅读 GCC 的源代码，`libiberty/strtol.c`，这个函数并不复杂，即便是初学者也完全可以读懂。实际上，这个函数也常常是初学者需要自己动手写一遍的函数。"

计算机科学家总结："又一座里程碑，我们写的代码甚至在使用算法了。"

1.4 阅读材料

以上，是我们的第一段旅程。漫长吗？但我们不过刚刚起步。正如 J.R.R. 托尔金在他的小说《护戒使者》中所写的，"家园已在身后，世界尽在眼前"。[1]当读者翻到这一页时，计算机的世界正逐渐展开它的一角。在这趟旅途中，我们还有许多路要走，"度越幽影，来此良宵，直至群星闪耀"。

下面，我向大家介绍一些参考书目。

关于 C 语言，C 语言是一门历史悠久的编程语言，它最早由著名的**贝尔实验室**（Alcatel-Lucent Bell Labs）的 Dennis M.Ritchie 实现。Dennis 与他的好友 Brian W.Kernighian 一起撰写了《C 程序设计语言》一书[2]，介绍 C 语言的语法和基本使用。因为两位作者的姓氏，因此这本书又被简称为 *K&R*。

二进制的表示分为有符号数与无符号数的表示、浮点数的表示，这些内容在每一本计算机的基础教科书里都会提到。但我特别建议读者去阅读《深入理解计算机系统》（*Computer systems: a programmer's perspective*）[15]，简称 *CS:APP*，这也是我们这本书的核心书籍。*CS:APP* 中有一张三维的图表，专门介绍有符号数溢出，同时也给出了浮点数分布的稠密与稀疏图表，很值得一看。除此之外，*CS:APP* 中有大量的习题，有兴趣的读者可以去做做看，巩固一下知识。

在这一章里，我们在硬件层面主要关注两种器件：DRAM 芯片，以及 32 位加法器。关于 DRAM 芯片，Bruce Jacob 的 *Memory systems: cache, DRAM, disk* 是一本非常全面的书[11]，它基本囊括了我们对于 DRAM 的全部介绍，包括晶体管、电容器、单元、阵列等。不过这本书暂时没有中文版，需要读者去读英文原版。加法器则是逻辑电路中最基础的器件之一，它依赖于门电路。但我并没有详细介绍门电路，如果读者对 ALU 中真正的加法器感兴趣，可以去看 John F Wakerly 的《数字设计：原理与实践》[9]。

[1] J.R.R.Tolkien, **The Fellowship of the Ring**. 这是 *Three is Company* 一章中传唱的歌谣：*Home is behind, the world ahead, And there are many paths to tread. Through shadows to the edge of night, Until the stars are all alight.*

第 2 章
指令计算的艺术

从第 2 章开始，我们开始一段新的计算机旅途。在第 1 章中，我们的目光集中在两个器件上：**内存**与**加法器**。这一章，我们会更关注**中央处理器**（Central Processing Unit），简称CPU。

数学家说："CPU 与计算机是目前人类造物的巅峰之一。它们不来自一次偶然的发现与探险，而起源于人类对自我心智的审视与探索。因此，在计算机当真被制造出来之前，人类已经在脑海中对它反复斟酌，有关计算的理论得到了相当的发展。从弗雷格（Frege）的**谓词逻辑**（Predicate Logic）开始，到希尔伯特（Hilbert）领导的公理化运动，以及康托尔（Cantor）、罗素（Russell）对数学原理的检讨，这都是计算机诞生的前夜。'*黎明必待黑暗过去始得回返*[1]。'"

他继续回顾历史："希尔伯特领导他的学生，阿克曼（Ackermann）和冯·诺依曼（von Neumann）研究证明论，并作出了许多工作。等到 20 世纪 30 年代，许多最重要的计算机理论于此诞生。于是黑夜过去，计算机开始向整个世界宣告它的出现——哥德尔（Godel）与埃尔布朗（Herbrand）的递归函数、丘奇（Church）的 λ 演算，图灵（Alan Turing）的状态机，这三种计算理论共同敲开了计算机的大门。一个新的时代到来了。丘奇的研究后续演变成了计算机编程中的函数式编程语言，包括 `Lisp`、`Haskell` 等。图灵的状态机更是成为现代计算机的基石。"

电子科学家："是的，这是心智、理性与逻辑的探索之旅。但仅凭计算理论，我们是永远无法得到一个真正能够运行的计算机的。二战爆发，带来了巨大的计算需求，参战各方都希望能够精密地计算导弹弹道、破译密码。*战争是一位严厉的老师*[2]，它将所有资源集中起来。电子科学因为战争的需求而极速发展，这也影响了计算机的历史进程。"

电子科学家："二战期间，冯·诺依曼在美国参与曼哈顿计划。1943 年，美国宾夕法尼亚大学的莫齐利（Mauchly）与埃克特（Eckert）正在制作第一台电子计算机——ENIAC。1944 年，冯·诺依曼正在为曼哈顿计划寻求大量计算的解决方案，他被 ENIAC 计划所吸引，并且起草了新一代计算机 EDVAC 的结构[3]。至此，现代计算机的基本结构——**冯·诺依曼体系结构**（von Neumann Architecture），登上了历史的舞台。"

---

[1]蒙森. 罗马史，第五卷。

[2]修昔底德《伯罗奔尼撒战争史》第三卷，82。

[3]Von Neumann, John. ***First Draft of a Report on the EDVAC***. IEEE Annals of the History of Computing, 1993, 15(4): 27-75.

冯·诺依曼体系结构深刻地影响了计算机的发展史，它的许多思想来自图灵。在 ENIAC 和 EDVAC 项目工作时，冯·诺依曼发现了图灵在 1936 年的理论工作的重要性，他要求项目的其他成员详细阅读图灵的论文。有些人称冯·诺依曼为计算机之父，但他自己并不这样认为。他的同事 S.Frankel 说，冯·诺依曼或许会称自己是计算机的接生婆，他向 Frankel 说过，他关于计算机最根源的思想正是来自图灵[4]。冯·诺依曼的工作则是向世人展露这些数学理论具有何等的力量，并且通过电子设备为其助产。

这是 CPU 与计算机的诞生以及之前的历史，它是人类对自我心智的一场探险之旅。这一旅程的起源很久远，甚至要追溯到两千多年前古希腊人对于几何公理的思考。而从 20 世纪开始，无数领域的科学家与工程师一并努力，终于让计算机能够运转。现代计算机系统更加复杂、强大，但总体上没有离开冯·诺依曼体系结构的范围。至于计算机能做到哪些事，又做不到哪些事，则在 1936 年就有了答案。

2.1 指令即数据

电子科学家："1945 年，冯·诺依曼面对的不仅仅是一个数学问题和智力游戏。他必须现实地考虑如何利用自己所能利用的所有资源，来打造一台军事用途的计算机。所以，他提出了**储存程序**（Stored-Program）的思想，又称'程序即数据'。"

计算机科学家："这个思想为什么显得重要呢？我能理解这个思想的作用：在现代计算机中，程序是保存在一个个可执行文件中的，这些可执行文件被存放在固态硬盘或机械磁盘上，等到计算机要执行程序时，再从硬盘加载到内存当中，由 CPU 执行。"

电子科学家："不错，这是受'储存程序'思想影响而诞生的计算机体系结构。但在冯·诺依曼的时代，程序并不是这么方便的'可执行文件'，而是有物理实体的电容器、晶体管、导线。如果要换一个程序执行，就需要专业人员重新设计电路，这可能就要花费两个星期的时间。"

计算机科学家："啊，所以将'程序'从具体的电路变成'数据'，就可以像储存数据一样储存程序。"

电子科学家："是的。程序、指令变成数据，就可以统一地存放在储存器里。CPU 按照需要从储存器读取程序的数据，然后解析、执行。这样一来，就方便多了。"

"程序即数据"的想法其实来自图灵。在图灵的论文中，图灵构想了一种虚拟的机器，我们现在称之为**图灵机**（Turing Machine）。图灵机中有一个**纸带**（Tape），纸带被均匀地分为若干方块（Square），就像一个数组。每一个方块可以存放一个符号，例如，第 r 号位置存放了符号 $\mathfrak{S}(r)$。图灵机每次可以扫描一个方块（Scanning Square），它将根据第 r 个方块中的符号 $\mathfrak{S}(r)$ 执行特定的指令，而纸带就是储存程序的储存器。

历史上，人们就用过**打孔带**（Punched Tape）作为储存程序的载体，程序是以孔洞的形式存放在纸带上的。有了打孔带，就可以不断扫描打孔带，感知探头区域内的孔洞。这个过程就是图灵机的"扫描"，也就是冯·诺依曼体系结构的中央控制器。不仅如此，中央控制器还需要将读取到的数据（孔洞）翻译为一个指令，然后在计算机上执行这条指令。

[4]Randell, Brian. *On Alan Turing and the origins of digital computers.* Computing Laboratory Technical Report Series 1972.

电子科学家:“今时今日,我们已经不再使用打孔带了。但基本思想其实并没有差别,旧日的打孔带如今变成了内存的一部分,被储存在 DRAM 芯片的电容器中,被称为**机器码**(Machine Code)。”

我们写下的每一个 C 语言程序,都会被编译器转换为一个可执行文件。可执行文件是机器码写成的,它并不是给人类阅读的,但 CPU 却可以高效而准确地读取。我们看一个例子。见代码 2.1,将它编译为 RISC-V 程序,采用 RV32I 指令集。

代码 2.1　/instructions/Add.c

```c
int add_2(int a, int b)
{
    return a + b;
}

void main()
{
    int a = 0xabcd0000;
    int b = 0x00001234;
    int c = add_2(a, b);
}
```

计算机科学家:“这有点麻烦,毕竟现在使用 RISC-V 芯片的计算机很少,我手头使用的计算机是 Intel X86-64 架构的 CPU,要怎么把代码 2.1编译成 RV32 程序呢?”

电子科学家:“这就需要准备一种特殊的**交叉编译**(Cross Compile)的编译器了,配置环境还是挺麻烦的。总之,你需要一款特殊的 gcc,如 riscv64-unknown-elf-gcc,它可以在 X86-64 的计算机上运行,生成 RISC-V 指令的程序。这是开源软件,有一些制作好了的交叉编译 gcc 编译器放在互联网上,我们可以下载使用。”

不论是自己交叉编译工具链,还是下载预编译的 riscv64-unknown-elf-gcc,有了 RISC-V 版本的 gcc 后,就可以编译代码 2.1 了。编译对应的 Makefile 见代码 2.2,其中 riscv64-unknown-elf-gcc 位于 ~/riscv/bin/目录。因为只需要查看 add_2() 函数的汇编指令,所以编译 ELF 文件即可,不需要进行链接,编译器采用-c 选项。关于 ELF 文件,参考 5.1 节。

代码 2.2　/instructions/Makefile.add

```makefile
CC = ~/riscv/bin/riscv64-unknown-elf-gcc # 选择自己的编译器路径
CFLAGS = -g -Wall -Werror -std=c99 -march=rv32im -mabi=ilp32 -c # 编译器参数
OBJDUMP = ~/riscv/bin/riscv64-unknown-elf-objdump
build:
	$(CC) $(CFLAGS) Add.c -o add.o
objdump:
	$(OBJDUMP) -d add.o
clean:
	rm -f add.o
```

电子科学家:“编译完成以后,利用 riscv64-unknown-elf-objdump 检查汇编指令,不过 Makefile2.20已经包含该命令了,所以查看汇编也可用 make 命令。”

```
>_                                                Linux Terminal

> make -f Makefile.add build
> make -f Makefile.add objdump
1018c: fe010113 addi sp,sp,-32
10190: 00812e23 sw   s0,28(sp)
10194: 02010413 addi s0,sp,32
```

```
10198: fea42623 sw   a0,-20(s0)
1019c: feb42423 sw   a1,-24(s0)
101a0: fec42703 lw   a4,-20(s0)
101a4: fe842783 lw   a5,-24(s0)
101a8: 00f707b3 add  a5,a4,a5
101ac: 00078513 mv   a0,a5
101b0: 01c12403 lw   s0,28(sp)
101b4: 02010113 addi sp,sp,32
101b8: 00008067 ret
```

可执行文件 Add 的指令部分，就像是图灵机中的一张纸带，或者说是早期计算机中的打孔带。例如，`101a8: 00f707b3 add a5,a4,a5`，这句话表示：将寄存器 a4 中的数值与寄存器 a5 相加，将加法的结果写入到寄存器 a5。用指令表示，就是 `0x00f707b3` 这条指令。在 2.5 节中，我们会了解到这个 4 字节的数据怎样被解释为指令。甚至，在 2.3 节中，我们会自己动手写一个指令的解释执行器！

当我们运行这个程序时，这一段数据 `13 01 01 fe ... 67 80 00 00` 会被加载到内存的代码段（.text）当中，然后 CPU 开始读取 `add_2()` 函数的第一个指令，`0xfe010113`，于是 CPU 开始执行 `addi sp,sp,-32` 指令。其实，用打孔带编程也是同样的原理，计算机上安装好打孔带，中央控制器读取打孔带上的指令，然后执行。

不论是打孔带，还是磁带、磁盘、固态硬盘芯片，程序都以数据的形式被储存。每一条指令，本质上都是一组字节。这就是“程序即数据”的思想。反映到 C 语言编程中，C 语言的函数也是数据，可以用一个**函数指针**指向它，而指针本身也是一个整数。因此，甚至可以对函数指针进行加法、减法！进而，可以写出一个打印其他函数指令数据的函数。见代码 2.3。

代码 2.3 /instructions/PrintFunc.c

```c
#include <stdio.h>
#include <stdint.h>
#include <stdlib.h>
/// @brief 打印函数指令的函数
/// @param func 待打印函数的函数指针
void print_func(void *func)
{
    uint32_t a = *(uint32_t *)func;
    uint8_t *b = (uint8_t *)&a;
    // 直到遇到ret指令为止
    // 仅限于函数以ret指令返回的情况
    while (1)
    {
        printf("%p: %02x %02x %02x %02x\n", func, b[0], b[1], b[2], b[3]);
        if (a == 0x00008067) break;
        // 更新函数指针的位置：下一条指令
        func += 4;
        a = *(uint32_t *)func;
        b = (uint8_t *)&a;
    }
}
// 主函数
void main()
{
    // 打印main自身
    print_func(&main);
}
```

计算机科学家跃跃欲试："那我来试试代码 2.3吧，准备一个同样的 Makefile 就行吧，见代码 2.4。"

代码 2.4 /instructions/Makefile.print

```
CC = ~/riscv/bin/riscv64-unknown-elf-gcc # 选择自己的编译器路径
CFLAGS = -g -Wall -Werror -std=c99 -march=rv32im -mabi=ilp32 -c # 编译器参数
OBJDUMP = ~/riscv/bin/riscv64-unknown-elf-objdump
build:
	$(CC) $(CFLAGS) PrintFunc.c -o print.o
objdump:
	$(OBJDUMP) -d print.o
clean:
	rm -f print.o
```

编译与查看汇编指令：

```
Linux Terminal
> make -f Makefile.print build # 通过执行 Makefile 中的 build 命令进行编译
> make -f Makefile.print objdump # 使用 objdump 工具检查汇编指令
10248: ff010113 addi  sp,sp,-16
1024c: 00112623 sw    ra,12(sp)
10250: 00812423 sw    s0,8(sp)
10254: 01010413 addi  s0,sp,16
10258: 000107b7 lui   a5,0x10
1025c: 24878513 addi  a0,a5,584 # 10248 <main>
10260: f2dff0ef jal   ra,1018c <print_func>
10264: 00000013 nop
10268: 00c12083 lw   ra,12(sp)
1026c: 00812403 lw   s0,8(sp)
10270: 01010113 addi sp,sp,16
10274: 00008067 ret
```

在代码 2.3 中，函数 print_func() 接收一个指针，func。指针 func 指向的是某个函数的起始地址，例如，&main 就是 main() 函数的指针，它的第一条指令的地址是 0x10248。

得到函数的第一条指令的地址后，我们按照每 4 字节进行一次检查的顺序，从低地址向高地址遍历：func += 4。检查更新后的 func 指针所指向的 4 字节数据，其实这就是一条 RISC-V 指令数据。如果遇到 0x00008067，则说明遇到 ret 指令，也就是函数返回的指令[5]。这说明此时函数已经完成了执行，即将返回。因此，我们终止程序的打印。

电子科学家："这就是'程序即数据'的魔法。在冯·诺依曼体系结构中，程序就是数据！因此，代码 2.3 对待 main() 函数像对待普通的数据一样。C 语言是非常接近冯·诺依曼体系结构的编程语言，它几乎是对计算机硬件的一层抽象。因此，在 C 语言编程中，一切也都是数据，函数也不例外。"

打印自身的程序

请读者思考，怎样调用 print_func()，使得它打印自身的指令？怎么写出一个打印自身整个程序文件的程序？

[5]需要特别注意的是，函数 print_func() 只适用于以 ret 指令结尾的函数。

指令是只读类型的数据

读者如果喜欢黑客（Hacker），或许立刻会想到：既然我可以读到 `main()` 函数的全部指令数据，那我能不能修改这些指令？这样，`main()` 函数的行为就被改变了。我就可以利用这个函数去做一些破坏性的事情。答案是不能，因为指令是**只读**（Read Only）类型的数据。这意味着，计算机只允许你读取指令部分的内存，却禁止你向这部分内存写入任何数据。在第 5 章中，我们会深入地理解操作系统怎样控制读写权限。

2.2 URM：一种理论计算机

计算机科学家："我们已经知道了'指令即数据'，但是，为了实现一台能工作的计算机，我们最少需要哪些指令？"

数学家："好问题，这个问题其实定义了 CPU 的计算能力。"

电子科学家："CPU 的电路是非常复杂的，这是人类目前能设计制作的最复杂的作品之一。但计算机不需要关注电路，只需要知道 CPU 能执行哪些指令。一个 CPU 可以执行的指令构成了一个集合，我们称它为**指令集**（Instruction Set Architecture, ISA）。ISA 在 CPU 的逻辑能力和电路实现之间形成了一层薄薄的抽象，通过 ISA，我们可以描述一颗 CPU 的能力。"

他继续说："不过，一颗工业用的 CPU 芯片极其复杂，ISA 中指令也很繁多。"

数学家："没关系，我们先看一个**理论计算机**（Theoretical Computer）的例子，Shepherdson 与 Sturgis 于 1963 年提出的**无界存贮机**（Unlimited Register Machine, URM）[6]。URM 与图灵机是等价的理论计算机模型，也就是说，图灵机能做到的事情 URM 都可以做到，URM 能做到的事情图灵机也可以做到。"

URM 包含**可列的**（Denumerable）存贮器，$R_1, R_2, R_3, \cdots$，也就是说，有无穷多的存贮器，但我们可以给它们编上序号。在任意时刻，每一个存贮器 R_i 上储存一个自然数 $r_i \in \mathbb{N}_0$。

这就是 URM 的储存部分，它需要无穷多的存贮器，并且每一个存贮器 R_i 可以储存一个**任意大**的自然数 r_i，因此它只存在于理论当中。其实，这是一种理想的内存，我们在第 1 章描述的 DRAM 芯片是有物理限制的，不管是储存大小还是访问速度。而在 URM 中，储存设备则不受现实的拘束。在 URM 中，有了存贮器的"地址"R_i，我们就可以读写该处的自然数 r_i。

除了数据的存贮器，URM 还有一个控制器。我们编写一个 URM 程序，它包含一系列的指令（注意，指令本身也是数据，但并不储存在数据的存贮器中）：$I_0, I_1, I_2, \cdots, I_t, \cdots$。控制器会从 I_0 开始读取指令，并且执行。如果当前的指令不是条件跳转指令，那么控制器会读取下一条指令。如图 2.1 所示。

[6] Register 应当被翻译为寄存器，但物理计算机的 CPU 中包含了寄存器（Register），为了区分，我们称理想计算机中的 Register 为"贮存器"。URM 来自论文：Shepherdson, J. C., Howard E. Sturgis. ***Computability of recursive functions***. Journal of the ACM (JACM), 1963, 10(2): 217-255.

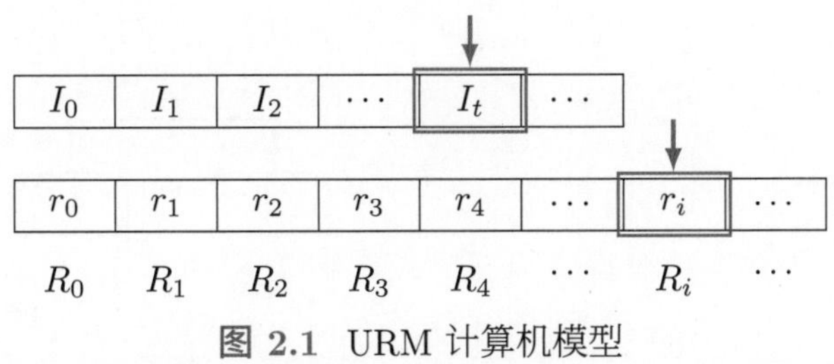

图 2.1　URM 计算机模型

数学家："URM 一共有 4 种指令，构成了它的指令集。它们分别是置零指令 $Z(i)$、后继指令 $S(i)$、传输指令 $T(i,j)$ 和条件跳转指令 $J(i,j,k)$。"

2.2.1 置零指令 $Z(i)$

置零指令 $Z(i)$ 接受一个参数 i，根据 i，找到存贮器 R_i，将 R_i 存贮的自然数设置为 0，即 $Z(i): r_i \leftarrow 0$，如图 2.2 所示。$Z(i)$ 源于皮亚诺算术，它设置了自然数的起点，从而定义自然数，进而是整数，有理数，直到图灵讨论的所有**可计算数**（Computable Number）。

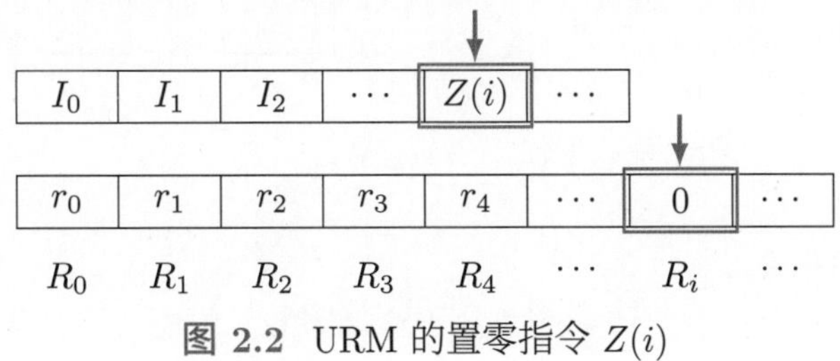

图 2.2　URM 的置零指令 $Z(i)$

2.2.2 后继指令 $S(i)$

后继指令 $S(i)$ 同样根据 i 找到存贮器 R_i，然后对所储存的自然数进行皮亚诺算术的后继操作，对该自然数加 1，即 $S(i): r_i \leftarrow r_i + 1$，如图 2.3 所示。有了这两条指令，我们就可以在存贮器 R_i 上构造所有的自然数了。但仅凭一个存贮器不足以计算所有的有理数，因此还需要其他指令。

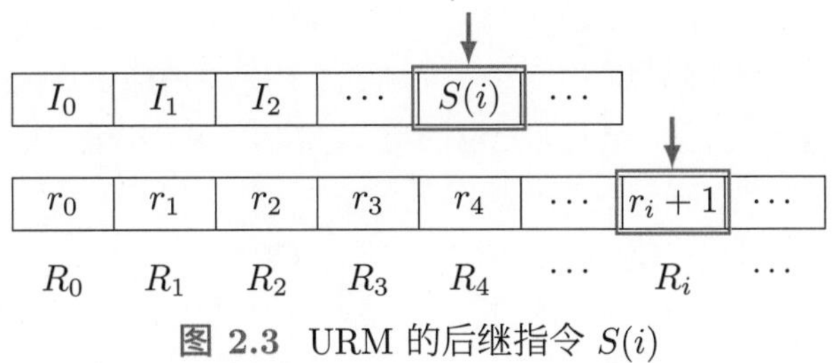

图 2.3　URM 的后继指令 $S(i)$

2.2.3 传输指令 $T(i,j)$

传输指令 $T(i,j)$ 接受两个参数，i 与 j。它将存贮器 R_j 的值 r_j 写入 R_i：$T(i,j): r_i \leftarrow r_j$，如图 2.4 所示。

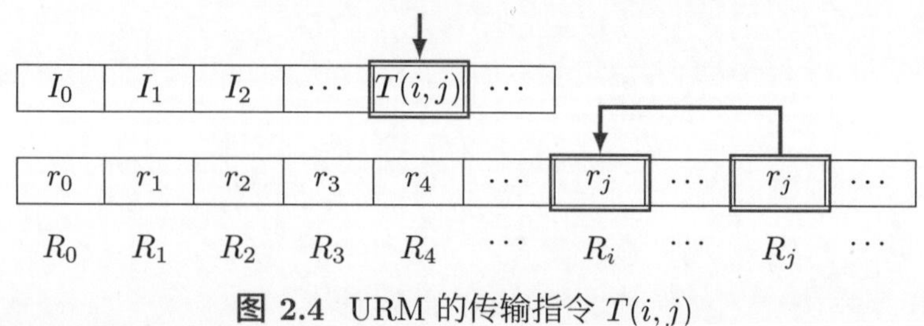

图 2.4 URM 的传输指令 $T(i,j)$

2.2.4 条件跳转指令 $J(i,j,k)$

条件跳转指令 $I_t = J(i,j,k)$ 接受三个参数，i、j、k。控制器首先找到 R_i 与 R_j，比较两个存贮器上的数值 r_i, r_j。如果 $r_i = r_j$，则控制器跳转到 I_k，也就是说下一条指令不执行 I_{t+1}，而执行 I_k。如果 $r_i \neq r_j$，则继续执行 I_t 的下一条指令，I_{t+1}。如图 2.5 所示。

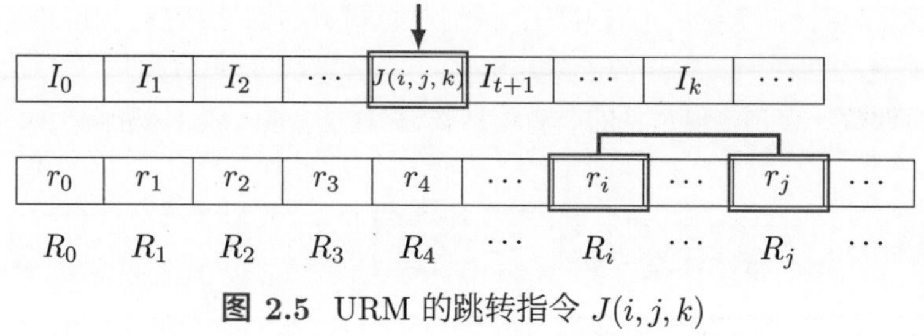

图 2.5 URM 的跳转指令 $J(i,j,k)$

计算机科学家：“就这么多?”

数学家满脸自信道：“对，就这四条指令，足够达到理论计算能力的边界了。奥秘就在于储存器是无穷多的，储存器可以保存的数字也是任意大的，这两句话的威力可不容小觑。例如，对于自然数 365，我们要在 R_0 上得到 365，就需要写一个 366 条指令的 URM 程序：$I_0 = Z(0), I_1 = S(0), I_2 = S(0), \cdots, I_{365} = S(0)$。再加上传输与条件跳转，就可以进行条件分支判断、赋值、循环等，从而构造其他的可计算数。”

计算机科学家转头问电子科学家：“CPU 里也只有这 4 条指令吗?”

电子科学家：“想啥呢，怎么可能。但一颗 CPU 中的各色指令，如 `add`, `sub`, `store`, `load` 等，其实都与 URM 的 4 条指令有千丝万缕的联系。关键问题是，在现实世界里，我们无法突破物理限制，不可能有无限多的存贮器，也不可能在一个电子器件上存储任意大的自然数。尽管如此，URM 的四条指令也可以给我们足够的启发——假如我们自己需要设计一颗 CPU，设计它的指令集，或者应当从这四条指令出发。”

计算机科学家：“所以说程序是程序，指令是指令，CPU 与内存又是另一回事。既然 URM 用 4 条指令就可以达到理论边界，那么如果世界上所有计算机都有无穷多的储存单元，储存单元都可以保存任意大的自然数，其他 CPU、ISA 也好，`C` 语言模型本身也好，是不是都可以在上面运行，达到与 URM 同等的计算能力?”

数学家：“应该是可以的。你自己在使用 `C` 语言编程时，不也是常常假定内存总是够用的吗？潜台词是，内存‘几乎’是无限的。如果在一台内存真正无限的计算机上，`C` 语言这些编程语言应当和 URM 乃至图灵机等价。”

计算机科学家："我想想，我懂了！我可以这样证明：我可以用 `C` 语言模拟一台 URM 计算机的运行，也可以用 URM 计算机模拟 `C` 语言的运行。这很容易，我只需要假定 `int` 可以储存任意大的自然数，数组 `int *a` 也可以保存任意数量的 `int`。"

数学家："那么，我们就把这样的编程语言称为 URM 完备吧。既然 URM 与图灵机等价，那也可以称为**图灵完备**（Turing-Complete）。"

计算机科学家："那么，大部分编程语言都是图灵完备的。这样说，图灵完备是编程语言的性质，与计算机的物理限制没有关系。现实是，人类用图灵完备的编程语言写程序，运行在有限资源的计算机上。"

2.3 RISC-V 解释器

电子科学家："现实世界里，不管是 URM 还是图灵机，都是不可能实现的。你必须要向电路设计做出妥协，例如需要考虑寄存器宽度、数据宽度为 32 比特或 64 比特。只有这样，才能高效地驱动电子器件，运行程序。你还要考虑到冯·诺依曼的'储存程序'，需要专门设计指令的编码。仅用 4 条指令支撑起整个计算机世界的愿景很美好，但这不可能在现实世界里达到。"

在现实世界里，我们有一种比 URM 复杂一些的指令集。最令人激动的是，它真真实实地运行在世界各地的电子设备中，叫作 RISC-V 指令集。

RISC-V 指令出乎意料的少，因此它被称为**精简**指令集计算机（Reduced Instruction Set Computer），它的基础指令只有 47 条，其中有一些指令，例如与**内存屏障**（Memory Fence）、**控制状态寄存器**（Control and Status Register）相关的指令超出本书的范围，除此之外的指令在本书中都有介绍。这 47 条指令，便足以构成一个强大且功能完备的现代计算机了。与之相对的是 X86-64 指令集，它是典型的**复杂**指令集计算机（Complex Instruction Set Computer），指令数以千计。

电子科学家："不论是 RISC 还是 CISC，一条指令在 CPU 上所经历的生命周期大致是相同的，主要包括 5 个阶段：**取指**（Instruction Fetch, IF）、**译码**（Instruction Decode, ID）、**执行**（Execution, EX）、**访存**（Memory, MEM）、**写回**（Write Back, WB）。每一个阶段经历的时间是相同的，被称为一个**时钟周期**（Clock Cycle），所以，一条指令的一生是 5 个时钟周期。不过，也有指令的一生是 4 个时钟周期，具体由 ISA 和指令决定。我们称一条指令在它一生中的经历为它的**数据通路**（Data Path），了解了数据通路，我们也就了解了 CPU 的全部工作。"

电子工程师拿来纸笔，唰唰唰画出图 2.6，图中描绘了一条指令的数据通路。这张图中涉及很多尚未解释的概念，读者直接看这张图肯定会一头雾水。不过没关系，读者只需要大概了解这张图的内容，脑海中有一个初步印象即可。本章我们会反过头来看这张图，分析其中的每一个框图、每一条直线。当读者完全了解这一张图的内容，也就了解 CPU 是怎样工作的了。

电子科学家特别提醒："图 2.6 是一种简化的 CPU 数据通路，它有很多地方可以优化。例如，可以使用寄存器将图 2.6 改造成流水线，从而更高效地运行。不过，图 2.6 足够我们使用了，我们只是用它来解释 CPU 的主要工作。"

计算机科学家："OK，有了这张图，我就可以动手来写一个简易的指令解释器，理解 CPU 的指令周期与数据通路。也就是说，我们来写一个程序，它可以执行 RISC-V 指令所写的程序。

这种可以运行其他程序的程序，我们一般称之为**解释器**（Interpreter）。”

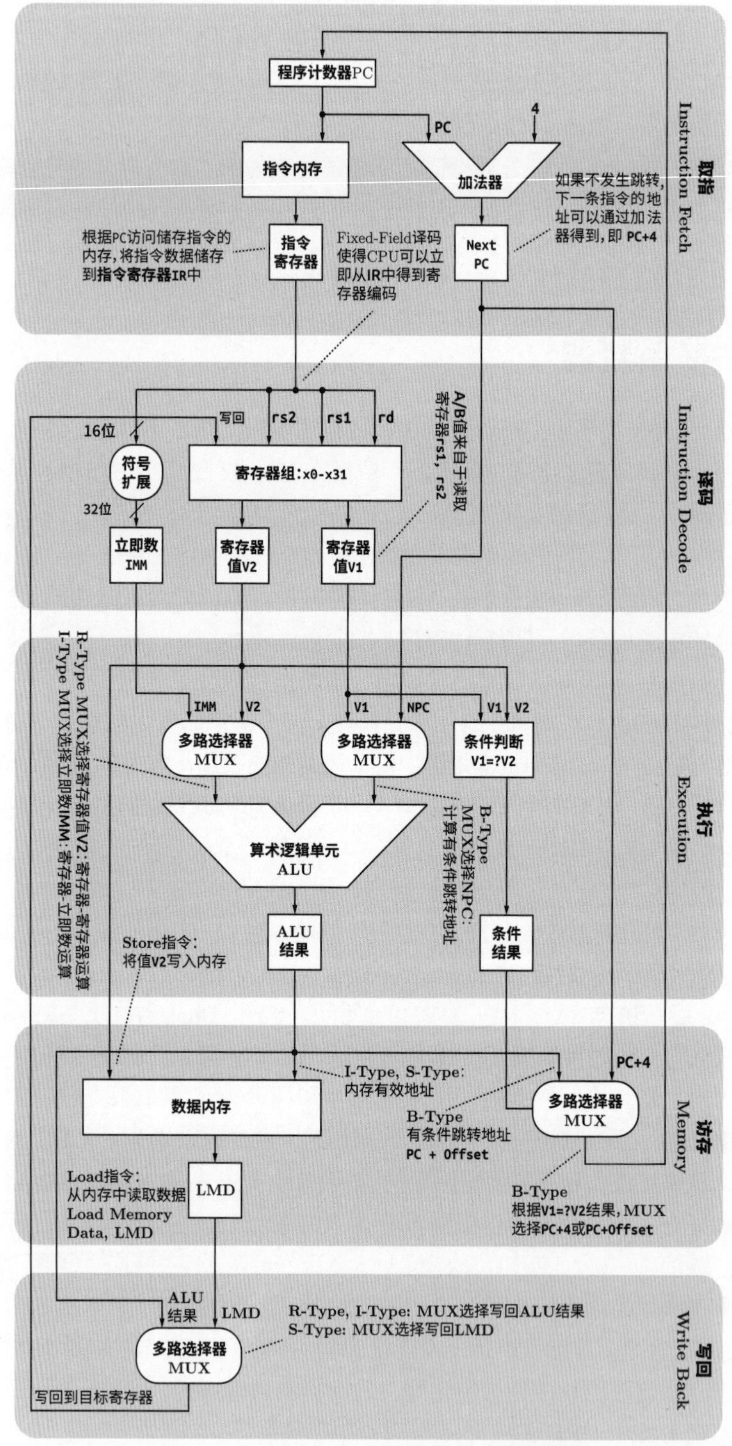

图 2.6 一条指令的生命周期：数据通路

电子科学家：“看来你是想要绕过 CPU 中复杂的硬件电路，而用软件直接进行模拟?”

计算机科学家：“没错。按照你说的，一个 CPU 执行指令主要有 5 个阶段，那我写 5 个函数不就可以了，见代码 2.5。”

代码 2.5　/instructions/Interpreter/RISCVInt.c

```c
#include <stdio.h>
#include <stdlib.h>
#include <stdint.h>
#include <inttypes.h>
#include "Instr.h"
// 虚拟地址翻译的函数指针类型
typedef uint64_t (*va2pa_t)(uint64_t);
// 外部依赖：由其他源文件实现
extern const uint64_t MEMORY_SIZE;
extern uint64_t pcnt;
extern uint8_t  *mem;
extern uint64_t *xreg;
extern uint64_t va2pa_l(uint64_t vaddr);
extern uint64_t va2pa_s(uint64_t vaddr);
extern void dump_registers();

/* ---------------- 模拟取指 ---------------- */
// 输入：程序计数器PC
// 输出：NPC（引用），指令寄存器IR的值（返回值）
extern uint32_t instruction_fetch(uint64_t pc, const uint8_t *mem,
    va2pa_t va2pa_load, uint64_t *npc);

/* ---------------- 模拟译码 ---------------- */
// 输入：指令寄存器IR的值
// 输出：译码结果：类型、寄存器值、立即数等
extern void instruction_decode(const uint64_t ir, const uint64_t *reg,
    instr_t *inst);

/* ---------------- 模拟执行 ---------------- */
// 输入：源寄存器值，NPC
// 输出：ALU结果（返回值）、分支判断结果（引用）
extern uint64_t instruction_execute(const instr_t *inst, uint64_t npc,
    uint64_t *condition);

/* ---------------- 模拟访存 ---------------- */
// 输入：ALU结果（内存有效地址）、源寄存器值（Store写入内存）、分支判断结果、NPC
// 输出：LMD寄存器值（引用）、PC更新值（返回值）
extern uint64_t memory_access(const instr_t *inst, uint64_t alu_output,
    uint64_t condition, uint64_t npc, uint8_t *mem, va2pa_t va2pa_load,
    va2pa_t va2pa_store, uint64_t *lmd);

/* ---------------- 模拟写回 ---------------- */
// 输入：ALU结果（计算结果）、LMD值（Load内存）
extern void write_back(const instr_t *inst, uint64_t *reg,
    const uint64_t alu_output, const uint64_t lmd, const uint64_t nextpc);

// 从二进制文件中加载指令数据到内存中
extern int load_image(const char *file, uint64_t text_start,
    uint64_t stack_start);

/* --------- 程序入口 - Entry Point --------- */
int main(int argc, const char *argv[])
{
    // 将程序文件中的指令数据加载到内存mem中，从text_start开始
    uint64_t text_start = strtoull(argv[2], NULL, 16);
    uint64_t stack_start = strtoull(argv[3], NULL, 16);
    printf("Loading image: start_code: %"PRIx64"; start_stack: %"PRIX64"\n",
        text_start, stack_start);
```

```
    int text_size = load_image(argv[1], text_start, stack_start);
    // Data Path中不同阶段之间的参数传递
    instr_t inst;                             // 译码结果
    uint64_t ir, npc, alu, cond, lmd;         // 临时寄存器
    // 执行指令的主循环
    while (text_start <= pcnt && pcnt < text_start + text_size)
    {
        // 指令数据寄存器IR
        ir = instruction_fetch(pcnt, mem, va2pa_l, &npc);
        // 解析指令数据
        instruction_decode(ir, xreg, &inst);
        // ALU运算结果
        alu = instruction_execute(&inst, npc, &cond);
        // 更新程序计数器PC
        pcnt = memory_access(&inst,alu,cond,npc,mem,va2pa_l,va2pa_s,&lmd);
        // 写回目标寄存器
        write_back(&inst, xreg, alu, lmd, npc);
    }
    dump_registers();
    return 0;
}
```

电子科学家："代码 2.5 好像不涉及 CPU 内部的任何知识？它只是在加载一个二进制文件，然后按照你写的接口去执行。"

计算机科学家："是的。我们可以向这个解释器提供一个二进制文件的目录。这样，程序就会通过 `load_image()` 函数，将指令数据加载到我们自定义的'内存'当中。并且，设置好相应程序计数器、寄存器的初始值，使得 RISC-V 程序能够执行。"

计算机科学家继续解释："然后就是挨个儿执行指令，进入每一条指令的数据通路。每一条指令的数据通路都包含 5 个阶段，也就是图 2.6 中的 IF、ID、EX、MEM、WB。我们用 5 个函数表示，通过执行这 5 个函数，可以走完一条指令的一生。"

`instruction_fetch()`、`instruction_decode()`、`instruction_execute()`、`memory_access()` 和 `write_back()`。计算机科学家把这些函数一一列举一遍，然后说："实现这些函数，也就可以搭起一个粗糙的解释器了。"

电子科学家："行，那我们就出发吧。"

2.4 读取指令：IF

电子科学家："CPU 的第一阶段工作是**读取指令**（Fetch Instruction, IF），主要任务就是计算指令数据在内存中的地址。"

2.4.1 程序计数器

电子科学家："数学家在介绍的 URM 理论计算机时，其实已经提出了**程序计数器**（Program Counter）的概念，简称为 PC。在 URM 理论计算机中，程序计数器是当前执行的指令，I_t；在 RISC-V 指令集架构中，程序计数器是寄存器 `PC`，用来保存将要执行的指令地址。"

计算机科学家："那我其实只需要用一个 `uint64_t` 来模拟程序计数器就行了，定义一个 `uint64_t` 变量作为程序计数器，用来保存指令地址。见代码 2.6。"

代码 2.6　/instructions/Interpreter/Resource.c

```c
#include <stdio.h>
#include <stdint.h>
#include <inttypes.h>
// 物理内存：它的大小，以及定义
#define MEM_SIZE (65536)
/*  static变量不可以被其他源文件访问  */
static uint8_t mem_static[MEM_SIZE];
// 通用寄存器组 x0 - x31
static uint64_t xreg_static[32];
/* ---- 以下变量暴露给其他源文件 ---- */
const uint64_t MEMORY_SIZE = MEM_SIZE;
// 程序计数器
uint64_t pcnt;
// 内存、寄存器数组都以指针形式被访问
uint8_t   *mem = mem_static;
uint64_t *xreg = xreg_static;
/// @brief 打印所有通用寄存器的值
void dump_registers()
{
    for (int i = 0; i < 32; ++ i)
    {
        printf("X[%2d] %016"PRIx64"%22"PRIu64"\n", i, xreg[i], xreg[i]);
    }
}
```

代码 2.6 的 pcnt 就是程序计数器。除此以外，RISC-V 架构中还有 32 个通用寄存器，我们假定寄存器的长度都为 64：XLEN=64。这样，我们可以很容易将 32 个通用寄存器定义为有 32 个元素的 uint64_t 数组，即 xreg 数组。

代码 2.6 还定义了内存。既然内存被抽象成一个巨大的字节数组。那么，就可以用一个巨大的 uint8_t 数组作为内存。见代码 2.6，我们定义了 MEM_SIZE(65536) 字节大小的字节数组，模拟它是一块物理内存。

如图 2.7 所示，CPU 会严格按照程序员编写的顺序执行指令。这个顺序是通过程序员编写程序，保存在内存上的。内存会专门划出一块区域，用来存放指令，于是每一条指令都是内存上的数据（只读），都有自己的地址。对于整个程序的第一条指令，它的地址是一个数字，被写入 PC 寄存器。从此开始，CPU 开始执行指令，计算机运行程序。

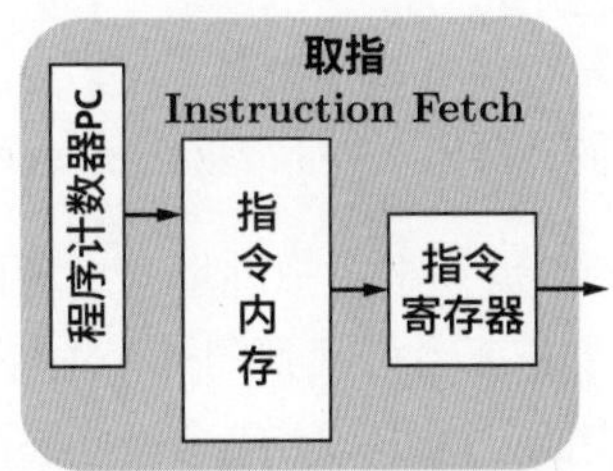

图 2.7　取指：指令寄存器 IR

根据 PC 的值访问内存，取出指令数据以后，CPU 会将指令数据存放在**指令寄存器**（Instruction Register, IR）上。指令寄存器 IR 上的指令数据供下一阶段——**译码**使用。IR 就是代码 2.5 当中 main() 函数的局部变量，uint64_t ir。

2.4.2 虚拟地址

电子科学家："上面我们说了很多'指令的地址'。其实，`PC` 中的地址不是普通的地址，是一个**虚拟地址**（Virtual Address），没办法直接索引到内存数据。"

计算机科学家："既然你说'虚拟地址'，那么还有'物理地址'吗？"

电子科学家："是的，与虚拟地址对应的就是**物理地址**（Physical Address），也就是图 1.8 中 DRAM 单元的坐标。内存只能根据物理地址读写数据，而程序计数器 `PC` 只保存虚拟地址，因此需要将虚拟地址转换为物理地址。"

计算机科学家："那为什么要这么麻烦呢？不能直接让程序计数器存储物理地址吗？"

电子科学家："可以，很多嵌入式设备也有 CPU，它们可能直接使用物理地址。但是如果要同时运行多个任务，就要使用虚拟地址了，以免发生地址冲突。举一个例子，计算机上同时运行了两个任务：浏览器和音乐播放器。这两个任务都需要将自己的指令数据存储到内存当中。这两个程序在编写出来的时候，它们的 `main()` 函数都从地址 Addr 开始。如果用物理地址，浏览器程序读取 Addr 的数据，会不会误读成播放器的指令？"

计算机科学家："这么一说，同时运行多任务的时候确实有这个问题。"

电子科学家："所以说要用虚拟地址。在 CPU 中，负责虚拟地址与物理地址之间转换的模块叫作**内存管理单元**（Memory Management Unit, MMU）。它将浏览器的虚拟地址 Addr 映射为某一物理地址 PhysicalAddr1，将播放器的虚拟地址 Addr 映射为另一个物理地址 PhysicalAddr2。这样，两个程序的指令数据实际上被存储在了不同的位置，也就不会冲突了。"

计算机科学家："懂了，那我可以写出这部分的代码了。见代码 2.7 中的地址翻译函数 `va2pa()`，它由 MMU 提供，将虚拟地址转换为物理地址，然后再访问物理内存。"

代码 2.7 /instructions/Interpreter/MMU.c

```c
#include <stdint.h>
extern const uint64_t MEMORY_SIZE;
/// @brief 只有Load指令中可以使用该函数!
/// 将虚拟地址vaddr转换为物理地址paddr
/// @param vaddr 虚拟地址
/// @return 物理地址
uint64_t va2pa_l(uint64_t vaddr) { return vaddr % MEMORY_SIZE; }
/// @brief 只有Store指令中可以使用该函数!
/// 将虚拟地址vaddr转换为物理地址paddr
/// @param vaddr 虚拟地址
/// @return 物理地址
uint64_t va2pa_s(uint64_t vaddr) { return vaddr % MEMORY_SIZE; }
```

电子科学家："等会儿，你这函数就是把虚拟地址对物理内存取余数啊？这样很危险吧？哪怕同一个程序，虚拟地址 `0` 和 `65536` 都会访问到同一个地址"

计算机科学家："确实，不仅如此，这样其实完全没办法隔离多任务使用的内存。但至少能保证虚拟地址都能被转换成一个合法的物理地址。我感觉真实的虚拟地址到物理地址转换是非常复杂的，所以这是一个临时的写法。只要我们运气够好，这个 `va2pa()` 函数也能让单个程序运行起来了。"

电子科学家无奈："行吧，那你还不如就假定自己写的是一个单片机程序解释器，可以直接使用物理地址。"

2.4.3 下一条指令：NPC

计算机科学家："接下来我们要考虑一个问题——执行完当前指令后，下一条指令在哪里？因为程序可能要求 CPU 按照顺序执行，也可能要进行跳转。在 URM 里，无非就是 $I_i \to I_{i+1}$，或是根据 $J(i,j,k)$ 进行跳转。"

电子科学家："是的，你得想清楚怎么计算**下一条指令**（Next Program Counter，NPC）的地址，然后把这个新地址保存到程序计数器中。按照你说的 URM 的 $I_i \to I_{i+1}$，我们先来看这种情况。"

计算机科学家："那这种情况要怎么做呢？"

电子科学家："还记得冯·诺依曼的'储存程序'吗？让我们复习一遍口号：'程序即是数据'。"

计算机科学家："啊，所以下一条指令就是当前指令的地址加上当前指令的字节大小？"

电子科学家："是的。但当前指令的大小是多少呢？这就涉及指令的编码策略，主要有两种——**定长编码**（Fixed-length Encodings）和**变长编码**（Variable-size Encodings）。"

RISC-V 是一种定长编码的指令集，也就是说，每一条指令的长度都相同，为 4 字节，32 比特。因此，RISC-V 计算 NPC 时，只需要简单地在 CPU 中加一个加法器，并且加法器的另一端输入为常数 4，这样加法器的输出结果就是 NPC 了。如图 2.8 所示，CPU 可以在取指阶段就计算出 NPC，NPC 会被保留到访存阶段，此时由一个**多路选择器**（Multiplexer，MUX）决定：PC 是更新为 NPC，还是更新为跳转的其他地址。

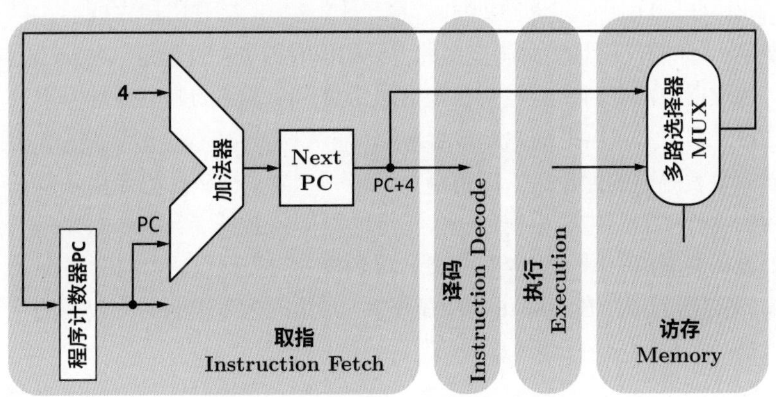

图 2.8　取指：下一条指令 NPC

计算机科学家："等一下，这个'多路选择器'是什么东西？"

电子科学家："你可以把它当成 `switch-case` 语句的电路。它提供多种 `case`，例如，这里就有两种，一种是跳转到 NPC，另一种是跳转到其他地址。这需要根据指令去选择。"

计算机科学家："明白了。但是这一切都依赖于'定长编码'这个概念，对吧？只有定长编码条件下，你才能通过 +4 这么轻易地拿到 NPC 的值，也只有定长编码条件下，可以用一个 32 位的寄存器 IR 存放一条指令的数据。"

电子科学家："是这样子的。"

计算机科学家："好，那我就可以根据这些描述写出取指的代码了。见代码 2.8。"

代码 2.8 /instructions/Interpreter/Fetch.c

```
#include <stdint.h>
typedef uint64_t (*va2pa_t)(uint64_t);
/// @brief 取指：根据PC，将指令数据从内存加载到IR中
/// @param pc 程序计数器PC的值
/// @param mem 内存数组指针
/// @param va2pa_load 虚拟地址到物理地址映射
/// @param npc NPC指针
/// @return 应当写入IR寄存器的数值（指令数据）
uint32_t instruction_fetch(uint64_t pc, const uint8_t *mem,
    va2pa_t va2pa_load, uint64_t *npc)
{
    // 更新NPC
    *npc = pc + 4;
    // 虚拟地址翻译、读取指令内存
    return *((uint32_t *)(&mem[va2pa_load(pc)]));
}
```

对照图 2.8，`instruction_fetch()` 函数根据程序计数器的数值 `pc` 得到**虚拟地址**，通过 `va2pa_load()` 将它翻译为物理地址，然后按照这个物理地址直接访问内存，读取 4 字节的数据，即可以得到相应的指令数据。在代码 2.5 中，读取到的指令数据被存放在 IR 寄存器中，也就是 `main()` 函数中的局部变量 `ir`。

与此同时，将 `pc + 4` 的值存放到 NPC 寄存器中。在这里，NPC 是作为指针出现的，它指向代码 2.5 中的 `npc`。后续根据条件判断的结果，多路选择器 MUX 会选择是执行下一条指令 NPC，还是跳转到 ALU 计算的新地址。这在图 2.8 中的访存阶段完成。

电子科学家："你的代码其实漏洞挺多的，比如没有检查物理地址 `va2pa_load(pc)` 是否发生数组越界，读取指令内存时，也没有检查这是否是一个合法的指令地址。不过没关系，你现在都不必考虑这些细节，只需把框架先搭起来。"

电子科学家发表完他的评论后，简略地介绍了一下变长编码的指令集。变长编码指令集的典型例子有 `X86-64`，CPU 需要根据每一条指令的类型判断长度。指令的编码中会编写它的类型，例如，如 `mov` 类型指令和 `add` 类型指令。得到指令的类型以后，CPU 再计算指令长度，相应地改变`%rip` 寄存器的值。在 `X86-64` 的编码中，常用的指令被编码为较短的字节，这样可以减少程序的大小。

2.4.4 跳转到其他指令

计算机科学家："除了按顺序更新下一条指令 NPC，程序还可能包括跳转。我们需要考虑以下几点。"

（1）将跳转的目标地址编码在指令中。在 RISC-V 指令中，这是以**寄存器**与**立即数**的形式编码的；

（2）对于无条件跳转，只需要储存目标地址；

（3）对于有条件跳转，需要储存条件比较的双方（URM 中为 $R(i) =? R(j)$），计算条件是否成立；

（4）需要多路选择器 MUX 选择将 `PC` 更新为 NPC，还是跳转地址。

1. PC 相对寻址

如图 2.9 所示，CPU 得到 NPC 后，在执行阶段，算术逻辑单元（Arithmetic Logic Unit，ALU）可以根据 NPC 与指令中的立即数计算跳转地址。ALU 的计算方法是：`pc + offset`，即将 `PC` 与指令中的偏置常数相加，这种计算方式被称为PC **相对寻址**（PC-Relative Addressing）。特别注意，在这里，相对寻址的偏置 `offset` 一定是 4 的倍数。因为 RISC-V 指令是定长编码，大小为 4 字节。当然，`offset` 是有符号数，可以是负数。

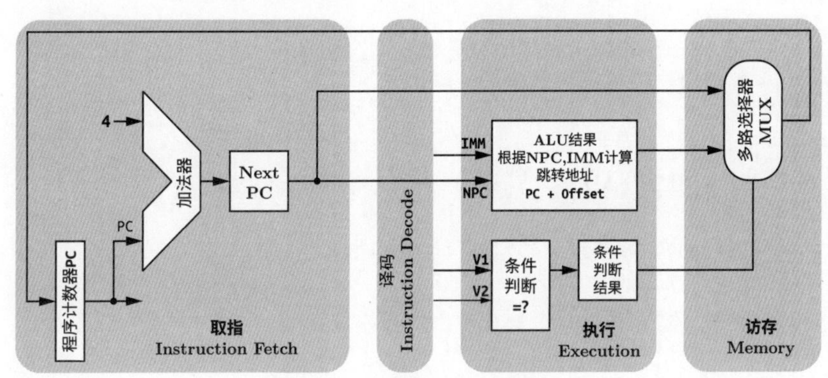

图 2.9　取指：指令跳转

在 URM 指令中，条件跳转指令 $J(i,j,k)$ 将目标地址 k 直接编写在指令中，这种方式被称为**绝对寻址**（Absolute Address）。

2. 条件分支

条件分支（Branch Condition）是指，CPU 根据某一条件判断的结果，选择是否按照顺序执行指令。我们只考虑一种简单的分支，判断两个寄存器是否相等，也就是 URM 指令中的 $J(i,j,k)$，判断存贮器是否相等：$R(i) =? R(j)$。在取指阶段，指令数据被保存在指令寄存器 IR 中。译码阶段，CPU 会根据指令数据中的寄存器编号读取寄存器的值，A 与 B。也就是说，$A = R(i)$，$B = R(j)$。

等到执行阶段，判断读取到的两个数值是否相等。如果 $A = B$，那么多路选择器 MUX 会选择将 ALU 的结果，也就是 PC 相对寻址计算得到的跳转地址，写入 `PC`。如果 $A \neq B$，MUX 会选择 NPC，将 `PC + 4` 写入 `PC`。

除了相等之外，CPU 还可以根据指令的类型计算其他分支，如大于（>）、大于或等于（⩾）、小于（<）、小于或等于（⩽）等。总之，条件分支的结果会被 MUX 使用，用于选择更新 PC 为 NPC，还是 ALU 的结果。

对于无条件跳转，MUX 直接选择 ALU 计算的 PC 相对寻址结果即可。

2.4.5 加载程序

计算机科学家：“最后，我来说一下程序要怎样加载。按照‘储存程序’，一切执行程序的前提都是将指令存放到内存当中。见代码 2.9，我们可以通过 `load_image()` 函数实现。”

代码 2.9 /instructions/Interpreter/LoadImage.c

```c
#include <stdio.h>
#include <stdlib.h>
#include <stdint.h>
// 外部依赖：由其他源文件实现
extern uint8_t *mem;
extern uint64_t va2pa_s(uint64_t vaddr);
extern uint64_t *xreg;
extern uint64_t pcnt;
/// @brief 将二进制文件<file>中的指令数据加载到内存中
/// @param file 二进制文件的路径地址
/// @param text_start 指令在内存中的起始地址（虚拟地址）
/// @param stack_start 程序运行栈的起始地址（虚拟地址）
/// @return 加载到内存中的连续指令字节大小
int load_image(const char *file, uint64_t text_start, uint64_t stack_start)
{
    // 打开二进制文件
    FILE *image = fopen(file, "rb");
    if (image == NULL)
    {
        printf("Cannot open file: '%s'\n", file);
        exit(1);
    }
    // 按照每4字节一次，读取二进制文件中的指令数据
    uint32_t buf, text_size = 0, s = 0;
    while (1)
    {
        s = fread(&buf, sizeof(uint32_t), 1, image);
        if (s == 1)
        {
            // 成功读到4字节数据
            uint64_t vaddr = text_start + text_size;
            *(uint32_t *)&mem[va2pa_s(vaddr)] = buf;
            text_size += sizeof(uint32_t);
        }
        else break;
    }
    // 程序计数器PC设置为<text_start>
    // 栈指针x2(sp)设置为<stack_start>
    pcnt    = text_start;
    xreg[2] = stack_start;
    fclose(image);
    return text_size;
}
```

解释器根据函数得到的字符串参数，以"rb"的模式打开文件，也就是将文件作为二进制文件，以只读形式打开。这样，文件就被系统抽象为一个**文件流**（File Stream），以 FILE * 指针的形式给解释器。

得到 FILE * 指针，就可以通过标准库函数 fread() 读取文件的内容。在代码 2.9 中，解释器每次读取一个 uint32_t 大小的数据（一条指令），将结果保存到缓冲区 buf 中，然后再写入对应的 mem 物理地址。

电子科学家："text_start 和 stack_start 好像被设置成程序计数器和 x2(sp) 这一寄存器的初始值？"

计算机科学家："是的，一个是程序计数器的起始位置，还有一个是函数的**栈帧**，关于这一点，很快就会在第 3 章中讲到。它们由整个解释器程序的参数设定。运行程序时最为关键的就是两个位置：一个位置是程序的指令数据，另一个位置是**栈**。加载程序时设置好这两个位置，我们就可以描绘出一张简单的地址空间地图，如图 2.10 所示。"

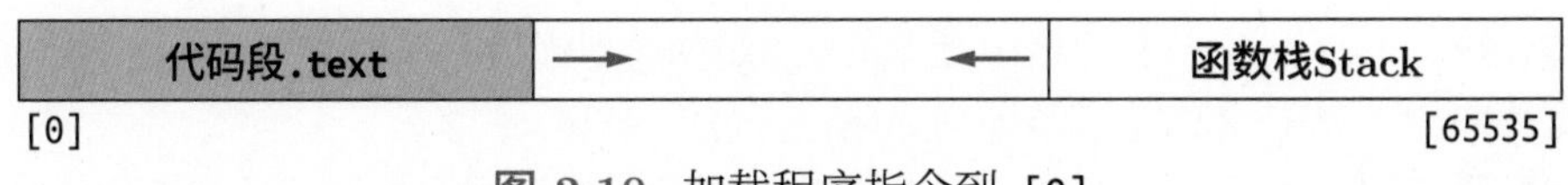

图 2.10　加载程序指令到 [0]

代码 2.9 所做的，就是按照程序文件中指令的顺序，将指令数据存放到图 2.10 中红色的代码段内。然后将程序计数器 pcnt 设置为 [0]，这样，CPU 就会从位置 pcnt = [0] 处开始读取指令数据，随后译码、执行、访存、写回。

2.5　指令译码：ID

计算机科学家：“取得指令后，那接下来就要从指令数据中提取指令的类型和参数了，这样 CPU 才能知道执行的是什么指令。”

电子科学家：“没错，这就是**翻译指令**（Instruction Decode，ID），简称‘译码’。其中指令的类型也被称为**操作符**（Operator），指令的参数被称为**操作数**（Operand）。”

计算机科学家：“这就是 instruction_decode() 的工作。在这里，RISC-V 指令集有几个分支，你想要用哪个分支呢？”

电子科学家：“既然是解释 CPU 工作原理的解释器，那么用最简单的 RV32I 指令集就行。这是 32 位 CPU 的整数指令集，我们看一下具体的指令格式是怎样的。RV32I 主要包括 6 种指令，这 6 种指令的大小都是 32 比特，它们具有如图 2.11 所示的格式。图 2.11 中指令的具体含义可以参见附录 B。”

31	30–25	24–21	20	19–15	14–12	11–8	7	6–0	
funct7		rs2		rs1	funct3	rd		opcode	R
imm[11:0]				rs1	funct3	rd		opcode	I
imm[11:5]		rs2		rs1	funct3	imm[4:0]		opcode	S
i12	imm[10:5]	rs2		rs1	funct3	imm[4:1]	i11	opcode	B
imm[31:12]						rd		opcode	U
i20	imm[10:1]		i11	imm[19:12]		rd		opcode	J

图 2.11　RV32I 指令集格式：6 种指令

6 种类型的指令为：R 类型、I 类型、S 类型、B 类型、U 类型、J 类型。

- **R 类型指令**（R-Type）：这是寄存器—寄存器之间操作的指令，因此不包含任何立即数，但包含三个寄存器 rd、rs1、rs2 的编码；
- **I 类型指令**（I-Type）：I 类型指令一般用于较短的立即数（12 位）和载入内存数据（Load）；
- **S 类型指令**（S-Type）：S 类型指令一般用于储存（Store）；
- **B 类型指令**（B-Type）：B 类型指令一般用于条件跳转；
- **U 类型指令**（U-Type）：U 类型指令包含一个较长的立即数（20 位），一般用于立即数操作；
- **J 类型指令**（J-Type）：一般用于无条件跳转。

图 2.11 中的每一个红色部分被称为 RISC-V 指令中的一个**字段**（Field），包括：

- **操作符**（Opcode）：操作符区分指令的功能，同时指出指令的类型（R, I, S, B, U, J）。根据操作符，CPU 才知道应该如何译码；
- **目标寄存器**（Destination Register，`rd`）：目标寄存器主要是用来保存指令的结果，如 RISC-V 汇编：`add x22, x22, x9`，其中 `rd=x22`，寄存器 `x22` 用来保存运算 `x22 + x9` 的结果；
- **源寄存器**（Source Register, `rs1, rs2`）：源寄存器有两个，分别是 `rs1` 与 `rs2`，它们用来提供指令的操作数；
- funct **字段**（Function Field, `funct3, funct7`）：用来表示额外的操作符；
- **立即数**（Immediate Number）：立即数是直接写在指令中的数字。

计算机科学家："那么译码的工作，就是从指令寄存器 IR 的 32 比特中，翻译出图 2.11 中的所有字段，包括操作符、寄存器、立即数。只要知道指令的格式就行，我们也不必理解这些指令的具体含义。"

电子科学家："说的很对。"

2.5.1 操作符与 funct 字段

计算机科学家："最重要的就是指令的操作符吧。毕竟只有知道指令的操作符，才能判断指令属于 6 种类型的哪一种，进而才能找到参数的位置。"

电子科学家："没错。RISC-V 及其他架构的指令集，大体上都可以实现三类功能：内存引用（Memory-Reference）、算术逻辑运算（Arithmetic-Logic）、分支跳转（Branch）。无论是哪一条指令，都可以通过指令最低位的 7 比特得知它的操作符。如果操作符相同，就根据 `funct` 字段进一步判别。如图 2.12 所示。"

	指令格式	opcode	Funct3	Funct7	指令格式	opcode	Funct3	Funct7
R	add *rd,rs1,rs2*	0110011(0x33)	000	0000000	sll *rd,rs1,rs2*	0110011(0x33)	001	0000000
	sub *rd,rs1,rs2*		000	0100000	srl *rd,rs1,rs2*		101	
	and *rd,rs1,rs2*		111	0000000	sra *rd,rs1,rs2*		101	0100000
	or *rd,rs1,rs2*		110		slt *rd,rs1,rs2*		010	0000000
	xor *rd,rs1,rs2*		100		sltu *rd,rs1,rs2*		011	
I	lb *rd,offset(rs1)*	0000011(0x03)	000	0000000	lbu *rd,offset(rs1)*	0000011(0x03)	100	0000000
	lh *rd,offset(rs1)*		001		lhu *rd,offset(rs1)*		101	
	lw *rd,offset(rs1)*		010					
	jalr *rd,offset(rs1)*	1100111(0x67)	000					
	addi *rd,rs1,imm*	0010011(0x13)	000		srli *rd,rs1,imm*	0010011(0x13)	101	0000000
	andi *rd,rs1,imm*		111		srai *rd,rs1,imm*		101	0100000
	ori *rd,rs1,imm*		110		slti *rd,rs1,imm*		010	0000000
	xori *rd,rs1,imm*		100		sltiu *rd,rs1,imm*		011	
	slli *rd,rs1,imm*		001					
S	sb *rs2,offset(rs1)*	0100011(0x23)	000	0000000	sw *rs2,offset(rs1)*	0100011(0x23)	010	0000000
	sh *rs2,offset(rs1)*		001					
B	beq *rs1,rs2,offset*	1100011(0x63)	000	0000000	bge *rs1,rs2,offset*	1100011(0x63)	101	0000000
	bne *rs1,rs2,offset*		001		bltu *rs1,rs2,offset*		110	
	blt *rs1,rs2,offset*		100		bgeu *rs1,rs2,offset*		111	
U	lui *rd,imm*	0110111(0x37)	000	0000000	auipc *rd,imm*	0010111(0x17)	000	0000000
J	jal *rd,offset*	1101111(0x6f)	000	0000000				

图 2.12 RV32I 部分基础指令 Opcode 与 Funct 字段

如图 2.12 所示，拿到一个 RISC-V 程序就可以分析指令了，这也正是 `riscv64-unknown-elf-objdump` 程序所做的工作。

2.5.2 寄存器

电子科学家："一条指令所包含的参数主要有两种，一部分是寄存器，另一部分是立即数。"

在 RISC-V 架构中，每一个 CPU 核心有 32 个**通用寄存器**（General-Purposed Registers, GPR）。这 32 个寄存器依次命名为 `x0`，`x1`，⋯ ，`x30`，`x31`，其中寄存器 `x0` 的电路是被硬接（Hard Wired）为 0 的，因此它的数值始终是 0。

计算机科学家："也就是说，CPU 读取 `x0` 只能读取到低电压，同时也无法向 `x0` 写入其他数值?"

电子科学家："没错，写入 `x0` 的任何数据也都会被电路转换为低电压，也就是 0。"

在 RV32I 指令集中，寄存器的长度与程序计数器 `PC` 的长度都是 32（`XLEN=32`），RV64I 指令集中两者长度则都是 64（`XLEN=64`）。如图 2.13 所示。这就是代码 2.6 中的 `uint64_t` 数组，`xreg_static`。

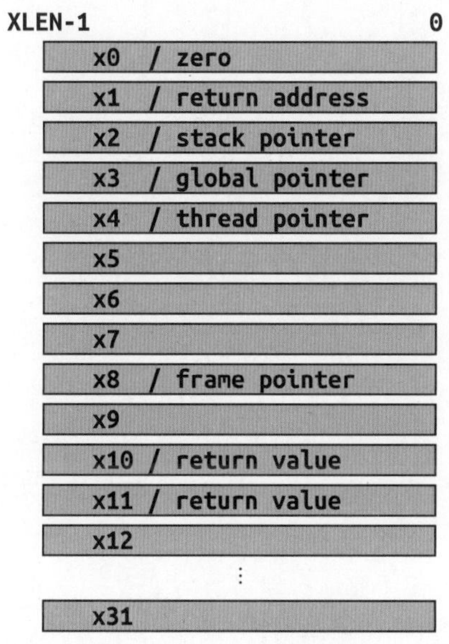

图 2.13　RISC-V 的 32 个寄存器：`XLEN=64`

计算机科学家："那要怎么在指令中编写寄存器作为参数呢?"

电子科学家："保存编号就行。32 个寄存器的序号可以被 5 比特编码（$2^5 = 32$），因此，在 RISC-V 指令中，`rd`、`rs1`、`rs2` 这三个字段的大小都是 5 比特，如图 2.11 所示。例如，指令 `add x9, x20, x21`，它是一条 R 类型指令：其中 `opcode = 51, rd = 9, funct3 = 0, rs1 = 20, rs2 = 21, funct7 = 0`。寄存器 `rd, rs1, rs2` 大小都是 5 比特，分别保存寄存器的编号。"

对于应用程序而言，`x0`—`x31` 这些寄存器通常都有约定俗成的使用场景。例如，`x1` 用来保存**返回地址**，因此它的别名是 `ra`；`x2` 用来保存**函数栈指针**，因此别名是 `sp`；`x8` 用来保存**函数帧指针**，因此别名是 `fp`。这些寄存器的具体使用方法，将在第 3 章中详细介绍。

2.5.3 固定字段译码

电子科学家对计算机科学家说："我特别提醒你哦，注意观察图 2.11 中三个寄存器 `rd`、`rs1`、`rs2` 的位置，它们的位置在任何一条指令中都是固定的。"

计算机科学家："哦？确实如此。也就是说，任意一条 RISC-V 指令要么不含 `rd` 寄存器（S 类型、B 类型），若包含 `rd`，则 `rd` 一定位于 `[7:11]` 区间之内。同理，指令要么不含 `rs1`、`rs2`，若包含该寄存器，则寄存器一定位于 `[15:19]` 及 `[20:24]` 区间之内。"

电子科学家："没错，这项设计被称为**固定字段译码**（Fixed-Field Decode），如图 2.14 所示。"

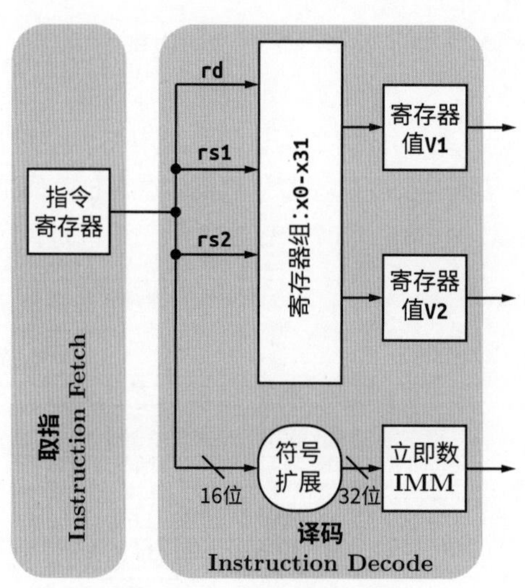

图 2.14 固定字段译码

有了固定字段译码，当 CPU 得到指令数据后，它不必根据 opcode 判断具体的指令类型，而可以立刻根据 `[pc+15 : pc+19]`、`[pc+20 : pc+24]` 得到两个源寄存器的编码。与此同时，CPU 可以立即读取两个源寄存器中保存的数值，可以用两个临时的输出寄存器储存，用于执行阶段。

计算机科学家："咦？那如果这是一条 U 类型的指令怎么办？U 类型指令不需要读取任何寄存器。"

电子科学家："这没什么关系，最坏也就是白白读取一次而已。这可能会增加一些功耗，但却可以减少译码的时间，也可以简化电路设计，好处要大于坏处的。"

2.5.4 立即数

计算机科学家："那除了寄存器外，还有立即数，也就是直接写在指令中的有符号数（2 的补码形式），不需要经过内存访问。立即数要怎样编码在指令中呢？"

电子科学家："我们来看两个例子吧。一个是 `add x9,x9,x6`，另一个是 `addi x9, x9, 1`。前者是 R 类型指令，不含立即数；后者是 I 类型指令，包含立即数 1。"

在指令 `add x9,x9,x6` 中，如图 2.15 所示，想要对 `x9` 寄存器增加 1，需要先把 1 这个数据保存到 `x6` 寄存器中，这就需要其他指令的协助。

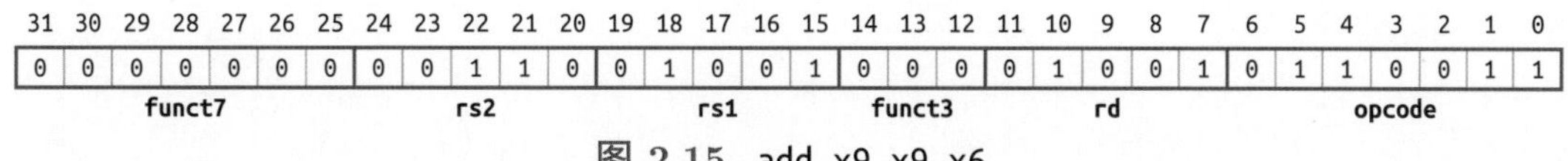

图 2.15 add x9,x9,x6

而 addi 是 I 类型指令：addi rd, rs1, imm 指令将立即数 imm 与源寄存器 rs1 中的数字相加，保存到目标寄存器 rd。因此，addi x9, x9, 1 可以起到同样的效果，如图 2.16 所示。

31	30	29	28	27	26	25	24	23	22	21	20	19	18	17	16	15	14	13	12	11	10	9	8	7	6	5	4	3	2	1	0
0	0	0	0	0	0	0	0	0	0	0	1	0	1	0	0	1	0	0	0	0	1	0	0	1	0	0	1	0	0	1	1
imm[11:0]												rs1					funct3			rd					opcode						

图 2.16 addi x9, x9, 1

addi 指令其实还可以用来设置立即数，addi rd, x0, imm。注意这条指令，我们记得 x0 永远都是 0，所以 x0 与 imm 相加，结果一定是 imm，这条指令起到的作用就是将 rd 寄存器设置为立即数 imm。

在 S、B、U、J 类型的指令中，也存在立即数。但是，为了保证寄存器、funct 及**符号位**的固定字段译码，因此这些立即数被拆散了。例如，在 S 类型指令中，12 位立即数被拆成两部分存放，以保证 rs2 留在同样的位置。并且，所有立即数的最高位（符号位）都位于整个指令的最高位。

计算机科学家："等等，那我有一个很重大的问题了。"

电子科学家："什么?"

计算机科学家："我们经常要把立即数写进寄存器。目前看来，12 位及以内的寄存器很好办，addi dst, x0, imm 就可以，因为 x0 肯定是 0 嘛，这就相当于把立即数 imm 写进寄存器 dst。"

电子科学家肯定："对的。"

计算机科学家："但问题是，如果立即数比较大该怎么办？比如要写入 0xabcd1234，这个整数的 32 位上都有数据，但 addi 中立即数的宽度只有 12 位。"

电子科学家："可以搭配 lui 指令实现。addi 负责低 12 位，而 lui 指令全称是 **Load Upper Immediate**，刚好负责高 20 位，这样加起来就是 32 位了。比如 lui dst 0xabcd1，就是将目标寄存器 dst 的高 20 位设置为 abcd1，dst 所储存的值就是 abcd1000。这时，再执行 addi dst, dst, 0x234，就可以得到 0xabcd1234 了。"

计算机科学家："啊，原来如此。怪不得叫'精简指令集'，所以完成任务并不是一蹴而就的。在 X86 这种复杂指令的 CPU 中，可以用一条指令直接设置寄存器的值，但在 RISC-V 中可能要分为多条指令逐个完成。"

2.5.5 符号位扩展

计算机科学家："但是把立即数写进寄存器还有一个问题。"

电子科学家："什么问题?"

计算机科学家："宽度问题。I、S、B 三种类型指令中的立即数都是 12 位，U、J 的立即数都是 20 位。但寄存器的宽度 XLEN 或是 32 位，或是 64 位。宽度不一样，要怎么把立即数写进寄存器呢?”

电子科学家:“哦,这个问题啊。进行符号位扩展就行了。举一个 12 位立即数的例子。假定 I 类型指令中有一个 12 位的有符号立即数:`0x123`,它是正数,十进制数值是 $1\times16^2+2\times16^1+3\times16^0=291$。现在，我们要在一个 32 位寄存器上储存这个数，那么多余的 $32-12=20$ 位应该都填上 `0`，使得绝对值和正负性都不变，如图 2.17 所示。”

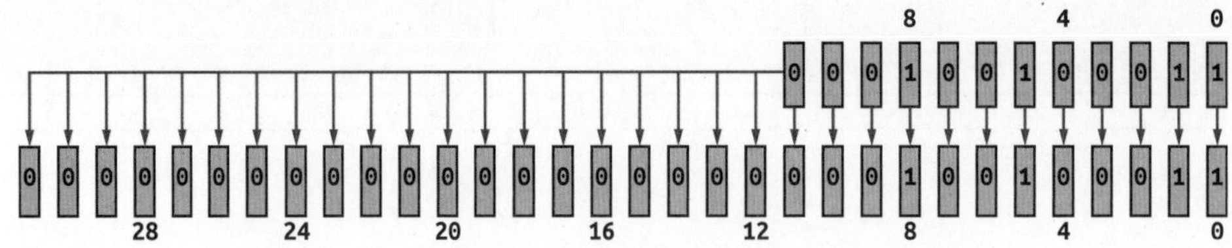

图 2.17 12 位正数 `0x123` 扩展为 32 位寄存器储存

计算机科学家：“那负数呢?”

电子科学家：“对于负数，12 位立即数的最高位 `[11]` 为 `1`，扩展到 32 位应该填充 `1`，这样使得 32 位也依然是负数，且数值不变。之前在第 1 章中我们介绍过的，例如，12 位 -365 的十六进制是 `0xe93`，符号扩展就如图 2.18 所示。”

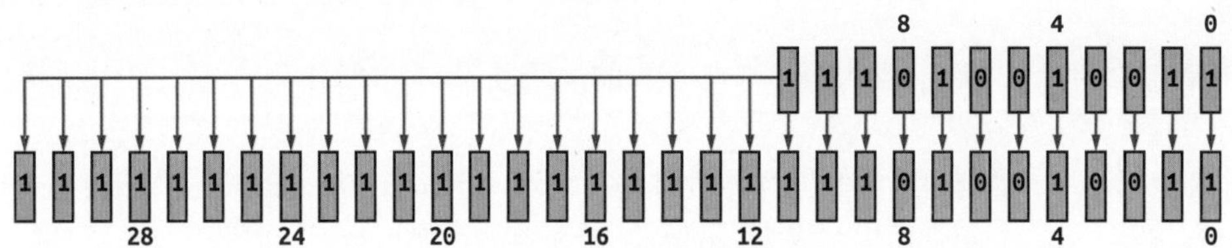

图 2.18 12 位负数 `0xe93` 扩展为 32 位寄存器储存

符号扩展后的立即数可以用一个临时的寄存器保存，以供执行阶段使用。

2.5.6 PC 相对寻址

计算机科学家：“还有一点很奇怪。在图 2.11 中，B 类型条件跳转指令、J 类型无条件跳转指令都丢失了最低位 `[0]`。B 类型指令，12 位立即数表示的范围是 `[1 : 12]`；J 类型指令，20 位立即数表示的范围是 `[1 : 20]`。”

电子科学家：“这是因为第 2.4.4 节中介绍过的PC **相对寻址**。两种跳转指令要计算 PC 相对寻址，这不是按照普通的立即数来计算的。例如，`beq x14, x15, <pc+16>`，如图 2.19 所示。”

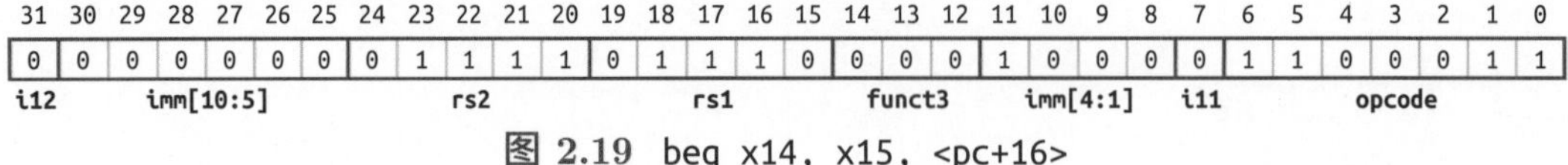

图 2.19 `beq x14, x15, <pc+16>`

在图 2.19 中的立即数这样计算：`imm[12:1] = 000000001000(8)`。经过符号位扩展，保存在 IMM 寄存器中的 32 位有符号数为：`0000 0000 0000 0000 0000 0000 0000 1000(8)`。在计算 PC 相对寻址时，用 `0` 补足 `imm[0]`，相当于**左移一位**，于是 ALU 计算时，计算 `pc + imm`

`<< 1`，得到 `pc + 0000 0000 0000 0000 0000 0000 0001 0000`，也就是 `pc + 16`。实际上，直接按照图 2.19 计算立即数就行了，结果就已经是 2 对齐的。

计算机科学家："为什么要左移一位？"

电子科学家："很简单，既然 RISC-V 指令大小都是 4 比特，那么最低两位比特一定都是 `0`，那我们就可以省略掉，节省指令中的比特。"

计算机科学家："那我更困惑了，为什么只省略一个比特？既然最低两个比特都是 `0`，那完全可以直接省略两个比特。"

电子科学家："因为 RISC-V 有一些扩展指令集，指令的大小是 16 比特。因此，可能存在这样的 PC 相对寻址：`pc + 14`，偏置 Offset 并非 4 的倍数，如果省略 2 位将无法表示。这时，`imm[12:0] = 0xe`，写入指令的部分则是 `imm[12:1] = 0x7`。但我们至少能保证一定是 2 的倍数，所以只省略一个比特。"

2.5.7 译码函数

计算机科学家："译码还是挺复杂的，现在我来实现函数 `instruction_decode()`。为此，我要先清楚地定义好译码的结果。头文件"`Instr.h`" 中定义了译码结果的结构体，见代码 2.10。"

代码 2.10　/instructions/Interpreter/Instr.h

```c
#include <stdint.h>
typedef struct INSTR_STRUCT
{                           // 保存指令译码结果的结构体
    uint32_t opcode;    // opcode
    uint32_t funct3;    // funct3（如果不存在，则为0）
    uint32_t funct7;    // funct7（如果不存在，则为0）
    uint32_t rd;        // 目标寄存器RD的<编号>
    uint64_t rs1_val;  // 源寄存器RS1的<数值>
    uint64_t rs2_val;  // 源寄存器RS3的<数值>
    int32_t  imm;       // 32位符号扩展的立即数
} instr_t;
```

计算机科学家："这样一来，就可以开始进行译码了，见代码 2.11。"

代码 2.11　/instructions/Interpreter/Decode.c

```c
#include <stdint.h>
#include "Instr.h"
/// @brief 译码：将IR寄存器的指令数据翻译为对应的字段
/// @param ir IR寄存器数值（指令数据）
/// @param reg 指向寄存器数组的指针
/// @param inst 指向译码结果结构体instr_t的指针
void instruction_decode(const uint64_t ir, const uint64_t *reg, instr_t *inst)
{
    // 固定字段译码
    inst->opcode  =  ir        & 0x7f;
    inst->rd      = (ir >>  7) & 0x1f;
    inst->funct3  = (ir >> 12) & 0x7;
    inst->funct7  = (ir >> 25) & 0x7f;
    // 读取源寄存器RS1，RS2的数值
    inst->rs1_val = reg[(ir >> 15) & 0x1f];
    inst->rs2_val = reg[(ir >> 20) & 0x1f];
    // 译码立即数，并符号扩展到32位有符号数<int32_t>
    int32_t signed_ir = *(int32_t *)&ir;
    switch (inst->opcode)
```

```
    {
        case 0x03:  // Load指令 - I
        case 0x13:  // 立即数算术逻辑运算 - I
        case 0x67:  // jalr跳转 - I
            inst->imm =   signed_ir >> 20;
            break;
        case 0x23:  // Store指令 - S
            inst->imm =  (signed_ir >> 20) & 0xffffffe0;
            inst->imm |= (signed_ir >>  7) & 0x0000001f;
            break;
        case 0x63:  // 条件分支 - B
            inst->imm =  (signed_ir >> 19) & 0xffffe000;
            inst->imm |= (signed_ir <<  4) & 0x00000800;
            inst->imm |= (signed_ir >> 20) & 0xffffffe0;
            inst->imm |= (signed_ir >>  7) & 0x0000001e;
            break;
        case 0x37:  // lui - U
        case 0x17:  // auipc - U
            inst->imm = signed_ir & 0xfffff000;
            break;
        case 0x6f:  // jal - J
            inst->imm =  (signed_ir >> 11) & 0xfff00000;
            inst->imm |=  signed_ir        & 0x000ff000;
            inst->imm |= (signed_ir >>  9) & 0x00000800;
            inst->imm |= (signed_ir >> 20) & 0x000007fe;
            break;
        default:
            inst->imm = 0;
            break;
    }
}
```

代码 2.11 根据寄存器的编号进行固定字段译码，将结果保存到 `reg_src1`、`reg_src2`。接下来，根据 Opcode 计算指令当中的立即数。

计算机科学家："特别要注意立即数的符号扩展。在 C 语言中，右移运算 `>>` 对于有符号数是**算术右移**，不改变数字的正负性。例如对于 32 位数 `0xfffffe93`。如果我们把它当作有符号数 `int32_t`，那么右移运算 `>>` 是有符号扩展的，不改变它的正负号，是算术右移：`0xfffffe93 >> 2 = 0xffffffa4`。"

他继续说："而如果把它当作无符号数 `uint32_t`，右移运算 `>>` 是**逻辑右移**，不进行符号扩展，而是零填充 `0xfffffe93 >> 2 = 0x3fffffa4`。因此，我们将其转换为有符号数 `signed_ir`，进行算术右移，也就完成了符号扩展。"

2.6 执行指令：EX

完成译码后，电子科学家说："接下来就是 CPU 的第三项工作——**执行**。这一阶段的核心元件是**算术逻辑单元**（ALU）。"

计算机科学家："就是说 CPU 既能做加减法这样的算术运算，也能做与或非这样的逻辑运算是吗？"

电子科学家："是的，例如，第 1 章中介绍过 32 位的**加法器**，它其实是 ALU 算术单元中的一个器件。除此之外，大概来讲，ALU 中还有其他器件，使得 CPU 能够完成以下工作，如图 2.20 所示。"

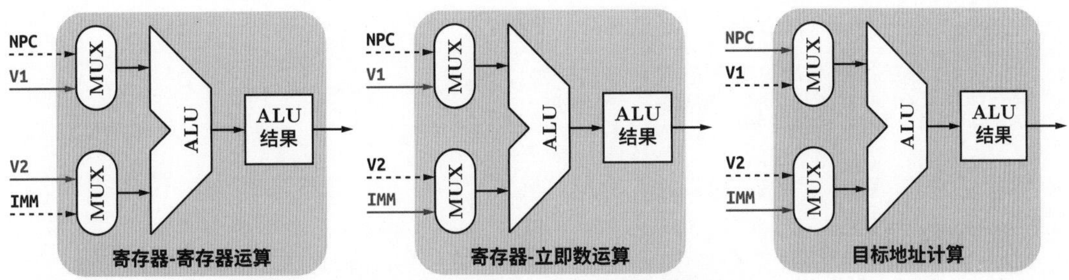

图 2.20　执行：ALU 的多种计算

电子科学家具体解释了一下，他将图 2.20 中的运算分为以下几类。

(1) Load/Store 指令：两个多路选择器 MUX 会选择一个源寄存器、一个立即数，ALU 计算内存访问的**内存有效地址**；

(2) R 类型指令：MUX 选择两个源寄存器，ALU 根据指令类型，完成寄存器与寄存器的计算，如 `add x9, x9, x10`；

(3) I 类型指令：MUX 选择一个源寄存器，一个立即数，ALU 完成寄存器与立即数的计算，如 `addi x9, x9, 365`；

(4) B 类型、U 类型、J 类型指令：MUX 会选择 NPC 与立即数，ALU 计算跳转地址，正如我们在 2.4.4 节与 2.5.6 节中所说的一样。

总结一下，在 ALU 计算之前，CPU 会根据指令类型，利用多路选择器 MUX 选择 ALU 的输入，见表 2.1。

表 2.1　多路选择器输入 ALU

指令类型	rs1	npc	rs2	imm	指令类型	rs1	npc	rs2	imm
R	√		√		B		√		√
I	√			√	U		√		√
S	√			√	J		√		√

2.6.1　多路选择器

计算机科学家："那行，那我们先来实现一下多路选择器部分的模拟吧。就像你刚才说的，其实这就是一个 `switch-case` 选择，对不对？那我就可以这样来写代码，见代码 2.12。"

代码 2.12　/instructions/Interpreter/Execute.c

```
#include <stdint.h>
#include <stdlib.h>
#include "Instr.h"
// 外部依赖：由其他源文件实现
extern uint64_t alu_cal(const instr_t *inst, uint64_t input1, uint64_t input2);
extern uint64_t branch_cal(const instr_t *inst);
/// @brief MUX - 多路选择器：选择ALU的两个输入
/// @param inst 指向译码结果的指针
/// @param npc NPC的数值
/// @param input1 MUX选择的结果：RS1数值、NPC
/// @param input2 MUX选择的结果：RS2数值、IMM
static void select_inputs(const instr_t *inst, uint64_t npc,
```

```
    uint64_t *input1, uint64_t *input2)
{
    // 立即数扩展到64位有符号数，方便作为ALU输入
    int64_t simm = (int64_t)(inst->imm);
    switch (inst->opcode)
    {
        case 0x33: // R:    rs1, rs2
            *input1 = inst->rs1_val;
            *input2 = inst->rs2_val;
            break;
        case 0x03: // Load: rs1, imm
        case 0x13: // I:    rs1, imm
        case 0x23: // S:    rs1, imm
        case 0x67: // jalr: rs1, offset
            *input1 = inst->rs1_val;
            *input2 = *(uint64_t *)(&simm);
            break;
        case 0x63: // B:    npc, imm
        case 0x17: // U:    npc, imm (auipc)
        case 0x6f: // J:    npc, imm
            *input1 = npc - 4;
            *input2 = *(uint64_t *)(&simm);
            break;
        case 0x37: // U:    ---, imm (lui)
            *input1 = 0;
            *input2 = *(uint64_t *)(&simm);
            break;
        default:
            break;
    }
}
/// @brief 执行：完成ALU、条件分支的计算
/// @param inst 指向指令译码的指针
/// @param npc NPC的数值
/// @param condition 指向条件分支结果的指针
/// @return ALU计算结果
uint64_t instruction_execute(const instr_t *inst, uint64_t npc,
    uint64_t *condition)
{
    // 存放MUX选择结果，亦即ALU输入的临时寄存器
    uint64_t input1, input2;
    select_inputs(inst, npc, &input1, &input2);
    // ALU根据Opcode, Funct3/7进行计算
    uint64_t output = alu_cal(inst, input1, input2);
    // 根据Opcode, Funct3/7计算条件分支是否成立
    *condition = 0;
    if (inst->opcode == 0x63)
        *condition = branch_cal(inst);
    return output;
}
```

计算机科学家："在代码 2.12 中，`instruction_execute()` 函数负责接入算术逻辑运算。首先多路选择器根据指令的操作符判定指令的类型，然后据此从'源寄存器 `rs1` 或 `rs2` 的数值''立即数''NPC'这 4 个选项中选出两个，作为 ALU 的输入。选择输入这部分工作由函数 `select_inputs()` 完成。"

函数 `select_inputs()` 根据表 2.1 及 Opcode 的编码进行选择：

- R 类型：选择 `rs1`, `rs2` 的数值，ALU 完成寄存器、寄存器之间的计算；
- Load 指令（I 类型）：选择 `rs1` 的数值及立即数，完成内存有效地址的计算；
- 其他 I 类型：选择 `rs1` 的数值及立即数，完成寄存器、立即数之间的计算；
- S 类型：选择 `rs1` 的数值及立即数，完成内存有效地址的计算；

- B 类型：选择 NPC 及立即数，计算 PC 跳转的目标地址；
- U 类型：选择 NPC 及立即数，lui 指令不需要用 NPC，但 auipc 需要，用来计算更大范围 PC 相对寻址；
- J 类型：选择 NPC 及立即数，计算 PC 跳转的目标地址。

计算机科学家："完成选择以后，我们便得到了 ALU 的两个输入，将它们交给 alu_cal() 即可。alu_cal() 再根据指令的 Opcode 等字段，以及 ALU 的两个输入，完成 ALU 的计算。并且将 ALU 的计算结果作为函数的返回值。"

计算机科学家特别提醒："如果是条件分支指令，CPU 还要根据 Funct3/7 完成条件分支的计算。如果条件成立，设置 condition 为 1，不成立则为 0，作为后续是否进行程序计数器跳转的依据。"

2.6.2 内存有效地址

接下来，电子科学家向计算机科学家详细解释 ALU 怎样对每一种输入进行计算。他首先解释怎样计算内存有效地址。

电子科学家："**内存有效地址**是 Load/Store 这两类指令所需要的。RV32I 与 RV64I 被称为**加载–存储架构**（Load-Store Architecture），也就是说，CPU 只能通过**加载指令**（Load Instruction）读取内存的数据，将数据保存到寄存器上；只能通过**存储指令**（Store Instruction）向内存写入寄存器上的数据。其中，Load 指令是 I 类型指令，见表 2.2。"

表 2.2 RV64I 的 Load 指令

汇编指令	有效地址计算	目标寄存器	数据宽度	扩展
lb rd, offset(rs1)	rs1 + offset	rd	8	有符号扩展
lh rd, offset(rs1)	rs1 + offset	rd	16	有符号扩展
lw rd, offset(rs1)	rs1 + offset	rd	32	有符号扩展
ld rd, offset(rs1)	rs1 + offset	rd	64	有符号扩展
lbu rd, offset(rs1)	rs1 + offset	rd	8	无符号扩展
lhu rd, offset(rs1)	rs1 + offset	rd	16	无符号扩展
lwu rd, offset(rs1)	rs1 + offset	rd	32	无符号扩展

计算机科学家："这里的指令中的 l 是 'load' 啊，以 b,w,d 这些字符结尾又是什么意思呢?"

电子科学家："是这样的：l 后面有 4 种后缀，用来表示加载数据的宽度。"

- b 表示字节（Byte），宽度为 8 位。lb 就表示加载 8 比特数据；
- h 表示**半字**（Half-Word），宽度为 16 位。lh 就表示加载 16 比特数据；
- w 表示**字**（Word），宽度为 32 位。lw 就表示加载 32 比特数据；
- d 表示**双字**（Double-Word），宽度为 64 位。ld 就表示加载 64 比特数据。

电子科学家："Store 指令也是同样的格式。"

Store 指令是 S 类型指令，也有 4 种数据宽度，见表 2.3。

表 2.3 RV64I 的 Store 指令

汇编指令	有效地址计算	数据的源寄存器	数据宽度
`sb rs1, offset(rs2)`	`rs2 + offset`	`rs1`	8
`sh rs1, offset(rs2)`	`rs2 + offset`	`rs1`	16
`sw rs1, offset(rs2)`	`rs2 + offset`	`rs1`	32
`sd rs1, offset(rs2)`	`rs2 + offset`	`rs1`	64

计算机科学家："有了数据传输的宽度，再加一个地址就足够了。比如地址是 Addr，宽度是 Width，那就对内存上 Addr, Addr + 1, $\cdots$, Addr + Width −1 这些比特的数据进行 Load/Store 操作。那么，CPU 怎样找到这个地址呢？"

电子科学家："这个地址就被称为**内存有效地址**（Effective Address）。在 Load 指令中，ALU 根据立即数和 `rs1` 计算有效地址；在 Store 指令中，ALU 根据立即数与 `rs2` 计算有效地址。"

计算机科学家："这个还是虚拟地址吗？"

电子科学家："抛开单片机这些不谈，你基本可以认为，内存有效地址计算的是虚拟地址，后面要提供给程序计数器。"

计算机科学家问："那具体要怎么计算呢？"

于是电子科学家开始向他科普怎样计算内存有效地址。电子科学家："之前说过的，其实就是将 I 类型和 S 类型指令中的 12 位立即数 `imm` 当作**偏置**（Offset），利用 ALU，将源寄存器 `rs1`/`rs2` 中的数值与之相加，就可以得到有效地址了。参考表 2.2与表 2.3 中的有效地址计算。因此，有效地址计算本质上仍然只是加法而已。"

2.6.3 条件分支

计算机科学家："条件分支的计算已经在 2.4.4 节讨论过了。我们可以直接写出代码，见代码 2.13。"

代码 2.13 /instructions/Interpreter/Branch.c

```c
#include <stdint.h>
#include <stdlib.h>
#include "Instr.h"
/// @brief 根据寄存器中的数值计算条件分支
/// @param inst 指向instr_t的指针
/// @return 条件成立，返回1；否则返回0
uint64_t branch_cal(const instr_t *inst)
{
    uint64_t u1 = inst->rs1_val;
    uint64_t u2 = inst->rs2_val;
    int64_t  s1 = *(int64_t *)&u1;
    int64_t  s2 = *(int64_t *)&u2;
    switch (inst->funct3)
    {
        case 0x0: return s1 == s2; // beq
        case 0x1: return s1 != s2; // bne
        case 0x4: return s1 <  s2; // blt
        case 0x5: return s1 >= s2; // bge
        case 0x6: return u1 <  u2; // bltu
        case 0x7: return u1 >= u2; // bgeu
        default: exit(1);
    }
}
```

计算机科学家："代码 2.13 其实非常简单。branch_cal() 函数的第一个工作是比较来自源寄存器 rs1 和 rs2 的两个数据。这两个寄存器储存的是数据的比特串，我们以无符号数的形式读取，即 u1，u2。此外，我们可能需要比较有符号数，因此同时求出比特串对应的有符号数，s1,s2。"

他继续说道："接下来，按照 B 类型指令的 Funct3，选择比较寄存器数据的方法。例如，Funct3 为 000 时，比较两个数 s1,s2 是否相等。显然，有符号数和无符号数都可以比较是否相等，(s1==s2)⇔(u1==u2)。"

除了相等之外，还有其他的比较选项。例如，funct3 为 100 时，比较有符号数 s1 是否小于 s2；funct3 为 101 时，比较有符号数 s1 是否大于等于 s2。这样一来，就可以全面地比较两个有符号数之间的大小关系：相等、不相等、小于、大于或等于。对于无符号数，也有相同的比较。

2.6.4 算术逻辑单元：ALU

计算机科学家："最后我们来看一下 ALU 的功能吧。"

电子科学家："啊?真的吗?你真的要了解算术逻辑单元吗?**算术逻辑单元**(Arithmetic-Logical Unit, ALU)是 CPU 中最核心的计算器件,可以实现整数的**算术运算**(Arithmetic Computation)和**逻辑运算**（Logical Computation），如加法、减法、乘法、逻辑与、或、非等。但它的电路可复杂了，你真的要全部介绍吗?"

计算机科学家："那算了，我只关心 ALU 的输入、输出，把它当作一个神秘的魔法黑箱，通过 RISC-V 指令，驱动这个黑箱完成具体的运算。"

电子科学家："OK，指令集是对硬件的一层薄薄的抽象。对于你来说，确实不需要知道逻辑电路，只需要知道 add，sub，and，or 这些指令就足够了。"

计算机科学家："正是如此。ALU 部分的代码见代码 2.14。"

代码 2.14 /instructions/Interpreter/ALUnit.c

```
#include <stdint.h>
#include <stdlib.h>
#include <stdio.h>
#include "Instr.h"
/// @brief ALU根据输入计算、指令类型计算输出
/// @param inst 指向译码指令结果的指针
/// @param input1 ALU的第一个输入参数
/// @param input2 ALU的第一个输入参数
/// @return ALU计算结果（Bit Map，而非数值）
uint64_t alu_cal(const instr_t *inst, uint64_t input1, uint64_t input2)
{
    // 将两个输入看作有符号数
    int64_t s1 = *(int64_t *)&input1;
    int64_t s2 = *(int64_t *)&input2;
    switch (inst->opcode)
    {
        case 0x03:  // Load     - 加载
        case 0x23:  // Store    - 储存
        case 0x63:  // Branch   - 条件分支
        case 0x6f:  // jal      - 跳转
        case 0x67:  // jalr
        case 0x37:  // lui
```

```
        case 0x17:  // auipc
            return input1 + input2;
        case 0x33:  // R-Type
        case 0x13:  // I-Type
            switch (inst->funct3)
            {
                case 0x0: // add, sub, addi
                    switch (inst->funct7)
                    {
                        case 0x20:
                            return input1 - input2;
                        default:
                            return input1 + input2;
                    }
                case 0x1: // sll, slli
                    input2 = input2 & 0x1f;
                    return input1 << input2;
                case 0x2: // slt, slti
                    return (s1 < s2) ? 1 : 0;
                case 0x3: // sltu, sltiu
                    return (input1 < input2) ? 1 : 0;
                case 0x4: // xor, xori
                    return input1 ^ input2;
                case 0x5: // srl, sra, srli, srai
                    input2 = input2 & 0x1f;
                    switch (inst->funct7)
                    {
                        case 0x00: // srl, srli
                            return input1 >> input2;
                        case 0x20: // sra, srai
                            return s1 >> input2;
                        default: goto UNKNOWN;
                    }
                case 0x6: // or, ori
                    return input1 | input2;
                case 0x7: // and, andi
                    return input1 & input2;
                default: goto UNKNOWN;
            }
        default: goto UNKNOWN;
    }
UNKNOWN:
    printf("Unknown instruction to ALU.\n");
    exit(0);
}
```

计算机科学家：“代码 2.14 有一大堆 `switch-case` 语句，就是为了根据指令的 opcode/funct3/funct7 字段选择具体的计算。”

他举了一个例子：“例如，你之前在 2.6.2 节讲的，内存有效地址的计算本质上是加法。因此，Load/Store 指令只需要在 ALU 中进行加法运算即可。Branch/Jump 指令计算 PC 相对寻址，在 2.4.4 节中我们也讨论过，其实也是加法运算。”

电子科学家：“不错。除此之外，还有三类算术运算：`add`、`sub`、`addi`。`add` 将两个寄存器中的数据相加；`sub` 将两个寄存器中的数据相减，这可以通过补码转换为两数相加；`addi` 将一个寄存器中的数据和立即数相加。这些运算都可以通过第 1 章中介绍的加法器完成。”

计算机科学家：“还剩下一些左移、右移的指令，它们的代码逻辑如下。”

`sll, slli` 是**逻辑左移**（Logical Left Shift）运算。和图 1.20 相似，数据左移时，右侧留下的空比特位全部用 `0` 填充。因此，逻辑左移 n 位，意味着数据乘以 2 的 n 次幂：即 `a << n` 与 $a \times 2^n$ 相等。

`srl, srli` 是**逻辑右移**（Logical Right Shift）运算。逻辑右移可以看作无符号数的右移。右移时，左侧留下的空比特位用 `0` 填充。例如，寄存器 `x2` 上储存了无符号数 `0xffff00000000abcd`，逻辑右移 7 位 `srli x2,x2,7`，则得到 `0x01fffe0000000157`，它的最高位被 `0` 填充。

`sra`，`srai` 是**算术右移**（Arithmetic Right Shift）运算。算术右移可以看作有符号数的右移，不改变数据的正负号。右移时，左侧留下的空比特位按照**符号位**填充。

依然以 `0xffff00000000abcd` 为例，这次把它视为有符号数，储存在寄存器 `x2` 上。算术右移 7 位 `srai x2,x2,7`，则得到 `0xfffffe0000000157`，它的最高位被原先的符号位 `1` 填充。如果 `x2` 上的是 `0x0fffabcd12345678`，符号位为 `0`，那么算术右移 7 位的结果则与逻辑右移一样，依然是 `0` 填充，为 `0x1fff579a2468ac`。

计算机科学家："最后还剩几个指令，这些指令的计算也很简单。"

`slt`，`slti` 比较两个有符号数（s）的大小，`s1` 是否小于（Less Than，`lt`）`s2`。`sltu`，`sltiu` 比较两个无符号数的大小，`input1` 是否小于 `input2`。

`and`，`andi` 是与运算；`or`，`ori` 是或运算；`xor`，`xori` 是异或运算。这些都是逻辑运算，可以参考图 1.13，其中介绍了这些逻辑运算的真值表。

2.7　访问内存：MEM

电子科学家："CPU 的第四阶段工作是**访存**（Memory，MEM），需要根据内存有效地址（ALU 计算的结果）读写内存及更新程序计数器，如图 2.21 所示。"

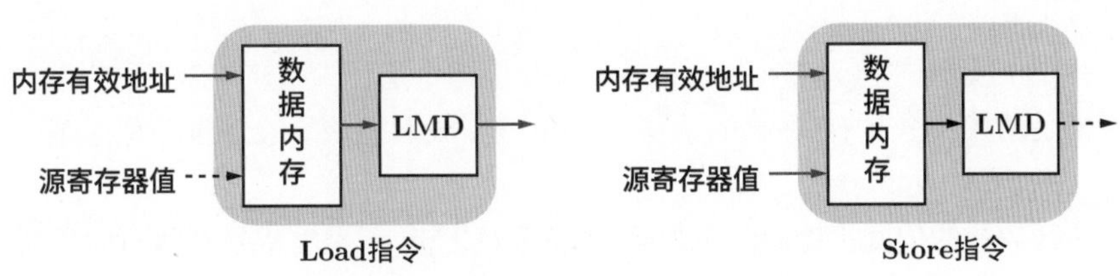

图 2.21　访存：Load/Store 指令

并不是每一个指令都会读写内存，即访问内存。RISC-V 是Load-Store **架构**，只有 Load、Store 指令可以根据**有效地址**读写内存。Load 指令将内存中读到的数据保存在 LMD(Load Memory Data) 中，等待下一阶段写回目标寄存器 `rd`。

计算机科学："所以 CPU 在这一阶段等待 ALU 完成它的计算。对于跳转指令，在访存阶段才能得到条件分支的判断结果。因此，直到此时，CPU 才能决定程序计数器 `PC` 应该更新为哪一数值，如图 2.9 所示。"

电子科学家："是的。"

根据这些描述，计算机科学家写了模拟内存访问的代码，见代码 2.15。

代码 2.15　`/instructions/Interpreter/MemAccess.c`

```
#include <stdint.h>
#include "Instr.h"
// 外部依赖：由其他源文件实现
typedef uint64_t (*va2pa_t)(uint64_t);
extern uint64_t load_data(uint64_t vaddr, uint32_t funct3,
                          const uint8_t *mem, va2pa_t va2pa_load);
```

```
extern void store_data(uint64_t val, uint64_t vaddr, uint32_t funct3,
                       uint8_t *mem, va2pa_t va2pa_store);
extern uint64_t update_pc(const instr_t *inst, uint64_t npc, uint64_t target,
                          uint64_t condition);
/// @brief 访存：Load/Store架构
/// @param inst 指向译码结果结构体instr_t的指针
/// @param alu_output EX阶段，ALU的计算结果
/// @param condition EX阶段，条件分支的计算结果
/// @param npc IF阶段，NPC的计算结果
/// @param mem 指向物理内存的指针
/// @param va2pa_load 指向va2pa_load的函数指针
/// @param va2pa_store 指向va2pa_store的函数指针
/// @param lmd 指向Load Memory Data寄存器的指针
/// @return 下一条指令的虚拟地址
uint64_t memory_access(const instr_t *inst, uint64_t alu_output, int condition,
    uint64_t npc, uint8_t *mem, va2pa_t va2pa_load, va2pa_t va2pa_store,
    uint64_t *lmd)
{
    switch (inst->opcode)
    {
        case 0x03: // Load
            *lmd = load_data(alu_output, inst->funct3, mem, va2pa_load);
            break;
        case 0x23: // Store
            store_data(inst->rs2_val,alu_output,inst->funct3,mem,va2pa_store);
            break;
        default: break;
    }
    // 更新程序计数器PC，选择为NPC或ALU的计算结果
    return update_pc(inst, npc, alu_output, condition);
}
```

计算机科学家解释："首先要根据 opcode 判断该指令是否为 Load/Store 指令。如果是，那么我们调用相关函数，完成内存数据的读写。如果不是，我们在该阶段直接更新程序计数器 pcnt 即可。"

更新程序计数器的依据是译码阶段得到的 npc（即 pc + 4），以及在执行阶段得到的 ALU 运算结果 alu_output 和条件判断结果 condition。根据这三点，就可以调用函数 update_pc 更新程序计数器。

至于读写内存的函数，计算机科学家说："读取内存函数 load_data() 将根据 funct3 确定具体的内存读取方式，并将结果保存在 LMD(Load Memory Data) 寄存器上，以便写回目标寄存器 rd。写入内存函数 store_data() 将源寄存器 rs2 中的数据写入内存的相应地址。"

2.7.1 更新程序计数器

电子科学家："你把更新程序计数器的代码写出来吧。"

计算机科学家："这过于简单，以至于我差点忘了。就是代码 2.16 中的 update_pc() 函数。"

代码 2.16 /instructions/Interpreter/UpdatePC.c

```
#include <stdint.h>
#include "Instr.h"
/// @brief 更新程序计数器PC，顺序执行或分支跳转
/// @param inst 指向译码结果结构体instr_t的指针
/// @param nextpc next pc: pc + 4
/// @param target ALU计算的目标地址
```

```
/// @param condition 条件分支是否成立
/// @return 下一条指令的虚拟地址（pc值）
uint64_t update_pc(const instr_t *inst, uint64_t nextpc, uint64_t target,
    uint64_t condition)
{
    switch (inst->opcode)
    {
        case 0x63:  // 条件分支 - B
            return condition == 1 ? target : nextpc;
        case 0x67:  // jalr - 无条件跳转
        case 0x6f:  // jal - 无条件跳转
            return target;
        default:
            return nextpc;
    }
}
```

根据 ALU 的运算结果（跳转地址）、NPC，以及条件分支的结果 condition 判断是否跳转即可，也就是选择跳转还是选择 NPC。对于无条件跳转（jalr 与 jal），直接将 PC 值更新为 PC 相对寻址或内存有效地址。

2.7.2 读写内存

计算机科学家："至于具体读写内存的函数，要特别关注几点。① 内存有效地址是虚拟地址；② 数据的宽度（b, h, w）；③ 是否进行符号扩展；④ 小端机器中比特串的顺序。见代码 2.17。"

代码 2.17 /instructions/Interpreter/LoadStore.c

```
#include <stdint.h>
// va2pa的函数指针类型，用于函数指针参数传递
typedef uint64_t (*va2pa_t)(uint64_t);
/// @brief 将数据写入内存有效地址
/// @param val 待写入内存的数据
/// @param vaddr 内存有效地址（虚拟地址）
/// @param funct3 用于确定写入数据的宽度，b,h,w
/// @param mem 指向物理内存的指针
/// @param va2pa_store 用于Store的va2pa地址翻译函数
void store_data(uint64_t val, uint64_t vaddr, uint32_t funct3,
                uint8_t *mem, va2pa_t va2pa_store)
{
    // MMU将虚拟地址翻译为物理地址
    uint64_t paddr = va2pa_store(vaddr);
    // 计算数据宽度
    int width = 1 << (funct3 & 3);
    // 以字节数组的形式按顺序写入物理内存
    uint8_t *byte_arr = (uint8_t *)&val;
    for (int i = 0; i < width; ++ i)
    {
        // 小端机器
        mem[paddr + i] = byte_arr[i];
    }
}
/// @brief 从内存有效地址中加载数据
/// @param vaddr 内存有效地址（虚拟地址）
/// @param funct3 用于确定加载的数据宽度，b,h,w
/// @param mem 指向物理内存的指针
/// @param va2pa_load 用于Load的va2pa地址翻译函数
/// @return 内存中所加载的数据，待写入LMD寄存器
```

```
uint64_t load_data(uint64_t vaddr, uint32_t funct3, const uint8_t *mem,
    va2pa_t va2pa_load)
{
    // MMU将虚拟地址翻译为物理地址
    uint64_t paddr = va2pa_load(vaddr);
    // 计算数据宽度
    int width = 1 << (funct3 & 3);
    // 判断是否加载为无符号数，用于符号扩展
    int udata = (funct3 >> 2) & 1;
    // 以字节数组的形式按顺序加载物理内存
    uint8_t buffer[8] = {0, 0, 0, 0, 0, 0, 0, 0};
    for (int i = 0; i < width; ++ i)
    {
        // 小端机器
        buffer[i] = mem[paddr + i];
    }
    // 符号扩展为LMD的宽度
    if (udata == 0 && (buffer[width - 1] & 0x80) == 0x80)
    {
        for (int i = width; i < 8; ++ i)
        {
            buffer[i] = 0xff;
        }
    }
    return *(uint64_t *)&buffer;
}
```

计算机科学家："代码 2.17 稍微有点复杂。首先调用 `va2pa_s` 函数将虚拟地址（内存有效地址）转换为物理地址，然后直接向 `mem` 内存数组写入 `funct3` 所指定宽度的数据。"

- `sb` 表示向内存写入 1 字节，`funct3 = 000 = 0`；
- `sh` 表示向内存写入 2 字节，`funct3 = 001 = 1`；
- `sw` 表示向内存写入 4 字节，`funct3 = 010 = 2`。

计算机科学家："一个小技巧是写入的数据宽度为 2^{funct3} 个字节。因此，我们可以用 `(1<<funct3)` 表示数据的宽度。从低到高，计数 `(1<<funct3)` 这么多字节，将源寄存器 `rs2` 上的数据写到内存相应的位置即可。"

计算机科学家接着讨论读取的情况："读取的情况略微复杂一些，因为涉及**符号扩展**。"

如果 `funct3` 的最高位 `[2]` 为 `0`，那么内存数据是按照有符号数读取的，写回到目标寄存器 `rd` 时，需要扩展符号位。举一个例子，内存上的一个字节 `0x80`，在 32 位的寄存器上储存为 `0xffffff80`。

如果 `funct3` 的最高位 `[2]` 为 `1`，那么按照无符号数读取，也就不需要进行符号扩展，写为 `0` 即可。因此，进行符号扩展的条件是 `(funct3 >> 2) == 0`，且内存上的数据最高位是 `1`，此时我们把 LMD 的高位比特全部设置为 `1`，作为符号扩展。

2.8 写回寄存器：WB

电子科学家："呼……最后一项工作了，CPU 向目标寄存器写回数据。"

计算机科学家："你这么一说，在此之前的 4 个阶段，好像 CPU 并不向任何通用寄存器写入数据。例如，Load 指令，CPU 在执行阶段计算有效地址；在访存阶段从内存中读取数据；在写回阶段才会将数据 LMD 写入寄存器。又比如 `add` 指令，CPU 在执行阶段读取两个寄存器的值，ALU 计算两数相加。"

电子科学家:“对，直到在写回阶段才将 ALU 的运算结果写入寄存器，如图 2.22 所示。”

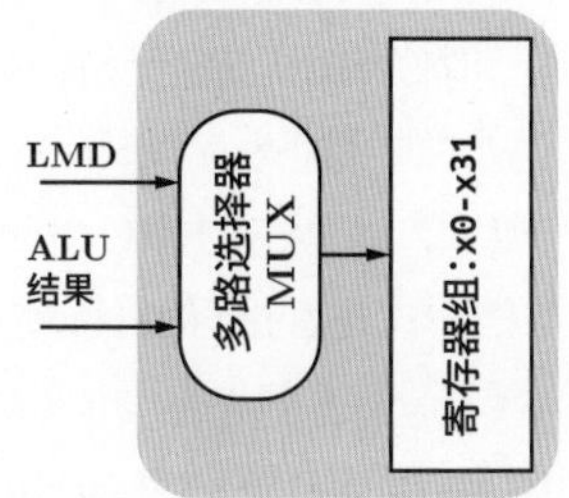

图 2.22　写回目标寄存器

根据指令的类型，如果是 Load 指令，多路选择器 MUX 选择将 LMD 的结果写回目标寄存器 `rd`，这样也就完成了一次内存的读取。其他情况下，MUX 选择将 ALU 的结果写回 `rd`，如 `rs1 + rs2` 的结果。

计算机科学家:“行，那我来写模拟代码了。见代码 2.18。根据图 2.22，其实我们只需要根据指令类型，在多路选择器 MUX 上选择需要被写回的数据即可。”

代码 2.18　/instructions/Interpreter/WriteBack.c

```c
#include <stdint.h>
#include "Instr.h"
/// @brief 写回：将ALU的结果或LMD写回目标寄存器
/// @param inst 指向译码指令结果的指针
/// @param reg 指向寄存器数组的指针
/// @param alu_output ALU计算结果
/// @param lmd 内存中读取到的数据
/// @param nextpc next pc: pc + 4
void write_back(const instr_t *inst, uint64_t *reg,
    const uint64_t alu_output, const uint64_t lmd, const uint64_t nextpc)
{
    if (inst->rd == 0)
        // x0寄存器hard-wired，恒为0
        // 因此不向x0寄存器写入任何数据
        return;
    switch (inst->opcode)
    {
        case 0x33: // R: op     rd,rs1,rs2
        case 0x13: // I: op     rd,rs1,imm
        case 0x17: // U: auipc  rd,imm
        case 0x37: // U: lui    rd,imm
            reg[inst->rd] = alu_output;
            break;
        case 0x6f: // J: jal    rd,imm
        case 0x67: // I: jalr   rd,offset(rs1)
            reg[inst->rd] = nextpc;
            break;
        case 0x03: // Load指令，写回LMD
            reg[inst->rd] = lmd;
            break;
        default:
            break;
    }
}
```

如果是 Load 指令，那么，在访存阶段，CPU 已经根据内存有效地址进行了读取内存的操作。读取的结果被存放在 LMD 寄存器中，在写回阶段，我们只需要将 LMD 中的数据写回到目标寄存器 rd 即可。

如果是其他类型带有目标寄存器 rd 的指令，如 R 类型，其他非 Load 指令的 I 类型指令，在执行阶段，由 ALU 根据寄存器和立即数的输入进行计算，计算结果暂存到一个寄存器中。在写回阶段，将 alu_output 中的结果写回到目标寄存器即可。

如果是无条件跳转指令，将返回地址，也就是 NPC 写入 rd。

除此以外，还有 S 类型、B 类型指令，它们没有目标寄存器 rd 的编号，也不会向寄存器组写回任何数据。

电子科学家："到此为止，一条 RISC-V 指令在一个简单的 CPU 上走完了它的一生。回首望去，这就是图 2.6 中所讲述的故事。其实故事还没有完结，到目前为止图 2.6 是很不完善的，缺少流水线等优化。但我们也不是计算机体系结构的教科书，因此大概介绍一下 CPU 上的指令是如何被运行的就足够了。"

2.9 解释执行样例程序

计算机科学家："程序写到这里，就可以编译并且测试了。代码 2.19是它的 Makefile，通过 make -f Makefile build 命令用来生成可执行文件。"

代码 2.19 /instructions/Interpreter/Makefile

```
CC = /usr/bin/gcc-10 # 选择自己的编译器路径，最好使用gcc-10
CFLAGS = -g -Wall -Werror -std=c99 # 编译器参数
build:
	$(CC) $(CFLAGS) RISCVInt.c Resource.c MMU.c LoadImage.c Fetch.c \
	Decode.c Execute.c MemAccess.c WriteBack.c ALUnit.c Branch.c LoadStore.c \
	UpdatePC.c -o RISCVInt
run: build
	./RISCVInt ./loadstore-binary
clean:
	rm -f RISCVEncoder riscv-binary
```

电子科学家提议："可以用 RISC-V 版本的 gcc 编译一些 C 语言程序文件，得到 RV32 版本的汇编指令。对这些指令进行适当修改，然后试试解释器能不能运行。"

计算机科学家："好主意！"

2.9.1 溢出检测程序

计算机科学家跃跃欲试："我先来试试溢出检测程序吧，也就是第 1 章中的代码 1.2。同样使用交叉编译，将程序编译为 RV32I 指令，见代码 2.20。"

代码 2.20 /instructions/Interpreter/Makefile.riscv

```
CC = ~/riscv/bin/riscv64-unknown-elf-gcc # 选择自己的编译器路径
CFLAGS = -g -Wall -Werror -std=c99 -march=rv32im -mabi=ilp32 -c # 编译器参数
OBJDUMP = ~/riscv/bin/riscv64-unknown-elf-objdump
build:
	$(CC) $(CFLAGS) Overflow.c -o overflow-riscv64.o
objdump:
	$(OBJDUMP) -d overflow-riscv64.o
clean:
	rm -f overflow-riscv64.o
```

计算机科学家在命令行上键入如下命令：

```
>_                                                          Linux Terminal
> make -f Makefile.riscv build # 通过执行 Makefile 中的 build 命令进行编译
> make -f Makefile.riscv objdump # 检查汇编指令
```

这样就可以看到 `uint32_overflow()` 函数的具体 RV32I 指令了。对它稍作修改，就可以得到如下指令。见代码 2.21，判断 `0xffffffff + 0x1` 是否发生无符号数溢出。结果可以通过 `x1` 返回值寄存器查看。

代码 2.21 /instructions/Interpreter/Samples/Overflow.txt

```
fffff537        lui x10, 0xfffff          # 赋值x10 = 0xfffff000
fff50513        addi x10, x10, 0xfff      # 赋值x10 = 0xffffffff
00100593        addi x11, x0, 1           # 赋值x11 = 0x1
00f707b3        add x12, x10, x11         # 计算x12 = x + y
00a63633        sltu x12, x12, x10        # 比较x12与x10无符号数
00c000b3        add x1, x0, x12           # 将结果x12写入返回值寄存器查看
```

计算机科学家：“不过这里得到的是文本文件，我们还需要把它转换成二进制文件。可以利用 `hexedit` 工具，也可以写一个小工具，见代码 2.22。代码 2.22很简单，它一边按照文本打开，每一行从头读取一个 `uint32_t` 的十六进制字符串，一边打开另一个二进制文件，将字符串转换成 `uint32_t`，将 4 个字节写进二进制文件。”

代码 2.22 /instructions/Interpreter/Tool/CreateBin.c

```c
#include <stdio.h>
#include <stdlib.h>
#include <stdint.h>
int main(int argc, const char **argv)
{
    if (argc != 3) return 0;
    FILE *infile = fopen(argv[1], "r");
    FILE *outfile = fopen(argv[2], "wb");
    char buf[128];
    while (fgets(buf, 128, infile) != NULL)
    {
        uint32_t instruction = strtol(buf, NULL, 16);
        fwrite(&instruction, 1, 4, outfile);
    }
    fclose(infile);
    fclose(outfile);
}
```

它的 Makefile 见代码 2.23。

代码 2.23 /instructions/Interpreter/Tool/Makefile

```makefile
CC = /usr/bin/gcc-10 # 选择自己的编译器路径，最好使用gcc-10
CFLAGS = -g -Wall -Werror -std=c99 # 编译器参数
build:
	$(CC) $(CFLAGS) CreateBin.c -o bin
clean:
	rm -f bin
```

```
>_                                              Linux Terminal
> ./Tool/bin ./Samples/Overflow.txt overflow
> make -f Makefile build
> ./RISCVInt ./overflow 0 65535
```

可以看到程序成功运行，最后 `dump_registers()` 函数中，返回值寄存器 `x1/ra` 中的数据是 `1`，表示发生了无符号数加法溢出。

2.9.2 循环计算阶乘

计算机科学家：“我们再来看一个例子，计算 n 的阶乘，$n! = 1 \times 2 \times \cdots \times n$。代码 2.24 利用循环进行计算。”

代码 2.24 `/instructions/Interpreter/Samples/Factorial.c`

```c
// 循环计算阶乘
int factorial_loop(int n)
{
    int fn = 1;
    for (int i = 1; i <= n; i++)
        fn = fn * i;
    return fn;
}
```

计算机科学家继续说：“我们依然可以用 RISC-V 版本的 `gcc` 编译，然后参考代码 2.25，改写成解释器可以执行的程序。”

代码 2.25 `/instructions/Interpreter/Samples/Makefile.fact`

```makefile
CC = ~/riscv/bin/riscv64-unknown-elf-gcc # 选择自己的编译器路径
CFLAGS = -g -Wall -Werror -std=c99 -march=rv32im -mabi=ilp32 -c # 编译器参数
OBJDUMP = ~/riscv/bin/riscv64-unknown-elf-objdump
build:
	$(CC) $(CFLAGS) Factorial.c -o fact.o
objdump:
	$(OBJDUMP) -d fact.o
clean:
	rm -f fact.o
```

计算机科学家按照电子科学家之前的做法，用 `make build` 命令编译，用 `objdump` 工具查看汇编指令。

```
>_                                              Linux Terminal
> make -f Makefile.fact build # 通过执行 Makefile 中的 build 命令进行编译
> make -f Makefile.fact objdump # 检查汇编指令
```

计算机科学家查看了 `objdump` 的结果，惊叹：“哇，我都忘记了，RV32I 基础指令集里没有乘法指令的。所以这个编译出来还挺复杂的。”

电子科学家：“没错，这实际上就是用最基础的移位器和加法器计算乘法，有固定算法，被称为**移位相加法**（Shift-and-Add）。这说起来其实也简单，就是利用移位指令和加法指令，模拟二进制的竖式乘法运算。具体细节就不多说了，如果你感兴趣的话就看看下面的代码吧。代码 2.26 计算 12 的阶乘。”

代码 2.26　/instructions/Interpreter/Samples/Factorial.txt

```
00c00513      addi x10, x0, 12        # 设置n = 12
00100593      addi x11, x0, 1         # 设置i = 1
00100613      addi x12, x0, 1         # 设置fn = 1
00000693      addi x13, x0, 0         # 暂存乘法结果，初始化为0
00058713      addi x14, x11, 0        # a = i
00060793      addi x15, x12, 0        # b = fn，计算x13 = a * b
0017f813      andi x16, x15, 1        # 计算b最低位
00080463      beq x16, x0, 8          # b最低位为0，跳转到slli x14,x14,1
00e686b3      add x13, x13, x14       # b最低位非零，x13 += a
00171713      slli x14, x14, 1        # a = a >> 1
0017d793      srli x15, x15, 1        # b = b << 1
fe0796e3      bne x15, x0, -20        # b非零，还有位数要做乘法，跳回
00068613      addi x12, x13, 0        # fn = i * fn
00158593      addi x11, x11, 1        # i = i + 1
00b528b3      slt x17, x10, x11       # 判断(i<=n)，等价于!(n<i)
0018c893      xori x17, x17, 1        # x17 = (i<=n) = !(n<i) = (n<i)^1
fc0896e3      bne x17, x0, -52        # x17非零，表示(i<=n)成立，继续计算乘法
00060093      addi x1, x12, 0         # 结果写回返回值寄存器
```

使用工具转换成二进制文件，并用解释器运行：

```
>_                                                  Linux Terminal
> ./Tool/bin ./Samples/Factorial.txt factorial
> ./RISCVInt ./factorial 0 65535
```

在返回值寄存器上得到了 **479001600**，也就是 12! 的结果。

这样一次数据传输需要在 CPU 与内存之间读/写数据，增加与内存交互的次数，减慢 CPU 的速度。第 4 章介绍的**储存层次与Cache 缓存**，使 CPU 与内存之间能够高效地读/写数据。

2.9.3 全部指令测试

电子科学家整理了一份测试文件，见代码 2.27。电子科学家说："最后把所有指令都测试一遍，如果全部符合预期，那么应该是没有问题的。"

代码 2.27　/instructions/Interpreter/Samples/AllTest.txt

```
12300093      addi x1, x0, 0x123
12300113      addi x2, x0, 0x123
00208133      add x2, x1, x2          # x2值应为0x246
402080b3      sub x1, x1, x2          # x1值应为0xfffffedd
12300093      addi x1, x0, 0x123
cbd00113      addi x2, x0, 0xcbd
0020f0b3      and x1, x1, x2          # x1值应为0x21
12300093      addi x1, x0, 0x123
abc00113      addi x2, x0, 0xabc
0020c0b3      xor x1, x1, x2          # x1值应为0xfffffb9f
12300093      addi x1, x0, 0x123
00c00113      addi x2, x0, 12
002090b3      sll x1, x1, x2          # x1值应为0x123000
12300093      addi x1, x0, 0x123
00400113      addi x2, x0, 4
0020d0b3      srl x1, x1, x2          # x1值应为0x12
fab00093      addi x1, x0, 0xfab
00400113      addi x2, x0, 4
4020d0b3      sra x1, x1, x2          # x1值应为0xfffffffa
12300093      addi x1, x0, 0x123
```

```
abc00113        addi x2, x0, 0xabc
0020a0b3        slt x1, x1, x2              # x1值应为0x0
12300093        addi x1, x0, 0x123
abc00113        addi x2, x0, 0xabc
0020b0b3        sltu x1, x1, x2             # x1值应为0x1
000010b7        lui x1, 1                   # 设置内存基地址[4096]
1234a137        lui x2, 0x1234a             # x2值应为0x1234a000
0bc00193        addi x3, x0, 0x0bc
00419193        slli x3, x3, 4
00310133        add x2, x2, x3
00d10113        addi x2, x2, 0xd            # x2值应为0x1234abcd
0020a623        sw x2, 12(x1)
00c08183        lb x3, 12(x1)               # x3值应为0xffffffcd
00c09183        lh x3, 12(x1)               # x3值应为0xffffabcd
00c0a183        lw x3, 12(x1)               # x3值应为0x1234abcd
00c0c183        lbu x3, 12(x1)              # x3值应为0xcd
00c0d183        lhu x3, 12(x1)              # x3值应为0xabcd
00208723        sb x2,14(x1)
00c0a183        lw x3, 12(x1)               # x3值应为0x12cdabcd
00209723        sh x2,14(x1)
00c0a183        lw x3, 12(x1)               # x3值应为0xabcdabcd
abc00093        addi x1, x0, 0xabc
fff0f093        andi x1, x1, 0xfff          # x1值应为0xfffffabc
abc00093        addi x1, x0, 0xabc
0120e093        ori x1, x1, 0x012           # x1值应为0xfffffabe
abc00093        addi x1, x0, 0xabc
fff0c093        xori x1, x1, 0xfff          # x1值应为0x00000543
abc00093        addi x1, x0, 0xabc
01009093        slli x1, x1, 16             # x1值应为0xfabc0000
abc00093        addi x1, x0, 0xabc
0040d093        srli x1, x1, 4              # x1值应为0x0fffffab
abc00093        addi x1, x0, 0xabc
4040d093        srai x1, x1, 4              # x1值应为0xffffffab
abc00093        addi x1, x0, 0xabc
79a0a093        slti x1, x1, 0x79a          # x1值应为1
abc00093        addi x1, x0, 0xabc
89a0b093        sltiu x1, x1, 0x89a         # x1值应为0
abc00093        addi x1, x0, 0xabc
00108463        beq x1, x1, 8               # 应跳转到+8位置
00000093        addi x1, x0, 0              # 此处不应执行
00008093        addi x1, x1, 0              # x1值应非0
70109863        bne x1, x1, 10000
7010c863        blt x1, x1, 10000
01700093        addi x1, x0, 23
00108113        addi x2, x1, 1
00115663        bge x2, x1, 12
00000093        addi x1, x0, 0              # 此处不应执行
00000093        addi x1, x0, 0              # 此处不应执行
00008093        addi x1, x1, 0              # x1值应非0
00000097        auipc x1, 0                 # x1保存当前PC值
00000013        addi x0, x0, 0
00000013        addi x0, x0, 0
00000013        addi x0, x0, 0
ffffc117        auipc x2, -4                # x2 = x1 + 0xffffc010
ffffc1b7        lui x3,-4
01018193        addi x3, x3, 16             # x3 = 0xffffc010
003080b3        add x1, x1, x3              #x1, x2值应相等
008000ef        jal x1,8
00000093        addi x1, x0, 0              # 此处不应执行
00008093        addi x1, x1, 0              # x1值应非0
00000097        auipc x1, 0                 # x1保存当前PC值
00c08167        jalr x2, 12(x1)             # x2应保存x1 + 8
00000093        addi x1, x0, 0              # 此处不应执行
00008093        addi x1, x1, 0              # x1值应非0
```

```
>_                                                    Linux Terminal
> ./Tool/bin ./Samples/AllTest.txt alltest
> ./RISCVInt ./alltest 0 65535
```

2.10　阅读材料

在 20 世纪的第一个十年里，我国知名科幻小说作家刘慈欣发表了《三体》系列小说，并在 2015 年获得科幻小说界的重大奖项——雨果奖。在刘慈欣获奖以后，我才读到这本小说，并且为他惊人的想象力深深折服。在第一部小说的《三体游戏》里，游戏的虚拟角色冯·诺依曼和牛顿拜访秦始皇，劝说秦始皇用数千万士兵组成人列计算机，试图计算三个太阳运行的规律。每三个士兵只需要按照简单的规则做出动作，形成一个门电路，千万个门电路又构成了加法器等器件，最终形成了由人组成的计算机系统。

实际上，人们总在尝试用其他器材做一个有趣的计算机，如利用流水，甚至在游戏 Minecraft 里也可以用方块堆砌出一台能够运行的计算机！当然，这些形形色色的计算机受限于设备，并不能高效地运行。但从原理上讲，它们是具有冯·诺依曼结构的、功能完备的计算机。如果我们生活在这样一个世界——液体的流速极快，那用水流也可以制作一台计算机。只不过物理学、材料学的发展使得人类选择了现有的计算机介质——在半导体材料中掺入原子，在微观尺度上制作器件，以超大规模集成电路作为计算机的载体，让程序得以高效地运行，为人类提供精彩纷呈的服务。

下面继续向大家介绍一些参考书目。

URM 模型的结构非常简洁，很接近我们通常理解的计算机。关于 URM 理论计算机如何得到递归函数，又如何与 λ 演算等价，甚至，如何最终完成哥德尔不完备定理的证明，都可以参考 Nigel Cutland 的《可计算性：递归函数导论》[1]。这本书很适合计算科学与技术专业的同学阅读，贴近计算机，算是递归论的入门读物。

CPU 流水线的 5 个阶段及 RISC-V 指令的指令集主要可以阅读 John L Hennessy 与 Pavid A Patterson 在计算机体系结构和组成原理方面的两本著作，一本是《计算机体系结构：量化研究方法》[13]；另一本是 RISC-V 版本的《计算机组成与设计：硬件/软件接口》（*Computer organization and design: The hardware software interface*）[17]。两位作者无论在学术界还是工业界，都有极为重大的影响和地位。Hennessy 曾经是 Stanford 校长，Patterson 曾经是 UC Berkeley 的教授，两人推动了 RISC-V 指令集的诞生与发展，并一起在 2017 年获得了 ACM 图灵奖。

此外，我们写解释器代码的时候，常常需要查阅 RISC-V 指令的细节，才能知道执行某一条指令有哪些影响。为此，非常建议读者去阅读 RISC-V 的 ISA 手册——《RISC-V 指令集手册》[7]。这本书使用的是 2019 年版本的指令集手册，可以在 RSIC-V 的官方网站免费下载：`https://riscv.org`。

[7]Waterman, Andrew, et al. *The RISC-V instruction set manual.* Volume I: User-Level ISA'[EB/OL], (2019) [2022-10-11].

第 3 章 过程调用的魔法

计算机科学家都相信自己是一个高超的魔法师，并且相信计算机中寄宿着一个大精灵。其实这是一个历史悠久的典故。计算机科学的经典教科书《计算机程序的构造与解释》（Structure and Interpretation of Computer Programs，SICP）号称魔法书，它的封面是一个魔法师施展魔法。程序员是魔法师，程序员编写程序，就像魔法师呼唤大精灵，驱使它在计算机中施展魔法。在 SICP 中，作者特别向这位大精灵致谢："怀着尊敬与仰慕，本书献给活在计算机中的精灵[1]。"

计算机科学家读完 SIPC 后，深受感动，于是开始呼唤。大精灵倏忽显身，向计算机科学家鞠躬："我会听命行事。"于是，计算机科学家和大精灵之间开始了第三段对话。

3.1 控制转移与返回

计算机科学家苦恼地对大精灵说："到现在为止我也写了不少代码了，特别是在 RISC-V 的解释器（见代码 2.5）里，写了很多函数。在这里，我把函数当作控制复杂度的一个工具，每当写完一个函数，我就把它当作**黑盒**（Black Box）来使用。也就是说，我不在乎每个函数具体做了什么，而只关心函数的接口——参数和返回值。这样，即便函数再复杂，我也可以随便使用函数了。"

大精灵："尊敬的计算机科学家，您这样说是不对的。函数有可能有**副作用**（Side Effect），如修改全局变量等。除了函数的参数和返回值，您还需要了解调用的副作用。"

计算机科学家一时愣住，回过神来："你还真是计算机中的精灵啊？不过你说得对，函数会有副作用。但我苦恼的不是这个。"

大精灵："尊敬的计算机科学家，那请问您为什么苦恼呢？"

计算机科学家："我虽然在编程的时候使用了很多函数，但我其实完全不懂函数是怎样在计算机上运转的。实不相瞒，我之前一直把 C 语言中的'函数'当作数学中的'函数'来看待和使用。"

大精灵："好的，尊敬的计算机科学家，那我们就深入函数调用的汇编指令，看一看一个函数是怎样在 CPU 上被调用的。不过我只是一只精灵，负责通知 CPU 怎样按照汇编指令行事。

[1] *This book is dedicated, in respect and admiration, to the spirit that lives in the computer.*

但编写函数和程序是您——尊敬的计算机科学家的职责。”

计算机科学家:“没关系，函数做了什么不重要，我现在想要知道的是任意一个函数的工作过程。”

大精灵:“好的，那我们就从一个最简单的例子开始吧。我会向您展示我们精灵平时是怎样工作的。请您编写一个最简单的函数。”

```
000101a8 <main>:
101a8: ff010113 addi sp,sp,-16
101ac: 00112623 sw   ra,12(sp)
101b0: 00812423 sw   s0,8(sp)
101b4: 01010413 addi s0,sp,16
101b8: fd5ff0ef jal  ra,1018c
<empty_call>
101bc: 00000013 nop
101c0: 00c12083 lw   ra,12(sp)
101c4: 00812403 lw   s0,8(sp)
101c8: 01010113 addi sp,sp,16
101cc: 00008067 ret
```

代码 3.1 /execution/Empty.c

```c
// 什么也没有的函数:
void empty_call() {}
// 程序入口
void main()
{
    empty_call();
    return 0;
}
```

```
0001018c <empty_call>:
1018c: ff010113 addi sp,sp,-16
10190: 00812623 sw   s0,12(sp)
10194: 01010413 addi s0,sp,16
10198: 00000013 nop
1019c: 00c12403 lw   s0,12(sp)
101a0: 01010113 addi sp,sp,16
101a4: 00008067 ret
```

于是计算机科学家写了代码 3.1，如你所见，`empty_call()` 函数不发挥任何作用。正因为什么都不做，所以才足够纯粹地向我们展示关于过程调用最基本的结构。其中，左侧的是 `main()` 函数的汇编指令，它是**调用方**（Caller），由 `main()` 函数主动调用 `empty_call()` 函数。因此，`empty_call()` 函数也被称为**被调用方**（Callee），它的汇编指令在右边。

与此同时，计算机科学家写好了对应的 `Makefile`，见代码 3.2。方便起见，他一口气把本章所需要的其他程序也写在了代码 3.2。

代码 3.2 /execution/Makefile

```makefile
CC = ~/riscv/bin/riscv64-unknown-elf-gcc # 选择自己的编译器路径
CFLAGS = -g -Wall -Werror -std=c99 -march=rv32im -mabi=ilp32 # 编译器参数
OBJDUMP = ~/riscv/bin/riscv64-unknown-elf-objdump
build:
	$(CC) $(CFLAGS) Empty.c -o empty
	$(CC) $(CFLAGS) CallStack.c -o callstack
	$(CC) $(CFLAGS) LocallCall.c -o localcall
	$(CC) $(CFLAGS) NoHello.c -o nohello
	$(CC) $(CFLAGS) Params2Call.c -o params2
	$(CC) $(CFLAGS) ParamsStruct.c -o parstruct
	$(CC) $(CFLAGS) Params9Call.c -o params9
	$(CC) $(CFLAGS) CallReturn.c -o callret
clean:
	rm -f
```

大精灵:“尊敬的计算机科学家，为了更清晰地展现我的工作，请您使用一个工具，**调试器**（Debugger）。在 Linux 平台，最常见的调试器是 `gdb`，它是 the GNU Project Debugger 的缩写。利用 `gdb`，我可以按照指令一步一步展示程序是怎样执行的。”

计算机科学家打开了 `gdb`。

大精灵又提示道:“为了用 `gdb` 观察 RISC-V 的魔法阵（程序），还请您用 `qemu-riscv32` 来模拟程序的执行。需要您打开两个 Linux 的终端窗口。如果您使用的是纯命令行的环境，没有图形界面，可以使用 `tmux` 工具，将窗口分为多块。具体操作方法请查询 `tmux` 工具的使用手册。”

大精灵:“通过 `gdb` 的 `target remote` 命令，您可以让 `gdb` 监听端口 `1234` 上正在执行 `empty` 程序的 `qemu-riscv32`，这样就可以调试程序了。这样调试比较曲折，因为日常生活中很少见 RISC-V 指令集的个人计算机，所以只能用 qemu 来模拟。”

```
>_                                   Linux Terminal

# <1> 编译程序文件 -g 选项方便调试
> make build
# <2> 在端口 1234 上启动 qemu
> qemu-riscv32 -g 1234 empty

# <3> 切换到另一个终端窗口，使用 gdb
```

```
>_                                   Linux Terminal

# <4> 使用 gdb 打开可执行文件 empty
> gdb ./empty
# gdb 调试程序后，连接端口 1234
Reading symbols from ./empty...
(gdb) target remote:1234
Remote debugging using :1234
0x000100dc in _start ()
```

计算机科学家手忙脚乱地按照大精灵的提醒监听 empty 程序的运行。

```
>_                                                         Linux Terminal

Reading symbols from ./empty...
(gdb) target remote:1234
Remote debugging using :1234
0x000100dc in _start ()
# 设置断点
(gdb) break main
Breakpoint 1 at 0x101b8: file EmptyCall.c, line 6.
# 继续程序执行，直到命中断点
(gdb) continue
Continuing.

Breakpoint 1, main () at EmptyCall.c:6
6           empty_call();
# 查看 main 函数的汇编指令，以及 pc 当前位置
(gdb) disassemble main
Dump of assembler code for function main:
   0x000101a8 <+0>:     addi    sp,sp,-16
   0x000101ac <+4>:     sw      ra,12(sp)
   0x000101b0 <+8>:     sw      s0,8(sp)
   0x000101b4 <+12>:    addi    s0,sp,16
=> 0x000101b8 <+16>:    jal     ra,0x1018c <empty_call>
   0x000101bc <+20>:    nop
   0x000101c0 <+24>:    lw      ra,12(sp)
   0x000101c4 <+28>:    lw      s0,8(sp)
   0x000101c8 <+32>:    addi    sp,sp,16
   0x000101cc <+36>:    ret
End of assembler dump.
# 寄存器值
(gdb) info registers pc ra x1 sp x2 fp s0 x8
pc             0x101b8          0x101b8 <main+16>
ra             0x10124          0x10124 <_start+72>
x1             0x10124          0x10124 <_start+72>
sp             0xffffe100       0xffffe100
x2             0xffffe100       0xffffe100
fp             0xffffe110       0xffffe110
s0             0xffffe110       0xffffe110
x8             0xffffe110       0xffffe110
```

进入 gdb 开始调试后，计算机科学家首先看到的信息是：0x000100dc in _start ()。

大精灵：“这是因为 qemu 开始执行程序，首先会把程序计数器 pc 停留在虚拟地址 0x000100dc，也就是 _start() 函数。这是程序真正的入口函数，这是 gcc 编译时，由 C 语言标准库设定的。”

计算机科学家：“那我要怎样让程序停住呢？”

大精灵：“尊敬的计算机科学家，等到 gdb 开始接管程序的操控权后，我们可以对程序设置一个**断点**（Break Point）。断点设置在 main() 函数，使我们可以从 main() 函数开始，观察整个**控制转移**（Control Transfer）的过程。”

大精灵继续说道："break main 命令将断点设置在 0x101b8 位置的指令，也就是 jal ra, 0x1018c，这正是对 empty_call() 的调用。接着，您用 continue 命令，继续执行程序，直到命中断点时中断。"

而中断以后，计算机科学家可以用 disassemble main 命令，查看当前函数的汇编指令，以及程序计数器 pc 指向哪一条指令。

大精灵："此时，您还可以通过 info registers 命令查看寄存器的值。我们查看了 pc 的值，它的值与 disassemble 命令的结果是一样的。还有 ra 寄存器和 sp 寄存器，它们分别是 x1 和 x2 两个寄存器的别名。ra 的含义是**返回地址**（Return Address），sp 的含义是**栈指针**（Stack Pointer）。还有 s0/fp 寄存器，其含义是**帧指针**（Frame Pointer）。尊敬的计算机科学家，我即将介绍这两个概念的含义。"

3.1.1 返回地址

计算机科学家："首先，我要知道函数在调用之后是怎么回来的。"

大精灵："尊敬的计算机科学家，这是通过**返回地址**实现的。您可以利用 gdb 来看函数调用是怎样实现的，您只需要关心一条指令就可以了：jal ra,0x1018c（0xfd5ff0ef），如图 3.1 所示。"

31	30	29	28	27	26	25	24	23	22	21	20	19	18	17	16	15	14	13	12	11	10	9	8	7	6	5	4	3	2	1	0
1	1	1	1	1	1	0	1	0	1	0	1	1	1	1	1	1	1	1	1	0	0	0	0	1	1	1	0	1	1	1	1
i20					imm[10:1]						i11				imm[19:12]							rd						opcode			

图 3.1　jal x1,1018c

计算机科学的 gdb 执行命中断点命令以后，刚好停在这一指令。此时程序计数器 pc 上的值是 0x101b8，这说明即将执行 jal ra,0x1018c 指令，但尚未执行。此时，已知 ra、sp、fp 三个寄存器的值：ra=0x10124、sp=0xffffe100、fp=0xffffe110。

大精灵："首先，我们来看 jal ra,0x1018c 指令的含义……"

计算机科学家："等等，这个我知道，之前电子科学家向我解释过 RISC-V 的指令集。jal 指令是**跳转与连接指令**（Jump and Link），为 J 类型的指令。jal 指令的立即数被组装为 1 1111 1111 1111 1101 0100，补全最低位的 0，为 0x1FFFD4。符号扩展后，为 0xFFFFFFD4，即 32 位有符号数-44。"

根据立即数-44 和当前的程序计数器地址 0x101b8，CPU 计算PC **相对寻址**：0x101b8-44 = 0x1018c。PC 相对寻址的结果，0x1018c，也就是跳转的目标地址。这个地址就是 empty_call() 函数的起始地址，也是其第一条指令的虚拟地址。PC 相对寻址的立即数-44 是怎么得到的？这依赖于编译器和链接器，不在本书的讨论范围。

大精灵鼓掌喝彩："好，太好了。尊敬的计算机科学家，您真是知识渊博。确实如您所说，函数调用是通过修改程序计数器 pc 的值实现的跳转。而 pc 的值是根据指令中的立即数，进行 PC 相对寻址计算所得到的。jal 指令中所储存的，是被调函数（Callee）起始地址与当前指令地址的字节差。"

计算机科学家不由感到骄傲起来，但他努力隐藏着自己的自得："但是，仅仅有目标地址是不够的。试想一下，如果 `main()` 函数中没有发生过程调用，那么 `pc` 的值会按顺序增加，`0x000101b8` 的指令执行完以后，应该执行 NPC 的指令 `0x000101bc`，而不是跳转到另一个地址 `0x0001018c`。但如果发生了跳转，那么当 `empty_call()` 的指令执行完成以后，应当继续原先 `main()` 函数的指令执行。”

大精灵：“太对了，尊敬的计算机科学家。‘当 `empty_call()` 的指令执行完成以后，下一条被执行的指令在哪里（`main()` 函数中）?’ 这就是**返回地址**的概念。当指令在 `0x000101b8` 时，下一条指令的地址显然是 `pc+4`，也即 `0x000101bc`。在 RISC-V 架构中，CPU 用 `ra` 寄存器保存返回地址。”

这样一来，我们也就了解了 `jal` 指令的工作：

（1）根据指令中的立即数、当前程序计数器，通过 PC 相对寻址计算目标地址，跳转到被调函数的起始地址；

（2）根据程序计数器，计算下一条指令的地址（返回地址），将返回地址写入 `ra/x1` 寄存器。

```
>_                                                    Linux Terminal

(gdb) stepi
empty_call () at EmptyCall.c:2
2       void empty_call()
(gdb) info registers pc ra
pc             0x1018c  0x1018c <empty_call>
ra             0x101bc  0x101bc <main+20>
```

计算机科学家使用 `stepi` 命令来验证这两项工作。`stepi` 命令的含义是 Step One Instruction，按照指令单步执行。`stepi` 单步执行了 `jal ra,0x1018c` 以后，`pc` 的寄存器值变为 `0x1018c`，为 `empty_call()` 函数的地址；`ra` 的寄存器值变为 `0x101bc`，为 `main()` 函数的返回地址。

3.1.2 调用返回

计算机科学家：“怎样跳转已经清楚了。那么，执行完函数的指令后，还需要回到原来位置继续执行指令，这要怎么做呢？比如当 `empty_call()` 函数被调用后，程序计数器 `pc` 离开了当前的函数 `main()`。而当 `empty_call()` 的全部指令执行完成，就需要让程序重新执行 `main()` 函数的指令。”

大精灵：“尊敬的计算机科学家，这是通过返回地址寄存器 `ra` 中的返回地址实现的，`pc` 加载 `ra` 中的值，也就实现了跳转。”

大精灵：“我检查了函数返回时的状态。在 RISC-V 中，这是 `ret` 指令，也就是返回（Return）。实际上，`ret` 指令是 `jalr x0,0(rs1)` 的简写，它本质上是 `jalr` 指令，为 I 类型，也是无条件跳转指令，如图 3.2 所示。”

31	30	29	28	27	26	25	24	23	22	21	20	19	18	17	16	15	14	13	12	11	10	9	8	7	6	5	4	3	2	1	0
0	0	0	0	0	0	0	0	0	0	0	0	0	0	0	0	1	0	0	0	0	0	0	0	0	1	1	0	0	1	1	1
imm[11:0]												rs1					funct3			rd					opcode						

图 3.2 `ret = jalr x0,0(rs1)`

计算机科学家：“那 `jal` 指令和 `jalr` 指令有什么不一样呢？”

大精灵谦逊地回答:“jal 指令直接根据立即数计算, jalr 根据立即数和寄存器计算。因此, jalr 被称为**间接跳转指令**(Indirect Jump Instruction)。除此之外, jal 进行 PC 相对寻址, 而 jalr 直接根据目标地址跳, 为**绝对寻址**。”

jalr 指令根据立即数、源寄存器 rs1 计算目标地址的绝对寻址。指令将最低位设置为 0, 相当于 (*rs1 + imm) & 0xfffffffe, 保证结果一定是 2 的整数倍。注意, 不是 4 的整数倍。根据 RISC-V 手册, 这可以部分简化硬件电路。但不能保证一定计算出正确的地址。在实践中, 如果地址不合法, 通常程序能很快感知到。

大精灵:“与此同时, 将 NPC(pc + 4) 的地址写入目标寄存器 rd。注意, 在 ret 指令中, 目标寄存器为 x0, 这是用电路保证恒为 0x0 的寄存器。因此, rd=x0 等价于丢掉 NPC 的值, 不去使用。最后, 将目标地址写入 pc, 实现跳转。”

```
>_                                                  Linux Terminal

(gdb) disas
Dump of assembler code for function empty_call:
   0x0001018c <+0>:     addi    sp,sp,-16
   0x00010190 <+4>:     sw      s0,12(sp)
   0x00010194 <+8>:     addi    s0,sp,16
   0x00010198 <+12>:    nop
   0x0001019c <+16>:    lw      s0,12(sp)
   0x000101a0 <+20>:    addi    sp,sp,16
=> 0x000101a4 <+24>:    ret
(gdb) info registers pc x0 ra
pc             0x101a4  0x101a4 <empty_call+24>
ra             0x101bc  0x101bc <main+20>
(gdb) stepi
main () at EmptyCall.c:7
7       }
(gdb) info registers pc x0 ra
pc             0x101bc  0x101bc <main+20>
ra             0x101bc  0x101bc <main+20>
```

在 ret 指令中, rs1 是 ra/x1 寄存器, 保存了调用 main() 函数中的返回地址, 0x000101bc。0(rs1) 计算内存有效地址, 为 0x000101bc + 0 = 0x000101bc, 也就是返回地址本身。

大精灵:“尊敬的计算机科学家, 您也可以使用 stepi 和 info 命令来验证。stepi 到 ret 指令, 通过 disassemble 命令查看当前执行的指令。然后您再查看 ra 寄存器, 保存的值应当是 main() 函数的返回地址, 0x101bc。”

大精灵总结道:“执行 ret 指令, 计算跳转地址 0(ra) = *ra + 0 = *ra = 0x101bc, pc 跳转到返回地址, 回到 main() 函数中。这样一来, 就实现了程序执行过程的调用返回。”

计算机科学家:“等等, 我觉得这里有一个问题。”

大精灵:“尊敬的计算机科学家, 请您详细说明您的问题。”

计算机科学家:“ra 的值在 ret 时, 需要保持不变。否则在执行 empty_call() 函数时, 如果 ra 的值被修改为其他数据, 那么就不再是返回地址 0x101bc 了。例如, empty_call() 也调用了其他函数, 其他函数便也需要使用 ra 寄存器, 保存回到 empty_call() 的返回地址。这样一来, empty_call() 执行 ret 时, 不就无法回到 main() 函数了吗?”

大精灵:“对, 太对了。尊敬的计算机科学家, 您真是细心认真。您说得对, 因此, 我们必须额外找到一个地方储存返回地址。这就是 main() 函数中 sw ra,12(sp) 指令的含义, **将返回地址保存到栈上**。”

3.2 栈：表达式求值器

计算机科学家："我知道**栈**（Stack），**先进后出**（First In Last Out，FILO）嘛。比如我们平常把餐盘叠成一堆，最近使用的餐盘就放在最上面了。这样一来，下一次要拿餐盘的时候，也会拿最后放进餐盘堆里的餐盘。而最早放进去的，很可能一整年都用不到。这就是一个典型的栈。"

大精灵钦佩道："您的比喻真是既生动又形象，言辞之间充满理性。您说得不错，栈是一个非常重要的数据结构，在计算机科学中占有举足轻重的地位。它的原理浅显易懂，但背后隐藏的思想却极为深刻，应用更是广泛。"

在 `C` 语言中，我们可以用一个数组来模拟栈的行为，见代码 3.4。栈有两个操作：**压栈**（Push）操作和**弹栈**（Pop）操作。Push 将一个元素压入栈中，元素位于栈的最顶部，即 `peek` 指针所指向的位置。Pop 将栈顶部的元素移走，即弹出栈。

计算机科学家："最典型的应用就是 Dijkstra 用两个栈来求表达式的值。"

大精灵："这么传统的算法您都记得，您真是了不起。不过，请容许我稍稍指出您优雅发音的一点不足。"

计算机科学家："哦？按照英文，Dijkstra 不是'迪杰斯特拉'吗？"

大精灵："您说得对，按照英文确实如此。不过，您应该知道，Dijkstra 是荷兰计算机科学家。荷兰语中 ij 一体表示长元音 i–。例如，荷兰在艺术史中的风格派运动，De Stijl，其中 Stijl 发音是 Style。因此，Dijkstra 的发音是"Dy-Ke-Stra"，而非 Di-J-S-Tra。"

计算机科学家："好吧，那我以后按照这个发音来念。"

大精灵："知错能改，善莫大焉。尊敬的计算机科学家，您真是自我批判的典范。"

计算机科学家："Dijkstra 是计算机历史上举足轻重的计算机科学家，可以说计算机的每个领域都有他的足迹。最著名的就是求单源最短路径算法。在 1960 年实现的 `ALGOL-60` 编译器中，他提出使用栈来处理递归函数，并发表文章 ***Recursive Programming***[2]。虽然这篇文章的标题是递归函数，但其实指的是可计算理论范围内的递归函数，也就是过程调用。文章中举的例子正是我们接下来要提到的表达式求值。"

大精灵："太精彩了，尊敬的计算机科学家，请您说说这个算法吧，愚笨如我也一定会尽力执行的。"

计算机科学家："比如，我们要用栈来计算表达式`"((1+2)*(3-1))-(8-2)"`。从左向右，依次扫描字符，压入栈中，得到 `[ (,(,1,+,2 ]`。此时压入`')'`，这个右括号一定与栈中的某个左括号匹配。因此，我们不断弹栈，直到遇到`'('` 为止。被弹出的字符为`"(1+2)"`，计算出这一表达式的值，`"(1+2)"="3"`，将 `3` 压入栈中——`[ (,3]`。这一过程被称为一次**求值**（Evaluate），或者说是将表达式`"(1+2)"`**归约**（Reduce）为`"3"`。接着，继续向右扫描，压栈、弹栈，最后计算出表达式的结果——`'0'`。这样，我们就将整个表达式`"((1+2)*(3-1))-(8-2)"` 归约求值为`'0'`。"

计算机科学家："这实际上需要利用两个栈，一个是**数值栈**，另一个是**符号栈**。其中，数值栈用来保存数字，符号栈用来保存加、减、乘、除这些符号。"计算机科学家写出代码 3.3。

[2]Dijksua, E. W. Recursive Programming. *Numer. Math.* 2, 312-318(1960).

代码 3.3　/execution/Evaluator/Stack.h

```
#ifndef _EVAL_H
#define _EVAL_H
typedef struct VAL_STRUCT
{
    union
    {
        int num;                    // 栈中保存数值
        char op;                    // 栈中保存操作符
    };
    struct VAL_STRUCT *next;        // 下一个栈结点：栈顶结点此项为NULL
    struct VAL_STRUCT *prev;        // 上一个栈结点：栈底结点此项为NULL
} node_t;
#endif
```

计算机科学家："见代码 3.3，栈其实可以用一个双向链表来表示。其中，数值栈向 `node_t.num` 读写数字，符号栈向 `node_t.op` 读写符号。数值栈就直接保存 `int` 整数的值就好，符号栈保存`'+'`、`'-'`、`'*'`、`'/'`、`'('` 这 5 个符号。如果是'栈底'元素，那么 `node_t.prev` 为 `NULL`；如果是'栈顶'元素，那么 `node_t.next` 为 `NULL`。"

大精灵拍掌叫好："了不起，尊敬的计算机科学家，您真是编程的高手。您在 `node_t` 中使用 `union`，想必是希望 `node_t.num` 和 `node_t.op` 共用相同的地址，从而简化栈的压入与弹出操作吧？"

计算机科学家惊奇地看了一眼大精灵，没料到它竟然看透了自己的想法："不错，让 `node_t.num` 和 `node_t.op` 共用相同的地址，就可以简化压入和弹出的代码了。见代码 3.4。"

代码 3.4　/execution/Evaluator/Stack.c

```
#include <stdlib.h>
#include "Stack.h"
/// @brief 向栈中压入新的值
/// @param stack 栈顶结点
/// @param val 压入的值。可以为操作符op，stack.num与stack.op地址相同
/// @return 新的栈顶结点
node_t *stack_push(node_t *stack, int val)
{
    if (stack == NULL)
        stack = calloc(1, sizeof(node_t));
    else
    {
        stack->next = calloc(1, sizeof(node_t));
        stack->next->prev = stack;
        stack = stack->next;
    }
    stack->num = val;   // 等价于stack->op = (char)val
    stack->next = NULL;
    return stack;
}
/// @brief 从栈中弹出栈顶结点
/// @param stack 栈顶结点
/// @return 弹出后的栈顶结点
node_t *stack_pop(node_t *stack)
{
    node_t *prev = stack->prev;
    free(stack);
    if (prev != NULL)
        prev->next = NULL;
    return prev;
}
```

大精灵："有了两个栈及栈操作，您准备怎样进行求值呢？"

计算机科学家："首先来看一下二元运算的求值吧，这个是一切后续求值的根基。见代码 3.5。"

代码 3.5 /execution/Evaluator/BinEval.c

```
/// @brief 对二元运算求值
/// @param left 左侧输入数
/// @param right 右侧输入数
/// @param op 操作符
/// @return 求值结果
int binary_eval(int left, int right, char op)
{
    switch (op)
    {
        case '+': return left + right;
        case '-': return left - right;
        case '*': return left * right;
        case '/': return left / right;
        default:  return 0;
    }
}
```

大精灵："以愚笨的我看来，这似乎是将运算字符与二元运算的两边相结合，从而求出二元运算的值。"

计算机科学家："没错。有了二元运算的求值，我们就可以利用两个栈来对任意表达式求值了。简单来说，每次发现一组二元运算'可以求值'时，我们对它进行求值，再将结果压入数值栈里。这样一来，就把一组二元运算**归约**为一个数值了。"

大精灵拍掌喝彩："Bravo! 尊敬的计算机科学家，请您向我下达具体的指令吧，我一定遵从您的指令，协助您完成表达式求值器。"

于是计算机科学家写了代码 3.6。

代码 3.6 /execution/Evaluator/Evaluator.c

```
#include <stdio.h>
#include <stdlib.h>
#include <string.h>
#include "Stack.h"
// 外部函数
extern node_t *stack_push(node_t *stack, int val);
extern node_t *stack_pop(node_t *stack);
extern int binary_eval(int left, int right, char op);
extern int op_compare(char a, char b);
// 求值器入口
int main(int argc, char **argv)
{
    char *ptr = argv[1], c;
    node_t *nums = NULL, *ops = NULL;
    int a;
    while (ptr != NULL && *(ptr) != '\0')
    {
        c = *(ptr);
        if ('0' <= c && c <= '9')
        {
            // 数字字符，求整个数字的值并压入数值栈
            nums = stack_push(nums, strtol(ptr, &ptr, 10));
            continue;
        }
        else if (c == '(')
```

```
            ops = stack_push(ops, c);
        else if (c != ')')
        {
            // 维护单调栈性质：操作符栈中的优先级必须由低到高
            while (ops != NULL && ops->op != '(' && op_compare(c, ops->op) == 0)
            {
                a = nums->num;
                nums = stack_pop(nums);
                nums->num = binary_eval(nums->num, a, ops->op);
                ops = stack_pop(ops);
            }
            ops = stack_push(ops, c);
        }
        else if (c == ')')
        {
            // 整个括号内的值
            while (ops != NULL && ops->op != '(')
            {
                a = nums->num;
                nums = stack_pop(nums);
                nums->num = binary_eval(nums->num, a, ops->op);
                ops = stack_pop(ops);
            }
            // pop (
            ops = stack_pop(ops);
        }
        ptr += 1;
    }
    // 最后求值
    while (ops != NULL)
    {
        a = nums->num;
        nums = stack_pop(nums);
        nums->num = binary_eval(nums->num, a, ops->op);
        ops = stack_pop(ops);
    }
    printf("%d\n", nums->num);
    free(nums);
    return 0;
}
```

计算机科学家："其实，代码 3.6 的核心就在于符号栈是一个**单调栈**（Monotonic Stack）。"

大精灵很识趣地请教道："尊敬的计算机科学家，那么请问什么是'单调栈'呢？"

计算机科学家挺起胸膛："就是关于二元运算符'+'、'-'、'*'、'/' 的单调栈。我们希望符号栈中保存的符号是按照**优先级**（Priority）单调的——位于栈底的是低优先级的符号，如'+'、'-'，位于栈顶的是高优先级的符号，如'*'、'/'。"

大精灵摇摇头："您说得太抽象了，请您举一个例子吧，我们按照例子来执行。"

计算机科学家点点头："那就看 1+2-3*4/5+6*((7+8)+9)-10 这个例子吧，这个例子里该有的都有了。"

如图 3.3 所示，计算机科学家画出表达式按照优先级计算的树结构，同时又画出了用符号栈和数值栈进行计算的过程。在代码 3.7 中，计算机科学家通过 op_compare() 函数用来确定运算的优先级，从而维护符号栈的单调性。其中，a 是当前扫描到的运算符，b 是栈顶运算符。

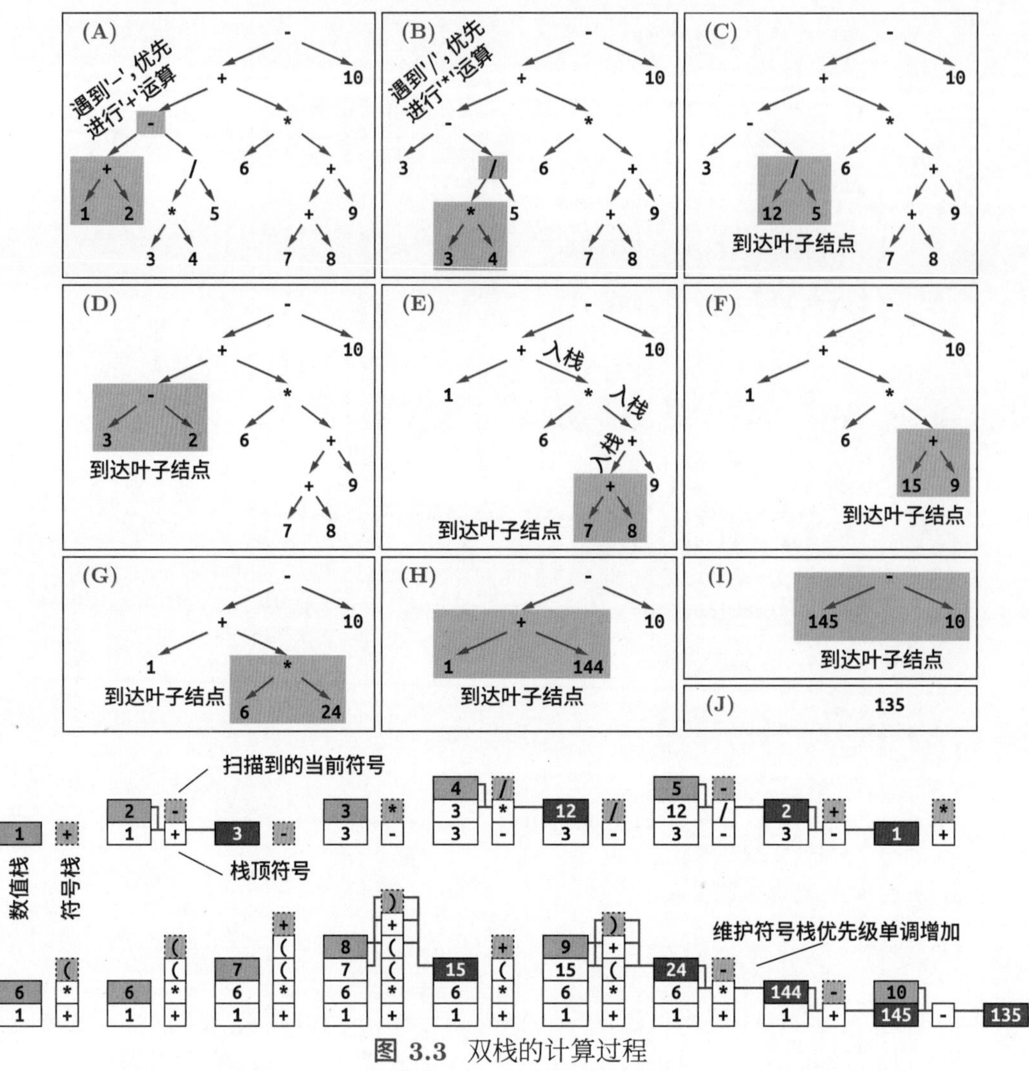

图 3.3 双栈的计算过程

代码 3.7 /execution/Evaluator/Compare.c

```
/// @brief 比较操作符a与b的优先级
/// @param a 操作符a，当前扫描到的操作符
/// @param b 操作符b，当前op栈顶操作符
/// @return 如果优先进行a运算，返回1；否则为0
int op_compare(char a, char b)
{
    if ((a == '/' || a == '*') && (b == '+' || b == '-'))
        return 1;
    return 0;
}
```

如果当前运算符的优先级比栈顶运算符的优先级高，如 1+2*3，栈顶是'+'，扫描到的运算符是'*'，这时将高优先级的运算符'*'压栈即可。这样一来，就可以维护符号栈是一个“单调栈”。

大精灵：“那如果当前的运算符优先级更低呢？”

计算机科学家：“那就需要进行归约了。如 1*2+3，当前运算符'+'的优先级低于'*'，这时就要先从数值栈弹出 1 和 2，同时弹出符号栈的'*'，通过 binary_eval() 函数进行归约求值，得到 2，再压入数值栈。这样一来，高优先级的符号'*' 就被合并到 2 这个结果里了。”

大精灵：“原来如此。但是还有一个问题，像 3/2/2 这样连续的运算，除法运算是不具有交换性的。所以 ((3/2)/2) 和 (3/(2/2)) 的结果不同，您要怎么保证 3/2 先计算呢？要知道，这时栈顶符号'/' 和当前符号'/' 是完全一样的。”

计算机科学家：“这就是通过比较函数 op_compare() 保证的。这个函数不是一个‘良序关系’（以前的数学家教我这么称呼的），它是有倾向的，当前运算符 a 和栈顶运算符 b 的地位并不相同。”

大精灵：“我还没有理解，尊敬的计算机科学家。”

计算机科学家：“也就是说，栈顶的'/' 的优先级要高于当前的'/'。这样一来，3/2/2 的优先级就不是单调增了。这就迫使求值器先计算 (3/2)。”

大精灵：“原来如此！这么说来，1+2+3+4 的优先级也是彼此不同的了？”

计算机科学：“确实如此，这里'+' 的优先级是单调减了，所以会一直强迫左侧先进行计算——((1+2)+3)+4。”

计算机科学家得意洋洋地说：“最后还有括号的问题。括号会破坏我们建立的优先级关系，但是没有关系。只要遇到左括号'(' 就压栈，如果遇到右括号')'，那就弹栈并且求值，直到遇到对应的左括号'(' 为止。”

大精灵敬佩道：“您的智慧无处不在。现在，请您指示我如何运行吧。”

计算机科学家便写出相应的 Makefile，见代码 3.8。编译：make -f Makefile build，怎样运行程序已经写在 Makefile 的测试部分了。

代码 3.8　/execution/Evaluator/Makefile

```
CC = /usr/bin/gcc-10 # 选择自己的编译器路径，最好使用gcc-10
CFLAGS = -g -Wall -Werror -std=c99 # 编译器参数
build:
	$(CC) $(CFLAGS) Evaluator.c Stack.c Compare.c BinEval.c -o eval
test: build
	./eval "(((23))+4)"
	./eval "15+41-3/2/2*(5-32)*2+17*8"
clean:
	rm -f eval
```

计算机科学家：“到此为止，我们已经了解到‘栈’这一数据结构的威力了。现在，让我们回归到过程调用的魔法，分析函数调用的指令。”

大精灵：“谨遵您的命令。”

3.3 Prologue 与 Epilogue

计算机科学家：“除了 x1/ra 寄存器用来保存返回地址，其他寄存器有什么作用呢？”

大精灵：“尊敬的计算机科学家，您真是贵人多忘事啊，这是**调用约定**（Calling Convention）的一部分。同时也需要约定好怎样使用内存。具体来说就是每一个函数应该怎样使用自己的栈空间、怎样保存寄存器的值、怎样恢复寄存器的值，这些都是 CPU ISA、编译器等约定好的。”

计算机科学家心想，电子科学家之前也没说这些啊，又一面回道："对、对，我差点忘了。不过这就是 3.1.2 节中提到的问题，empty_call() 调用返回时，也就是执行 ret 指令时，ra 寄存器上的值必须正确。这一正确的值，是调用方 main() 在执行 jal 指令时设置的，也就是刚进入 empty_call() 的值。"

大精灵："是的，我先前也说过了，可能您忘记了。返回地址会保存在栈上，以免 ra 寄存器又写入新的值。"

计算机科学家："那我们来看看怎样在栈上保存返回地址吧。见代码 3.9，其中 main() 函数调用 call_1() 函数，call_1() 函数又调用其他函数，这就覆盖了 ra 寄存器。"

大精灵鞠了一躬："听从您的指示。"

代码 3.9 /execution/CallStack.c

```c
void call_3() {}
void call_2() { call_3(); }
void call_4() {}
void call_1()
{
    call_2();
    call_4();
}
int main() {
    call_1();
    return 0;
}
```

大精灵："在刚进入函数时，假定 ra 寄存器上保存的值为 x。那么，当该函数完成执行，结束调用时，ra 寄存器上的值必须也为 x。在两个时间点之间，ra 的值可以改变。这个过程可以用伪代码来表示。"

```
procedure:
    temp = ra;  // 暂存ra寄存器的值
    ra = ???;   // 过程调用会改变ra
    ra = temp;  // 返回之前恢复ra的值
    return;
```

计算机科学家点点头："这自身就具有栈的性质，因为 ra 取值的历史版本具有先进后出的特点。"

大精灵赞同："实际上，不止 ra 寄存器如此。在过程调用中，有一些寄存器的值必须先被保存，等到函数执行完成再恢复。"

计算机科学家："那我们再看一个例子吧。代码 3.9 中几个函数的汇编指令如下。其中，指令 sw ra,12(sp) 就是保存 ra 的值，lw ra,12(sp) 就是恢复 ra 的值。"

CallStack.c 的汇编指令

```
000101ec <call_1>:
101ec: ff010113 addi sp,sp,-16
101f0: 00112623 sw   ra,12(sp)
101f4: 00812423 sw   s0,8(sp)
101f8: 01010413 addi s0,sp,16
101fc: fadff0ef jal  ra,101a8
10200: fd1ff0ef jal  ra,101d0
10204: 00000013 nop
10208: 00c12083 lw   ra,12(sp)
1020c: 00812403 lw   s0,8(sp)
10210: 01010113 addi sp,sp,16
10214: 00008067 ret
```

```
000101a8 <call_2>:
101a8: ff010113 addi sp,sp,-16
101ac: 00112623 sw   ra,12(sp)
101b0: 00812423 sw   s0,8(sp)
101b4: 01010413 addi s0,sp,16
101b8: fd5ff0ef jal  ra,1018c
101bc: 00000013 nop
101c0: 00c12083 lw   ra,12(sp)
101c4: 00812403 lw   s0,8(sp)
101c8: 01010113 addi sp,sp,16
101cc: 00008067 ret
```

```
0001018c <call_3>:
1018c: ff010113 addi sp,sp,-16
10190: 00812623 sw   s0,12(sp)
10194: 01010413 addi s0,sp,16
10198: 00000013 nop
1019c: 00c12403 lw   s0,12(sp)
101a0: 01010113 addi sp,sp,16
101a4: 00008067 ret
```

```
000101d0 <call_4>:
101d0: ff010113 addi sp,sp,-16
101d4: 00812623 sw   s0,12(sp)
101d8: 01010413 addi s0,sp,16
101dc: 00000013 nop
101e0: 00c12403 lw   s0,12(sp)
101e4: 01010113 addi sp,sp,16
101e8: 00008067 ret
```

大精灵："那来看看程序计数器 pc 的执行吧。如图 3.4 所示，刚好执行到 call_3() 函数时，pc 为 10198: 00000013 nop，整个程序在**代码区**和**栈区**的内存模型如图 3.4 所示。"

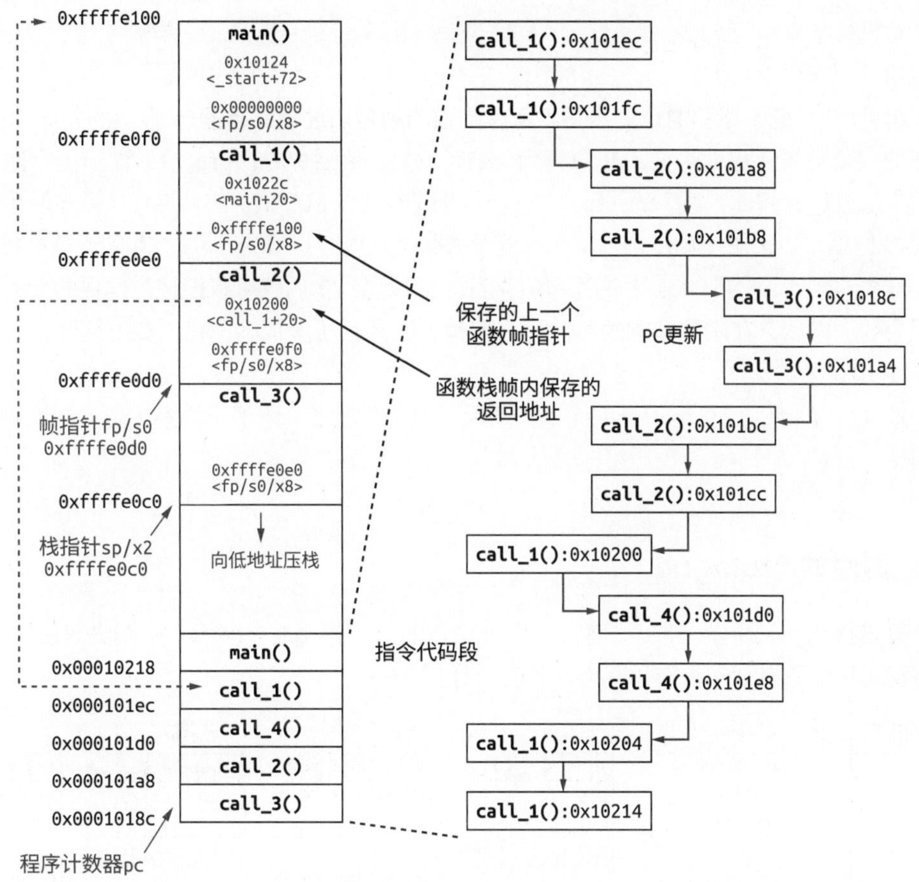

图 3.4　函数的调用过程

随后大精灵解释了图 3.4 中的两段内存。

(1) **代码区**：代码区是保存程序指令的内存，也是冯·诺依曼"储存程序"思想中最重要的部分。在程序运行时，代码区的内存是**只读**的，不可以向这段内存写入任何内容。与此同时，它与持久化储存中的程序文件有映射关系，因此被称为**文件背景区域**（File-Backed Area）。代码区就像程序文件一样，它将函数的指令按照**可执行文件**的顺序储存在内存中，且在虚拟地址较低的位置，如 0x000101a8。这部分主要与程序计数器 pc 有关。

(2) **栈区**：栈是**可读写**的内存，它不与任何程序文件之间存在映射关系，因此被称为**匿名区**

域（Anonymous Area）。栈区在虚拟内存中位于地址较高的位置，如 `0xffffe0f0`，并且压栈时**向低地址增长**。与栈关系最密切的是两个寄存器：栈指针寄存器 `sp/x2`、帧指针寄存器 `fp/x8/s0`。这两个寄存器将整个栈空间分为若干个连续的区间，每一个函数与一个区间关联，被称为该函数的**帧**（Frame）。

虽然图 3.4 与图 2.10 所示的内容基本相同，但有两个关键的区别：① 虚拟地址与物理地址的映射改变了。在图 2.10 中，虚拟地址与物理地址取值相同，但在图 3.4 中并不如此，图 3.4 中只有虚拟地址；② 代码区与栈区的虚拟地址位置不同，图 2.10 只是简单地将代码区与栈设置在虚拟内存的起始与结束位置。

计算机科学家："慢一点，慢一点。程序是我写出来的，但是我还不理解'栈'与'帧'怎样通过指令和内存表现出来。"

大精灵："好的，尊敬的计算机科学家。函数的帧是通过**帧寄存器**`fp` 表示的，`fp` 指向上一个函数的栈顶位置。也就是说，在执行到 `call_3():0x10198` 时，`[fp, ?]` 这一内存区间是属于调用方 `call_2()` 的，而 `[sp, fp-1]` 这一区间是属于 `call_3()` 的。这样，通过两个寄存器 `sp,fp`，我们就可以指定一块区间，称它为当前函数 `call_3()` 的**帧**，如图 3.5 中的淡红色区域。"

计算机科学家："原来如此！有了帧（区间）的概念，我们就可以把帧当作栈的元素来处理了。整个程序的栈，在函数被调用时，将它的帧（区间）压入栈内；在函数返回时，将它的帧（区间）弹出栈外。"

大精灵："没错，您真是举一隅而以三隅反，太了不起了，一下子洞察了用'栈'控制函数的原因。"

3.3.1 调用的 Prologue

计算机科学家又骄傲起来："嗯。那你就结合图 3.5 与 `gdb`，展示一下刚进入函数调用时，怎样保存寄存器。看看是不是和我所料想的一样。"

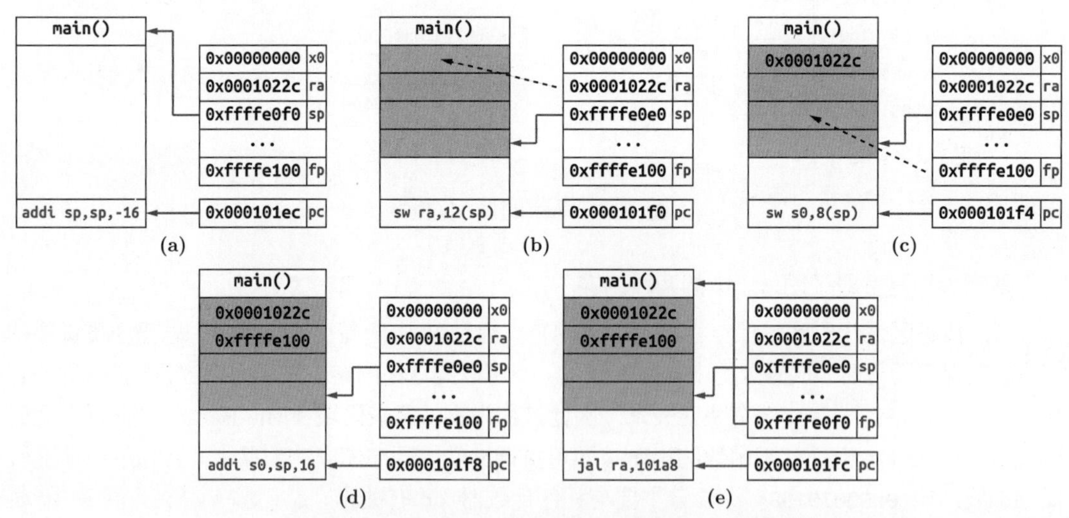

图 3.5 Prologue: 调用函数时将帧压入栈中

大精灵："好的，尊敬的计算机科学家。这些操作通常被称为过程调用的**前言**（Prologue），以 call_1() 为例。"

（1）**压栈操作**。如图 3.5 所示，首先是 call_1() 函数的第一条指令，addi sp,sp,-16。在执行这一指令之前，sp 寄存器储存的是 0xffffe0f0，这是指向 main() 函数栈顶的指针。也就是说，原先栈的顶部位于 0xffffe0f0，这个位置的字节是不属于 main() 函数帧的，0xffffe0f0 + 1 = 0xffffe0f1 则是属于 main() 函数的。

addi sp,sp,-16 指令将 sp 的值减少 16，这就是**压栈**的操作。这一指令使得栈的范围扩展了，正如先前所说的，栈是从高虚拟地址向低虚拟地址增长的，因此需要对 sp 寄存器实施减法，从而实现栈的扩张。

图 3.5（a）是执行 addi sp,sp,-16 指令之前的状态，图 3.5（b）是执行完 addi 指令之后的状态。可以在图 3.5（b）中清晰地看到，sp 指针指向了新的位置，一个更低的虚拟地址。而它们相差的就是粉红色的 16 字节，也就是属于 call_1() 函数的栈空间大小。

也就是说，其实每一个函数的栈大小，在编译期间就已经确定了。这是编译器的职责，gcc 负责根据 C 语言确定每一个函数需要使用多少字节的栈帧，并且以立即数的形式写入指令当中。

计算机科学家："那编译器是怎样确定帧的大小呢?"

大精灵："这就超过我的知识范围了，您或许可以问一下我的同事，编译器里的大精灵。"

计算机科学家："算了。简而言之，编译器确定了每一个函数所需的帧大小。在程序运行时，通过 addi 指令减少栈顶寄存器 sp 的值，从而实现压栈操作，也就是将图 3.5（b）中的粉红色区域纳入栈的范围。"

大精灵："正确。"

（2）**保存返回地址**。开辟出帧的空间以后，就由这片内存储存和本次函数调用有关的变量。就像之前所说的，call_1() 函数中含有多次函数调用，会破坏返回地址寄存器 ra 的值。因此，开始真正的指令执行之前，需要在 Prologue 中执行指令，将 ra 寄存器的值保存在帧中。

sw ra,12(sp) 指令就是负责完成这一工作的。该指令是 Store 指令，以 word 为单位，取 ra 寄存器中数值的低 32 位，将这部分数据写入内存中。内存的有效地址是 12(sp)，也就是对 sp 寄存器的值加 12 字节的偏置，即在图 3.5（b）中黑色虚线所指向的位置。

有效地址 12(sp) 的数值是 0xffffe0e0 + 0xc = 0xffffe0ec，向该虚拟地址写入 ra 寄存器的值，也即 call_1() 函数返回到 main() 函数时，在 main() 中的返回地址，0x0001022c。显然，地址 0xffffe0ec 仍在粉红色范围之内，也就是在帧的内存中。这样一来，就将返回地址保存在栈帧之中了。

（3）**保存调用方的帧指针**。除了要保存返回地址外，还需要保存调用方的**帧指针**。在 call_1() 完成执行时，需要得到 main() 函数的栈指针，将 sp 重置到 main() 函数的栈顶位置。这样一来，也就完成了弹栈操作。先前说过，栈的大小是在编译期确定的，因此可以用 addi sp,sp,16 这一指令恢复 main() 函数的栈指针。

计算机科学家："哎，等等，不对啊，那帧指针不是就丢失了吗?"

大精灵："是的，因为在 call_1() 函数的帧内，我们没办法知道调用方 main() 的帧大小。所以，帧指针也需要被储存到栈上，并且在函数返回时恢复。"

在 Prologue 中，执行指令 sw s0,8(sp) 将 main() 的帧指针保存在 call_1() 的帧内（图

3.5（c））。新的帧指针则更新为 `main()` 函数的栈顶地址：`addi s0,sp,16`（图 3.5（d））。

3.3.2 调用的 Epilogue

大精灵："除了前言，还有**尾声**（Epilogue）。Epilogue 描述了怎样恢复保存在帧上的寄存器、怎样离开当前函数，恢复调用方的指令执行。仍然以 `call_1()` 为例，展示它是怎样回到 `main()` 的，如图 3.6 所示。"

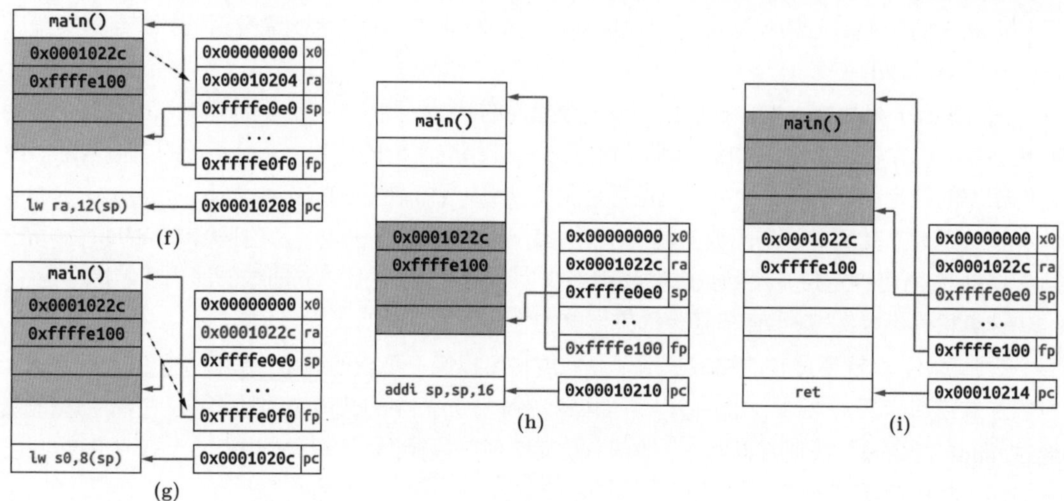

图 3.6 Epilogue: 结束调用时将帧弹出栈外

其实 Epilogue 基本就是 Prologue 的逆过程。先前，通过 `sw ra,12(sp)` 将返回地址 `0x1022c` 写在 `0xffffe0ec` 的位置。现在，通过 `lw ra,12(sp)` 指令将该位置的返回地址写回到 `ra` 寄存器。因此，`ra` 寄存器的值恢复为 `0x1022c`，如图 3.6（f）所示。

除了恢复返回地址，还需要恢复 `main()` 函数的帧指针，因此执行 `lw s0,8(sp)` 指令，如图 3.6（g）所示。指针恢复以后，再恢复 `main()` 函数的栈指针：`addi sp,sp,16`，如图 3.6（h）所示。这样一来，帧就恢复到了 `main()` 函数的区间，同时程序计数器 `pc` 在 `ret` 指令后将回到 `main()` 函数的指令。

```
>_                                                    Linux Terminal

(gdb) disassemble  $pc-4,+12
Dump of assembler code from 0x101f8 to 0x10204:
   0x000101f8 <call_1+12>:      addi s0,sp,16
=> 0x000101fc <call_1+16>:      jal  ra,0x101a8 <call_2>
   0x00010200 <call_1+20>:      jal  ra,0x101d0 <call_4>
End of assembler dump.
(gdb) backtrace
#0  call_1 () at CallStack.c:6
#1  0x0001022c in main () at CallStack.c:9
(gdb) x/8xw $sp
0xffffe0e0: 0x00000000 0x00000000 0xffffe100 0x0001022c
0xffffe0f0: 0x00000000 0x00000000 0x00000000 0x00010124
```

大精灵："我们可以用 `gdb` 的 `backtrace` 命令查看当前的**调用栈**（Call Stack）；用 `x` 命令（Examine）查看栈上的内存。调用栈可以展示函数的调用关系、返回地址等信息，例如，上面

gdb 显示当前调用栈有两个函数帧，一个是 main()，另一个是 call_1()。”

x/8xw 命令的含义是：以 Word（32 位）为单位，以十六进制（Hex）形式打印，打印 8 次。可以看到，上面 gdb 标红的两个 32 位数，就是图 3.5 与图 3.6 中储存在栈上的返回地址与帧指针。

3.4 分配局部变量

计算机科学家：“到此为止，我理解怎样在帧上面保存返回地址了。除了返回地址，帧还有什么其他作用吗?”

大精灵：“尊敬的计算机科学家，您还可以把函数的局部变量分配在帧的内存上。”

计算机科学家：“哦?那我来写一个代码试一试。代码 3.10 的函数 localvar_call() 中分配了三个结构体作为**局部变量**（Local Variable），a、b、c。要怎么在帧中分配它们的内存呢?”

```
0001018c <localvar_call>:
1018c: fd010113 addi sp,sp,-48
10190: 02812623 sw   s0,44(sp)
10194: 03010413 addi s0,sp,48
10198: fe042423 sw   zero,-24(s0)
1019c: fe042623 sw   zero,-20(s0)
101a0: 00a00793 li   a5,10
101a4: fef42423 sw   a5,-24(s0)
101a8: fe042023 sw   zero,-32(s0)
101ac: fe042223 sw   zero,-28(s0)
101b0: 00b00793 li   a5,11
101b4: fef42023 sw   a5,-32(s0)
101b8: fc042c23 sw   zero,-40(s0)
101bc: fc042e23 sw   zero,-36(s0)
101c0: 00c00793 li   a5,12
101c4: fcf42c23 sw   a5,-40(s0)
101c8: fe040793 addi a5,s0,-32
101cc: fef42623 sw   a5,-20(s0)
101d0: fd840793 addi a5,s0,-40
101d4: fef42223 sw   a5,-28(s0)
101d8: fe840793 addi a5,s0,-24
101dc: fcf42e23 sw   a5,-36(s0)
101e0: 00000013 nop
101e4: 02c12403 lw   s0,44(sp)
101e8: 03010113 addi sp,sp,48
101ec: 00008067 ret
```

代码 3.10 /execution/LocalCall.c

```c
typedef struct NODE_STRUCT
{
    int value;
    struct NODE_STRUCT *next;
} node_t;
// 有局部变量的函数:
void localvar_call()
{
    node_t a = {.value=0xA};
    node_t b = {.value=0xB};
    node_t c = {.value=0xC};
    a.next = &b;
    b.next = &c;
    c.next = &a;
}
// 程序入口
int main()
{
    localvar_call();
    return 0;
}
```

大精灵：“如图 3.7 所示，a、b、c 三个局部变量依次被分配在栈上。它们分配的顺序与 C 语言的顺序是相反的，a 被分配在高地址，c 被分配在低地址。在栈帧中，所有变量的位置都通过**基地址**（Base Address）计算，帧指针 fp/s0 就是这个基地址。因此，a 的有效地址是-24(s0)，b 的有效地址是-32(s0)，c 的有效地址是-40(s0)。”

计算机科学家：“所以说栈上所有的局部变量，包括结构体 struct 和联合体 union 内部的字段，都会被编译器翻译成对基地址的偏移，对吗?”

大精灵：“您说得很对，我们可以用 imm(fp) 或 imm(sp) 这样的内存有效地址找到栈上所有的局部变量。不过有一些局部变量可能直接被保存在寄存器中，没有存在栈上。”

计算机科学家：“那这么说，我是不是可以利用这一点？比如说我用 C 语言按照一定顺序申明局部变量，那么栈帧上就会按照同样的顺序分配内存?”

大精灵：“不，不，您可能忘记了，怎样分配局部变量是编译器决定的。编译器并不保证总是按照 C 语言的顺序存放局部变量。即便保证能够按照顺序分配，内存分布也可能和预期不同。”

计算机科学家：“真的吗？我不信。举一个例子，见代码 3.11。”

大精灵于是向计算机科学家展示了内存分配图，如图 3.8 所示。

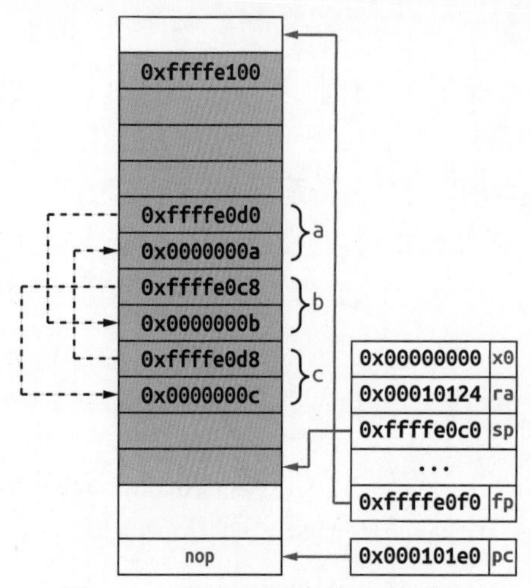

图 3.7 局部变量在栈上的分配

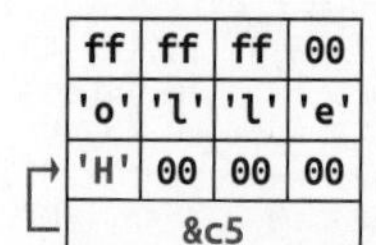

图 3.8 期望中的局部变量分布

代码 3.11 /execution/NoHello.c

```
#include <stdio.h>
int main() {
    int end = 0xffffff00;
    char c1 = 'o', c2 = 'l', \
    c3 = 'l', c4 = 'e', c5 = 'H';
    char *p = &c5;
    printf("%s\n", p);
    return 0;
}
```

计算机科学家：“在代码 3.11 中，我分配 `end = 256 = 0xffffff00`，希望用它的低 8 位构成 `0x00`，也就是 ASCII 的结束符`'0'`。接着连续分配 5 个字符，如果它们按照从高地址向低地址分配的顺序，我们就期望在栈上得到一个字符串：`{'H','e','l','l','o','\0'}`，然后用指针 `p` 指向`'H'` 的地址。这样一来，`p` 应该指向了一个字符串——`"Hello"`。”

大精灵神色凝重：“尊敬的计算机科学家，但事实并非如此，因为编译器并不保证局部变量总按照 C 语言看上去的方法分配。编译器可能进行**指令重排**（Reordering），因为 `end, c1, ...,c5` 之间没有依赖关系。编译器完全可以先初始化 `c3`，再初始化 `c2`，再初始化 `end`。这些变量之间保序只是一厢情愿而已。而且，即便编译器会按照顺序初始化，因为**内存对齐**（Alignment）等原因，也不保证这些字符彼此相邻。例如，`c5='H'` 很可能被分配在低地址，而非高地址。您可以在不同的平台上运行一下代码 3.11，如 RV32I、RV64I、X86-64、ARM 等，很可能会得到彼此不同的结果。”

计算机科学家："原来如此，所以说局部变量确实被分配在栈上，但我们不能对其具体的位置做任何假设。"

大精灵松了一口气："确实像您总结的一样。总之，不同编译器的行为彼此不同，因此要更加小心。不论是否编写跨平台的代码，都需要把每一个局部变量当作一个独立的对象看待。"

3.5 参数传递与返回值

计算机科学家："能够分配局部变量后，就可以考虑参数传递了，因为函数的参数通常都是以局部变量的形式出现的。"

大精灵："您说得很对。参数传递时需要寄存器的参与，这也是 Convention 的一部分。不过这里的情况比较复杂，我个人建议您先研究参数较少的情况。"

于是计算机科学家写了代码 3.12。

代码 3.12 /execution/Params2Call.c

```
// 两个参数的函数:
void params2_call(int p1,int p2)
{}
// 程序入口
int main()
{
    int p1 = 0xAA;
    int p2 = 0xBB;
    params2_call(p1, p2);
    return 0;
}
```

```
101b0: fe010113 addi sp,sp,-32
101b4: 00112e23 sw   ra,28(sp)
101b8: 00812c23 sw   s0,24(sp)
101bc: 02010413 addi s0,sp,32
101c0: 00100793 li   a5,170
101c4: fef42623 sw   a5,-20(s0)
101c8: 00200793 li   a5,187
101cc: fef42423 sw   a5,-24(s0)
101d0: fe842583 lw   a1,-24(s0)
101d4: fec42503 lw   a0,-20(s0)
101d8: fb5ff0ef jal  ra,1018c
101dc: 00000013 nop
101e0: 01c12083 lw   ra,28(sp)
101e4: 01812403 lw   s0,24(sp)
101e8: 02010113 addi sp,sp,32
101ec: 00008067 ret
```

```
0001018c <params2_call>:
1018c: fe010113 addi sp,sp,-32
10190: 00812e23 sw   s0,28(sp)
10194: 02010413 addi s0,sp,32
10198: fea42623 sw   a0,-20(s0)
1019c: feb42423 sw   a1,-24(s0)
101a0: 00000013 nop
101a4: 01c12403 lw   s0,28(sp)
101a8: 02010113 addi sp,sp,32
101ac: 00008067 ret
```

大精灵相应地画出图 3.9，大精灵说："尊敬的计算机科学家，我们首先关注调用方的行为。在图 3.9 (a) 中，调用方 `main()` 函数首先在栈帧中准备两块内存，用来存放局部变量 `p1 = 0xAA` 和 `p2 = 0xBB`。这两个局部变量的位置都根据基地址 `s0` 寄存器计算得到。等到 `main()` 即将调用函数时，`main()` 函数将内存中的两个值加载到寄存器中 `a0,a1` 中。"

大精灵进一步解释这里使用的寄存器："寄存器 `a0,a1` 是 `x10,x11` 的别名，它们可用作保存返回值，也可用作参数传递。`params2_call()` 函数不返回任何值，因此这两个寄存器用来传递参数。"

计算机科学家："那被调用方呢？"

大精灵："被调用方的行为则相反。`params2_call()` 函数完成 Prologue 后，将两个寄存器中保存的参数写入内存，保存在自己的栈帧中。这样，即便 `a0,a1` 中的值发生变化（例如后续又有函数调用而覆盖），参数也已经被传递到它的栈帧中了。"

计算机科学家："那我们再看一个例子，见代码 3.13，这个例子依然只传递一个参数，但是参数是结构体类型而非基本数据类型。"

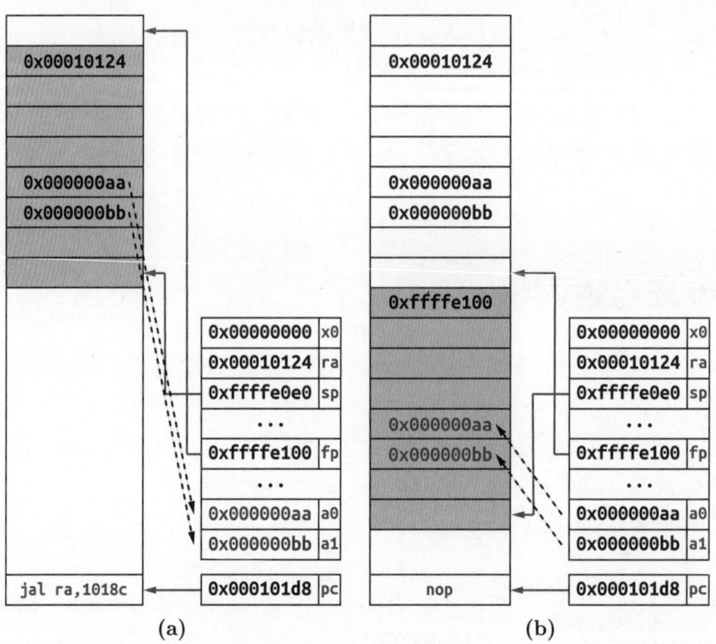

图 3.9 两个参数的函数调用

```
000101c4 <main>:
101c8: fd010113 addi sp,sp,-48
101cc: 02112623 sw   ra,44(sp)
101d0: 02812423 sw   s0,40(sp)
101d4: 03010413 addi s0,sp,48
101d8: 06d00793 li   a5,109
101dc: fef40023 sb   a5,-32(s0)
101e0: 0ab00793 li   a5,171
101e4: fef42423 sw   a5,-24(s0)
101e8: fe042603 lw   a2,-32(s0)
101ec: fe442683 lw   a3,-28(s0)
101f0: fe842703 lw   a4,-24(s0)
101f4: fec42783 lw   a5,-20(s0)
101f8: fcc42823 sw   a2,-48(s0)
101fc: fcd42a23 sw   a3,-44(s0)
10200: fce42c23 sw   a4,-40(s0)
10204: fcf42e23 sw   a5,-36(s0)
10208: fd040793 addi a5,s0,-48
1020c: 00078513 mv   a0,a5
10210: f7dff0ef jal  ra,1018c
10214: 00000013 nop
10218: 02c12083 lw   ra,44(sp)
1021c: 02812403 lw   s0,40(sp)
10220: 03010113 addi sp,sp,48
10224: 00008067 ret
```

代码 3.13 /execution/ParamsStruct.c

```c
typedef struct NODE
{
    char key[8];
    int val;
    struct NODE *next;
} node_t;
// 整个struct作为参数传递
void param_struct(node_t n)
{
    n.key[0] = 'p';
    n.val = 0xcd;
    n.next = &n;
}
// 调用方
int main()
{
    node_t n;
    n.key[0] = 'm';
    n.val = 0xab;
    param_struct(n);
    return 0;
}
```

```
0001018c <param_struct>:
1018c: ff010113 addi sp,sp,-16
10190: 00812623 sw   s0,12(sp)
10194: 00912423 sw   s1,8(sp)
10198: 01010413 addi s0,sp,16
1019c: 00050493 mv   s1,a0
101a0: 07000793 li   a5,112
101a4: 00f48023 sb   a5,0(s1)
101a8: 0cd00793 li   a5,205
101ac: 00f4a423 sw   a5,8(s1)
101b0: 0094a623 sw   s1,12(s1)
101b4: 00000013 nop
101b8: 00c12403 lw   s0,12(sp)
101bc: 00812483 lw   s1,8(sp)
101c0: 01010113 addi sp,sp,16
101c4: 00008067 ret
```

大精灵："尊敬的计算机科学家，情况如图 3.10（a）所示，调用方 main() 函数会在自己的帧中开辟一个局部变量，node_t n，位于 0xffffe0e0。与此同时，参数是整个结构体，因此 main() 函数会将整个局部变量在自己的帧中进行复制，副本位于 0xffffe0d0。如图 3.10（b）所示，在进入被调用函数 param_struct() 以后，对其参数的所有修改，都发生在副本

0xffffe0d0 上。”

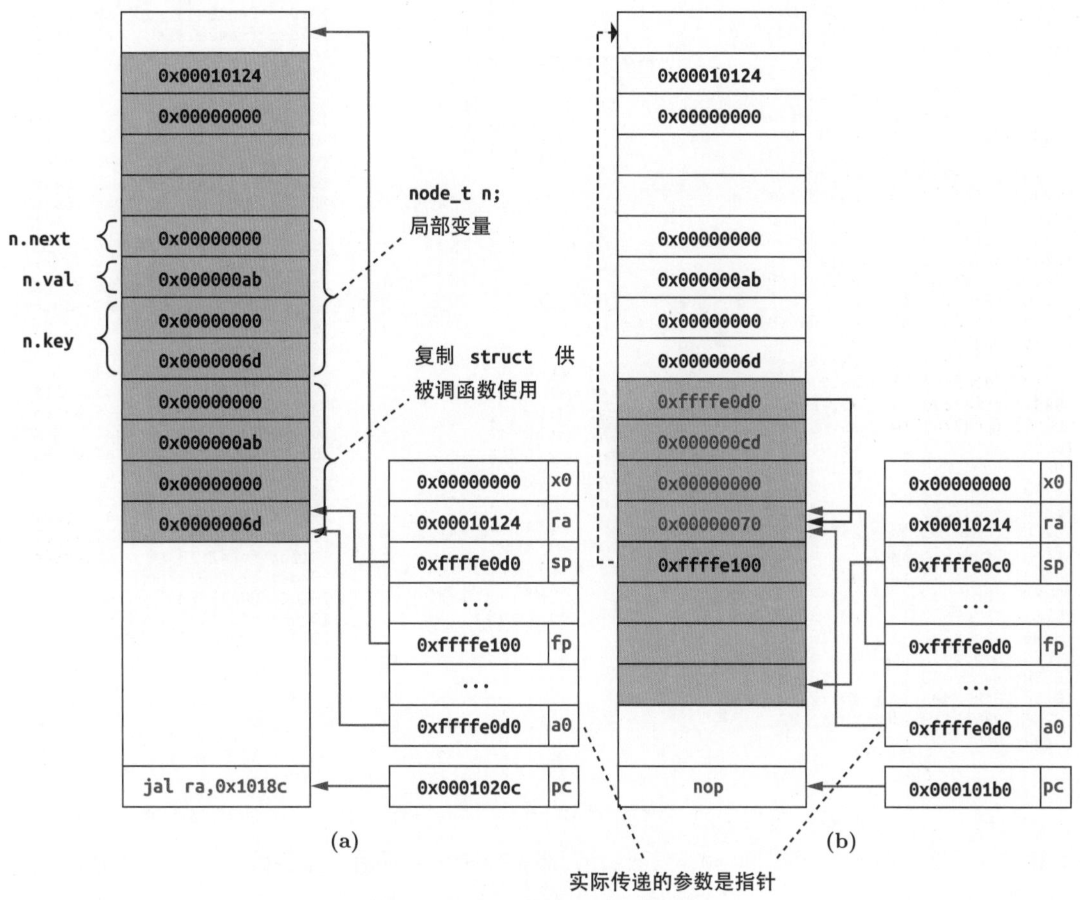

图 3.10　两个参数的函数调用

大精灵举了一个例子，n.next = &n;，这将会把 next 指针的位置设置为 0xffffe0d0，而非 0xffffe0e0。

大精灵：“因此，回到调用函数 main() 后，您再检查局部变量 n，也就是 0xffffe0e0，会发现它的 next 指针依然为 NULL。如果您想要修改原本 0xffffe0e0 的值，则应该传递指针 void param_struct(node_t *n);，这样，main() 函数中 n 的 next 指针就被设置为其自身了。”

计算机科学家：“以上两种情况都是通过寄存器传递参数的。但是寄存器的数量就那么多，如果参数超过寄存器的数量，那要怎么办?”

大精灵：“参数数量较多时，则还需要使用内存进行参数传递。在 Convention 中，一共有 8 个寄存器可以用于参数传递：x10/a0, x11/a1, x12/a2, ⋯, x17/a7。如果函数参数超过 8 个，就需要保存一部分参数在内存上了。”

代码 3.14 /execution/Params9Call.c

```
00010210 <main>:
10210: fb010113 addi sp,sp,-80
10214: 04112623 sw   ra,76(sp)
10218: 04812423 sw   s0,72(sp)
1021c: 05010413 addi s0,sp,80
10220: 00100793 li   a5,1
10224: fef42623 sw   a5,-20(s0)
10228: 00200793 li   a5,2
1022c: fef42423 sw   a5,-24(s0)
10230: 00300793 li   a5,3
10234: fef42223 sw   a5,-28(s0)
10238: 00400793 li   a5,4
1023c: fef42023 sw   a5,-32(s0)
10240: 00500793 li   a5,5
10244: fcf42e23 sw   a5,-36(s0)
10248: 00600793 li   a5,6
1024c: fcf42c23 sw   a5,-40(s0)
10250: 00700793 li   a5,7
10254: fcf42a23 sw   a5,-44(s0)
10258: 00800793 li   a5,8
1025c: fcf42823 sw   a5,-48(s0)
10260: 00900793 li   a5,9
10264: fcf42623 sw   a5,-52(s0)
10268: fcc42783 lw   a5,-52(s0)
1026c: 00f12023 sw   a5,0(sp)
10270: fd042883 lw   a7,-48(s0)
10274: fd442803 lw   a6,-44(s0)
10278: fd842783 lw   a5,-40(s0)
1027c: fdc42703 lw   a4,-36(s0)
10280: fe042683 lw   a3,-32(s0)
10284: fe442603 lw   a2,-28(s0)
10288: fe842583 lw   a1,-24(s0)
1028c: fec42503 lw   a0,-20(s0)
10290: efdff0ef jal  ra,1018c
10294: 00000013 nop
10298: 04c12083 lw   ra,76(sp)
1029c: 04812403 lw   s0,72(sp)
102a0: 05010113 addi sp,sp,80
102a4: 00008067 ret
```

```c
// 9个参数的函数:
void params9_call(
    int p1, int p2,
    int p3, int p4,
    int p5, int p6,
    int p7, int p8,
    int p9)
{
    int x = p1 + p2 +
    p3 + p4 + p5 + p6
    + p7 + p8 + p9;
}
// 程序入口
void main()
{
    int v1 = 1;
    int v2 = 2;
    int v3 = 3;
    int v4 = 4;
    int v5 = 5;
    int v6 = 6;
    int v7 = 7;
    int v8 = 8;
    int v9 = 9;
    params9_call(v1, v2
    , v3, v4, v5, v6,
    v7, v8, v9);
}
```

```
0001018c <params9_call>:
1018c: fc010113 addi sp,sp,-64
10190: 02812e23 sw   s0,60(sp)
10194: 04010413 addi s0,sp,64
10198: fca42e23 sw   a0,-36(s0)
1019c: fcb42c23 sw   a1,-40(s0)
101a0: fcc42a23 sw   a2,-44(s0)
101a4: fcd42823 sw   a3,-48(s0)
101a8: fce42623 sw   a4,-52(s0)
101ac: fcf42423 sw   a5,-56(s0)
101b0: fd042223 sw   a6,-60(s0)
101b4: fd142023 sw   a7,-64(s0)
101b8: fdc42703 lw   a4,-36(s0)
101bc: fd842783 lw   a5,-40(s0)
101c0: 00f70733 add  a4,a4,a5
101c4: fd442783 lw   a5,-44(s0)
101c8: 00f70733 add  a4,a4,a5
101cc: fd042783 lw   a5,-48(s0)
101d0: 00f70733 add  a4,a4,a5
101d4: fcc42783 lw   a5,-52(s0)
101d8: 00f70733 add  a4,a4,a5
101dc: fc842783 lw   a5,-56(s0)
101e0: 00f70733 add  a4,a4,a5
101e4: fc442783 lw   a5,-60(s0)
101e8: 00f70733 add  a4,a4,a5
101ec: fc042783 lw   a5,-64(s0)
101f0: 00f707b3 add  a5,a4,a5
101f4: 00042703 lw   a4,0(s0)
101f8: 00f707b3 add  a5,a4,a5
101fc: fef42623 sw   a5,-20(s0)
10200: 00000013 nop
10204: 03c12403 lw   s0,60(sp)
10208: 04010113 addi sp,sp,64
1020c: 00008067 ret
```

大精灵画了一张多参数情况的示意图，如图 3.11 所示。在 `main()` 函数准备参数传递时，首先将前 8 个参数存放到寄存器 `a0,a1,a2,...,a7` 中。此时，还有一个参数，`p9=9` 无法储存。因此，将 `p9` 的值存放到栈上，写入栈顶。如果有更多参数，就向高地址增长即可。

`params9_call()` 函数要使用参数时，首先把寄存器 `a0,a1,a2,...,a7` 上的参数保存到自己的帧中，以免寄存器另作他用。保存以后，进行加法运算，要使用 `p9` 时，直接取 `0(s0)` 地址的值即可，也就是 `main()` 函数在栈上保存好的参数。

计算机科学家："原来如此，所以在 `C` 语言中，函数是根据**按值传递**的方法进行参数传递的。也就是说，无论是基本数据类型，还是指针，其实创造一个副本，存放在寄存器或栈中，交给被调函数使用。这里稍有不同的是直接传递一个结构体，但它本质上仍是创造一个副本，只不过在指令中表现为传递指针。"

大精灵："您说得没错。很多计算机科学家会严谨地提出**实际参数**（Actual Parameter）与**形式参数**（Formal Parameter）的说法。我们精灵则从汇编的角度来理解它们，实际参数是函数调用时，调用方创建的副本，例如，`main()` 在 `a0` 寄存器中写入 `1`，这时 `1` 就是实际参数；形式参数是被调函数使用参数时所需要的一个地址，例如，`params9_call()` 需要-`36(s0)` 来得到 `1`，那么-`36(s0)` 就是形式参数 `p1`。简单地说，形式参数就是被调用方所引用的地址，实际参数是写在这块地址中的值。"

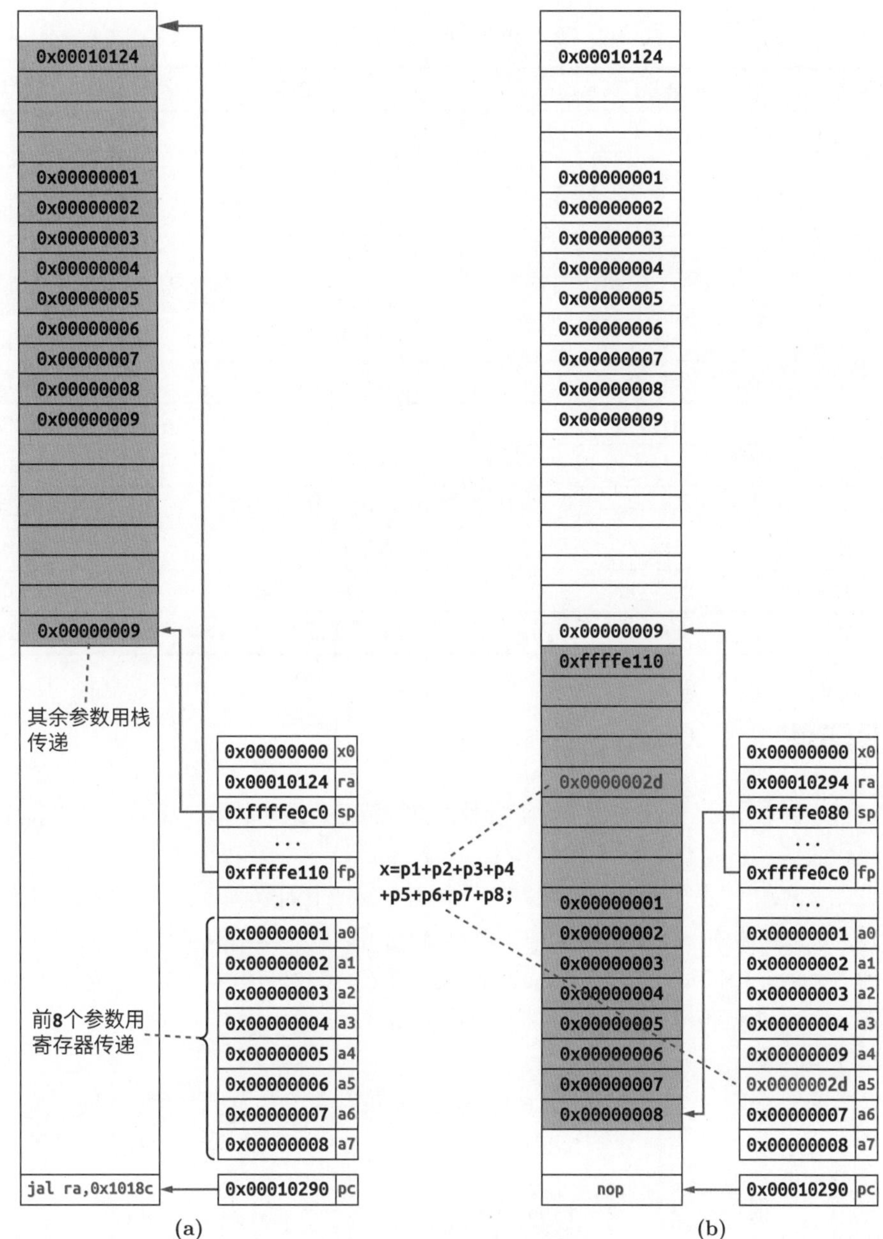

图 3.11　9 个参数的函数调用

计算机科学家：“还有一个概念是寄存器的**调用方保存**（Caller Saved）与**被调用方保存**（Callee Saved），我听其他计算机科学家常常提起这个说法。”

大精灵：“是的，例如，返回地址寄存器 `ra` 是调用方保存的。也就是说，`call_1()` 即将调用 `call_2()`。调用以后，`ra` 寄存器的值会发生变化，因此 `call_1()` 作为调用方，负责保存当前 `ra` 的值，这一步发生在 Prologue 中。用于参数传递的 `a0-a7` 也是调用方保存。帧指针寄存器 `fp` 是被调用方保存的，当 `call_2()` 被调用后，会将 `call_1()` 的帧指针保存在自己的帧中。您可以结合参数传递及图 3.4 加深理解。关于其他寄存器的保存方，见表 3.1。”

表 3.1 寄存器的别名、功能、保存方

寄存器	ABI Name	功能	保存方
x0	zero	Hard-wired 0	
x1	ra	返回地址	Caller
x2	sp	栈指针	Callee
x3	gp	全局指针	
x4	tp	线程指针	
x5	t0	临时变量/替代链接	Caller
x6−7	t1−2	临时变量	Caller
x8	s0/fp	帧指针	Callee
x9	s1	Callee 寄存器	Callee
x10−11	a0−1	函数参数/返回值	Caller
x12−17	a2−7	函数参数	Caller
x18−27	s2−11	Callee 寄存器	Callee
x28−31	t3−6	临时变量	Caller

3.6 返回值

计算机科学家："有了返回地址、局部变量、参数传递，最后就剩一个返回值了。还是举个例子吧，见代码 3.15。"

大精灵点头附和："您的观察很敏锐。在 C 语言中，一个函数只有一个返回值，这个返回值储存在 `x10/a0` 寄存器中。在 RISC-V 中，`x11/a1` 也可以用作返回值寄存器。同时，它们还用作参数传递寄存器。如代码 3.15 中的 `get_max()` 函数，参数传递时，形式参数 `a` 对应寄存器 `a0`，`b` 对应 `a1`，而返回值又保存在 `a0` 寄存器中。"

代码 3.15 /execution/CallReturn.c

```
000101c8 <main>:
101c8: fe010113 addi sp,sp,-32
101cc: 00112e23 sw   ra,28(sp)
101d0: 00812c23 sw   s0,24(sp)
101d4: 02010413 addi s0,sp,32
101d8: 0ca00793 li   a5,202
101dc: fef42623 sw   a5,-20(s0)
101e0: 0fe00793 li   a5,254
101e4: fef42423 sw   a5,-24(s0)
101e8: fe842583 lw   a1,-24(s0)
101ec: fec42503 lw   a0,-20(s0)
101f0: f9dff0ef jal  ra,1018c
101f4: fea42223 sw   a0,-28(s0)
101f8: 00000793 li   a5,0
101fc: 00078513 mv   a0,a5
10200: 01c12083 lw   ra,28(sp)
10204: 01812403 lw   s0,24(sp)
10208: 02010113 addi sp,sp,32
1020c: 00008067 ret
```

```c
// 返回a与b中较大的数
int get_max(int a,
    int b)
{
    if (a > b)
    return a;
    return b;
}
// 程序入口
int main()
{
    int a = 0xca;
    int b = 0xfe;
    int c =
    get_max(a, b);
    return 0;
}
```

```
0001018c <get_max>:
1018c: fe010113 addi sp,sp,-32
10190: 00812e23 sw   s0,28(sp)
10194: 02010413 addi s0,sp,32
10198: fea42623 sw   a0,-20(s0)
1019c: feb42423 sw   a1,-24(s0)
101a0: fec42703 lw   a4,-20(s0)
101a4: fe842783 lw   a5,-24(s0)
101a8: 00e7d663 bge  a5,a4,101b4
101ac: fec42783 lw   a5,-20(s0)
101b0: 0080006f j    101b8
101b4: fe842783 lw   a5,-24(s0)
101b8: 00078513 mv   a0,a5
101bc: 01c12403 lw   s0,28(sp)
101c0: 02010113 addi sp,sp,32
101c4: 00008067 ret
```

Fork 函数与返回值寄存器

在第 6 章中，其他角色将介绍 Linux 中一个特殊的函数 `fork()`。`fork()` 函数有一种独特的行为：它在父进程中返回子进程的 PID，在子进程中返回 `0`，就好像它在代码中返回两次，有两种不同的返回值一样。这是通过修改 `a0` 寄存器实现的。

计算机科学家：“这么说来，如果返回值仅仅是一个值的话，那么返回一个指向帧内的局部变量的指针就很危险了。见代码 3.16。”

代码 3.16　/execution/CorruptFrame.c

```c
#include <stdio.h>
// 返回局部变量的指针
int *ptr_localvar(int a)
{
    int b = a + 1;
    return &b;
}
// 程序入口
void main()
{
    int *p1;
    int val;
    p1 = ptr_localvar(1);
    val = *p1;
    printf("%d\n", val);
    ptr_localvar(100);
    val = *p1;
    printf("corrupted: %d\n", val);
}
```

大精灵：“明智如您，还能如此谨慎，实在是了不起的品质。确实，如果要返回指针，就要提起一百分的精神。函数 `ptr_localvar()` 返回了一个局部变量 `b` 的指针。显然调用方得到 `b` 的指针是没有意义的，调用方再调用其他函数，那么这一块内存就会被覆盖了。因此，编译器一般都会对这种行为进行警告，如果您要编译的话，就得特地绕开警告。”

计算机科学家：“感谢大精灵的帮助，我基本已经从指令的角度弄清楚过程调用的细节了。我可以自信地回答以下这些问题。”

1. 怎样通过 `jal` 指令实现控制转移？返回地址如何计算，如何保存？目标函数地址又是如何计算呢？

2. 在函数调用时，Prologue 保存了哪些寄存器？

3. 在 Prologue 中，怎样实现压栈？

4. `sp,fp` 指针分别指向哪里？

5. 怎样分配局部变量？函数中所用到的所有局部变量要如何定位？

6. 程序员能在 `C` 语言层面控制局部变量的内存分配吗？

7. 参数传递时，被调函数怎样得到调用方提供的参数？分多少种可能的情况？

8. Epilogue 中，恢复了哪些寄存器？

9. Epilogue 中，怎样实现弹栈？

10. 怎样通过 `jalr` 指令实现返回？如何跳转回调用函数？

11. 调用方怎样获得被调函数的返回值?

```
>_                                                      Linux Terminal

> gcc -march=rv32i -mabi=ilp32 -Wno-return-local-addr
CorruptFrame.c -o frame
> qemu-riscv32 ./frame
Segmentation fault (core dumped)
```

大精灵深深鞠躬：“不客气，这都是我应该做的，我的天职就是帮助尊敬的计算机科学家操控计算机的运行。”

3.7 递归函数

数学家听说计算机科学家已经通过大精灵理解过程调用后，便兴冲冲地跑到计算机科学家面前：“听说你已经弄懂过程调用了?”

计算机科学家自信地点了点头：“嗯。”

数学家：“太好了，我们终于可以开始讨论计算机中最为神奇的魔法了，**递归函数**（Recursive Function）。”

计算机科学家好奇起来：“递归函数有这么神奇吗?”

数学家来劲了：“就是这么神奇！递归函数之所以深刻，是因为它与计算机中的诸多核心概念联系在一起。简单来讲，有过程调用的地方就有栈，有栈的地方就有树，函数、栈、树，三者其实互为表里。随着计算机学习的深入，就会发现递归函数无处不在。可以说，大部分计算机领域的人，不论是科学家、工程师、教授、学生，都非常喜欢递归函数，以至于计算机中的很多名词都是递归式命名的。例如，最知名的自由软件运动的 GNU/Linux 项目，它是我们常用的一系列工具的温床，这个名称是递归式定义的——*GNU is Not Unix*。”

计算机科学家：“到底你是计算机科学家还是我是计算机科学家?”

数学家充耳不闻：“我们通过几个具体的计算机问题来看递归函数吧，努力去理解递归函数与树、栈、状态机、搜索的关系。我们会不断优化解决问题的策略，从而看到这些概念之间深邃的联系。让我们从一个简单的概率问题开始——抛硬币。”

计算机科学家：“行，那我只负责编程。”

3.7.1 抛硬币的期望次数

数学家：“抛硬币问题暂时还不需要写任何代码，只需要用心体会递归与状态转移之间的关联。问题是这样的，假定有一枚完美的硬币，每抛一次，有 $\frac{1}{2}$ 的概率正面朝上，有 $\frac{1}{2}$ 的概率反面朝上。如果连续出现 n 次正面朝上时停止，平均我们要抛多少次硬币？也就是说，我们在求连续 n 次正面朝上的期望次数。”

计算机科学家：“让我先考察 $n = 1$ 的情况。抛一次硬币正面朝上的概率为 $\frac{1}{2}$；抛两次硬币，第一次反面朝上，第二次正面朝上的概率为 $\frac{1}{2} \times \frac{1}{2}$；抛 k 次，前 $k-1$ 次反面朝上，第 k 次正面朝上的概率为 $\frac{1}{2^k}$。因此，我们以抛掷次数为随机变量 X，得到它的分布函数。见表 3.2。”

表 3.2　抛硬币次数的分布函数

X	1	2	3	$\cdots$	$k-1$	k	$\cdots$
$P(X)$	$\frac{1}{2}$	$\frac{1}{2^2}$	$\frac{1}{2^3}$	$\cdots$	$\frac{1}{2^{k-1}}$	$\frac{1}{2^k}$	$\cdots$

计算机科学家掐指一算："因此，$f(1)$ 就是求和再取极限。"

$$f(1)=\lim_{m\to\infty}\left(\sum_{k=1}^{m}k\cdot P(X=k)\right)=\lim_{m\to\infty}\left(\sum_{k=1}^{m}\frac{k}{2^k}\right)=\lim_{m\to\infty}\left(2-\frac{m+2}{2^m}\right)=2$$

数学家哈哈一笑："哈哈，你要是这么算，那就跑远喽。"

计算机科学家挠挠头："啊?"

数学家："了解概率论的同学一眼就会发现这其实是一个**马尔可夫过程**（Markov Process）的问题，直接正面求解并不容易。因此，我们才用递归的方法，用状态来描述抛硬币的过程。如图 3.12 所示，状态 S_0 表示当前还没有抛硬币，每抛一次硬币，发生一次状态转移。S_1 表示当前连续出现 1 次正面朝上，S_2 表示连续 2 次，S_n 表示连续 n 次。"

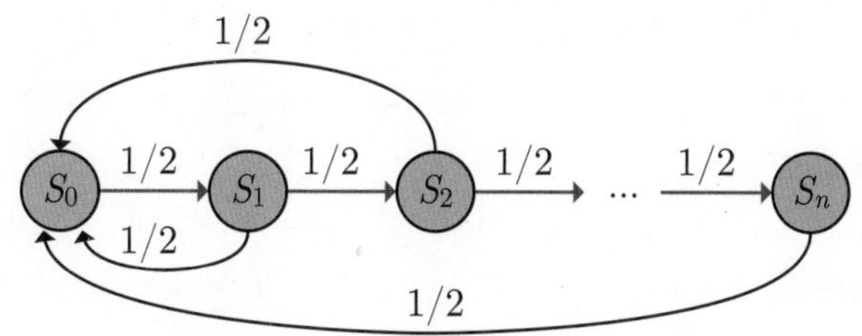

图 3.12　抛硬币的马尔可夫过程

计算机科学家："等会儿，等会儿，你讲得太快了。"

数学家："那我慢点儿。当处于状态 S_i 时，抛硬币。"

计算机科学家："好。这时有 $\frac{1}{2}$ 的概率得到正面，然后状态转移进入 S_{i+1}。"

数学家点点头："那也有 $\frac{1}{2}$ 的概率得到反面，此时状态转移回初始状态 S_0。这样一来，期望抛硬币的次数，也就是从状态 S_0 转移到 S_n 的期望状态转移步长。到这里没问题吧?"

计算机科学家："没问题。"

数学家："现在，我们开始递归了。假定从 S_0 转移到 S_n 的期望步长是 $f(n)$，也就是说，加上状态转移成功与失败，平均需要 $f(n)$ 步才能从 S_0 转移到 S_n。我们考虑状态 S_{n-1}，已经通过 $f(n-1)$ 步来到 S_{n-1} 状态。"

数学家："此时抛硬币，有 $\frac{1}{2}$ 的概率正面朝上，转移到 S_n。因此，我们得到一个平均步长：$\frac{1}{2}\times 1$。除了得到正面，也可能得到反面。而一旦得到反面，就需要 1 步返回 S_0，再加上 $f(n)$ 步回到 S_n。于是，我们得到 $f(n)$ 的递归公式。"

$$f(n)=f(n-1)+\frac{1}{2}\times 1+\frac{1}{2}\times(1+f(n))$$

整理得到

$$f(n) = 2f(n-1) + 2, f(0) = 0 \quad \Rightarrow \quad f(n) = 2^{n+1} - 2$$

数学家："因此，平均需要抛 $2^{n+1} - 2$ 次硬币，才能连续 n 次正面朝上。这里，$f(n)$ 就是通过对状态进行递归而定义的。"

计算机科学家目瞪口呆："啊？还可以这么算？"

数学家："是啊，因为我们已经把无穷多的折返算在 S_n 状态中了。这就是为什么我们强调递归函数。相比普通的函数调用，递归函数自己调用自己，可以非常自然地表达状态，更自然地形成了一棵**递归调用树**（Recursion Tree）。而在图灵机模型和 C 语言的编程模型中，递归函数和其他普通函数的调用没有任何差别，都是指令的跳转。"

3.7.2 斐波那契数列

计算机科学家还在回味马尔科夫过程的时候,数学家已经开始介绍斐波那契数列问题了:"斐波那契数列有很多种表述，我采用爬楼梯问题来说明。假如一个楼梯一共有 n 级台阶，而你体力不太好，每次只能爬 1 级或 2 级台阶，那么爬到 n 级一共有多少种爬楼梯的策略？如 $n = 3$，可以 $1 + 1 + 1 = 3$，也可以 $1 + 2 = 3$，还可以 $2 + 1 = 3$，一共有 3 种策略。"

计算机科学家："为什么这是斐波那契数列问题呢？"

数学家："你仔细想一想。假定从第 1 级爬到第 i 级楼梯的策略数量为 $f(i)$。既然每次只能爬 1 级或 2 级楼梯，那么我们就分开讨论。如果上一次是通过爬 1 级楼梯到达的，那么当时就处于 $(i-1)$ 级。从 1 到 $(i-1)$ 级的策略数量就是 $f(i-1)$。同理，如果上一次通过爬 2 级楼梯到达，那么策略的数量就是 $f(i-2)$。这样一来，$f(i)$ 的数值也就显而易见了。"

$$f(i) = f(i-1) + f(i-2)$$

且 $f(0) = 1, f(1) = 1, f(2) = 2$。这样一来，$f(i)$ 就是一个标准的斐波那契数列，爬到 n 级台阶的策略数量则是 $f(n)$。

数学家："那你想一想，怎么求斐波那契数列的第 n 项，$f(n)$?"

计算机科学家："可以通过特征方程和不动点求出通项公式：

$$\frac{1}{\sqrt{5}}\left[\left(\frac{1+\sqrt{5}}{2}\right)^{n+1} - \left(\frac{1-\sqrt{5}}{2}\right)^{n+1}\right]。"$$

数学家："是的，但是计算机能处理无理数吗?"

计算机科学家："直接计算 $\sqrt{5}$ 的话，不一定能保证 $\sqrt{5}$ 的浮点数运算精度，计算中可能会出现各种各样的误差。不过我们可以用代数方法来计算，研究 $a + b \times \sqrt{5}$ 的乘法运算性质，其中 a 和 b 都是自然数。"

数学家："但这回避不了一个问题，怎么去计算 $(a + b \times \sqrt{5})^n = x + y \times \sqrt{5}$，还是要计算浮点数 $\sqrt{5}$ 与幂次 x、y。"

计算机科学家："你说得对，那最基本的方法依然是根据公式 $f(i) = f(i-1) + f(i-2)$ 求第 n 项。这就是你说的递归函数了，对不对？见代码 3.17。"

代码 3.17 `/instructions/Interpreter/FibonacciNaive.c`

```c
#include <stdio.h>
#include <stdlib.h>
/// @brief 求斐波那契数列的第n项
/// @param n 第n项
/// @return 斐波那契数列的第n项
int fibonacci_n(int n)
{
    if (n <= 1) return 1;
    return fibonacci_n(n - 1) + fibonacci_n(n - 2);
}
// 程序入口
void main(int argc, const char**argv)
{
    printf("%d\n", fibonacci_n(atoi(argv[1])));
}
```

数学家："没错，代码 3.17 直接根据公式 $f(i) = f(i-1) + f(i-2)$ 求解斐波那契的第 n 项。这是一个典型的递归函数。递归函数一般都有自己的停止条件。"

计算机科学家："递归函数就是这样自己调用自己的函数?"

数学家："没错，这个概念其实并不容易理解。递归函数有一个很容易被忽略，但又至关重要的隐藏条件，递归函数必须有自己的'名字'。例如，在公式 $f(n) = f(n-1) + f(n-2)$ 中，递归函数的名字是 f。"

计算机科学家："以此类推，代码 3.17 中递归函数的名字是 `fibonacci_n()`；在汇编指令中，递归函数的名字是指令的起始地址，`0x0001018c`；如 `jar` 指令，其实就指定了它的'名字'。"

数学家："没错。但你仔细想一想，如果函数没有名字呢? 如果有一种数学系统，所有的函数都一视同仁，没有名字，被称为**匿名函数**（Anonymous Function），那要怎样实现递归呢?"

计算机科学家："什么叫没有名字?"

数学家哈哈一笑："你现在还不能理解。第 8 章我再和你讨论这个问题。"

计算机科学家只得作罢，数学家继续说："即便抛开匿名函数的问题，回到代码 3.17 本身，我们也会发现一个致命的缺陷。这个缺陷不来自数学公式，而来自**算法**（Algorithm）。如果你试着计算 $f(100)$：`qemu-riscv32 ./f1 100`，可以看一看程序会运行多长时间。"

计算机科学家遵命照做，发现很久都没有得到结果。数学家："这是由计算的原理所导致的。现在，我们利用**状态机和树**（Tree）来分析为什么代码 3.17 运行很慢。"

数学家画出图 3.13，他说："在计算 `fibonacci_n(5)` 时，我们其实在**遍历**（Traversal）一棵状态树。在图 3.13 中灰色的虚线表示函数调用的顺序，也是树的遍历顺序。实际上，递归调用计算斐波那契数列的过程，就是对这棵树进行**后序遍历**（Post Order Traversal）的访问过程。红色的实线表示一次**求值**（Evaluate）操作，它代表了递归的终止条件，也对应树的**叶子结点**（Leaf Node）。"

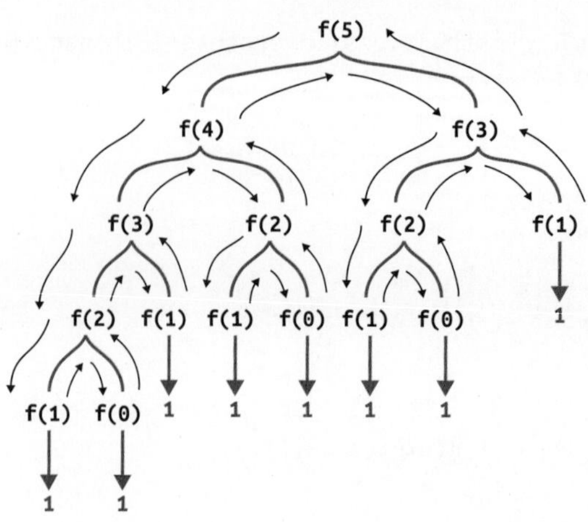

图 3.13 原始的 Fibonacci 递归树

“树的一个结点是一次递归函数的调用，也是一个**状态**。$f(5)$ 表示 5 的状态，$f(4)$ 表示 4 的状态。这样一来，我们就可以把整棵树看作一个状态机。可以看到，树中重复出现了很多**子树**（Sub-tree），例如，$f(2)$ 子树出现了三次，那么也就重复进入状态 $f(2)$ 三次，重复计算了三次 $f(2)$ 的值。”

数学家继续分析：“这就是代码 3.16 运行速度慢的原因，我们现在来分析一下它的计算量。假如计算 $f(n)$ 所需的指令数量是 $I_f(n)$，那么计算 $f(n)$ 所需要的时间几乎与指令的数量成正比，为 $T(n)$。由于 $f(n) = f(n-1) + f(n-2)$，那么计算 $f(n-1)$ 的时间是 $T(n-1)$，计算 $f(n-2)$ 的时间是 $T(n-2)$，显然有 $T(n) = T(n-1) + T(n-2)$。这也是一个斐波那契数列，所以我们计算 $f(n)$ 所需的时间是随着 n 指数级增加的。”

$$T(n) = \frac{1}{\sqrt{5}}\left[\left(\frac{1+\sqrt{5}}{2}\right)^{n+1} - \left(\frac{1-\sqrt{5}}{2}\right)^{n+1}\right]$$

计算机科学家：“如果想要提高计算的速度，就需要消除图 3.13 中的重复计算?”

数学家：“没错。”

计算机科学家到底还是有一些慧根的，计算机科学家立刻反应过来：“那建立一个数组 `int *f`，用 `f` 去记忆已经计算过的结果不就好了，见代码 3.18。使用已经计算过的结果，将新计算的结果写入 `f[n]`，这样一来就可以将时间的渐进复杂度降低到线性 $O(n)$。”

代码 3.18 /execution/FibonacciReduce.c

```
#include <stdio.h>
#include <stdlib.h>
#include <string.h>
/// @brief 求斐波那契数列的第n项
/// @param n 第n项
/// @param f 保存数列历史结果的数组
/// @return 斐波那契数列的第n项
int fibonacci_n(int n, int *f)
{
    if (f[n] > 0)
        return f[n];
```

```
    f[n] = fibonacci_n(n - 1, f) + fibonacci_n(n - 2, f);
    return f[n];
}
// 程序入口
void main(int argc, const char**argv)
{
    int n = atoi(argv[1]);
    int *f = calloc(n, sizeof(int));
    f[0] = f[1] = 1;
    printf("%d\n", fibonacci_n(n, f));
    free(f);
}
```

与此同时，计算机科学家仿照数学家画的图 3.13，画出图 3.14。

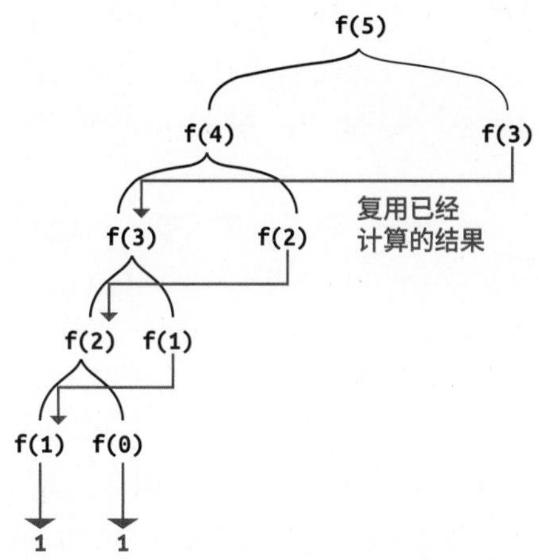

图 3.14　Fibonacci 消除重复计算

数学家提问："那么这个程序计算时所使用的内存空间呢?"

计算机科学家："图 3.13 中树的高度是 n，而每一个结点是一次函数调用，对应栈上的一个帧。如果一个帧的大小是 K，那么最左侧的分支在计算到 $f(1)$ 时，就会使用 $n \times K$ 的内存，正比于 n，渐进复杂度为 $O(n)$。与图 3.14 的情况是一样的，栈消耗的内存为 $O(n)$。另外，额外需要维护一个大小为 n 的数组 f，因此总共消耗的内存是 $n \times (K + \texttt{sizeof(int)})$，依然正比于 n，只是常数有所不同，在渐进复杂度的意义上是相同的，也为 $O(n)$。"

数学家："没错。在你们计算机科学界，这种方法叫作 '**空间换时间**'。它额外存储了计算结果，用这部分内存加快计算，等于用内存空间去换 CPU 时间。不过你可以再想一想，有没有办法进一步优化内存?"

计算机科学家盯着代码 3.18 略加思考，然后写出代码 3.19。他说："只需要两个局部变量就够了。"

代码 3.19　/execution/FibonacciLoop.c

```
#include <stdio.h>
#include <stdlib.h>
/// @brief 求斐波那契数列的第n项
/// @param n 第n项
/// @return 斐波那契数列的第n项
int fibonacci_n(int n)
```

```
{
    int fn1 = 1, fn2 = 1, fn = 1;
    for (int i = 2; i <= n; ++ i)
    {
        fn  = fn1 + fn2;
        fn2 = fn1;
        fn1 = fn;
    }
    return fn;
}
// 程序入口
void main(int argc, const char**argv)
{
    printf("%d\n", fibonacci_n(atoi(argv[1])));
}
```

计算机科学家："我仔细看了看公式 $f(n)=f(n-1)+f(n-2)$，其实每一次递归调用最多使用前两个状态，$f(n-1)$ 与 $f(n-2)$。这样一来，就没必要记忆所有的状态了：$f(0), f(1), \cdots, f(n-2), f(n-1)$。如果只记忆两个状态，就可以优化掉 $O(n)$ 的内存，将空间的渐进复杂度降低到 $O(1)$，也就是常数！"

数学家赞同地点了点头："与此同时，你可以使用循环消除递归。"

代码 3.19 的时间渐进复杂度是 $O(n)$，空间复杂度只有 $O(1)$，没有给栈带来任何额外的负担，也只用了两个变量：`fn1` 代表 $f(n-1)$，`fn2` 代表 $f(n-2)$。

数学家面露微笑："**循环**（Loop）与递归其实也互为表里，但递归不可避免地要在栈上分配帧，因此有时候会有性能差异。并非所有递归都可以通过转换为循环减少内存的消耗。很多情况下，循环需要直接分配自己的栈，仍然使用 $O(m)$ 的内存，其中 m 是递归调用的深度。"

计算机科学家："这么说来，我们可以用递归实现循环，也可以用循环实现递归？"

数学家："没错。如 `for` 循环。循环体其实可以表达为关于 `i` 的某种状态 `G(i)`，它本身可以封装为一个函数。我们完全可以用递归的方式来完成循环。"

```
for (int i = 0; i < n; ++ i)
{
    G(i);
}
```

```
void f(int i)
{
    if (i == n) return;
    G(i);
    f(i + 1);
}
```

计算机科学家："那递归与循环孰优孰劣呢？一般而言是不是循环的效率要更高？"

数学家："理论上讲，两个模型其实是等价的。在某些问题中，使用循环更节省内存，执行的指令更少，复杂度会得到常数级优化。在另一些问题中，特别是二叉树与图论的问题，使用递归能使问题更加清晰，代码更加简洁易懂。因此选择哪一种算法取决于你自己。"

数学家又回到斐波那契数列："其实还有一种更快的算法，它的计算速度与直接计算通项公式是相同的，并且可以避免浮点数计算。这就是矩阵的**快速幂**（Fast Power）算法，也是一种递归算法。它本质上利用了矩阵乘法。首先，将 $f(n)=f(n-1)+f(n-2)$ 改写为矩阵形式。"

$$
\begin{aligned}
[f(n), f(n-1)] &= [f(n-1)+f(n-2), f(n-1)] \\
&= [f(n-1), f(n-2)] \cdot \begin{bmatrix} 1 & 1 \\ 1 & 0 \end{bmatrix} = [f(1), f(0)] \cdot \begin{bmatrix} 1 & 1 \\ 1 & 0 \end{bmatrix}^{n-1}
\end{aligned}
$$

数学家说："这个算法需要计算矩阵 $\boldsymbol{A}=[[1,1],[1,0]]$ 的 $n-1$ 次幂，$\boldsymbol{A}^{n-1}$。而如果用代数方法计算 $(a+b\times\sqrt{5})^n=x+y\times\sqrt{5}$，也要计算 n 次幂，因此两个算法本质上是相同的。"

计算机科学家好奇："这么一说，两种方法确实是等价的。那要怎么快速计算呢？"

数学家："这就是**分治法**（Divide and Rule）。'分而治之'（Divide et impera）这个词来自罗马的一揽子外交、军事、统治策略，也是英国对海外殖民地常用的手段。它把复杂的大问题分解为规模更小、相互独立的问题，然后先解决小规模的子问题。"

他回归到问题："计算幂时就采用'分而治之'的手法。具体来说，如果 $n-1=2m$ 是偶数，那么 $\boldsymbol{A}^{n-1}=\boldsymbol{A}^m\cdot\boldsymbol{A}^m$；如果 $n-1=2m+1$ 是奇数，那么 $\boldsymbol{A}^{n-1}=\boldsymbol{A}^m\cdot\boldsymbol{A}^m\cdot\boldsymbol{A}$。这样一来，大规模的问题 $\boldsymbol{A}^{n-1}$ 就被分成小规模的子问题 $\boldsymbol{A}^m$ 处理。具体来说，其实是把矩阵的乘法幂运算分治为两种情况。"

$$[f(2m),f(2m-1)]=([f(1),f(0)]\cdot\boldsymbol{A})\cdot(\boldsymbol{A}^{m-1})^2$$

$$[f(2m+1),f(2m)]=[f(1),f(0)]\cdot(\boldsymbol{A}^m)^2$$

计算机科学家心领神会，立刻准备写分治法的递归算法求解 A 的幂。但数学家拦住了他："递归的解法不难写，你也不必展示了。但是递归与循环是相同的，你能用循环来求解吗？"

计算机科学家停住了："我确实没想明白怎么用循环求解。"

数学家嘿嘿一笑："你对二进制的理解还是不够深刻啊。在这里，我们可以充分利用二进制编码的性质。二进制的编码本身就具有分而治之的特点，我们可以按照二进制位进行乘法运算，对于 32 位，在每一位上计算 A 的幂，如图 3.15 所示。"

$$A^{2^0},A^{2^1},A^{2^2},A^{2^3},\cdots,A^{2^{31}}$$

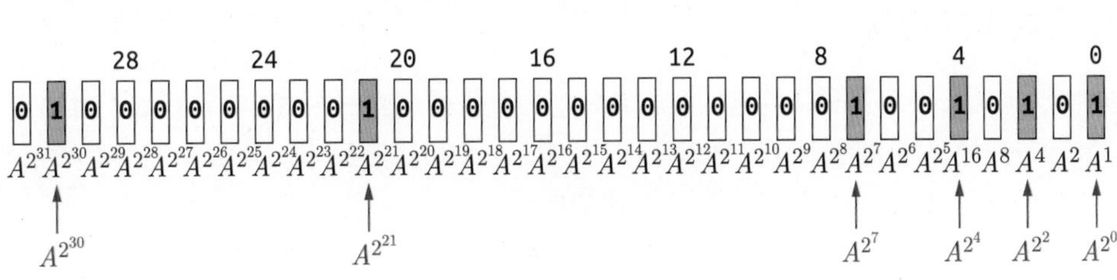

图 3.15　快速幂循环计算：数位分治

他继续分析："对于 A^k，将 k 用二进制表示，如果 k 的第 i 位为 1，则取 A^{2^i} 相乘即可。例如，求 A^{10}，$k=10=$ `1010`，k 的第 `[1]` 位有 `1`，第 `[3]` 位有 `1`，因此 $A^{10}=A^8\cdot A^2$。又如图 3.15 所示，求 $f($`0x40200095`$)$。"

计算机科学家恍然大悟："这样一来，空间的复杂度依然是常数，但时间的复杂度下降到了 $O(\log_2(n))$，循环不超过 32 次！"他立刻动手写出了循环数位分治的代码，见代码 3.20。

代码 3.20　/execution/FibonacciFast.c

```c
#include <stdio.h>
#include <stdlib.h>
/// @brief 求斐波那契数列的第n项矩阵[[1, 1],[1, 0]]快速幂
```

```
/// @param n 第n项
/// @return 斐波那契数列的第n项
int fibonacci_n(int n)
{
    if (n <= 1) return 1;
    int a00 = 1, a01 = 1, a10 = 1, a11 = 0;
    int a, b, c, d, e, f, fn = 1, fn1 = 1;
    n = n - 1;
    for (int i = 0; i < 32; ++ i)
    {
        if (((n >> i) & 1) == 1)
        {
            e = fn;
            f = fn1;
            fn  = e * a00 + f * a10;
            fn1 = e * a01 + f * a11;
        }
        a = a00;
        b = a01;
        c = a10;
        d = a11;
        a00 = a * a + b * c;
        a01 = a * b + b * d;
        a10 = c * a + d * c;
        a11 = c * b + d * d;
    }
    return fn;
}
// 程序入口
void main(int argc, const char**argv)
{
    printf("%d\n", fibonacci_n(atoi(argv[1])));
}
```

数学家："到此为止，你才算是从计算机的视角理解了一遍斐波那契数列问题。它不仅仅是一个数学问题，从计算机的角度看，这个问题其实要有趣得多。"

3.7.3 生成有效括号

数学家："最后来看另一个问题，生成有效括号。我们拿到一个数字 n，代表一共有 n 组左括号'(' 与右括号')'。现在，我们希望得到所有合法的括号字符串。如 $n = 3$，则有"()()()" "((()))""(())()""()(())""(()())" 这 5 种结果。"

计算机科学家："既然讨论递归，像斐波那契数列一样，首先分析这个问题的递归形式，然后使用递归解决这个问题。如果有可以优化的点，应该也是记忆递归的结果（记忆状态），避免重复计算。"

数学家说："可以啊，你现在已经逐渐懂得递归的思路了。不过为了分析这个问题的递归，需要借用**卡特兰数**（Catalan）的递归形式。"

$$h(n) = h(1)h(n-1) + h(2)h(n-2) + \cdots + h(i)h(n-i) + \cdots + h(n-1)h(1)$$

计算机科学："这和生成括号有什么关系？"

数学家："我们可以对任意一对括号提出它的合法形式。假定 E_n 是一个合法的括号表达式，且其中用到了 n 对括号。E_0 就取空字符串，""。那么，$(E_i)E_j$ 一定也是一个合法的括号，$E_{i+j+1} = (E_i)E_j$。假定 E_i 的括号种类数量为 $h(i)$，那么我们也就得到了上述卡特兰数的公式。"

计算机科学家：“和斐波那契数列一样，我们可以用递归和记忆状态的策略实现。如图 3.16 所示，我们使用一个链表数组记录递归的结果 $h(\cdot)$，其中每一个链表结点为结构体 `node_t`，`h` 则为 `(node_t *)` 指针数组。”与此同时，他写出代码 3.21。

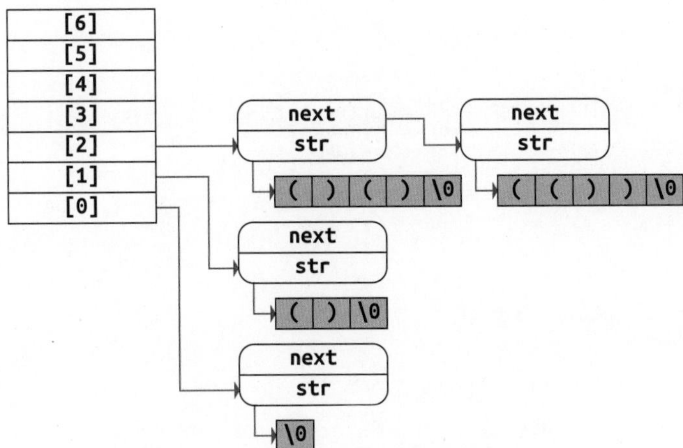

图 3.16　保存递归结果的链表指针数组

代码 3.21　/execution/GenParaCatalan.c

```c
#include <stdio.h>
#include <stdlib.h>
#include <string.h>
typedef struct NODE
{
    char *str;
    struct NODE *next;
} node_t;
/// @brief 生成n对括号
/// @param n n对括号
/// @param h 链表数组，h[i]表示i对括号的所有合法字符串
void catalan_n(int n, node_t **h)
{
    if (h[n] != NULL) return;
    for (int i = 0; i <= n - 1; ++ i)
    {
        // 递归计算
        catalan_n(i, h);
        catalan_n(n - 1 - i, h);
        // 生成链表h[n]中的所有字符串
        node_t *p = h[i], *q = NULL, *x = NULL;
        while (p != NULL)
        {
            q = h[n - 1 - i];
            while (q != NULL)
            {
                // 向链表头部插入新字符串
                x = malloc(sizeof(node_t));
                x->next = h[n];
                h[n] = x;
                // 计算新字符串
                x->str = malloc(sizeof(char)*(2*n+1));
                x->str[0] = '(';
                strcpy(&x->str[1], p->str);
                x->str[2 * i + 1] = ')';
                strcpy(&x->str[2*i+2], q->str);
```

```
                q = q->next;
            }
            p = p->next;
        }
    }
}
// 程序入口
void main(int argc, const char**argv)
{
    int n = atoi(argv[1]);
    node_t **h = malloc(sizeof(node_t *) * (n+1));
    node_t h0 = { .str = "",   .next = NULL };
    node_t h1 = { .str = "()", .next = NULL };
    h[0] = &h0;
    h[1] = &h1;
    catalan_n(n, h);
    node_t *p = h[n];
    while (p != NULL)
    {
        printf("%s\n", p->str);
        p = p->next;
    }
    // malloc申请的内存随程序退出而直接释放
}
```

见代码 3.21。C 语言提供的数据结构比较少，因此有时候需要我们自己写一些链表。

计算机科学家解释道："链表结点 `node_t` 包括两个字段，一个是字符串指针 `str`，指向这个链表结点所保存的字符串，也就是一个生成括号的结果。另一个是 `next` 指针，指向链表的下一个结点。"

他接着解释函数："`catalan_n()` 函数用来生成字符串。其中，`h` 是 `node_t` 的二级指针，指向 `node_t` 的指针数组。其实可以直接传入一个无类型的指针，`void *h`，然后我们再把 `h` 强制类型转换为指针数组。"

数学家提问："卡特兰树可以简化状态吗？"

计算机科学家想了想："好像没办法再压缩了，这是由递归公式决定的。斐波那契数列的递归只依赖于前两个结果，$f(n) = f(n-1) + f(n-2)$；但卡特兰数依赖从 0 到 $n-1$ 的所有结果，$h(n) = \sum_{i=0}^{n-1} h(i)h(n-1-i)$。因此，我们要用一个链表数组 `node_t **h` 来保存所有历史状态，这样 `catalan_n()` 函数中递归计算的部分就和递归公式完全相同了。"

计算机科学家对照代码进一步解释递归的停止条件："首先计算 $h(i)$ 的状态，然后计算 $h(n-1-i)$ 的状态。在函数中，我们加上了递归停止条件——检查 `h[n]!=NULL`。如果指针非空，说明 $h(i)$ 的结果已经被计算过了，保存在 `h[i]` 中。那么直接返回，避免递归的重复计算。如果为空，说明需要计算 $h(i)$ 的结果，将链表加到数组中。"

计算机科学家灵机一动："在抛硬币问题中，我们发现每一次递归调用其实就是状态机中的一个状态；斐波那契数列问题中，我们发现递归可以转换为循环，特别是某些递归所转换的循环可以不用栈；那么在这个生成括号问题中，我们是不是可以证明递归问题可以通过栈来解决？"

数学家："不错。生成括号问题可以通过栈解决，不过需要用另外一种递归形式，并且需要进行**回溯**（Back Trace）。"

计算机科学家两眼放光："详细说说。"于是数学家指导计算机科学家写出代码 3.22。

代码 3.22 /execution/GenParaStack.c

```
#include <stdlib.h>
#include <stdio.h>
// Stack的操作：不检查数组访问越界
void push_stack(char *stack, int *peek, char c)
{
    stack[*peek] = c;
    *peek += 1;
}
char pop_stack(int *peek)
{   *peek -= 1; }
/// @brief 递归函数：深度优先搜索
/// @param stack 递归状态：保存当前结果的栈
/// @param peek 递归状态：栈顶下标
/// @param left 递归状态：剩余左括号'('的数量
/// @param right 递归状态：剩余右括号')'的数量
void dfs_recursive(char *stack, int *peek, int left, int right)
{
    if (left == 0)
    {
        // 左括号用尽，打印结果字符串
        for (int i = 0; i < *peek; ++ i)
            printf("%c", stack[i]);
        for (int i = right; 0 < i; -- i)
            printf(")");
        printf("\n");
        return;
    }
    // 按照left, right递归搜索合法字符串
    // 必有left <= right
    // 总是可以添加一个左括号
    push_stack(stack, peek, '(');
    dfs_recursive(stack, peek, left - 1, right);
    pop_stack(peek); // 回溯：重置stack状态

    if (left < right)
    {
        push_stack(stack, peek, ')');
        dfs_recursive(stack, peek, left, right - 1);
        pop_stack(peek); // 回溯：重置stack状态
    }
}
// 程序入口
void main(int argc, const char**argv)
{
    int n = atoi(argv[1]), peek = 0;
    char *stack = (char *)malloc(2*n*sizeof(char)+1);
    dfs_recursive(stack, &peek, n, n);
    // malloc申请的内存随程序退出而直接释放
}
```

数学家指着代码 3.22，说："我们可以用栈缓存中间结果，并重新定义递归的状态，$g(S, L, R)$。其中，S 指的是栈，用栈作为状态，代表的是到达当前状态的路径。L 指的是剩余的左括号'(' 的数量，每向字符串添加一个左括号，就把左括号存到栈中，作为路径，同时剩余的左括号数量 L 也就减一。R 指的是剩余右括号')' 的数量。"

他提醒计算机科学家："在这样的状态转移中，有一个最重要的约束条件。"

$$L \leqslant R$$

计算机科学家："等等，我先想一下再进行分类讨论。在 $L=R$ 时，说明剩余的左括号与右括号数量相等。也就说明，已经生成的括号字符串中（保存在栈内），左括号与右括号的数量相等，且它们本身已经构成了一个合法的括号字符串。因此，下一个字符必定选取左括号`'('`。理由很简单，如果选择右括号`')'`，则无法在栈中找到一个左括号与之相匹配。此时，状态机更新，$S \to S \cup \{\texttt{'('}\}$，$L \to L-1$。"

数学家点点头，补充道："而在 $L<R$ 时，既可以添加左括号，也可以添加右括号。左括号自然不必说，如果添加右括号，也至少有一个左括号与之匹配，因此是合法的。"

计算机科学家："显然，递归在 $L=0$ 且 $R=0$ 时终止，此时我们得到一个合法的字符串，也就是栈中保存的所有字符。但我们不必真的搜索到 $L=0$ 且 $R=0$ 的情况，就可以提前**剪枝**（Pruning），当 $L=0$ 时，不论 R 是否为 0，接下来只能向栈中不断压入右括号。因此，只要搜索到 $L=0$ 的状态，就可以停止递归了。"

数学家："没错，在这里，对整棵递归调用树采用**深度优先搜索**（Depth First Search，DFS）就行。"

他进一步解释深度优先搜索的策略："如图 3.17 所示，每一个状态 `g(S,L,R)` 由三个元素决定。我们约束 $L \leqslant R$，因此对于 $n=3$，只有 `(3,3)`，`(2,3)`，$\cdots$，`(0,0)` 这几种组合。但特别注意，因为栈中保存的路径不同，`H:g(S,1,2)` 和 `P:g(S,1,2)` 是两种完全不同的状态。状态 `H` 时，栈 `S` 中保存的是`"(()"`，也就是路径 `A—B—C—H`；状态 `P` 时，栈 `S` 中保存的是`"()("`，也就是路径 `A—B—O—P`。这是两种完全不同的路径，因此无法合并状态。"

每一个状态最多可以派生出两个子状态，这是由 $L \leqslant R$ 的关系决定的。如果 $L=R$，此时只能增加左括号，因此只有一个子状态。如果 $L<R$，则既可以向栈压入左括号，也可以压入右括号，因此有两个子状态。

计算机科学家："这么说来，实际上代码 3.22 只访问淡红色的状态，而对灰色状态进行剪枝。也就是说，代码 3.22 的递归停止在条件 `(left==0)`，这是递归的边界。"

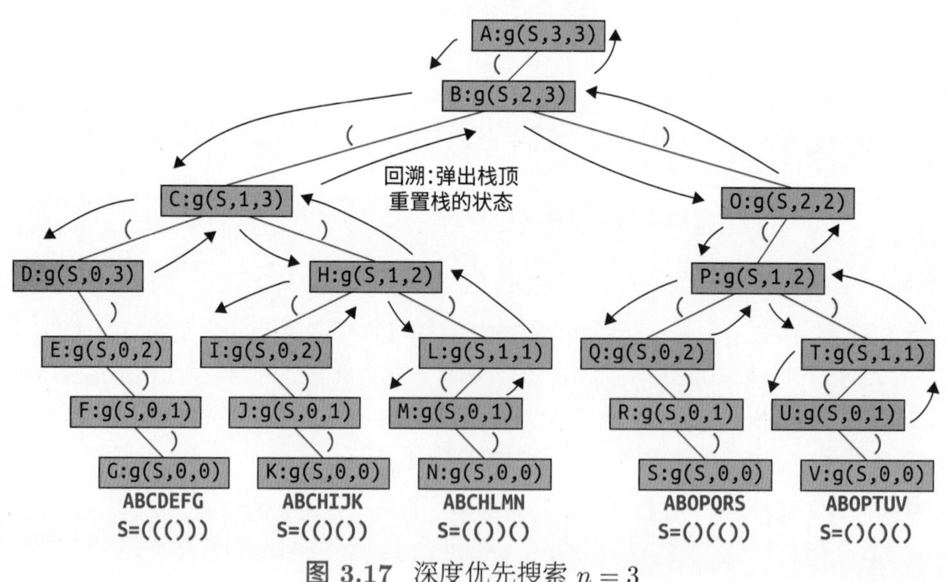

图 3.17 深度优先搜索 $n=3$

数学家点头认同："而边界以下的状态，就不需要再递归了，直接对栈中的字符串补上右括号')'。如状态 `Q:g(S,0,2)` 时，栈中保存的字符串是"()((", 此时 (`right=2`)，因此补上两个右括号："()((" + "))"，也就得到了一个合法的括号字符串："()(())"。"

计算机科学家："还有一点就是我们必须特别注意要适时恢复栈的状态，也就是进行**回溯**（Back Trace）。"

数学家："没错，在代码 3.22 中，如状态 `I:g(S,0,2)`，在计算出字符串"(()())"后，我们需要转移到状态 `L:g(S,1,1)`，计算下一个字符串。为此，首先需要从 I 返回到 H。"

计算机科学家接过数学家的话："而从 H 到达 I 时，我们向栈压入了一个左括号，现在既然路径中不再有状态 I 了，那么栈的状态也要相应改变：我们需要从栈中移除代表 I 的左括号。很显然，此时代表 I 的左括号正位于栈顶，因此只需要弹出栈顶即可，我们就把栈的状态从 I 恢复到了 H。"

数学家微笑："什么时候状态从 I 转移到 H 呢？那就是一次递归调用结束的时候。因此，每一次递归调用 `dfs_recursive()`，我们在其前后设置和恢复栈的状态，`push_stack()` 与 `pop_stack()`。"

代码 3.22 与代码 3.21 相比，使用的额外内存更少。代码 3.21 需要保存卡特兰数每一个位置的递归结果：$h(0), h(1), \cdots, h(n-1)$。卡特兰数的通项公式为：

$$h(n) = \binom{n}{2n} - \binom{n-1}{2n} = \frac{1}{n+1}\binom{n}{2n} \quad (n \geqslant 2)$$

所需的内存是 $\sum_{i=0}^{n} h(i)$，显然是很大的。当然，一般如果 n 太大，计算所需要的时间与空间就无可避免地快速增加了。

最后数学家对计算机科学家说："代码 3.22 需要 $2n$ 的额外内存，用作栈的储存空间。你可以比较两种递归的最大深度，想一想怎样比较两种算法在递归栈上消耗的内存。"

3.8 阅读材料

到此为止，我们走过了第三段旅途。当读完这一章时，应当基本已经了解了"什么是计算机"。

在本章中，我们首先介绍了 RISC-V 指令集中函数调用的过程，包括怎样实现程序计数器的跳转（控制转移与返回）、怎样编码相应的指令、怎样参数传递等。在 RISC-V 的指令集手册里有这部分内容的详细介绍，此外，读者依然可以参考 Hennessy 与 Patterson 两位写的《量化研究方法》[13] 和《硬件/软件接口》[17]。

关于栈这一数据结构，基本上每一本关于算法与数据结构的教科书都会介绍，我推荐 Robert Sedgewick 写的算法入门书《算法》[14] 与 CLRS《算法导论》[10] 这两本书。《算法导论》这本书取 4 位作者姓名的首字母，简称 **CLRS**。《算法》会介绍原始的 Dijkstra 求值器问题，本章里的求值器要比 Dijkstra 的求值器复杂一点。

第 4 章 容量与速度的均衡

到现在为止，我们其实很少考虑计算机在物理世界中的限制。电子科学家说他有独特的方法能够让计算机运行得更快、更便宜。接下来是电子科学家与计算机科学家的对话。

4.1 多层次储存

计算机科学家："之前讨论了那么多，我一直很好奇 CPU 执行单条指令要花费多少时间?"

电子科学家："那你问对人了。CPU 芯片上有一个**晶体振荡器**（Oscillator），决定了 CPU 的**时钟周期**（Clock Cycle）。如果一款 CPU 的主时钟频率为 4GHz，也即 4×10^9Hz，那么时钟周期就是 $\dfrac{1}{4 \times 10^9} = 0.25 \times 10^{-9}$s，也即 0.25ns。"

计算机科学家："如果整个计算机系统其实是离散化的，那么这是整个计算机系统最少的处理时间吗?"

电子科学家点点头："理想情况下，RISC-V 架构的 CPU 取指、译码、执行、访存、写回都消耗相同的时间，被称为一个CPU **周期**（CPU Cycle）（大致与一个时钟周期相同），这使得指令能够顺畅地执行。"

计算机科学家："那我们之前写的解释器代码 2.5 就是不带流水线的 CPU，如果一条指令一条指令地执行，那运行的时间图如图 4.1 所示。"

电子科学家："没错。很容易看出来这样的 CPU 是有严重性能问题的。在第一条指令执行到译码阶段时，负责取指的模块就空闲了，直到整条指令执行完写回，取指才会为第二条指令服务。因此，现代 CPU 设计通常采用**流水线**（Pipeline）的方式，就像 20 世纪福特工厂里的工人一样，每一个工人不会等待整个汽车装配完毕才开始自己的下一个工作，而是以流水线的方式进行生产。CPU 也一样，根据电子器件的限制，一般每个时钟周期负责完成一个流水线阶段的工作，理想情况如图 4.2 所示。"

计算机科学家："明白了，那我没什么疑问了。"

电子科学家连忙摆手："不、不，这里问题可大了。"

计算机科学家："啊? 我没看出来，现在每一个器件在每一个时钟周期都有工作可做，工作效率已经拉满了，怎么会有性能问题呢?"

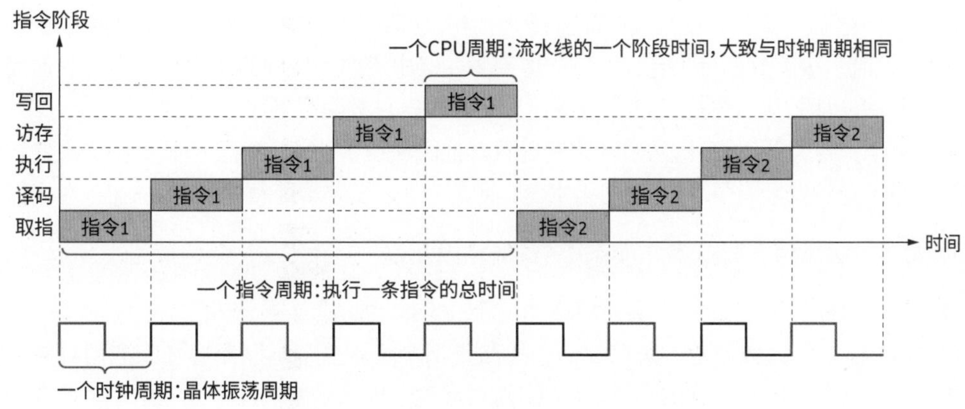

图 4.1　不带流水线的 CPU 指令周期

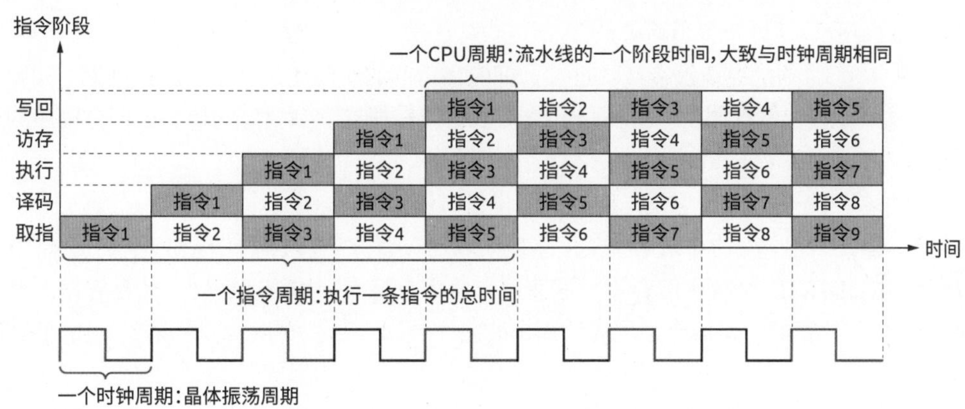

图 4.2　理想情况下的 CPU 流水线

电子科学家："所以说这就是物理世界的限制啊，你没有亲手制作电子器件，所以不会发现其中的问题。问题发生在内存访问阶段。CPU 发起一次内存访问，把数据从寄存器写入 DRAM 芯片，或者从 DRAM 芯片把数据读入寄存器，所需要的时间实际上远远超过一个时钟周期。一次内存访问大概需要 100ns 数量级的时间，是其他流水线阶段的一百倍（数量级意义上的）。这样一来，我们的流水线就偏离了理想情况，也没办法发挥流水线的性能优势了，如图 4.3 所示。"

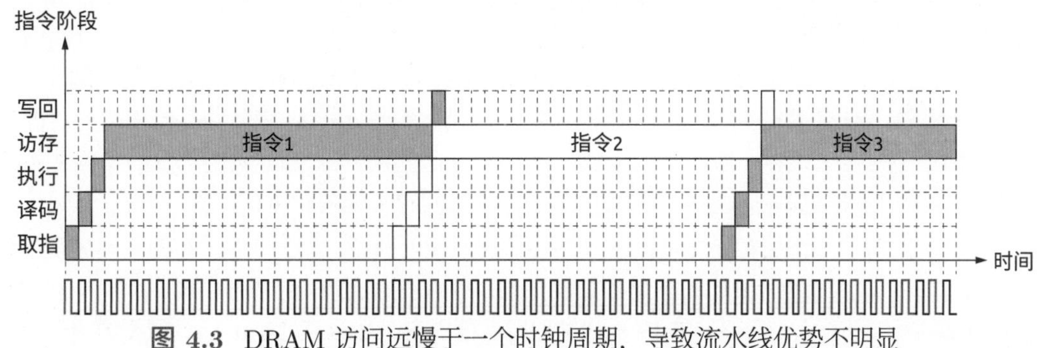

图 4.3　DRAM 访问远慢于一个时钟周期，导致流水线优势不明显

计算机科学家："啊！竟然是这样的。理想情况是图 4.2，这时流水线被 CPU 的工作排满，CPU 的五大流水线部分都有工作，没有一丝空闲。但如果内存访问的速度远远慢于其他流水线阶段速度的话，那其他阶段就必须等待内存访问，也就是被**阻塞**（Block）了。"

电子科学家点点头："没错，内存访问导致其他阶段产生空闲，这几乎是无法避免的。这也与集成电路工业的发展有关。自 1980 年以来，CPU 工艺发展的速度快于 DRAM，性能提升快于 DRAM，这会使得一次内存访问所需要的时钟周期数 $\frac{\text{内存访问时间}}{\text{时钟周期}}$ 越来越大。"

计算机科学家："这么一说，这确实是一个很大的问题。怎么解决呢?"

电子科学家："大致有两个思路。一个思路是指令乱序执行，编译器可以把相对独立的指令重排在一起，减少内存访问的干扰。CPU 在执行时，也尽量先执行独立的指令。但数据是有逻辑依赖关系的，某条指令可能需要等待前序的指令完成内存访问，这被称为**数据冒险**（Data Hazard）。数据依赖的风险是没办法通过乱序执行完全消除的。"

计算机科学家："另一个思路呢?"

电子科学家："增加**高速缓存**（Cache），把内存访问的时间减少到一个时钟周期，即减少到 0.5ns。这就需要提出**储存层次**（Memory Hierarchy）的概念，其背后的核心原理是程序的**局部性原理**（Principle of Locality）。"

计算机科学家："你的意思是，用不同的设备做储存器?"

电子科学家："没错！计算机系统采用多层次的储存器，不仅包括 DRAM 主存，还有 SRAM 高速缓存、HDD/SSD 持久化储存等。这些储存器各有特点，如访问速度、储存容量、器件造价、数据易失等。它们一起构成了现代计算机的储存层次，提供足够大、足够快、足够便宜的储存空间。"

计算机科学家："也就是说，虽然目前找不到访问速度在 1ns 左右、储存空间是 GB 级别，同时又足够便宜的储存介质，但把这些设备拼到一起，却可以足够快。"

电子科学家评论道："令人惊奇的是，在局部性原理的作用下，这样已经具有相当高的性能了。"

如图 4.4 所示，这是现代计算机经典的储存层次。位于金字塔高层的储存设备访问速度快，造价高昂，工艺复杂，储存容量小。位于金字塔低层的设备速度慢，造价便宜，工艺较为简单，储存容量大。

位于最顶层的是寄存器，这些寄存器是 CPU 用来直接储存数据的，读写速度极快，但数量稀少。RISC-V 架构中只有 32 个通用的整型寄存器，除此之外还有其他寄存器用在流水线中，如保存 ALU 运算的结果等。

接下来是经典的三级缓存结构，分别是 L1/L2/L3。这三级缓存都由 SRAM 芯片制作，我们不用理解 SRAM 芯片的细节，只需要知道它的访问速度比 DRAM 芯片快，但工艺复杂很多，造价也昂贵很多。L1 缓存一般分为两个部分，一部分缓存指令，一部分缓存数据，分别被称为 L1 I-Cache 和 L1 D-Cache。为了降低访问时间，三级缓存被集成到 CPU 芯片内部。

电子科学家："三级缓存是提高流水线内存访问性能的关键，因为 L1 缓存的访问速度接近一个时钟周期。其实不同 CPU 的构造也彼此不同，可以根据 CPU 的型号在说明手册中查找具体的 L1 缓存访问时间，但大致在 1~4 个时钟周期范围内。如果某 Load 指令需要访问一个地址上的字节数据，而数据恰好在 L1 缓存中（我们称之为**缓存命中**（Cache Hit）），那么内存访问消耗的时间也就是一个时钟周期左右。”

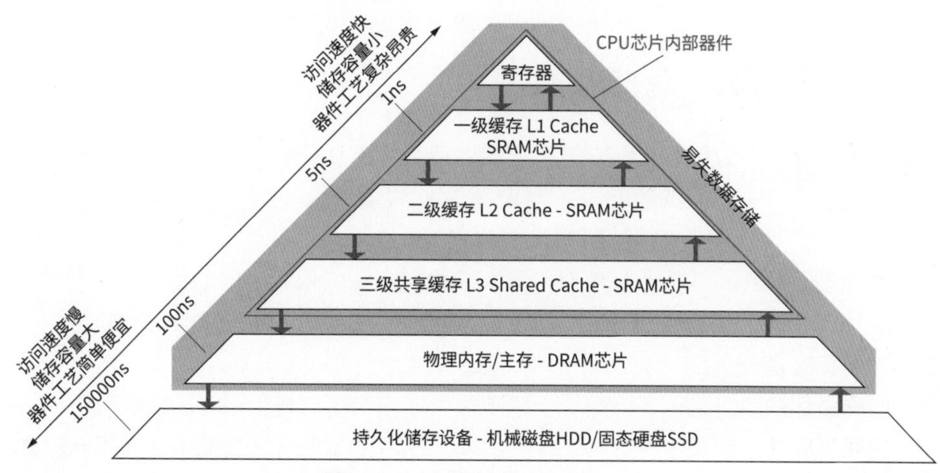

图 4.4　计算机储存层次

计算机科学家：“那如果数据不在 L1 缓存之中该怎么办？”

电子科学家：“这就是**缓存丢失**（Cache Miss）。三级缓存的结构就是当找不到数据时，就逐级向下查找。例如，L1 缓存中没有数据，就去查找 L2 缓存。L2 缓存里找到了，就把数据写进 L1 缓存，这样其他指令再来找这份数据时，就可以直接在 L1 缓存里找到了。L2 到 L3 也同样如此。如果 L3 也找不到数据，那么最不幸的情况就发生了，CPU 必须到物理内存里查找数据。这时就需要把数据地址通过总线传给物理内存控制器，并且等待物理内存找到数据，再通过总线传回到 CPU，这就需要消耗 100 个时钟周期。”

三级缓存的命中与丢失如图 4.5 所示。

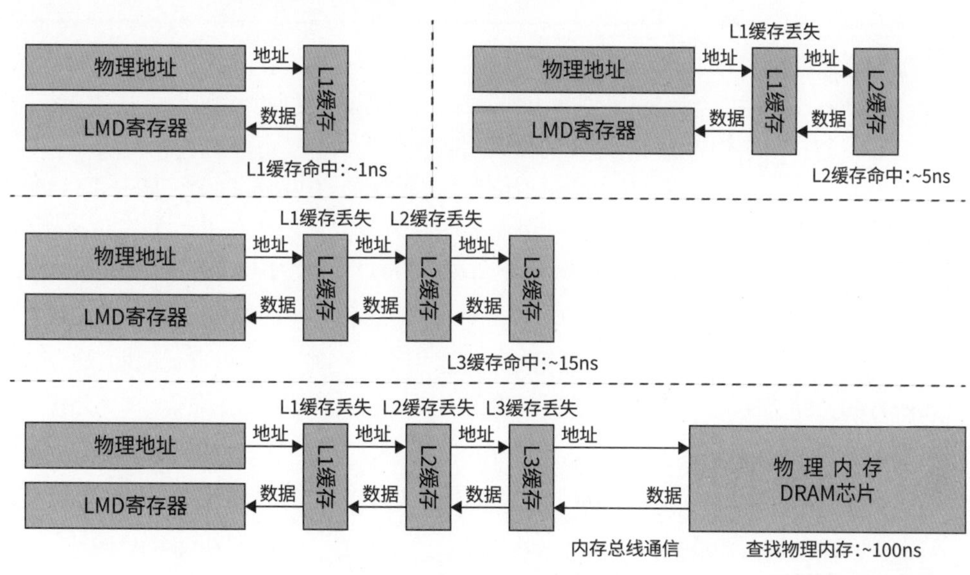

图 4.5　三级缓存的命中与丢失

L1 缓存通常有 64KB，缓存命中则访问时间为 1ns。L2 缓存有 256KB，缓存命中则访问时间为 5~10ns 左右。L3 缓存有 4~64MB，缓存命中则访问时间在 20ns 以内。

4.2 伟大的洞见：局部性原理

计算机科学家：“我还是难以置信。L1 缓存只有 64KB，整个三级缓存也不过 64MB 左右，却能够极大地提升内存访问的速度。”

电子科学家：“我理解你的困惑。进一步说说为什么多层次储存能够奏效。在这一切的背后，就是局部性原理。计算机在运行程序时，其实总倾向于只使用一小部分相邻的内存。”

局部性原理主要表现为两个方面，一个是**时间局部性**（Temporal Locality），另一个是**空间局部性**（Spatial Locality）：

（1）**时间局部性**：如果程序访问了一块内存，那么程序在将来很可能会继续使用这块内存；

（2）**空间局部性**：如果程序访问了一块内存，那么程序很可能会使用其周围的内存。

电子科学家：“这样吧，百闻不如一见。你可以运行一个程序，如果能记录下每一次内存访问的地址，不就能画出分布图，直观地看到局部性了。”

计算机科学家：“那就用 `ls` 好了，这是 Linux 中列举当前目录下所有内容的命令。`ls` 命令实际是执行的`/bin/ls` 程序，让我们利用 `valgrind` 工具来分析这个程序的局部性。为此，我们需要跟踪每一条指令，如果是内存访问指令（Load/Store），那么记录下内存有效地址。这样一来，就可以得到所有的内存访问了。”

```
>_                                                Linux Terminal

# 如果系统没有自带 valgrind，需要读者自己安装。在 Ubuntu 上，可以这样安装：
> sudo apt install valgrind
> valgrind --log-file=trace.txt --tool=lackey -v --trace-mem=yes ls
```

计算机科学家继续说：“`valgrind` 工具帮助我们检查内存访问，我们把结果从命令行终端输出到 `trace.txt` 文件中。我们一般把输出的文件叫作 Trace 文件，它追踪了程序运行时的内存访问。Trace 文件中的内存访问有这样的格式。”

```
I  04001fc5,4
 M 04229ea0,8
 L 0422aa58,8
 S 0422aa68,8
```

"I <paddr/hex>,<width>"，代表指令的 Load 指令，其中 <paddr/hex> 是它的虚拟地址，用十六进制表示，width 代表操作的数据宽度。例如，"I 00400577,4" 表示从虚拟地址 0x00400577 加载 4 字节的指令数据。注意'I' 后面有两个空格。

" L <paddr/hex>,<width>"，代表数据的 Load 指令。例如，" L 7ff000388,4" 表示从虚拟地址 0x7ff000388 加载 4 字节的数据。注意'L' 前面有一个空格，后面有一个空格。

" S <paddr/hex>,<width>"，代表数据的 Store 指令。例如，" S 7ff000388,4" 表示向虚拟地址 0x7ff000388 写入 4 字节的数据。注意'S' 前面有一个空格，后面有一个空格。

" M <paddr/hex>,<width>"，代表修改数据的指令。例如，" M 7ff000388,4" 表示虚拟地址 0x7ff000388 的 4 字节数据被修改。注意'M' 前面有一个空格，后面有一个空格。

计算机科学家：“这样一来，我们在 `trace.txt` 文件中就得到了程序运行时的每一次内存访问，记录它是第几条指令作为时间，以及内存有效地址（虚拟地址）作为空间。我们可以把 `trace.txt` 的结果画出来，在这里，我用的是 `Python` 的 `Matplotlib` 小工具，这是一个开源的可以用来绘制散点图的工具。因为内存地址太大了，因此对地址取 2 的对数：$\log_2$(`addr`)。结果如图 4.6 所示。”

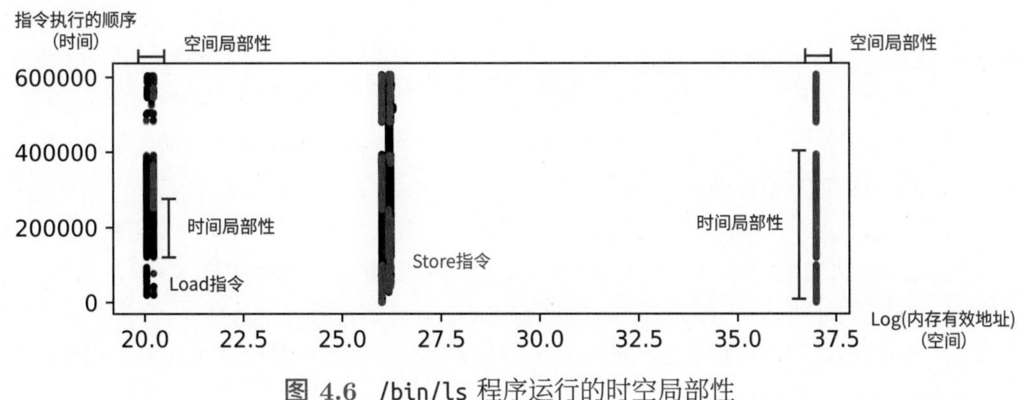

图 4.6　`/bin/ls` 程序运行的时空局部性

电子科学家：“图 4.6 向我们展示的是程序的时空局部性。图 4.6 中的 Y 轴是指令执行的次序，可以近似理解为时间，X 轴是虚拟地址取对数，可以近似理解为空间。”

计算机科学家：“在程序运行中，每一次内存访问，都会在图中的相应位置标记一个点。如果是一次 Load 指令，标记一个黑色的点；Store 指令标记一个红色的点。”

电子科学家：“可以看到，程序在运行时，不是均匀地访问 `0x00000000` 到 `0xffffffff` 虚拟地址空间的，而是集中地访问某些区域。我们从 X 轴进行投影，可以看到内存访问非常集中地分布在 $5 \sim 6$ 个区域，这些区域有些是栈的虚拟地址，有些是堆（`malloc()` 分配的动态内存）的虚拟地址，有些是系统库的虚拟地址，有些是内核程序的虚拟地址。这就是空间的局部性。”

计算机科学家：“等一等，我有一个想法。既然空间具有局部性，那在任何时刻，是不是只需要管理一部分虚拟内存或地址空间就足够了。在图 4.6 中大片空白的区域都是程序运行时所不需要的。”

电子科学家：“你很敏锐，但这不是本章的话题。在第 5 章中，会分析这个性质。”

电子科学家还是先讨论局部性：“对 Y 轴进行投影，可以看到程序展现出时间的局部性。不仅如此，时间局部性与空间局部性几乎是伴生的——程序通常会同时表现出两种局部性，在图 4.6 中就表现为一块深色区域。”

计算机科学家：“这样看来，这种局部性不是通过理论证明得到的，而是一种先验的观察。”

电子科学家：“没错。一方面，程序怎样运行、访问内存不完全由程序员决定，编译器和操作系统也起到很关键作用。因此，编译器的程序员在编写编译器程序时，就会刻意使得程序具有这种局部性。另一方面，即便编译器不刻意营造出局部性的效果，程序本身也具有局部性。如函数的调用栈，一个函数调用另一个函数时，它们的指令必定在时间上是相邻的，局部变量也必定在栈上相邻。”

电子科学家总结道：“程序的局部性是一个伟大的洞见，可以说是高性能计算最重要的基础，也是高速缓存、储存层次能够有效的根本原因。接下来，看看局部性原理是怎样应用到计算机系统当中的。"

4.3 组相联式映射

电子科学家："回顾 RISC-V 指令集，对每一个 Load/Store 指令，ALU 都会计算出**内存有效地址**。但这是一个虚拟地址，需要经过 MMU 转换为物理地址。在没有缓存时，我们根据物理地址查找物理内存，找到字节，加载到寄存器中。"

计算机科学家抢答："那有了缓存，就把物理地址映射为缓存中的一个字节的位置，根据这个位置，把字节加载或储存到缓存中。"

电子科学家点点头："缓存中的位置来自物理地址，但又不同于物理地址。高速缓存把一个大小为 n 比特的物理地址分为三个部分——Tag(t), Set Index(s), Block Offset(b)。其中，Tag 为物理地址的高地址部分，Block Offset 为低地址部分。按照比特大小，有 $n = t + s + b$。按照这种划分，物理地址与缓存位置之间的映射被称为组相联映射，这种缓存又被称为**组相联式缓存**（Set Associative Cache）。"

计算机科学家："还有其他形式的缓存吗?"

电子科学家："有的。除了组相联式缓存，还有**直接映射式缓存**（Direct-Mapped Cache），以及**全相联式缓存**（Fully Associative Cache）。在这里，只介绍 CPU 上最常见的缓存——组相联式缓存。组相联式缓存保存数据的顺序，如图 4.7 所示。"

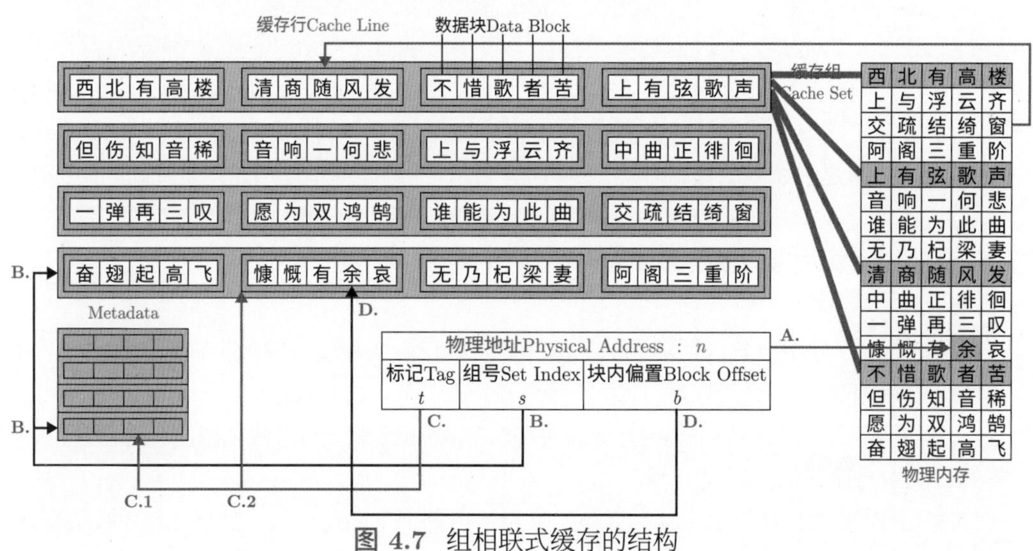

图 4.7 组相联式缓存的结构

他继续说："图 4.7 看起来复杂，但其实数据之间的映射关系是非常清晰的。我们来看看缓存里有哪些结构。"

高速缓存的基本单元是一个**缓存行**（Cache Line）。如图 4.7 所示，图中每一句诗代表一个缓存行中的数据，可以储存 2^b 字节。这样一来，提供 b 比特，就可以定位到缓存行中每一个字节的位置。

整个缓存和整个物理内存都可以看作由若干个缓存行组成，所要维护的位置关系就是缓存行的位置关系映射。物理内存是一个关于缓存行的数组，高速缓存则将缓存行分属于不同的**缓存组**（Cache Set）。

电子科学家："如图 4.7 所示，'西北有高楼'（物理内存第 0 行）、'上有弦歌声'（物理内存第 4 行）、'清商随风发'（物理内存第 8 行）、'不惜歌者苦'（物理内存第 12 行）分为一组。我们用物理地址的中间 s 个比特对组进行编号，从物理地址得到**组号**（Set Index），那么就有 2^s 个组，每相隔 2^s 行的缓存行都属于同一个分组。"

假定一个缓存组中最多储存 m 个缓存行，这样就可以算出整个缓存的大小了。2^s 个缓存组，每一组 m 行，每一行按照物理内存的顺序保存 2^b 字节，那么整个缓存的大小就是（字节）：

$$2^s \times m \times 2^b$$

计算机科学家困惑道："这个公式很容易理解。但是 m 是从哪里来的？物理地址中好像不存在这一个字段？"

电子科学家解释道："m 是高速缓存自己决定的，你可以理解为一个缓存规格的常数。直接映射式缓存其实就是 $m = 1$，每组只有一个缓存行；全相联式就是 $s = 0$，只有 $2^s = 2^0 = 1$ 个分组。"

他接着说明物理地址中的字段："在同一个分组的 m 个缓存行中，根据物理地址中的 t 位**标志**（Tag）区分不同的缓存行。Tag 保存在一个**元数据**（Metadata）器件中，我们把高速缓存主要分为两部分，一部分就是数据块，用 SRAM 芯片直接保存物理内存中的字节；另一部分就是 Metadata，用来维护缓存行的映射关系和其他必要信息。"

计算机科学家："明白了。这样一来，每一个物理地址都可以经过 Metadata 映射为数据块中的一个字节的位置，反之亦然。让我们动手来写代码，模拟查找字节的过程，以便更加清晰地理解这一映射过程。"

4.4　查找缓存行

4.4.1　解析物理地址

计算机科学家："在整个查找过程中，最基础的就是解析物理地址。按照之前所说的，一个物理地址划分为三个部分——Tag, Set Index, Block Offset。这部分的代码见代码 4.1。"

代码 4.1　/cache/LRUCounter/Address.h

```
#ifndef _ADDRESS_H
#define _ADDRESS_H
/// @brief解析物理地址中的字段。注意，tag/set/blk可能超过64，此时左移是未定义行为
/// @param paddr 物理地址
/// @param tag tag的位长
/// @param set set的位长
/// @param blk block的位长
#define MASK64(len) ((len<64) ? (((uint64_t)1<<len)-1) : (uint64_t)-1)
#define GETBLK(paddr,tag,set,blk) ( paddr             & MASK64(blk))
#define GETSET(paddr,tag,set,blk) ((paddr>>blk)       & MASK64(set))
#define GETTAG(paddr,tag,set,blk) ((paddr>>(set+blk)) & MASK64(tag))
#endif
```

计算机科学家说："这一段代码其实很简单，就是一些比特操作，从参数 paddr 中根据每个字段的长度提取 tag，setindex，blockoffset。"

电子科学家："没错。在 CPU 缓存中，这一部分逻辑是通过电路实现的。"

计算机科学家补充道："需要特别注意的是，虽然 paddr 的参数类型是 uint64_t，但其实它所用的并不是整个 64 位，因为从来没有这么大的物理内存。例如，32GB 的物理内存，物理地址长度至少是 35 位，我们用不满 64 位。在 Intel Core i7 处理器中，物理地址长度是 52 位，其中前 40 位是 Tag，中间 6 位是 Set Index，最后 6 位是 Block Offset，如图 4.8 所示。"

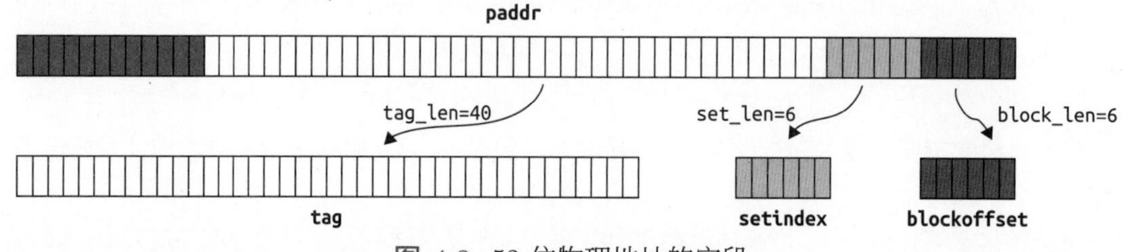

图 4.8　52 位物理地址的字段

电子科学家："三个宏函数就是按照字段的长度，通过位运算把 paddr 的各个字段提取出来，对吗?"

计算机科学家："没错。不过看着代码 4.1，我忽然想到了一个问题。"

电子科学家："讲讲看。"

计算机科学家："我们按照从高地址到低地址的顺序把物理地址分为三个字段——Tag、Set Index、Block Offset。那是不是可以按照 Set Index、Tag、Block Offset 的顺序，或者 Block Offset、Tag、Set Index 的顺序划分物理地址呢。"

电子科学家："有趣的问题。你想一想，内存访问是不是具有局部性?"

计算机科学家："从图 4.6 来看，至少虚拟地址访问是有局部性的，当然我也相信物理地址上也存在局部性。"

电子科学家顺着他的话说："假如你同时大量访问某一个区间中的物理地址，不同的划分下，Set Index、Tag 会怎么变化？会'突变'还是'渐变'？"

计算机科学家："啊，我懂了。原来如此，如果连续访问某个区间的物理地址，那么越是高位的比特越不会变，而位于低位的则会快速变化。如 0xabcd0001 和 0xabcd0002，这两个地址如果被局部地访问，它们的高地址部分都是 0xabcd，而低地址部分一个是 0x0001，另一个是 0x0002。"

电子科学家点点头："所以说，如果 Block Offset 不在最低位，就会破坏局部性。而如果 Set Index 在最高位，那么高速缓存就会集中地向同一个 Set 读写数据，这就使得缓存的数据分配不均衡。"

4.4.2　Cache 的结构体

明白了物理地址如何划分，计算机科学家开始着手设计整个 Cache 的数据结构。计算机科学家说："如图 4.7 所示，需要两个数组，一个用来存放 metadata，另一个是实际数据。见代码

4.2。”

代码 4.2　/cache/LRUCounter/Cache.h

```
#ifndef _CACHE_H
#define _CACHE_H
#include <stdint.h>
// 每一个Cache Line所处的状态
typedef enum
{
    INVALID = 0,
    CLEAN,
    DIRTY
} cacheline_status_t;
// 通过prev/next标记LRU的metadata
typedef struct METADATA_STRUCT
{
    cacheline_status_t status;
    struct METADATA_STRUCT *prev;
    struct METADATA_STRUCT *next;
    uint64_t tag;
    uint8_t *block;
} metadata_t;
// Cache的结构体
typedef struct CACHE_STRUCT
{
    int tag_len; // tag字段的bit长度
    int set_len; // set字段的bit长度
    int blk_len; // blk字段的bit长度
    // 每一个Set中CacheLine的数量
    int line_num;
    metadata_t *metadata;
    uint8_t *blocks;
} cache_t;
#endif
```

在代码 4.2 中，枚举类型 `cacheline_status_t` 被用来标记 Line 的状态。每一个 Line 都可能处于三种状态：`INVALID`、`CLEAN` 及 `DIRTY`。

结构体 `metadata_t` 用来储存每一个 Line 的 metadata 信息，这些信息包括缓存行的状态（`status`）；用来表示一个 Set 中先后访问顺序关系的两个指针，`prev` 与 `next`（它们被用来实现 LRU）；物理地址标记 Tag；以及一个直接指向数据块的 `block` 指针。

结构体 `cache_t` 储存了物理地址字段的长度，以及每一个 Set 中 Line 的数量 `line_num`。这些信息记录了整个 Cache 的“形状”。最重要的是 `metadata` 及 `blocks` 数组，它们储存了真正的数据信息。

计算机科学家：“由此，我们就得到了缓存的规格形制，便能够实际分配缓存模拟器的内存了。见代码 4.3。”

代码 4.3　/cache/LRUCounter/CacheCreate.c

```
#include <stdlib.h>
#include "Cache.h"
/// @brief 在堆中分配内存，用来模拟cache
/// @param tag_len TAG字段长度
/// @param set_len SET字段长度
/// @param blk_len BLOCK字段长度
/// @param line_num 每一Set中缓存行的数量
/// @return cache结构体指针
cache_t *lru_cache_create(int tag_len, int set_len, int blk_len, int line_num)
{
```

```
    cache_t *cache = calloc(1, sizeof(cache_t));
    cache->tag_len = tag_len;
    cache->set_len = set_len;
    cache->blk_len = blk_len;
    cache->line_num = line_num;
    // 分配metadata与blocks数组的内存
    int total_num = (1 << set_len) * line_num;
    cache->metadata = calloc(total_num, sizeof(metadata_t));
    cache->blocks = calloc(total_num * (1 << blk_len), sizeof(uint8_t));
    // 初始化每一个cache line的metadata
    metadata_t *self = NULL;
    for (int i = 0; i < total_num; ++ i)
    {
        cache->metadata[i].status = INVALID;
        cache->metadata[i].block = &cache->blocks[i * (1 << blk_len)];
        self = &(cache->metadata[i]);
        // 结点指向自己，则尚未插入链表
        cache->metadata[i].prev = self;
        cache->metadata[i].next = self;
    }
    return cache;
}
```

代码 4.3 展示的是相应构造结构体 cache_t 的代码，并且会对 cache 进行初始化。以 cache_t *cache = lru_cache_create(5, 2, 4, 3); 为例，这将创建一个 Cache，如图 4.9 所示。

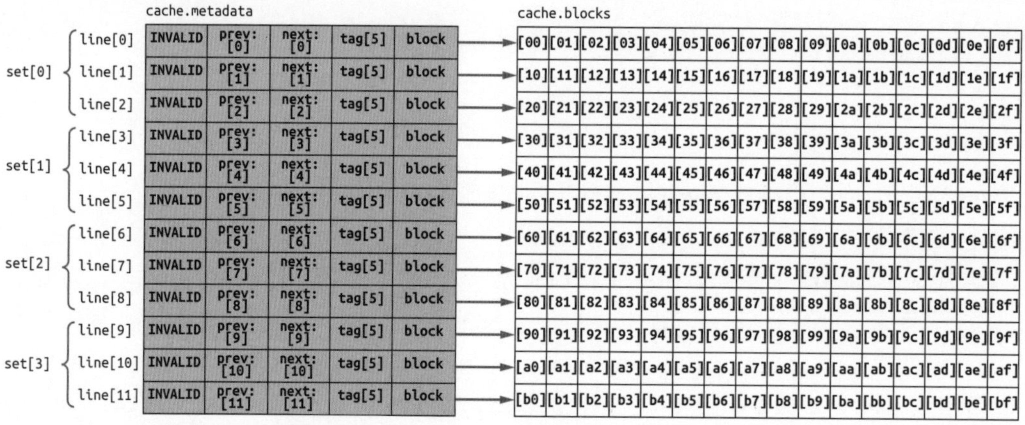

图 4.9 lru_cache_create(5, 2, 4, 3)

4.4.3 查找缓存行

计算机科学家："有了图 4.9，我们可以直观地了解自己在写怎样的代码。如果我们想要按照某个物理地址 paddr 查找对应的 Line，可以根据图 4.9 写出代码 4.4。"

代码 4.4 /cache/LRUCounter/CacheLookup.c

```
#include <assert.h>
#include <stdio.h>
#include <stdlib.h>
#include <stdint.h>
#include <string.h>
#include "Address.h"
#include "Cache.h"
/// @brief 查找paddr对应的cache line metadata
```

```
/// @param c 指向cache结构体的指针
/// @param paddr 物理地址，ALU计算有效地址（虚拟地址）经过MMU转换
/// @param target 期望cache hit的cache line
/// @param invalid 期望cache miss时，可用的cache line
/// @param first LRU链表的第一个节点
/// @param last LRU链表的最后一个节点
void cache_lookup(cache_t *c, uint64_t paddr, metadata_t **target,
    metadata_t **invalid, metadata_t **first, metadata_t **last)
{
    // 解析物理地址
    uint64_t tag = GETTAG(paddr, c->tag_len, c->set_len, c->blk_len);
    uint64_t set_index = GETSET(paddr, c->tag_len, c->set_len, c->blk_len);
    // 找到对应的cache set，根据set_index计算metadata偏置
    metadata_t *set = &(c->metadata[set_index * c->line_num]);
    *target = NULL, *invalid = NULL, *first = NULL, *last = NULL;
    // 从第一个line开始，扫描cache set中所有的line
    // 取每一个cache line的tag与paddr的tag匹配
    for (int i = 0; i < c->line_num; ++ i)
    {
        metadata_t *metadata = &set[i];
        if (metadata->tag == tag && metadata->status != INVALID)
            // 匹配，cache line命中
            *target = metadata;
        if (metadata->status == INVALID)
            // 是当cache miss时备选的cache line
            *invalid = metadata;
        // 第一次lookup时，prev/next指向自己（非空），first/last为NULL
        // 表示链表尚未被初始化，尚未建立
        if (metadata->prev == NULL) *first = metadata;
        if (metadata->next == NULL) *last = metadata;
    }
}
```

查找的过程非常简单：首先利用宏函数解析物理地址 `paddr`，得到 `set_index`。然后根据 `set_index` 找到相应的 Set。因为每一个 Set 有 `line_num` 个 Line，因此 `set_index` 对应的第一个 Line 的位置就是 `set_index * line_num`。

计算机科学家："这样一来，我们就找到了 Set 中的第一个 Cache Line。"

电子科学家："还没完呢，你还得找到具体是哪一个 Cache Line。"

计算机科学家："枚举 Set 中的 `line_num` 个 Line 就行了。对于每一个 Line，比较其 metadata 中的 `tag` 与物理地址 `paddr` 中的 `tag`，如果两相匹配，则说明找到了对应的 Cache Line，把它的 metadata 地址保存到 `target` 指针所指向的内存。"

电子科学家提醒道："需要特别注意的是，`cache_lookup()` 函数不仅仅查找与 `paddr.tag` 匹配的缓存行。首先，Cache 里可能找不到这样的 Line。其次，即便找到了 `target`，它的状态也不一定是可用的。为了 Load/Store，我们需要额外准备一些 Cache Line，也就是这里的 `invalid`，`first`，`last` 指针所指向的 Cache Line。"

计算机科学家："没错，你跟我说要找当前 Set 中的非"脏块"的缓存行，也就是状态处于 `INVALID` 或 `CLEAN` 的缓存行。"

电子科学家："确实是这么和你说的，不过具体含义等会儿再说。此外，`first` 与 `last` 指向的是 LRU 链表的头节点与尾结点，这个链表按照 LRU 的顺序排序，具体含义我们暂时不解释。"

4.5 缓存行的状态

电子科学家："现在，先来说说缓存行的三种状态吧。"

（1）INVALID。当前缓存行中无有效数据，可以直接向当前行写入数据，并且将状态设置为 CLEAN。

（2）CLEAN。当前缓存行中存在有效数据，且缓存中的数据与物理内存中的数据相同。因此，如果把缓存行中的数据直接清除，依然可以通过物理内存找到数据。

（3）DIRTY。当前缓存行中存在有效数据，但缓存与物理内存的数据不同，且缓存中的数据更加新鲜。因此，如果要清除缓存行中的数据，就必须先把其中新鲜的数据保存到物理内存，才不会导致数据丢失。

计算机科学家："这就是在代码 4.2 中定义的缓存行三种状态——INVALID、CLEAN、DIRTY。这三个状态涉及缓存与物理内存之间的数据同步。"

4.5.1 写回与写分配策略

电子科学家："我们首先考虑一个例子，物理内存上存放数据 int x = 365。程序要进行赋值操作，int y = x; 那么 CPU 就需要从 x 的地址中读取数据，这是通过 Load 指令完成的。当 CPU 执行 Load 指令时，CPU 去查找缓存。"

计算机科学家接着说："如果缓存中有 x 的物理地址，那么 CPU 就直接得到了 x 的值，而不必查找物理内存。"

电子科学家点头认同："如果 x 的值一直是 365 还好，可一旦它被修改，如 x = 366，我们就遇到问题了。这时，x 在缓存与物理内存上只有三种可能。"

（1）缓存 x = 366，物理内存 x = 366：缓存与物理内存数据相同，没有任何问题。

（2）缓存 x = 366，物理内存 x = 365：下一次 CPU 读取 x 会先读缓存，依然得到 x = 366，是最新的数据。

（3）缓存 x = 365，物理内存 x = 366：下一次 CPU 读取 x 会先读缓存，得到 x = 365，是过期的数据。

电子科学家："最理想的是第一种情况，我们始终保持物理内存与缓存数据相同，不会有任何风险。但这样做的话，对于每一个 Store 指令，我们都要更新一次物理内存。这种行为被称为**直写**（Write Through），因为当 CPU 执行 Store 指令时，就好像没有缓存一样，穿过缓存，直接写入物理内存。如果程序只有 Load 指令还好，可一旦有大量 Store 指令，性能就会急剧下降。"

计算机科学家："但是第三种情况直接提供了错误的数据，这肯定不行吧。"

电子科学家："没错，所以第二种情况是我们唯一的选择。"

电子科学家进一步解释道："我们要把最新的数据（x = 366）放在缓存里，把缓存行标记为 DIRTY（脏块），等一个合适的时机将它写入物理内存。这种行为被称为**写回**（Write Back），写回的时机由各种策略决定。与 Write Back 配套的是**写分配**（Write Allocate）的策略，为数据分配一个缓存行，用来处理**写丢失**（Write Miss）的情况。"

4.5.2 缓存行的状态转移

计算机科学家："有趣，所以所有策略都被浓缩在 INVALID、CLEAN、DIRTY 三种状态中。这就像是一个状态机，如果你能用状态机表示这几个问题就好了——读命中、读丢失、写命中、写丢失、写回、写分配。"

电子科学家："很简单，我一下子就画好了。如图 4.10 所示，我们按照状态转移线的序号来讨论。"

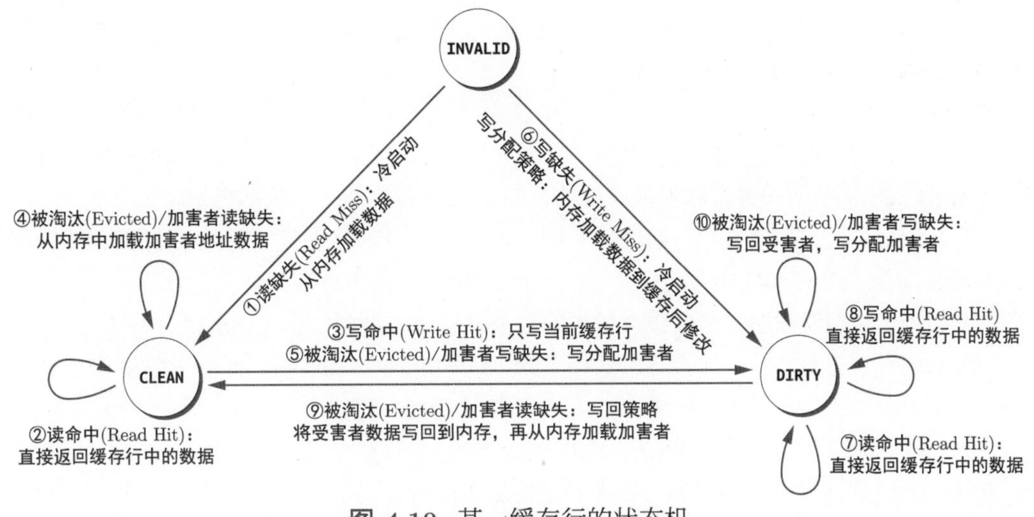

图 4.10　某一缓存行的状态机

（1）INVALID 状态**读缺失**。在计算机系统刚通上电时，缓存还没有起到任何作用，此时整个缓存没有数据，每一个缓存行都处于 INVALID 状态，正如图 4.10 所展示的那样。此时，如果 CPU 执行 Load 指令，必然发生**读缺失**。因此，CPU 需要读取物理内存数据，再将数据加载到对应的缓存行里。物理地址所在的 Set 分配一个 INVALID 缓存行，将内存中的数据写入对应的 Block，将该行标记为 CLEAN。

（2）CLEAN 状态**读命中**。如果 Load 指令的物理地址就在 Set 中，直接读取缓存行中的数据，不必修改任何状态。

（3）CLEAN 状态**写命中**。在 CLEAN 状态下，缓存与物理内存数据相同。此时 CPU 执行 Store 指令，会导致数据被修改。但我们执行"写回策略"而非"直写策略"，因此只会更新缓存行的数据，并且设置状态为 DIRTY，但并不将新数据写入内存。

（4）CLEAN 状态"加害者"**读缺失**。随着缓存中数据增多，Set 中的缓存行最终都会被占用。一种可能的情况是整个 Set 全是状态为 CLEAN 的缓存行。此时，CPU 执行 Load 指令，请求的物理地址并不在 Set 中，发生读缺失。

电子科学家："这种情况下，必须牺牲 Set 中的一个缓存行，将它作为**受害者**（Victim）进行**淘汰**（Evict）。受害者是根据各种淘汰策略选出的，例如后面提到的 LRU 策略，也可以随机选择。如果有 CLEAN 状态的缓存行，那么优先选择为受害者，以避免发生写回。"

计算机科学家："是不是因为 CLEAN 的缓存行数据在下一级有备份？"

电子科学家："是的。对于 CLEAN 状态的受害者缓存行，由于缓存数据与物理内存中的数据是相同的，因此直接覆盖受害者即可，将受害者 Metadata 的 Tag 设置为“加害者”物理地址中的 Tag，将“加害者”的数据从内存中加载到受害者的 Block，状态依然保持为 `CLEAN`。”

（5）`CLEAN` 状态“加害者”**写缺失**。整个 Set 全是状态为 `CLEAN` 的缓存行时，CPU 执行 Store 指令。被选出来淘汰的受害者必定也是 `CLEAN` 状态，因此不需要向内存写回。但是“加害者”要进行写操作，此时缓存执行**写分配策略**。写分配策略为加害者的数据分配一个缓存行，也就是受害者，从内存中加载数据。然后再将 Store 指令的结果写入受害者缓存行，并且将状态设置为 `DIRTY`。

计算机科学家：“既然是写操作，为什么还要先将数据从内存加载到缓存行？直接将数据写入缓存不是可以节省一次内存操作吗?”

电子科学家：“你糊涂啦？比如，一条 Store 指令可能只修改 4 字节，但整个缓存行可能有 128 字节。你不先分配缓存行和加载数据，那 128−4=124 字节是受害者的，只有 4 字节是加害者的。要把 128 字节的受害者数据换成 128 字节的加害者数据，当然就得先加载一次。”

（6）`INVALID` 状态**写缺失**。冷启动时 CPU 执行 Store 指令，则必然发生**写缺失**。此时写分配策略需要分配一个 `INVALID` 缓存行，用于加载数据，然后进行写操作。

（7）`DIRTY` 状态**读命中**。当前缓存行中的数据就是最新数据，直接读取缓存行即可。

（8）`DIRTY` 状态**写命中**。如果 Store 指令的物理地址就在 Set 中，而且已经处于 `DIRTY` 状态，那么直接将新数据写入缓存行即可，依然保持 `DIRTY` 状态。

（9）`DIRTY` 状态“加害者”**读缺失**。Set 的另一种可能是整个 Set 全是状态为 `DIRTY` 的缓存行。这样一来，淘汰策略选出来的受害者必定也是 `DIRTY` 状态，因此必须执行写回。写回以后，将加害者的缓存行数据从内存中加载到缓存。由于是读取加害者数据，因此转换为 `CLEAN` 状态。

（10）`DIRTY` 状态“加害者”**写缺失**。依然是整个 Set 全是 `DIRTY` 行的情况，此时发生读缺失，需要进行受害者写回，再加载加害者数据，然后修改 Store 指令希望修改的数据。即便受害者被淘汰，加害者依然保持为 `DIRTY` 状态。

代码 4.5 `/cache/LRUCounter/Counter.h`

```
#ifndef _CACHECOUNTER_H
#define _CACHECOUNTER_H

enum {
    ReadMissWhenInvalid = 0,
    ReadHitWhenClean,
    WriteHitWhenClean,
    ReadMissEvictWhenClean,
    WriteMissEvictWhenClean,
    WriteMissWhenInvalid,
    ReadHitWhenDirty,
    WriteHitWhenDirty,
    ReadMissEvictWhenDirty,
    WriteMissEvictWhenDirty,
    LoadFromMemory,
    StoreToMemory,
    NUMOFCOUNTERS
};

// counter数组
typedef int counter_t[NUMOFCOUNTERS];
#endif
```

这里一共有 10 种情况，电子科学家建议用 `int` 数组维护一个计数器，见代码 4.5，累加整个缓存中所有缓存行的状态转移情况。此外，额外计数缓存与物理内存之间的通信：缓存向物理内存写数据的次数，以及缓存从物理内存读取数据的次数。

4.6　淘汰策略：LRU

计算机科学家："仔细看图 4.10 中的状态转移④、⑤、⑨、⑩，它们都需要淘汰一个受害者，④、⑤情况下受害者为 CLEAN 状态，⑨、⑩情况下受害者为 DIRTY 状态，因此需要写回。"

电子科学家："是啊，无论哪一种情况，我们都需要通过恰当的策略去选择受害者。"

计算机科学家："这就是我的问题了，要怎么选受害者呢？"

电子科学家："一个常见的策略就是选择**最近最少使用**（Least Recently Used, LRU）的缓存行作为受害者。实际上，CPU 通常会采用**伪** LRU（Pseudo LRU）的算法选择受害者，从而提高性能。但为简单起见，我只介绍 LRU 的算法，也因为它非常常见。除了 LRU，还可以随机选一个倒霉的受害者，但这太简单所以就不介绍了。"

计算机科学家："麻烦详细说说什么是 LRU 策略。"

电子科学家点头答应："我们一般把 LRU 当作一个双向链表来看待，链表的第一个结点就是最近使用的元素，最后一个结点就是最近最少使用的元素。在代码 4.2 的 metadata_t 中，我们通过 prev 与 next 两个指针实现这个链表。例如，假定一个 Set 中有 4 个缓存行，如图 4.11 所示。"

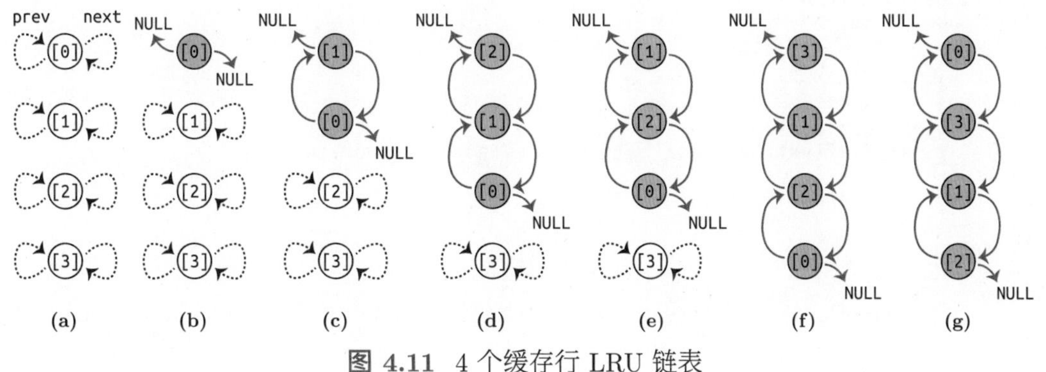

图 4.11　4 个缓存行 LRU 链表

假定一个 Set 里有 4 个缓存行，[0],[1],[2],[3]。当整个缓存初始化时，它们的状态如图 4.11（a）所示，每一个缓存行的 prev 与 next 指针都指向自身。

图 4.11（b）是第一次内存访问的结果。cache_lookup() 函数查找到 target 为 [0]，而 LRU 链表的头尾指针 first 与 next 皆为 NULL。此时，把缓存行 [0] 插入链表中，整个链表只有它一个结点，它的 prev 与 next 指针均为 NULL。

图 4.11（c）是第二次内存访问的结果。cache_lookup() 函数为新的物理地址查找到缓存行 [1]，此时 LRU 链表的头尾指针都为 [0]。将新的缓存行当作**头结点**插入链表中，整个 LRU 链表便按照最近最少使用的顺序排序了。

图 4.11（d）的情况类似，是第三次内存访问的结果，它把新分配的缓存行 [2] 作为头结点插入链表。

图 4.11（e）访问的物理地址是缓存行 [1] 所对应的物理地址。按照 LRU 的原则，此时最近使用的结点就变成了缓存行 [1]，而不再是 [2]。因此，把 [1] 结点升级为 LRU 链表的头结点。

计算机科学家：“这里只需要简单地进行一些链表操作，把 [2] 的 next 指针指向 [0]，把 [0] 的 prev 指针指向 [2]。然后更新 [1] 为头结点，prev 指针为 NULL，next 指针指向旧的头结点 [2]，再更新旧的头结点 [2] 的 prev 指针为 [1]。”

图 4.11(f) 访问了一个新的物理地址，则为它分配一个新的缓存行 [3]，并且作为头结点插入链表。

电子科学家：“此时整个 Set 的每一个缓存行都已经被使用，如果 CPU 访问了第五个物理地址，那么我们必须选择一个缓存行作为受害者。”

根据最近最少使用的原则，要牺牲的受害者是 LRU 结点，也就是尾结点 [0]。如果缓存行 [0] 处于 DIRTY 状态，就要进行写回操作；如果是 CLEAN 状态，则不需要。无论哪一种状态，都要进行写分配操作，将第五个物理地址对应的物理内存缓存行数据加载到 [0]。

电子科学家：“最后，最重要的是把 [0] 从 LRU 链表中移除，再作为头节点插入链表，因为现在最新被使用的缓存行是 [0] 了。这就是图 4.11(g) 的情况。”

计算机科学家：“你这么说我就懂了，让我写代码看看，见代码 4.6。”

代码 4.6 /cache/LRUCounter/LRUList.c

```c
#include <assert.h>
#include <stdlib.h>
#include "Cache.h"
/// @brief 对于头结点为first的LRU链表
///     将updated设置为头结点
/// @param first 头结点
/// @param updated 新的头结点
void lru_insertfirst(metadata_t *first, metadata_t *updated)
{
    assert(updated != NULL);
    if (first == NULL)
    {
        // 整个链表为空，updated单独形成链表
        updated->prev = NULL;
        updated->next = NULL;
    }
    else if (updated->prev == updated)
    {
        // 链表非空非满，新加入updated
        updated->prev = NULL;
        updated->next = first;
        first->prev = updated;
    }
    else if (updated->prev != NULL)
    {
        // 链表已满，updated在链表中
        if (updated->next != NULL)
            updated->next->prev = updated->prev;
        updated->prev->next = updated->next;
        updated->prev = NULL;
        updated->next = first;
        first->prev = updated;
    }
}
```

4.7　缓存中的 Load/Store

计算机科学家:"到此为止，我就可以完成缓存中的 Load/Store 函数了。见代码 4.7，对于 Load 操作，我们首先根据物理地址找到缓存对应的 `target`、`invalid`、`first`、`last` 四个指针。接下来分情况讨论。"

如果存在 `target`，那么说明 Load 命中，进行状态转移，最后调整 `target` 缓存行为 LRU 链表的头结点。

如果不存在 `target`，则发生了缓存失效，有两种可能，一种可能是由冷启动导致的。这时，`invalid` 指针非空，由 `invalid` 分配一个新的缓存行即可。

计算机科学家:"另一种情况就是 Set 被填满的情况。这时需要我们按照 LRU 的策略选出受害人，将其淘汰。"

代码 4.7　/cache/LRUCounter/CacheLoad.c

```c
#include <stdio.h>
#include <stdlib.h>
#include <stdint.h>
#include <string.h>
#include "Address.h"
#include "Cache.h"
#include "Counter.h"
extern void mem_readline(uint64_t paddr, uint8_t *block, counter_t *counter);
extern void mem_writeline(uint64_t paddr, uint8_t *block, counter_t *counter);
extern void lru_insertfirst(metadata_t *first, metadata_t *updated);
extern void cache_lookup(cache_t *c, uint64_t paddr, metadata_t **target,
    metadata_t **invalid, metadata_t **first, metadata_t **last);
/// @brief Load指令对应的LRU Cache操作
/// @param cache LRU cache
/// @param counter 状态转移计数器
/// @param paddr 物理地址
/// @param buffer 读取缓存数据的目标地址
/// @param width 待读取数据的大小
void lru_cache_load(cache_t *cache, counter_t *counter,
    uint64_t paddr, uint8_t *buffer, int width)
{
    // 整个cache line的物理地址：第一个字节的物理地址
    int blk_len = cache->blk_len;
    int blk_offset = GETBLK(paddr, cache->tag_len, cache->set_len, blk_len);
    uint64_t _paddr = (paddr >> blk_len) << blk_len;
    // 在cache中搜索paddr
    metadata_t *target, *invalid, *first, *last, *updated;
    cache_lookup(cache, paddr, &target, &invalid, &first, &last);
    if (target != NULL)
    {
        if (target->status == CLEAN)      (*counter)[ReadHitWhenClean] += 1;
        else if (target->status == DIRTY) (*counter)[ReadHitWhenDirty] += 1;
        updated = target;
    }
    else
    {
        if (invalid != NULL) // 新分配一个缓存行
        {
            (*counter)[ReadMissWhenInvalid] += 1;
            updated = invalid;
        }
        else // 淘汰LRU缓存行
        {
            updated = last;
```

```
            if (last->status == DIRTY) // 写回
            {
                (*counter)[ReadMissEvictWhenDirty] += 1;
                mem_writeline(_paddr, updated->block, counter);
            }
            else (*counter)[ReadMissEvictWhenClean] += 1;
        }
        // 写分配
        mem_readline(_paddr, updated->block, counter);
        updated->status = CLEAN;
    }
    updated->tag = GETTAG(paddr, cache->tag_len, cache->set_len, blk_len);
    // 特别注意! 内存访问没有对齐时，一条Load/Store指令可能涉及多个Cache Line
    // 本函数只维护当前Cache Line的状态变换以及数据读写
    for (int i = 0; i < width && blk_offset + i < (1 << blk_len); ++ i)
        buffer[i] = updated->block[blk_offset + i];
    // 更新LRU链表
    lru_insertfirst(first, updated);
}
```

电子科学家：“我看你的代码 4.7，应该是假定每一次内存访问的数据大小都恰好在一个缓存行之内吧。”

计算机科学家：“被你发现了。假如每一个缓存行的 Block 大小是 4 字节，但我们要 Load 一个宽度为 8 字节的数据，那么仅靠一个缓存行是不够的。因此在这个程序里，我假定所有地址都是对齐的。这是为了简化问题，但实际情况并非如此。”

电子科学家：“你不妨假定有一个非常聪明的编译器，这个编译器可以得到缓存的型制，按照缓存行的数据大小编译指令。可是这样一来，程序就完全没有可移植性了，如果把程序放在另外一台不同型号缓存的计算机上运行，那么编译器做出的工作就白费了。”

计算机科学家：“确实，这就是代码 4.7 的局限所在。”

计算机科学家继续介绍 Store 的过程：“Store 的过程基本与 Load 相同，只是计数器和读写方向有所改变。”

代码 4.8 /cache/LRUCounter/CacheStore.c

```
#include <stdio.h>
#include <stdlib.h>
#include <stdint.h>
#include <string.h>
#include "Address.h"
#include "Cache.h"
#include "Counter.h"
extern void mem_readline(uint64_t paddr, uint8_t *block, counter_t *counter);
extern void mem_writeline(uint64_t paddr, uint8_t *block, counter_t *counter);
extern void lru_insertfirst(metadata_t *first, metadata_t *updated);
extern int cache_lookup(cache_t *c, uint64_t paddr, metadata_t **target,
    metadata_t **invalid, metadata_t **first, metadata_t **last);
/// @brief Store指令对应的LRU Cache操作
/// @param cache LRU cache
/// @param counter 状态转移计数器
/// @param paddr 物理地址
/// @param data 待写入缓存的数据地址
/// @param width 待写入缓存的数据大小
/// @return cache line block字节数据地址
void lru_cache_store(cache_t *cache, counter_t *counter,
    uint64_t paddr, uint8_t *data, int width)
{
    // 整个cache line的物理地址：第一个字节的物理地址
```

```
    int blk_len = cache->blk_len;
    int blk_offset = GETBLK(paddr, cache->tag_len, cache->set_len, blk_len);
    uint64_t _paddr = (paddr >> blk_len) << blk_len;
    // 在cache中搜索paddr
    metadata_t *target, *invalid, *first, *last, *updated;
    cache_lookup(cache, paddr, &target, &invalid, &first, &last);
    if (target != NULL)
    {
        if (target->status == CLEAN)      (*counter)[WriteHitWhenClean] += 1;
        else if (target->status == DIRTY) (*counter)[WriteHitWhenDirty] += 1;
        updated = target;
    }
    else
    {
        if (invalid != NULL) // 新分配一个缓存行
        {
            (*counter)[WriteMissWhenInvalid] += 1;
            updated = invalid;
        }
        else // 淘汰LRU缓存行
        {
            updated = last;
            if (last->status == DIRTY) // 写回
            {
                (*counter)[WriteMissEvictWhenDirty] += 1;
                mem_writeline(_paddr, updated->block, counter);
            }
            else (*counter)[WriteMissEvictWhenClean] += 1;
        }
        // 写分配
        mem_readline(_paddr, updated->block, counter);
    }
    // 写数据
    updated->status = DIRTY;
    updated->tag = GETTAG(paddr, cache->tag_len, cache->set_len, blk_len);
    // 特别注意！内存访问没有对齐时，一条Load/Store指令可能涉及多个Cache Line
    // 本函数只维护当前Cache Line的状态变换以及数据读写
    for (int i = 0; i < width && blk_offset + i < (1 << blk_len); ++ i)
        updated->block[blk_offset + i] = data[i];
    // 更新LRU链表
    lru_insertfirst(first, updated);
}
```

计算机科学家："由 cache_lookup() 函数的结果标识缓存行当前处于哪一个状态，又怎样进行状态转移。我们对状态转移进行计数。其中，写回与写分配实际上应该传输数据，但我们只用作计数器，见代码 4.9。"

代码 4.9　/cache/LRUCounter/Memory.c

```
#include <stdint.h>
#include "Counter.h"
/// @brief 从物理内存读取一个缓存行的数据，并更新计数器。用于*写分配*
/// @param paddr 缓存行数据的起始物理地址
/// @param block 缓存行数据
/// @param counter 计数器
void mem_readline(uint64_t paddr, uint8_t *block, counter_t *counter)
{ (*counter)[LoadFromMemory] += 1; }
/// @brief 向物理内存写入一个缓存行的数据，并更新计数器。用于*写回*
/// @param paddr 缓存行数据的起始物理地址
/// @param block 缓存行数据
/// @param counter 计数器
void mem_writeline(uint64_t paddr, uint8_t *block, counter_t *counter)
{ (*counter)[StoreToMemory] += 1; }
```

4.8 计数器分析

计算机科学家："这样一来，完成 lru_cache_store() 及 lru_cache_load() 两个函数，就可以追踪一个程序执行时所用的所有缓存行，并对状态转移的情况进行计数。这样计数可以帮助我们分析程序利用缓存的情况。我们希望一个程序应当尽可能利用缓存，减少对内存的读写操作，也就是减少写回与写分配。"

代码 4.10 /cache/LRUCounter/LRUCache.c

```
#include <stdio.h>
#include <stdlib.h>
#include <stdint.h>
#include <string.h>
#include "Cache.h"
#include "Counter.h"
extern cache_t *lru_cache_create(int tag_len, int set_len,
    int block_len, int line_num);
extern void lru_cache_store(cache_t *cache, counter_t *counter,
    uint64_t paddr, uint8_t *data, int width);
extern void lru_cache_load(cache_t *cache, counter_t *counter,
    uint64_t paddr, uint8_t *buffer, int width);
/// @brief 向counter文件写入一条记录
/// @param fp 文件指针
/// @param counter 计数器指针
static void append_counter(FILE *fp, counter_t *counter)
{
    char buf[1024];
    int j = 0;
    for (int i = 0; i < NUMOFCOUNTERS; ++ i)
        j += sprintf(&buf[j], "%d,", (*counter)[i]);
    buf[j] = '\0';
    fprintf(fp, "%s\n", buf);
}
// 程序入口
int main(int argc, const char* argv[])
{
    int addr_len = atoi(argv[1]);
    int set_len  = atoi(argv[2]);
    int blk_len = atoi(argv[3]);
    cache_t *cache = lru_cache_create(
            addr_len-set_len-blk_len, set_len, blk_len, atoi(argv[4]));
    counter_t counter;
    memset(&counter, 0, sizeof(counter_t));
    FILE *infp = fopen(argv[5], "r");
    FILE *outfp = fopen(argv[6], "w");
    char buf[1024];
    long long paddr, width;
    char *next;
    uint8_t rs2[128];
    uint8_t rd[128];
    fprintf(outfp, "RMI,RHC,WHC,RMC,WMC,WMI,RHD,WHD,RMD,WMD,LM,SM\n");
    uint64_t x = 0;
    while (fgets(buf, 1024, infp) != NULL)
    {
        x += 1;
        if (buf[0] != '\0' && (buf[1] == 'L' || buf[1] == 'S' || buf[1] == 'M'))
        {
            // Trace格式: [I | M| L| S] paddr(hex),width(dec)
            paddr = strtoll(&buf[3],&next,16);
            width = strtoll(&next[1], &next, 10);
            // 特别注意！这里假定内存访问都已地址对齐
            if (buf[1] == 'L' || buf[1] == 'M')
                lru_cache_load(cache, &counter,
```

```
                (uint64_t)paddr, rd, (int)width);
        if (buf[1] == 'S' || buf[1] == 'M')
            lru_cache_store(cache, &counter,
                (uint64_t)paddr, rs2, (int)width);
        // 追加内存访问的counter
        append_counter(outfp, &counter);
    }
}
fclose(infp);
fclose(outfp);
printf("Hit:%d,Miss:%d,Evict:%d,MemRead:%d,MemWrite:%d\n",
    counter[1]+counter[2]+counter[6]+counter[7],
    counter[0]+counter[3]+counter[4]+counter[5]+counter[8]+counter[9],
    counter[3]+counter[4]+counter[8]+counter[9],
    counter[LoadFromMemory], counter[StoreToMemory]);
// cache在动态分配的内存随程序结束释放
return 0;
}
```

见代码 4.10，这是整个分析程序的程序入口。整个程序一共要提供 6 个参数，依次是（1）物理地址的位长（Tag 的位长可以通过减法得到）；（2）Set 的位长；（3）Block Offset 的位长；（4）每一个 Set 中缓存行的数量；（5）输入的 `valgrind` Trace 文件；（6）输出的 Counter 文件。

前 4 个参数很容易理解，它们是 `lru_cache_create()` 函数的参数，用来确定整个缓存的“形状”。第 5 个参数输入文件是一个 `valgrind` Trace 文本文件，之前我们已经介绍过了。第 6 个参数是对应的输出文件。每执行一次 Load/Store 操作，必然引发一次状态转移，如图 4.10 所示。相应的，状态转移计数器也会变化。对于每一条指令，记录执行完该指令后计数器的结果，写入输出文件。

代码 4.11　/ache/LRUCounter/Makefile

```
CC = /usr/bin/gcc-10 # 选择自己的编译器路径，最好使用gcc-10
CFLAGS = -g -Wall -Werror -std=c99 # 编译器参数
build:
	$(CC) $(CFLAGS) CacheCreate.c CacheLoad.c CacheLookup.c \
	CacheStore.c LRUCache.c LRUList.c Memory.c -o cache
run: build
	./cache 64 5 3 4 ./trace.txt output.txt
clean:
	rm -f cache output.txt
```

编译与执行：

```
>_                                                Linux Terminal
# 编译程序
> make build
# 运行程序：其中 trace.txt 是准备好的 valgrind trace
> ./cache 64 5 3 4 ./trace.txt output.txt
```

计算机科学家：“同样，我们可以用 `Python/Matplotlib` 将状态转移的结果绘制为曲线，我们可以计算 Load 类型内存访问与 Store 类型内存访问的**缓存命中率**（Cache Hit Rate）。”

$$\text{Load 缓存命中率} = \frac{\text{缓存命中的 Load 内存访问}}{\text{所有的 Load 内存访问}}$$

绘制曲线，如图 4.12 所示。明显可以看到，在程序刚开始运行时，Load/Store 的缓存命中率都是很低的，这是因为暂时处于冷启动的状态，需要向缓存行填充数据。等到程序运行一定时间以后，可以看到命中率就逐渐上升，并逐渐稳定下来。

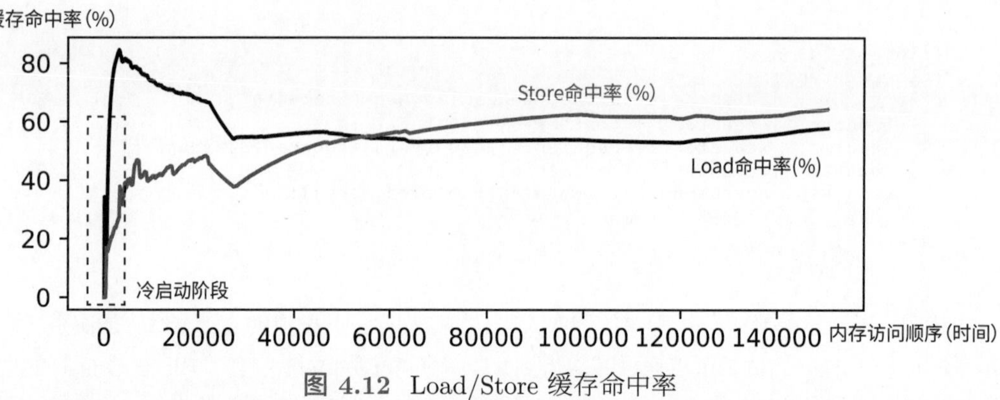

图 4.12 Load/Store 缓存命中率

电子科学家："可以看到，图 4.12 中的缓存命中率其实仍然是不够高的，这依然会导致程序进行写回/写分配操作，进行内存访问，降低运行的性能。"

4.9 矩阵转置问题

电子科学家："我们常说，CPU 缓存对程序员是透明的。我们在编写程序时，心中的模型是 CPU 与内存，基本无须考虑缓存的问题。但如果要编写真正高性能的程序，就必须压榨硬件中潜藏的每一份潜力，就必须利用好缓存。在这里，我们的终极目标就是提高程序运行时的缓存命中率。"

计算机科学家："那就以**矩阵转置**（Matrix Transpose）为例，看看怎样提高缓存命中率。"

电子科学家惊奇道："你运气还真是好，一下子就选中了这么好的例子。我非常喜欢矩阵转置，它很经典，也很清晰，而且背后的编程思想也很深邃，你充分理解矩阵转置后，也一定会更加深刻地理解缓存。"

接着，电子科学家开始描述矩阵转置问题。

假如有一个全部都是 `int` 类型数据的矩阵，$\boldsymbol{A} \in \texttt{Int}^{M\times N}$（$M$ 行 N 列），我们编写一个程序，把它转置为 $\boldsymbol{B} \in \texttt{Int}^{N\times M}$ 的矩阵（N 行 M 列），且 $\boldsymbol{A}_{ij} = \boldsymbol{B}_{ji}$。很容易写出一个简单的矩阵转置程序，见代码 4.12

代码 4.12 /cache/Transpose/Transpose.c

```
#include <stdio.h>
#include <stdlib.h>
/// @brief 实现矩阵转置
/// @param M 矩阵的行数
/// @param N 矩阵的列数
/// @param src 源矩阵，待转置的矩阵
/// @param dst 目标矩阵，转置后的矩阵
extern void transpose(int M, int N, int *src, int *dst);
```

```
// 程序入口
void main(int argc, const char **argv)
{
    int M = atoi(argv[1]);
    int N = atoi(argv[2]);
    // 分配矩阵的空间
    int *A = malloc(sizeof(int) * M * N);
    int *B = malloc(sizeof(int) * M * N);
    srand(1234);
    for (int i = 0; i < M * N; ++ i)
        A[i] = rand() % 100;
    // 转置矩阵
    transpose(M, N, A, B);
    // 动态分配的内存随程序结束自动释放
}
```

其中转置是通过代码 4.13 实现的。

代码 4.13 /cache/Transpose/Naive.c

```
void transpose(int M, int N, int *A, int *B)
{
    for (int i = 0; i < M; ++ i)
    {
        for (int j = 0; j < N; ++ j)
        {
            B[j * M + i] = A[i * N + j];
        }
    }
}
```

```
>_                                                    Linux Terminal
# 编译与执行程序
> gcc -g Transpose.c Naive.c -o transpose
> ./transpose 32 32
```

代码 4.12 按照程序的输入进行初始化，分配足够的内存，并且随机填写 0~99 作为矩阵的元素。代码 4.13 则直接按照矩阵转置的数学定义来写，因此直截了当。注意：在这里我们用一维数组表示二维矩阵，可以额外添加一些代码，打印矩阵的元素，方便自己编码和观察。

电子科学家："现在，让我们想办法来计算一下 `transpose()` 函数的缓存命中率。简单起见，假定 $M = 16, N = 16$，且缓存有 8 个 Set（`set_len = 3`），每一个 Set 有 2 个缓存行，每一个缓存行有 32 字节（`blk_len = 5`）。也就是说，每一个缓存行可以储存 $\frac{32}{4} = 8$ 个 `int` 类型数据。"

计算机科学家："那也没办法知道矩阵元素在物理内存上的分布呀。"

电子科学家："我可以假定这些矩阵元素在物理内存上是连续分布的，即矩阵 $\boldsymbol{A}$ 的所有元素彼此相邻，矩阵 $\boldsymbol{B}$ 的所有元素彼此相邻，并且地址对齐。实际上，由于'内存页管理'机制，虚拟内存连续，物理内存不一定连续。物理内存如果不连续，就会在一定程度上破坏程序的局部性，使得我们难以分析程序的内存访问是否利用好缓存。"

在这样的设置下，代码 4.13 的表现，如图 4.13 所示。

电子科学家："第一次转置的元素是 `B[0] = A[0]`，也就是 `B[0][0] = A[0][0]`。在这时，缓存冷启动，没有任何数据。因此，对于 `A[0][0]`，发生一次**读缺失**，结果就是加载 `A[0][0]` 所在缓存行进入缓存，如图 4.13（a）所示。其中 `A[0][0]` 的位置标记为"`M`"，意思就是 Miss。"

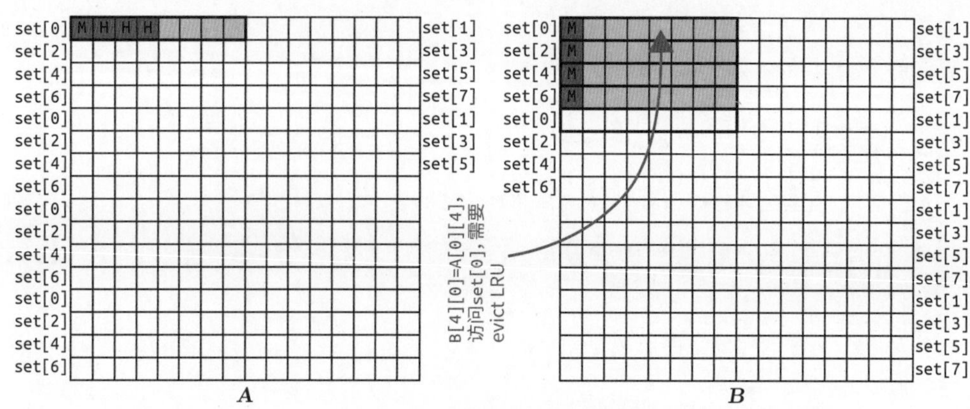

图 4.13　直接进行矩阵转置

计算机科学家："那与此同时，我们需要向 B[0]（B[0][0]）进行写操作，发生一次**写缺失**。因此要加载 B[0][0] 所在的缓存行，进行**写分配**。两个地址都对应 Set[0]。"

电子科学家点点头："问题发生在第二次转置，B[16] = A[1]，也就是 B[1][0] = A[0][1]。A[0][1] 对应的是 A[1]，这个 int 数据依然在缓存行中，因此发生一次**读命中**，标记为"H"。但是，B[16]（B[1][0]）却不在同一个缓存行中了。这时，仍然发生一次**写缺失**，触发写分配。新分配的缓存行在 Set[2] 中。"

B[32] = A[2] 与 B[48] = A[3] 的情况相似，只不过 B[32]（B[2][0]）对应 Set[4]，B[48]（B[3][0]）对应 Set[6]。这些情况均已在图 4.13 中给出。

第二个问题发生在 B[64] = A[4]，也即 B[4][0] = A[0][4]。A[0][4] 依然读命中，B[4][0] 依然写缺失，但是，这次写缺失触发了一次 LRU 替换淘汰。因为 Set[0] 中存了两个缓存行——A[0]-A[7] 及 B[0]-B[7]，已经满了。根据 LRU 规则，被淘汰的是 B[0]-B[7]，替换为 B[64]-B[71] 的数据。

计算机科学家："那如果程序一直运行下去，我们就不断得到图 4.14 这样的中间状态。"

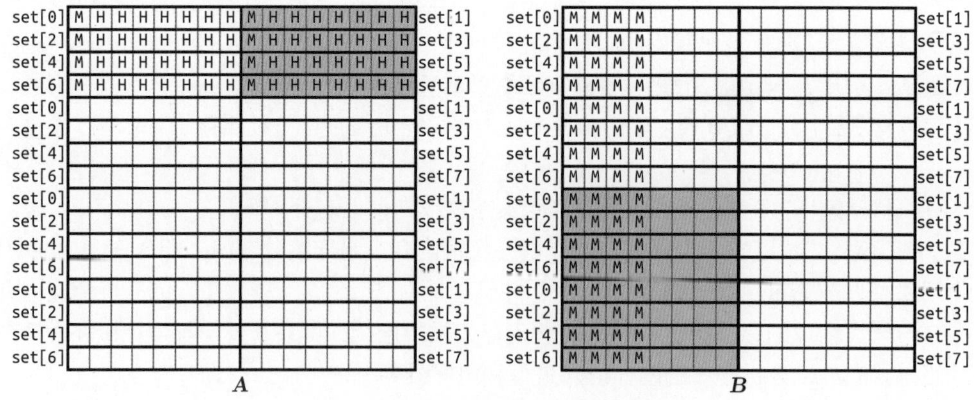

图 4.14　矩阵转置缓存命中的中间状态

电子科学家："没错。可以看到，矩阵 B 始终发生缓存失效，从未有过命中。你可以根据图 4.14 推演下去，图 4.14 中淡红色的区域表示这部分数据当前处于缓存中。每一个缓存行所属的 Set 已在它的左右两侧标出。”

计算机科学家：“那么，有没有办法提高矩阵 $\boldsymbol{B}$ 的缓存命中率呢?”

电子科学家：“有的，我们用**分块**（Blocking）的策略进行矩阵转置。我问问你，代码 4.13 的最大问题在哪里?”

计算机科学家想了想：“是不是在矩阵 $\boldsymbol{B}$ 上? 我们没有利用在缓存中的矩阵 $\boldsymbol{B}$ 缓存行。如果要用到这些缓存行，就不可以沿着矩阵 $\boldsymbol{A}$ 转置到底。”

电子科学家：“没错，因此需要将矩阵分块，对每一个块单独进行转置，如图 4.15 所示。”

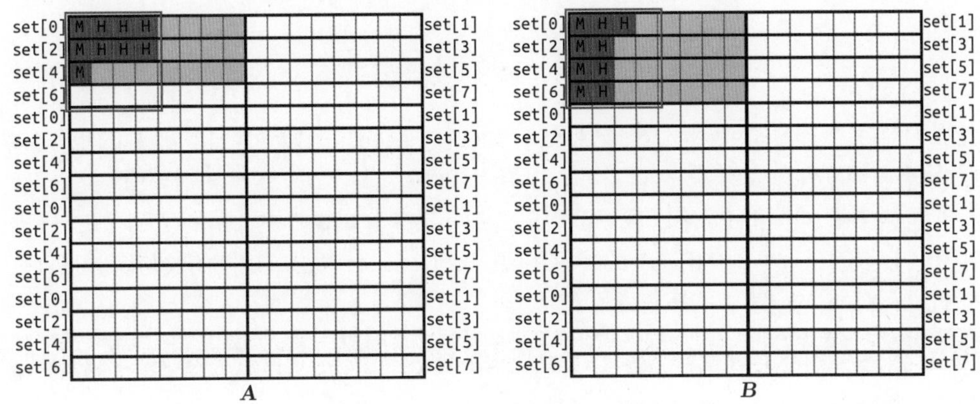

图 4.15 分块矩阵进行转置

计算机科学家：“我明白了！在这里，分块矩阵的大小是 4×4，每一个子矩阵刚好可以各用一个 Set 中的两个缓存行，而不至于发生 LRU 替换。因此，代码需要这样改写，见代码 4.14。”

代码 4.14 /cache/Transpose/Blocking.c

```c
void transpose(int M, int N, int *A, int *B)
{
    // 此处所有局部变量都应储存在寄存器中
    int i_step = 4, j_step = 4, x, y, h, w;
    for (int i = 0; i < M; i += i_step)
    {
        for (int j = 0; j < N; j += j_step)
        {
            // (i, j)是分块矩阵的左上角坐标
            // h * w是子矩阵的行数、列数
            h = (i_step < M - i) ? i_step : M - i;
            w = (j_step < N - j) ? j_step : N - j;
            for (int u = 0; u < h; ++ u)
            {
                for (int v = 0; v < w; ++ v)
                {
                    // (u, v)是子矩阵内部坐标
                    x = i + u;
                    y = j + v;
                    B[y * M + x] = A[x * N + y];
                }
            }
        }
    }
}
```

计算机科学家：“如图 4.16 所示，代码 4.14 的含义清晰简单。我们尽可能把 $M \times N$ 的矩

阵分块为 `i_step`×`j_step` 的子矩阵。这样一来，代码中计算出的坐标 `(i, j)`，就是每一个分块矩阵左上角的坐标。”

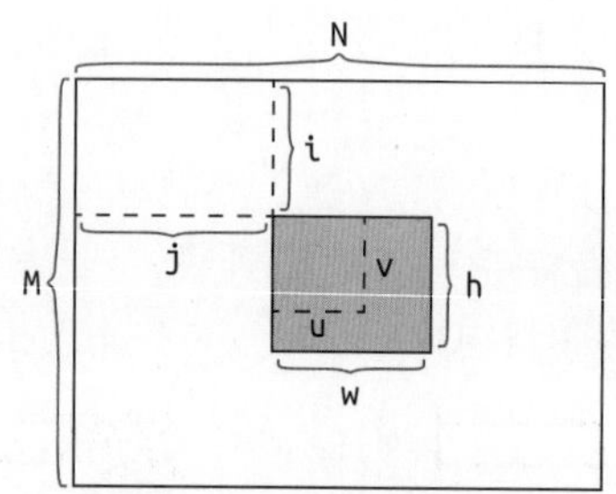

图 4.16 分块转置示意图

电子科学家：“分块矩阵大小不一定是 `i_step`×`j_step`，例如，将 13×17 的矩阵分块为 4×4，是不可能刚好分完的。”

计算机科学家：“但不论如何，我们都可以得到一系列分块矩阵左上角的坐标 `(i, j)`。根据这些坐标，以及 `(i, j)` 到 `(M, N)` 的相对距离，我们可以计算出子矩阵的长与宽。从 `(i, j)` 开始转置，行高 `h`，列宽 `w` 的矩阵即可。”

```
>_                                                     Linux Terminal
# 编译与执行程序
> gcc -g Transpose.c Blocking.c -o trans
> ./trans 13 17
```

计算机科学家遗憾道：“如果我们可以把缓存计数器、矩阵转置两个代码结合起来，就可以分析不同型号的缓存和不同大小的分块矩阵对缓存命中率有怎样的影响了。可惜篇幅有限，在这里就不写这份代码了。”

4.10 线程级并行中的缓存一致性

电子科学家：“最后，我们来讨论关于多处理器的问题。到目前为止，我们所讨论的都是单核心的处理器。每一个核心都有自己独立的程序计数器、寄存器组、ALU 等，它可以独立地执行指令。现代计算机通常是**多核心处理器**（Multi-Core Processor）的，例如，很多常见的家用 CPU 都是 4 核心的处理器，这使得我们可以在单台计算机上实现**线程级并行**（Thread Level Parallelism）。而在线程级并行中，要想高性能地执行程序，就必须对缓存有深刻的认识。”

计算机科学家：“你能举一个具体的例子说说吗？”

电子科学家：“例如，有一个非常大的数组 `int a[asize]`，我们对每一个元素求其平方。这个程序可以方便地计算出高维欧几里得空间里的距离 $\sqrt{(u_0-v_0)^2+(u_1-v_1)^2+\cdots+(u_{N-1}-v_{N-1})^2}$。如果我们只有一个处理器核心（程序计数器、寄存器组、ALU 等），那么只能按照通过一次遍历求平方，如代码 4.15 所示。”

代码 4.15 一次遍历求平方

```c
void square_array(int *a, uint64_t asize)
```

```
{
    for (uint64_t i = 0; i < asize; ++ i)
        a[i] = a[i] * a[i];
}
```

当数组很大（asize 很大）时，这个程序需要花费非常多的时间。多核 CPU 可以把这个问题的时间缩短为常数倍。

电子科学家：“求平方是一个**可并行**（Parallelizable）的任务，我们完全可以将整个任务分解，再让每一个核心单独对数组的一部分求平方。对于 4 个处理器 0、1、2、3，每个核心只负责对数组的一部分进行求和，见代码 4.16。”

代码 4.16 每一个线程负责执行的代码

```
void square_array(int *a, uint64_t asize, int cpu_index, int cpu_num)
{
    for (uint64_t i = cpu_index; i < asize; i += cpu_num)
        a[i] = a[i] * a[i];
}
```

如图 4.17 所示，整个数组 a 存放在物理内存之中。每个核心维护一个自己的**线程**（Thread），在内存上分配自己的**栈**，用来执行这一段代码。“线程”是一个比较抽象的概念，它是对一个处理器核心执行程序的抽象。在整个计算机系统中，所有被处理器用来执行代码的资源，都可以看作线程的一部分。在这之中，最主要的就是程序计数器与栈，程序计数器用来维护当前执行的指令，栈用来维护执行指令时所需的内存资源。

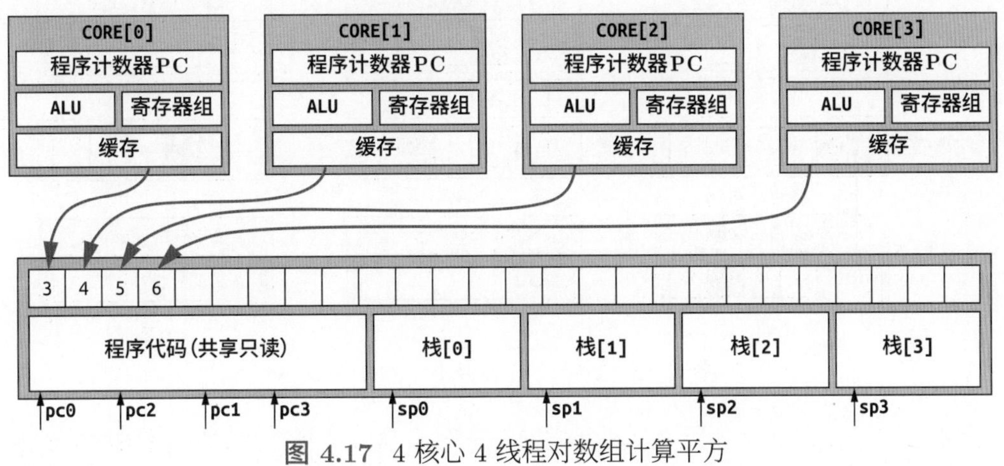

图 4.17 4 核心 4 线程对数组计算平方

在图 4.17 中，4 个核心的线程是彼此独立的。每一个核心有自己独立的程序计数器，因此每一个线程执行指令是独立的。每一个核心有自己独立的栈指针寄存器 sp，因此线程的运行时栈也是相互独立的。每一个线程独立读取数组 a 的一部分，通过自己独立的寄存器存取 a[i]，通过独立的 ALU 进行寄存器加法。

计算机科学家：“既然这样，那么有 4 核心执行程序，执行时间就应该是单核心的 $\frac{1}{4}$。8 核心执行，就应该快 8 倍了。”

电子科学家凝重地说：“但非常违反直觉的是，由于存在缓存，所以反而可能会比单核心执行更慢。如果不深入理解计算机系统，其实程序员反而会在无意中写出性能糟糕的程序。”

计算机科学家惊呼："啊?"

4.10.1 一致性问题

电子科学家："性能问题来自缓存。4 个处理器核心不仅有各自独立的程序计数器、寄存器组、ALU，还有 4 组独立的缓存。实际上，每一个核心的一级缓存（L1）和二级缓存（L2）都是私有的，但三级缓存（L3）会共享。我们假设每一个核心都只有一个独立的 L1 缓存，使问题更加简单。"

注意图 4.17 所展示的数组内存，实际上，数组 `a` 是按照"取余数"的方式分配给处理器核心的，也就是说，每一个核心只负责对一个**同余等价类**（Congruence Class）求平方。核心 0 计算 `a[0], a[4], a[8] ...`，核心 1 计算 `a[1], a[5], a[9] ...`，核心 2 计算 `a[2], a[6], a[10] ...`，核心 3 计算 `a[3], a[7], a[11] ...`

计算机科学家："我没看出来有什么问题呀。"

电子科学家："问题在于 `{a[0], a[1], a[2], a[3]}` 在同一个缓存行里。假如 `a[0] = 3`, `a[1] = 4`, `a[2] = 5`, `a[3] = 6`。"

电子科学家继续解释："如图 4.18 (a) 所示，当线程 0 读取 `a[0]` 时，缓存行 `{a[0], a[1], a[2], a[3]}` 被加载到核心 0 的缓存中。线程 0 计算完 `a[0] * a[0] = 3 * 3 = 9`，将结果写入 `a[0]`，这时缓存行被标记为 `DIRTY`，数据为 `{9, 4, 5, 6}`。"

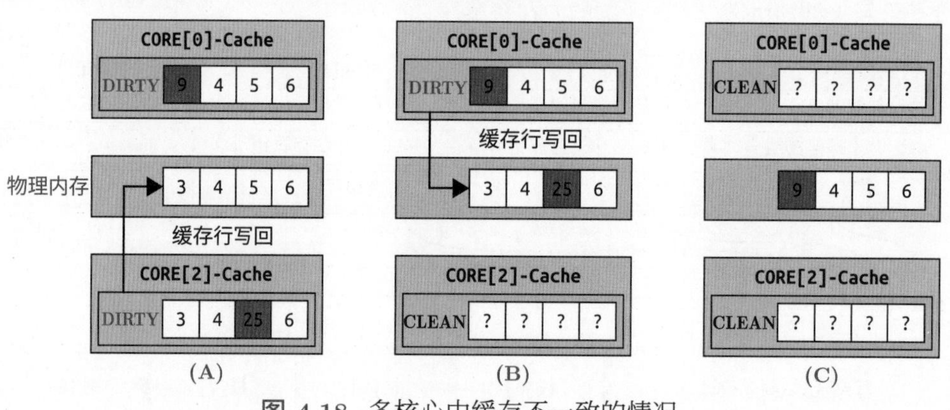

图 4.18 多核心中缓存不一致的情况

此时，在核心 0 的缓存行上暂未发生写回，因此 `a[0] = 9` 的结果只保存在缓存中。如果此时线程 2 读取数据，它读取到缓存 2 的缓存行与内存上的数据一致，为 `{3, 4, 5, 6}`。计算完成，缓存行为 `{3, 4, 25, 6}`，状态为 `DIRTY`。

计算机科学家："那现在两个缓存行都还没有写回到内存。"

电子科学家点头："假如之后某个时刻，缓存 2 先写回数据，内存上为 `{3, 4, 25, 6}`，如图 4.18（b）所示。随后缓存 0 再写回数据，内存上被覆盖为 `{9, 4, 5, 6}`。这样一来，我们就彻底丢失了 `a[2] = 25` 这一结果，如图 4.18（c）。"

这就是多核心处理器中数据的**缓存一致性**（Cache Coherence）问题。图 4.18 的结果就是，多核心多缓存导致最后内存上得到了错误的结果。究其根源，缓存 2 在修改数据时，拿到了与缓存 0 数据不一致的缓存行。

计算机科学家："这么一说，多核心确实可能出现不一致的问题，有什么解决方法吗?"

电子科学家："这就是 MESI 协议了。"

4.10.2 MESI 协议

为了解决不一致的问题，伊利诺伊大学香槟分校（University of Illinois Urbana-Champaign, UIUC）的计算机科学家们提出了一种"一致性协议"，简称MESI **协议**（MESI Protocol）。

电子科学家："简单地说，MESI 协议是缓存状态的一种扩展。如图 4.10 所示，任何一个缓存行始终处于三种状态——INVALID、CLEAN、DIRTY。MESI 协议将 CLEAN 状态进行扩展，扩展为 SHARED（共享）与 EXCLUSIVE（独占）两种状态。"

SHARED 与 EXCLUSIVE 两种状态是为了描述多核 CPU 中有效缓存行的数量而提出的。SHARED 或者说 SHARED CLEAN 意味着物理内存中的缓存行数据同时存在于多个核心的缓存中，并且处于 CLEAN 状态。EXCLUSIVE 状态则说明只有一个核心的缓存中有这份数据，也处于 CLEAN 状态。

最后，将 DIRTY 命名为 MODIFIED（已修改）。**M**odified, **E**xclusive, **S**hared, **I**nvalid，取 4 种状态的首字母，合并称为 MESI 状态。

电子科学家："如图 4.19 所示，MESI 协议还依赖**内存总线**（Memory Bus）。总线是一种电路模块，我们简单地把它理解为一根可以传输数据的电线就行。每当缓存从内存读取数据时，总是通过总线读取的。写入数据时，则将数据放在总线的一端即可。"

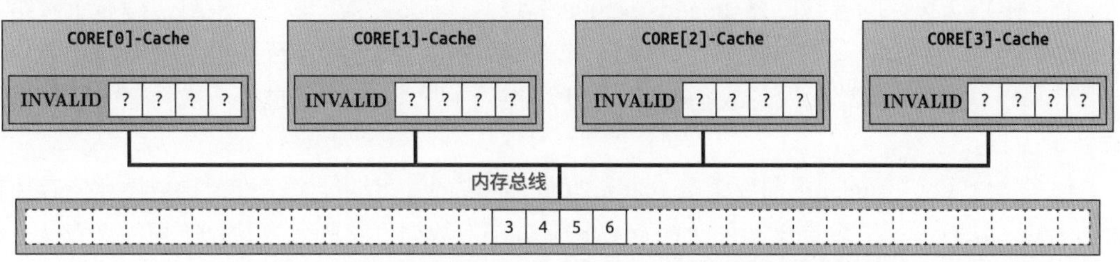

图 4.19　多核心处理器中，缓存通过内存总线彼此相连

计算机科学家："那就是说，不同核心的缓存也可以彼此通过总线进行通信?"

电子科学家："没错。每当一个缓存要改变状态时，它需要通过总线检查其他核心中缓存行的状态。因此，MESI 协议又称**总线嗅探**（Bus Snooping）的协议。"

电子科学家继续说："我们通过求平方的例子来观察 MESI 协议怎样实现缓存的数据一致性。假定 a[0] = 3 的物理地址是 0x1000，a[1] = 4 是 0x1004，a[2] = 5 是 0x1008，a[3] = 6 是 0x100c。"

1. INVALID 转换为 EXCLUSIVE

电子科学家："首先，由核心 0 发起一次读取操作，我们称之为**处理器读取**（Processor Read），简写为 PrRd。如图 4.20 所示，此时核心 0 中对应的缓存行处于 INVALID 状态，缓存收到 PrRd 请求后，向总线发起一次**总线读取**（Bus Read）请求，简写为 BusRd，请求会向整个总线上所有缓存广播。"

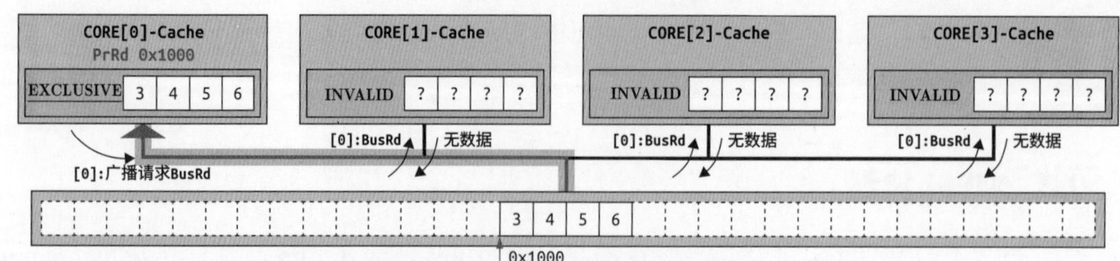

图 4.20 核心 0：PrRd 0x1000

其他核心的缓存会“嗅探”总线中的请求。当其他缓存发现总线上存在 BusRd 请求以后，每一个缓存会检查自己是否存有物理地址 0x1000 对应的数据。在图 4.20 中，没有任何一个其他缓存存有 0x1000 的缓存行，因此每一个缓存都响应“无数据”。

计算机科学家：“那这样一来，总线只能向物理内存请求数据了。”

电子科学家：“没错，内存将缓存行的数据放在总线上，传输给核心 0 的缓存。在缓存中，这一缓存行的状态也就从 INVALID 转换为 EXCLUSIVE，因为数据在所有缓存中，只被缓存 0 独占，并且与物理内存一致。”

2. INVALID 转换为 SHARED，同时 EXCLUSIVE 转换为 SHARED

电子科学家：“接着，核心 2 收到处理器读取物理地址 0x1008 的请求，PrRd 0x1008。和之前一样，核心 2 缓存向总线广播 BusRd 0x1008 的请求，其他缓存“嗅探”总线。缓存 1 和缓存 3 依然返回“无数据”，但这一次缓存 0 中是有这份数据的，并且缓存行处于 EXCLUSIVE 状态。”

计算机科学家：“这一次总线不必查询物理内存了吧？没必要再进行一次物理内存数据传输。”

电子科学家：“是的，只需要缓存 0 将数据放在总线上，传输给缓存 2，这依然比内存传输数据更快。这样一来，全局就有两个缓存共同存有一份数据了。因此，数据不再被缓存 0“独占”，而是被缓存 0 与缓存 2“共享”。两个缓存行都把自己的状态设置为 SHARED，如图 4.21 所示。”

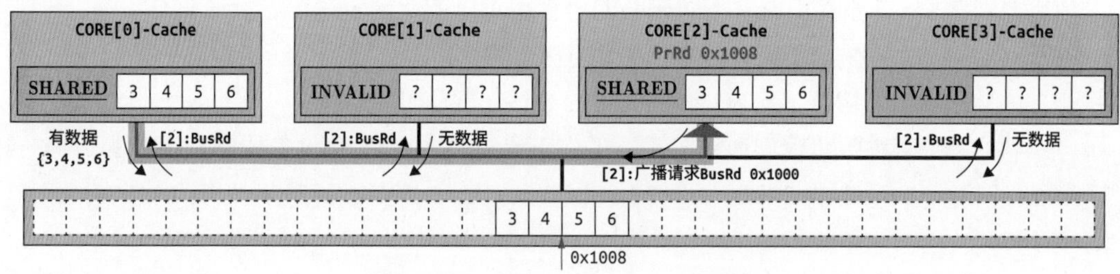

图 4.21 核心 2：PrRd 0x1008

3. SHARED 转换为 MODIFIED，同时 SHARED 转换为 INVALID

电子科学家：“当两份数据都进入 SHARED 状态时，核心 0 首先计算完 a[0] * a[0]，要将结果写入缓存，a[0] = a[0] * a[0]。这个请求被称为**处理器写入**（Processor Write），简写为 PrWr 0x1000。这时，写请求命中，因为物理地址 0x1000 的数据已经被缓存了。”

计算机科学家："这时就出现一致性问题了，CPU 需要维护核心 0 与核心 2 两份数据的一致性，以避免出现图 4.18 中的情形。"

电子科学家："是的，可以利用总线实现这一点。"

他解释道："核心 0 缓存行当前处于 SHARED 状态，此时必然存在其他缓存也缓存了数据，如果直接修改数据，就会造成缓存不一致的情况。因此，核心 0 向总线发送**独占数据**（Read Exclusively）请求，简写为 BusRdX 0x1000。独占数据，即要求其他缓存放弃这一份数据。"

计算机科学家顺着他的思路："其他缓存'嗅探'到总线上的请求后，如果自己没有持有数据（1,3），就忽略这一请求。如果有数据（2），就将缓存行状态重置为 INVALID，并且通过总线向缓存 0 传输信号，表示自己已经清除数据，缓存已失效，如图 4.22 所示。"

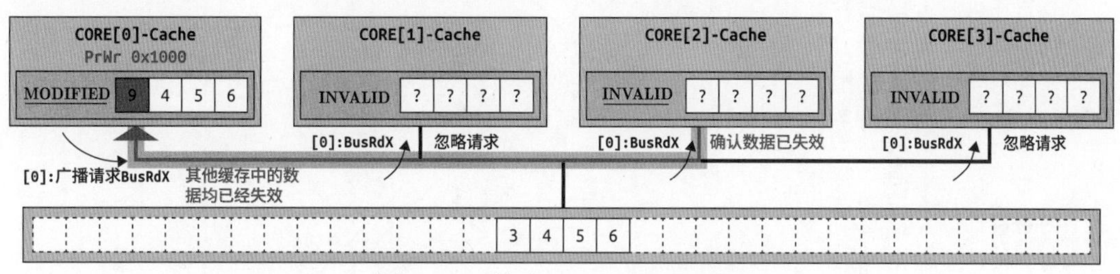

图 4.22　核心 0：PrWr 0x1000

电子科学家："说得对。而缓存 0 收到缓存 2 的信号后，可以确定全局所有其他缓存都不再持有此数据，此时修改独占的数据不会造成不一致。因此，缓存 0 将自己的缓存行状态设置为 MODIFIED。"

电子科学家："MESI 协议处理数据一致性的方法大致如此。其实 MESI 协议要处理的情况更多，需要对每一个状态分析每一个处理器请求和每一个总线请求。但上面描述的几种情况是 MESI 最主要的想法。我们可以给出一张详细的 MESI 协议状态机图，如图 4.23 所示。"

计算机科学家："但我感觉 MESI 协议的状态机图（图 4.23）与单核心缓存的缓存行状态机图（图 4.10）好像是矛盾的啊。"

电子科学家："不对哦，两者并不矛盾，因为两者视角不同。MESI 协议的状态机图并不考虑缓存行被 LRU 等替换策略淘汰的情况，也就是说，图 4.23 只考虑某一物理地址的数据留在缓存中的情况。而图 4.10 考虑的是缓存行的状态，缓存行中的数据是可以被淘汰替换的。"

电子科学家又提醒："此外，需要注意的是，缓存行无法从 SHARED 状态变为 EXCLUSIVE。因为总线上没有信号可以告知缓存'当前你独占这份数据'。"

计算机科学家："好吧。不过我发现你只讲了三种状态转移的情况，但 MESI 协议的状态机图还有很多状态转移情况。"

电子科学家："别急，我现在再介绍其他几种状态转移。"

4. INVALID 转换为 MODIFIED，同时 SHARED 转换为 INVALID

如图 4.24（a）所示，当前缓存 0 的缓存行处于 INVALID 状态，将要加载物理地址 0x1000 的缓存行数据。缓存 1 和缓存 2 对应的缓存行已经加载了物理地址 0x1004 与 0x1008 的数据，当然，它们属于同一个缓存行。缓存 1 和缓存 2 的缓存行都处于 SHARED 状态。

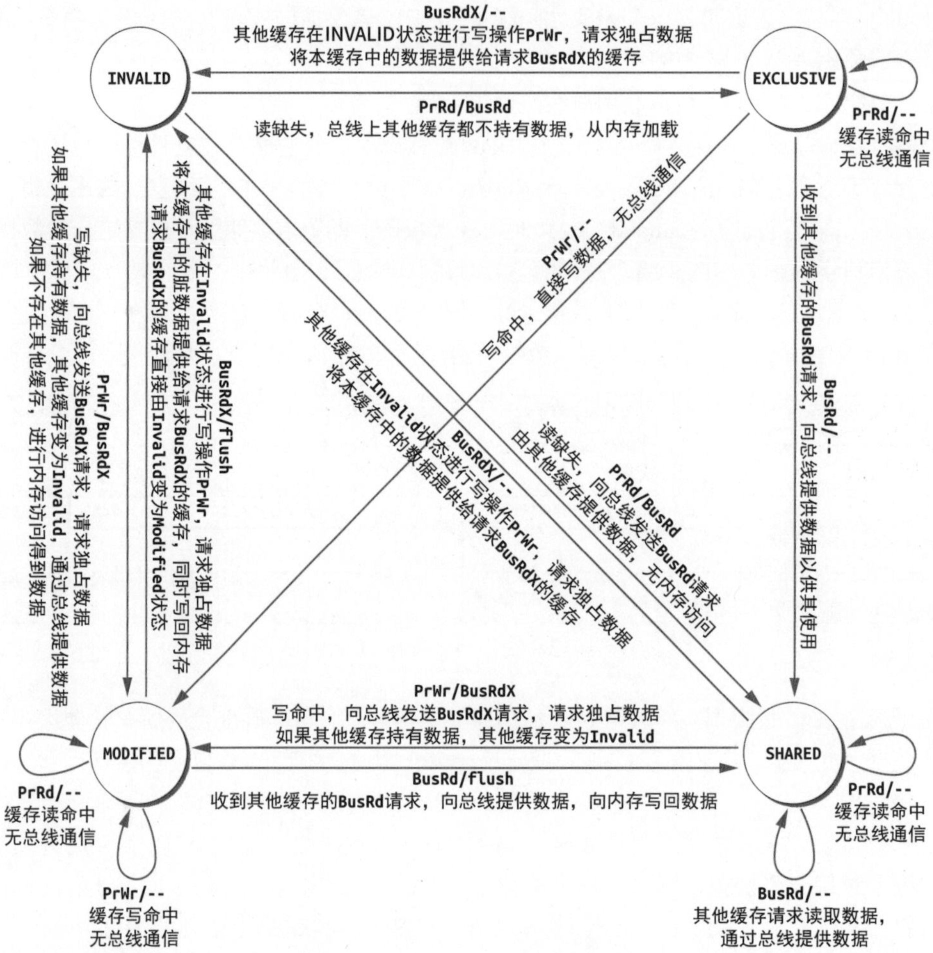

BusRdX/--
其他缓存在INVALID状态进行写操作PrWr，请求独占数据
将本缓存中的数据提供给请求BusRdX的缓存
INVALID
EXCLUSIVE
PrRd/BusRd
读缺失，总线上其他缓存都不持有数据，从内存加载
PrRd/--
缓存读命中
无总线通信
PrWr/--
写命中，直接写数据，无总线通信
收到其他缓存的BusRd请求，向总线提供数据以供其使用
BusRd/--
BusRdX/flush
其他缓存在Invalid状态进行写操作PrWr，请求独占数据
将本缓存中的脏数据提供给请求BusRdX的缓存，同时写回内存
请求BusRdX的缓存直接由Invalid变为Modified状态
PrWr/BusRdX
写缺失，向总线发送BusRdX请求，请求独占数据
如果其他缓存持有数据，其他缓存变为Invalid，通过总线提供数据
如果不存在其他缓存，进行内存访问得到数据
BusRdX/--
其他缓存在Invalid状态进行写操作PrWr，请求独占数据
将本缓存中的数据提供给请求BusRdX的缓存
PrRd/BusRd
读缺失，向总线发送BusRd请求
由其他缓存提供数据，无内存访问
PrWr/BusRdX
写命中，向总线发送BusRdX请求，请求独占数据
如果其他缓存持有数据，其他缓存变为Invalid
MODIFIED
SHARED
BusRd/flush
收到其他缓存的BusRd请求，向总线提供数据，向内存写回数据
PrRd/--
缓存读命中
无总线通信
PrRd/--
缓存读命中
无总线通信
PrWr/--
缓存写命中
无总线通信
BusRd/--
其他缓存请求读取数据，
通过总线提供数据

图 4.23 MESI 协议状态机图

CORE[0]-Cache
PrWr 0x1000
INVALID ? ? ? ?
CORE[1]-Cache
SHARED 3 4 5 6
CORE[2]-Cache
SHARED 3 4 5 6
CORE[3]-Cache
INVALID ? ? ? ?
[0]:BusRdX
[0]:BusRdX
[0]:BusRdX
[0]:广播请求BusRdX
3 4 5 6
(a)
CORE[0]-Cache
PrWr 0x1000
MODIFIED 9 4 5 6
CORE[1]-Cache
INVALID ? ? ? ?
CORE[2]-Cache
INVALID ? ? ? ?
CORE[3]-Cache
INVALID ? ? ? ?
确认数据已失效
确认数据已失效
忽略请求
{3,4,5,6}
3 4 5 6
(b)

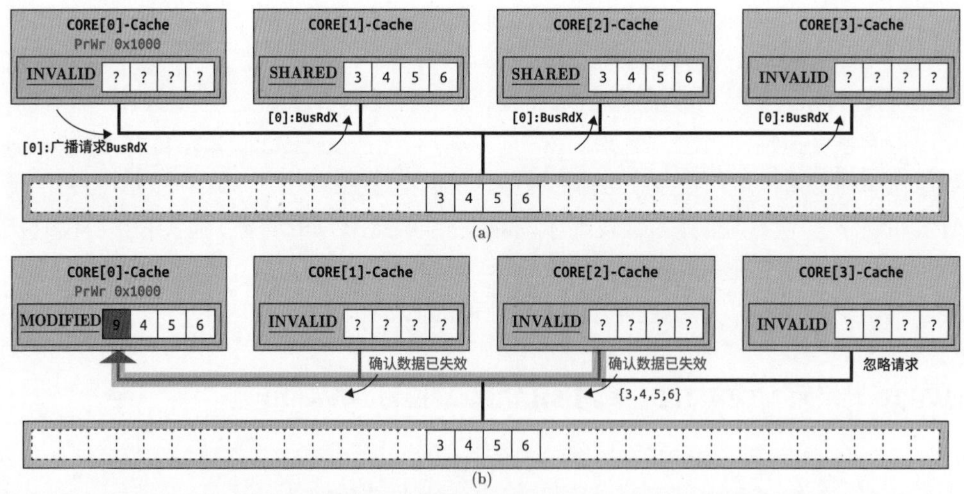

图 4.24 核心 0:INVALID 转 MODIFIED，核心 1,2:SHARED 转 INVALID

此时，缓存 0 直接执行 PrWr 请求，也就是直接写数据。如 a[0] = 9，这样的立即数指令中可能出现这种情况。缓存 0 收到处理器的 PrWr 请求后，向总线发出 BusRdX 请求，请求所有其他处理器放弃数据，以便自己独占数据，从而修改缓存行。

如图 4.24（b）所示，缓存 1 收到 BusRdX 请求后，将自己的数据清空，恢复为 INVALID 状态，并且通知缓存 0。缓存 2 收到 BusRdX 请求后，不仅清空自己的数据，同时要将旧数据 {3, 4, 5, 6} 通过内存总线传输给缓存 0。

这样一来，缓存 0 就不必通过总线去读取物理内存中的数据了，而可以在处理器芯片内完成数据传输。而对于缓存 1 和缓存 2，它们的缓存状态则从 SHARED 变为 INVALID。

5. MODIFIED 转换为 SHARED，同时 INVALID 转换为 SHARED

电子科学家："再来考虑另一种情况——核心 0 的缓存行处于 INVALID 状态，核心 2 的缓存行为 Modified。此时，核心 0 的缓存收到 PrRd 读请求，如图 4.25（a）所示。"

核心 0 收到 PrRd 0x1000 请求，便向总线广播 BusRd 请求，先向其他缓存请求数据，如果都没有再向内存请求数据传输。这时，核心 2 收到了这一请求。核心 2 是持有数据的，只不过它持有的是"脏数据"。

为了保持数据的一致性，核心 2 向核心 0 提供数据的同时，需要将脏数据写入内存，如图 4.25（b）所示。两个缓存行都将自己的状态调整为 SHARED，因为它们共享一份相同内容的数据，并且与内存的数据一致。

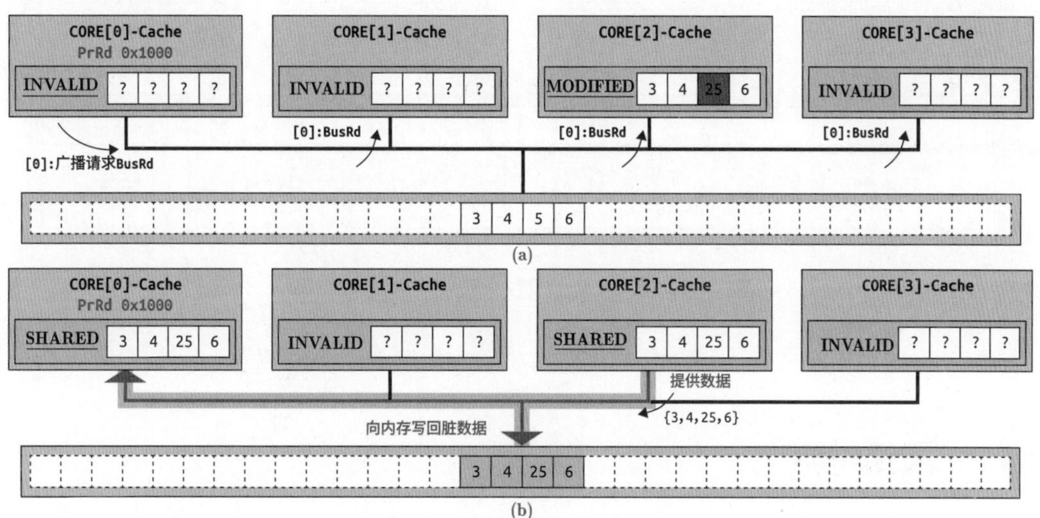

图 4.25 核心 0:INVALID 转 SHARED，核心 2:MODIFIED 转 SHARED

4.10.3 伪共享现象

电子科学家："最后，让我们回到计算数组平方的问题。现在，一切都已清晰了——因为代码 4.17 让每一个线程都访问同一个缓存行，因此会不断触发 MESI 协议，以保持数据的一致性。"

计算机科学家："我明白了，'天下没有免费的午餐'，要维护一致性，一定是有代价的。在这里付出的代价就是 MESI 协议的同步过程。"

电子科学家："是的。总线嗅探比内存访问快，但不停地同步，花费的时间也很多。"

他进一步介绍："这种现象被称为**伪共享**（False Sharing）：看上去各个线程好像相互独立地分割了任务，其实它们依然在访问同样的资源——缓存行。为了解决这个问题，我们要让线程真正地独立工作，减少 MESI 协议的同步。可以这样改写代码 4.17。"

代码 4.17 每一个线程负责执行的代码

```
void square_array(int *a, uint64_t asize, int cpu_index, int cpu_num)
{
    int psize = (asize - 1) / cpu_num + 1;
    int start = psize * cpu_index;
    int end = start + psize;
    end = end < asize ? end : asize;
    for (uint64_t i = start; i < end; ++ i)
        a[i] = a[i] * a[i];
}
```

计算机科学家："原来如此。这样一来，我们就不再'交错'地访问数组元素，而是将数组按照核心数量划分为不同区域，如图 4.26 所示。每一次缓存加载数据，一整个缓存行中的数据都属于同一个线程。"

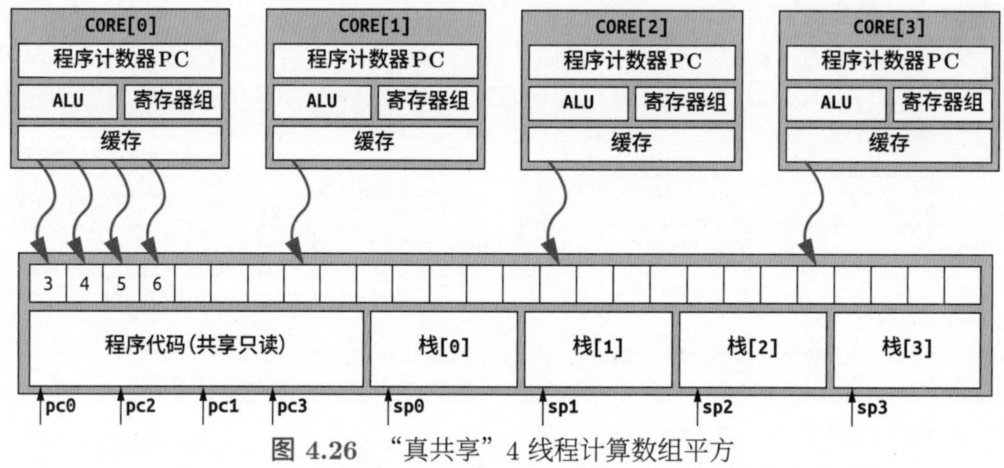

图 4.26 "真共享" 4 线程计算数组平方

电子科学家："是的，到这里为止，程序才充分利用了多核心的好处。"

4.11 阅读材料

缓存永远是提高性能的不二之选，这就是我们的第四段旅途。实际上，缓存的思想非常深刻，不仅仅在 CPU 内部有巨大作用，而且是贯穿整个计算机科学的支柱思想之一。例如，在高并发高可用的互联网云服务里，缓存才是提高服务性能的根本之道。而维护分布式缓存的一致性，则始终是网络服务的核心之一。

下面继续介绍一些参考书目。

Hennessy 与 Patterson 写的《计算机体系结构：量化研究方法》[13] 依然是重要的读物，其中更加详细地介绍了 CPU 缓存对整个计算机系统性能的影响。《量化研究方法》很注重介绍多层次储存，同时也介绍了多核心处理器的一致性问题。

CMU 的《深入理解计算机系统》[15] 也详细介绍了缓存，而且指导怎样利用缓存编写高性能程序。并且 CS:APP 介绍了用来实现缓存的器件——SRAM 芯片。

除此以外，Jacob 的 *Memory systems: cache, DRAM, disk* 依然是储存系统的重要参考书，它对高速缓存的介绍是很全面的，包括多层次储存、逻辑结构、一致性问题等。

第 2 部分

系统与应用的对话

第 5 章 虚拟与物理的内存

我们在第一部分花了很多时间介绍冯·诺依曼体系结构，讨论了一个计算机系统要怎样执行一条程序指令：我们需要内存存储**程序指令代码**、**运行栈**，需要**程序计数器**保存指令的地址，需要各种各样的**寄存器**来存储必要的数据，需要ALU进行算术逻辑运算。

在前 4 章，电子科学家向计算机科学家传授了很多知识。在这一章，计算机科学家要反过来向电子科学家教授知识了。我们从虚拟内存开始，讨论怎样同时运行多道程序。

5.1 从源代码到进程

电子科学家："计算机科学家啊，我还有很多知识可以告诉你，不过那些知识是具体的电路，你应该不会感兴趣。"

计算机科学家："没错，那些太底层了。现在，我们开始考虑怎样同时运行多道程序。这里面最突出的一个问题是怎样去管理内存，也就是虚拟内存系统。"

电子科学家："看来你想要教导我了。不过到目前为止，我们依然不了解整个程序运行的全貌。为了更清楚地理解虚拟内存，我们有必要先大概了解 C 语言程序源代码要经过哪些步骤，最后才能在计算机系统中运行。"

计算机科学家："行，那我们就从二进制的可执行文件开始说吧。"

5.1.1 编译源文件

计算机科学家："我们从一个最简单的 C 语言程序开始，HelloWorld.c，见代码 5.1。这几乎已经成为一个事实上的标准——每一个初学 C 语言的程序员都会在键盘上敲下这样一个程序。"

代码 5.1 /vmem/HelloWorld.c

```c
#include <stdio.h>
int main(int argc, const char *argv)
{
    printf("Hello World!\n");
    return 0;
}
```

电子科学家："很好，那么你想向我说明什么？"

计算机科学家："我想说的是，一个 C 语言程序怎样从文本变成可执行文件，再被加载进内存，然后执行。"

电子科学家："明白了，那你开始吧。"

计算机科学家继续："代码 5.1 文件的后缀名虽然是'.c'，但它其实只是一个简单的文本文件而已。我们用 hexedit 工具打开这个文件，看到的也只是一串 ASCII 字符而已（可以按 Ctrl + X 快捷键退出 hexedit）。"

```
>_                                                          Linux Terminal

> hexedit ./HelloWorld.c
00000000   23 69 6E 63  6C 75 64 65  20 3C 73 74  64 69 6F 2E  #include <stdio.
00000010   68 3E 0D 0A  69 6E 74 20  6D 61 69 6E  28 69 6E 74  h>..int main(int
00000020   20 61 72 67  63 2C 20 63  6F 6E 73 74  20 63 68 61   argc, const cha
00000030   72 20 2A 61  72 67 76 29  0D 0A 7B 0D  0A 20 20 20  r *argv)..{..
00000040   20 70 72 69  6E 74 66 28  22 48 65 6C  6C 6F 20 57   printf("Hello W
00000050   6F 72 6C 64  21 5C 6E 22  29 3B 0D 0A  20 20 20 20  orld!\n");..
00000060   72 65 74 75  72 6E 20 30  3B 0D 0A 7D               return 0;..}
```

他继续："通过 gcc 编译器，我们可以把这个纯文本的源文件变成一个二进制文件。当然，不同的编译器编译的结果在细节上可能有所不同，但总体上是差不多的。我们用 gcc 进行编译，同时与 Linux 上的 C 语言标准库进行链接。"

```
>_                                                          Linux Terminal

> gcc ./HelloWorld.c -o Hello
```

计算机科学家："这样生成的二进制文件被称为**可执行与可链接格式**（Executable and Linkable Format，ELF）文件，简称ELF文件。"

电子科学家："所以 ELF 文件在本质上已经与 C 语言的源文件不同了，对吗？它包含程序指令，CPU 就是读取这些指令，然后在冯·诺依曼机器上执行的。"

计算机科学家："没错。如果我们用 32 位 RISC-V 的编译器进行编译，那么 Hello 就包含 RSIC-V 指令。如果在普通的 64 位家用计算机上编译，通常是 x86-64 的计算机，所得到的就是 x86-64 的指令。在这里，我仍然用 RSIC-V 架构来演示。"

他继续说："我们可以用 readelf 或 objdump 工具来检查 ELF 文件的内容。如图 5.1 所示，整个程序文件其实由若干个**段**（Segment）或**节**（Section）构成。在考虑**链接**时，我们一般称'节'，这时 ELF 文件尚未经过链接，尚不可以直接执行。在考虑**执行**时，我们一般称'段'，此时 ELF 文件已经可以被加载到内存中执行了。我们这里主要讨论链接以后，因此称'段'。"

电子科学家："这只是名称上的不同？"

计算机科学家："其实有一些细微的差别，但我觉得你可以忽略掉，就当作'只是名称上的不同'就好。"

在文件开头，存放的是ELF **文件首部**（ELF Header），其中记录了一些元数据，包括**魔数**（Magic Number），用来表示文件类型；二进制的编码格式，大/小端机；操作系统；可执行的计算机体系结构等。

计算机科学家："其中，对我们而言，最重要的是 3 个字段：(1) 整个程序第一条指令的位置，即**入口地址**（Entry Point Address），为虚拟地址 `0x100dc`；（2）程序头表（Program Header），用来记录加载到内存中的段信息；（3）节头表（Section Headers），用来记录其他节/段的位置。”

电子科学家：“那是怎么找到这些表的呢？要知道，计算机拿到这个可执行文件，其实能知道的唯一信息就是它的大小，以及它在磁盘上的起始地址。”

计算机科学：“没错，这就是 ELF Header 的作用。计算机可以比较 ELF Header 中的特殊字段，得知这是一个‘可执行文件’。然后就根据一张张‘表’去找到另一张张‘表’。(2)、(3) 两个表是通过它们的第一个字节相对文件开头的**偏置**（Offset）找到的。例如程序头表从整个文件的第 52 个字节开始，节头表从第 23 380 个字节开始。”

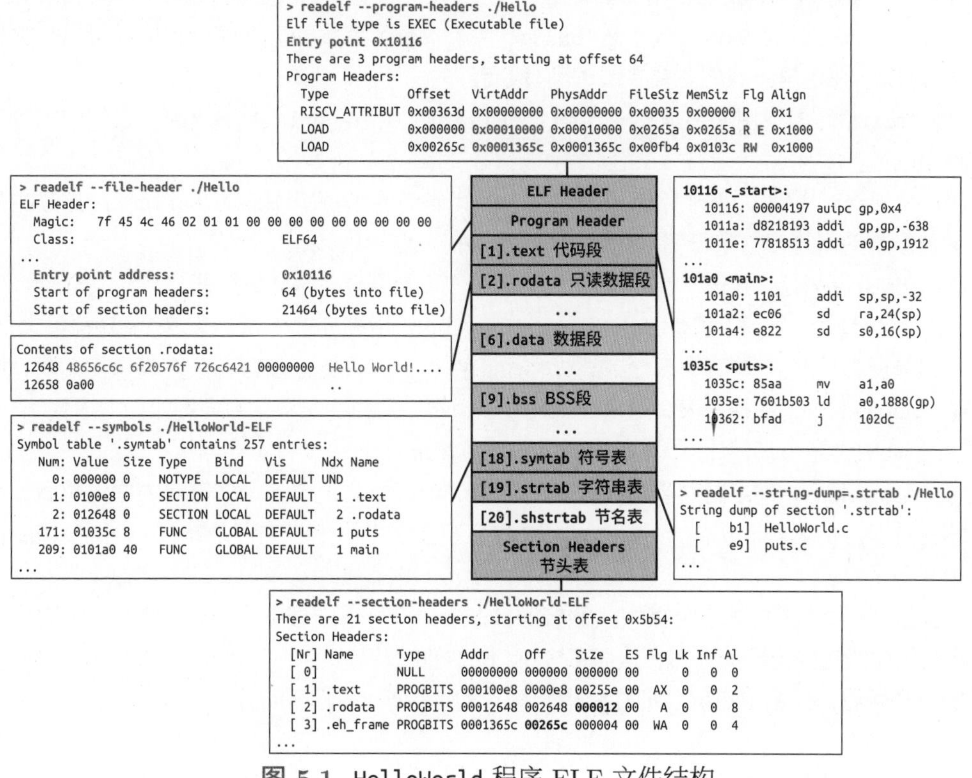

图 5.1 HelloWorld 程序 ELF 文件结构

5.1.2 链接 ELF 文件

计算机科学家：“**链接**（Link）分为两种，**静态链接**（Static Link）和**动态链接**（Dynamic Link），我主要介绍一下静态链接。”

他继续分析：“比如代码 5.1 中的 `printf()` 函数，其实是实现在其他文件中的。当编译代码 5.1 时，如果不进行链接（`gcc` 的`-c` 选项），我们将得到一个不含 `printf()` 函数指令的 ELF 文件。”

电子科学家问到：“哦？也就是说，`printf()` 函数的指令不在 ELF 文件中？”

计算机科学家打了一个响指：“没错！ELF 文件里其实没有 `printf()` 函数的指令。”

电子科学家：“那程序要怎么编译出来呢？之前大精灵介绍过的，过程调用需要把 `printf()` 函数的地址写成立即数，保存在 `jalr` 指令中。但如果没有 `printf()` 函数的指令，ELF 文件中的 jalr 指令要怎么设置呢?”

计算机科学家：“你偷听我和大精灵的对话！算了，无所谓了。链接的策略是这样的，对于所有调用 printf() 函数的地方，用一个临时的指针替代，就像是一个**占位符**（Place Holder）。”

电子科学家：“那也就是说，有其他的 ELF 文件中包含了 printf() 的指令。等找到这个 ELF 文件时，才能知道 printf() 函数的真正指令地址?”

计算机科学家：“是的，到那时再将临时替代的指针换成函数指令的真正地址，完成静态链接。在这个过程中，最重要的就是**节头表**、**符号表**（Symbol Table）和**重定位表**（Relocation Table）。在这里，我不介绍重定位表，只介绍一下节头表和符号表。”

如图 5.1 所示，节头表主要用来描述每一个节/段的位置，以及它们的属性。如.text 段，它所在的文件位置是偏置 0x94，大小是 0x35dc 字节。有了节头表，就可以定位到可执行文件中每一个节/段。在这里，我们主要关心的节/段有。

（1）.text 节/段：用来存放指令代码，如 main() 函数、printf() 函数，它们的指令都存放在这个区域；

（2）.rodata 节/段：用来存放只读数据。如代码中的字符串"Hello World!"，这其实是一段不会被修改的字符串（字符串常量），因此被保存在这一区域；

（3）.data 节/段：用来存放可读可写，并且已经被初始化的全局数据；

（4）.bss 节/段：全称为Block Started by Symbol，用来存放未初始化的全局数据。一般未初始化的数据都填写为 0，所以就没必要专门储存 0 了，只要记住有哪些变量未初始化就好；

（5）.symtab 节：即**符号表**，用来记录文件、函数、全局变量等信息。例如，主函数 main() 就是一个 FUNC 类型的符号，作为全局可见的符号被记录；

（6）.strtab 节：即**字符串表**，符号表中对每一个符号会记录一个字符串表中的位置，用来表示该符号对应的名称。例如，main() 函数的符号会在字符串表中记录"main" 字符串的位置，可以用来调试等。

计算机科学家：“在静态链接中，链接器 ld 根据符号表处理各个 ELF 文件之间的符号冲突，按照优先级选择正确的符号，从而各个 ELF 文件的‘节’合并为可执行文件中的‘段’。选择正确的符号后，根据重定位表把临时指向符号的指针修改为正确的符号地址。”

5.1.3 加载可执行文件

计算机科学家：“当我们用 gcc 编译器从源代码文件 HelloWorld.c 编译、链接得到可执行文件 Hello 后，我们便可以将 Hello 加载到内存，并且执行它。”

电子科学家：“啊？就这么简单?”

计算机科学家：“当然不是。实际上，在建立内存与程序文件之间的数据映射前，Linux 还有很多其他准备工作，但这里就不提了，我们忽略这些细节。”

电子科学家：“那你不忽略的是什么?”

计算机科学家：“这些过程主要依赖**程序头表**，程序头表主要记录的是程序要运行时，加载到内存中的信息。如图 5.1 所示，我们主要关心后两个表项。”

一个虚拟地址为 0x00010000，大小是 0x265a，标志位是 RE。这表示从文件起始位置开始，偏置范围为 0x000000（Offset）到 0x000000 + 0x265a = 0x265a（Offset + FileSiz）的

数据，当程序开始运行时，全部被加载到内存中。这部分数据对应的虚拟地址是 0x00010000 到 0x00010000 + 0x265a = 0x0001265a（VirtAddr + MemSiz），并且这部分内存的权限是**可读可执行**（Flg = R E）。因此，这部分数据其实对应的是.text 与.rodata，也就是程序的**指令代码**和**只读数据**。

另一个虚拟地址为 0x0001365c，大小是 0x103c，标志位是 RW。这表示从文件起始位置开始，偏置范围为 0x00265c（Offset）到 0x00265c + 0xfb4 = 3610（Offset + FileSiz）的数据，当程序开始运行时，全部被加载到内存中。这部分数据对应的虚拟地址是 0x0001365c 到 0x0001365c + 0x103c = 0x00014698（VirtAddr + MemSiz），并且这部分内存的权限是**可读可写**（Flg = RW）。因此，这部分数据其实对应的是.data 与.bss 等，也就是程序的**已初始化的数据**和**未初始化的数据**。

计算机科学家提醒："注意，由于.bss 段加载到内存以后是要分配值为 0 的内存的，所以 FileSiz 与 MemSiz 不一致。上述过程如图 5.2 所示。"

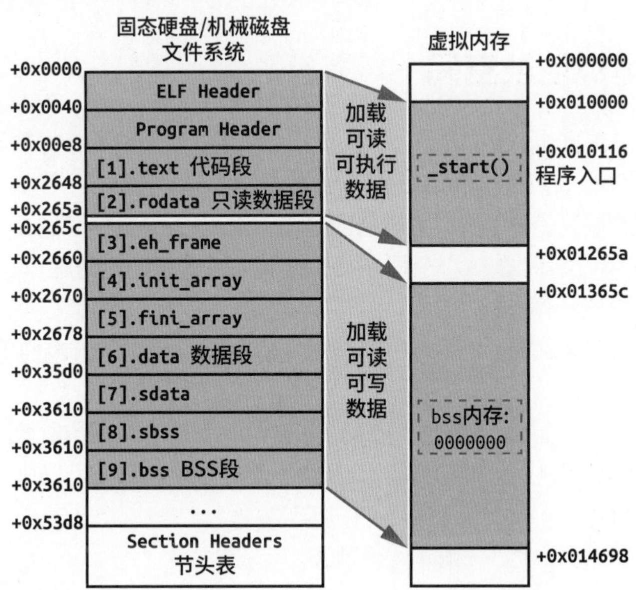

图 5.2 Program Header 所描述的加载过程

计算机科学："在这其中，符号表、字符串表、节头表都不会被加载到内存中，而.text、.rodata、.data、.bss 段则会被加载进内存，用于程序的执行。"

电子科学家："真的要把数据从文件中拷贝到内存吗？这实在是太浪费时间了。我感觉我平时执行程序没有这么慢的。"

计算机科学家："是的，这是一个可以优化的地方。举一个例子，假如.rodata 段中有一个字符串，要在程序运行很久以后才会被访问。这样一来，就没必要在程序刚加载的时候便拷贝数据。"

电子科学家："没错，这样合理很多。"

计算机科学家："Linux 采用的就是这样的'懒惰'策略——只使用 mmap() 系统调用先建立映射，将虚拟内存 [0x010000 : 0x01265a)（左闭右开区间）映射为程序文件的 [0x0000 :

0x265a)，虚拟内存 [0x01365c : 0x014698) 映射为程序文件的 [0x265c : 0x3610)，但是不拷贝数据；只有当程序真正访问这一段虚拟内存时，才从硬盘上拷贝数据进内存。这种策略也被称为'**按需加载**'（Demand Loading），之后讲**页表映射**时我们还会讨论。"

电子科学家："那建立虚拟内存与程序文件的地址映射后，再将程序计数器 pc 的值设置为虚拟地址 0x10116，那么 CPU 就会从程序的第一条指令开始执行整个程序了。"

计算机科学家："是的。一个程序被 CPU 执行指令，访问内存，我们称这样处于**运行时**（run time）的程序为一个**进程**（process）。一个进程是程序在'运行时'的抽象，包含运行时所需要的一切资源——程序计数器、寄存器、ALU、物理内存上的.text 段、.rodata 段、.data 段、.bss 段、堆、栈等。"

计算机科学家兴奋道："进程是整个计算机科学中最深刻的抽象之一，有了'进程'的概念，程序员就能够管理计算资源。进程拥有实实在在的数据结构，具体参见第 6 章。"

电子科学家："行，我等着第 6 章再和你讨论这个话题。"

5.2 进程的虚拟地址空间

计算机科学家："在第 3.3 节的图 3.4 中，我和数学家（主要是我指导数学家）一致认为，程序在运行时需要一个栈，用来存放局部变量、函数调用关系等。"

电子科学家："嗯嗯，我相信你。那现在我们也在图 5.2 中看到了.text 段、.data 段这些数据怎样被映射在内存里。那么，一个程序在运行时，或者说一个**进程**，它的虚拟地址上有哪些数据呢？这些数据又来自哪里呢？"

计算机科学："如图 5.3 所示，运行中的进程主要有.text 段、.rodata 段、.data 段、.bss 段、堆、内存映射、栈等。"

他继续：".text、.rodata、.data、.bss 这几个段我们已经介绍过了，它们都是从程序文件中加载到内存的数据。其中，.text 段、.rodata 段是只读数据，可以执行；.data 段、.bss 段可读可写，不可执行。"

电子科学家："有点乱，你一一解释一下吧。"

5.2.1 按页（4096）对齐

在程序文件中，可读可执行段及可读可写段是连续的。但加载到内存以后，这两个区域却不再连续了，而它们之间的内存也没有任何作用。这是因为运行中的内存按照 4096 字节进行**分页**（Paging），从虚拟地址 0x0 开始，每 4096 字节为一个虚拟内存页。而内存的可读、可写、可执行权限是按照内存页的粒度决定的。也就是说，如果某一个内存页不可写，那么这个内存页中的每一个字节都不可写。

电子科学家："那这么说，'只读'和'可读可写'两种数据必须在不同的内存页上？"

计算机科学："没错。举个例子，如图 5.2 所示，'只读'在文件中的范围是 [0x0000 : 0x265a)，对应的虚拟内存范围是 [0x010000 : 0x01265a)。这一片虚拟内存位于第 $\left\lfloor \frac{\texttt{0x010000}}{4096} \right\rfloor = 16$ 页（向下取整）到第 $\left\lfloor \frac{\texttt{0x01265a}}{4096} \right\rfloor = 18$ 页之间——[16 : 18]"。

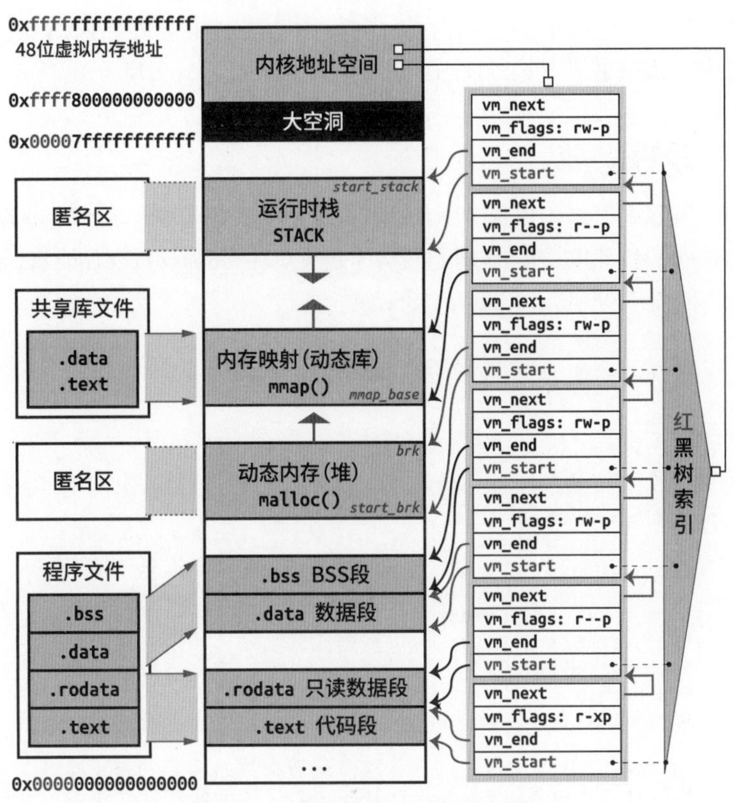

图 5.3　进程的用户态地址空间

电子科学家指出:"而'可读可写'在程序文件中紧接着'只读',但在虚拟地址上却分开了,范围是 [0x01365c : 0x014698),对应第 $\left\lfloor \frac{\texttt{0x01365c}}{4096} \right\rfloor = 19$ 页到第 $\left\lfloor \frac{\texttt{0x014698}}{4096} \right\rfloor = 20$ 页——[19 : 20]。"

计算机科学家总结道:"它们的虚拟地址可能不连续,但虚拟页是连续的。"

5.2.2 文件备份与匿名

除了.text、.rodata、.data、.bss 这几个区域外,还有一些区域是从文件中加载的,包括**共享目标文件**(Shared Object File)。如 libc.so,这种共享的目标文件是通过 mmap() 系统调用加载到进程的内存中的,以**动态链接**的方式被进程使用,并且通过页表的机制与其他进程同时使用。

电子科学家:"我懂了,这里是可以优化的。因为 libc.so 包含自己的.text 只读代码段,所以没必要让每一个进程都加载一份只读数据。所有进程都用同一份只读数据就可以了,这样能够节省内存。"

不论是从程序本身加载到内存的区域,或是通过 mmap() 加载到内存并被共享的内存区域,这些内存区域背后都有一个文件支撑。因此它们被称为**文件背景区域**(File-Backed Virtual Memory Area)。

计算机科学家:"一旦这一类内存出现任何问题,直接从文件中再加载一次数据即可。"

与之相对地，堆、栈这两种数据只存在于内存之中，没有任何文件在其背后支撑。因此，这一类内存区域被称为**匿名区域**（Anonymous Virutal Memory Area）。

5.2.3 堆、内存映射、栈

堆、内存映射、栈这些区域可以通过结构体 `vmem_t` 标记，见代码 5.2。结构体的内存被分配在内核空间中。在 Linux 中，起到同样作用的结构体是头文件 `source/include/linux/mm_types.h` 中的 `mm_struct`，意思是“Main Memory Struct”。

代码 5.2 /vmem/Vmem.h

```
#ifndef _VMEM_H
#define _VMEM_H
#include <stdint.h>
#include "code/rbt/VMA.h"

typedef struct VMEM_STRUCT
{
    uint64_t pgd;                        // 第一级页表的物理页号

    uint64_t start_code, end_code;       // 代码段的起始、结束虚拟地址
    uint64_t start_data, end_data;       // 数据段的起始、结束虚拟地址
    uint64_t start_brk, brk;             // 动态内存的起始、结束虚拟地址
    uint64_t mmap_base;                  // 内存映射的基地址
    uint64_t start_stack;                // 栈的起始地址（高地址）

    uint64_t arg_start, arg_end;         // 程序运行参数的起始、结束地址
    uint64_t env_start, env_end;         // 程序运行环境的起始、结束地址

    vma_t *vm_areas;                     // Virtual Memory Area链表
} vmem_t;
#endif
```

堆的起始地址是 `vmem_t.start_brk`，结束地址是 `vmem_t.brk`，这段内存可读、可写。是用户程序通过调用 `malloc()` 函数分配的内存。当空闲内存不够时，`brk` 指针会向高地址增长，为堆分配更多的空间。

内存映射的起始地址是 `vmem_t.mmap_base`。当调用 `mmap()` 函数，要为新的文件建立内存映射时，Linux 会查找可用的虚拟内存，然后向高地址增长，分配空间。

栈的起始地址是 `vmem_t.start_stack`，结束地址是栈指针寄存器 `sp` 所保存的虚拟地址。为了防范恶意攻击，起始地址 `start_stack` 一般是随机选取的。

5.2.4 VM Area Struct

计算机科学家：“Linux 用 `vm_area_struct`（VMA）这个结构体来描述地址空间，我们则用第 7 章中的代码 7.2 来近似。”

电子科学家：“你这扯得有点远了，第 7 章是你和数学家的对话，我怎么知道你们说了什么。”

计算机科学家：“你往后翻翻不就看到了，大概看一下，看完了再回到这一页来。”

计算机科学家等电子科学家看完代码 7.2，说：“刚才我们已经提过，整个地址空间被划分为不同的区域，每一个区域都由若干 4096 字节的‘内存页’组成。Linux 用 `vm_area_struct`

表示每一个区域，并且把它们当作链表一样连接起来，如图 5.3 所示。”

每一个区域都有一个对应的 `vm_area_struct` 结构体，用来描述这个区域的起始虚拟地址（`vm_start`）、结束虚拟地址（`vm_end`），以及指向下一个区域的指针（`vm_next`）。这些结构体被储存在内存上，它们的虚拟地址储存在内核空间里。

在同一个区域中，每一处字节都具有相同的性质：可读（`r`）、可写（`w`）、可执行（`x`）、私有（`p`），这些性质由 `vm_flags` 记录。如标记为 `r-xp`，表示这个区域的数据是进程私有的，并且数据可读、可执行；`rw-p` 表示可读、可写、私有。

不仅如此，`vm_area_struct` 还会记录这块区域是“匿名”还是“文件映射”。如果是匿名区，会记录匿名区的相关信息。如果是文件映射，则有指针指向对应的文件描述符。

电子科学家：“这就是你让我先看第 7 章中的代码 7.2 的原因吗，这是用链表组织的结构体，使我们只能按顺序访问。”

计算机科学家：“是的，例如要查找和栈有关的结构体，我们不得不从代码段开始，通过 `vma_t.next` 或 `vm_area_struct.vm_next` 指针向后查找。如果程序加载了多个共享库，那么 `mmap` 部分的结构体可能会非常多，这样一来就要花费很多时间。”

他继续：“因此，Linux 给 `vm_area_struct` 增加了一个**红黑树**（Red Black Tree）。红黑树是一种平衡的二叉搜索树，在这里，红黑树以 `vm_start` 作为索引值，就可以根据虚拟地址在 $O(\log(N))$ 时间内找到对应的结构体。”

但计算机科学家特别提醒：“不过，Linux 正在使用另一种数据结构。新的 Linux 内核代码正在用**枫树**（Maple Tree）去替代红黑树，作为 VMA 的索引。”

电子科学家：“所以说，每一个进程只能访问这些区域内的内存地址，访问其他内存都是非法的，是吗?”

计算机科学家：“是的。这告诉我们：在虚拟内存上，进程的内存访问一定集中在几个区域。而整个虚拟内存空间上，有很多内存是用不到的，呈现一种稀疏性。这种特性才使得我们能够使用页表来做虚拟地址的映射。”

5.2.5 用户空间与内核空间

计算机科学家：“最后，我们来看一下虚拟地址怎样划分**用户空间**（User Space）与**内核空间**（Kernel Space）。”

RISC-V 中虚拟地址可以选择不同的长度，目前有 32、39、48、57 位。我们考虑 48 位虚拟地址的情况（Sv48），因为它用了经典的四级页表结构。Sv32 是二级页表，Sv39 是三级页表，Sv57 是五级页表。

Sv48 规定：最高的 17 位必须是 $\texttt{0x00000}_{17}$ 或者 $\texttt{0x1ffff}_{17}$。因此，整个 2^{64} 字节的地址空间被划分为两片区域，一片是 `0x0000000000000000`～`0x00007fffffffffff`，另一片是 `0xffff800000000000`～`0xffffffffffffffff`。这两片空间的大小都是 128 TB。其中，低地址的部分称为**用户空间**，高地址的部分称为**内核空间**。

电子科学家：“那居于中间的地址呢？它们代表什么?”

计算机科学家一脸神秘莫测：“在用户空间与内核空间之间的，则是一个巨大的空洞，大小大约是 16TB。”

电子科学家困惑道："空洞?"

计算机科学肯定："没错，空洞。这一段地址没有任何作用，在 Sv48 的规定下，是非法的内存地址。"

用户空间主要用来存放用户数据，也就是图 5.3 中所列举的数据。而内核空间的访问是受限的，只有当 CPU 处于一定的**特权模式**（Privileged Mode）时，才可以访问内核空间的内存。

计算机科学家："打一个比方，用户空间就像是一个工厂的生产环境，应用程序就像是雇员，在生产环境中工作。而内核空间就像是雇主的办公室，只有雇主才可以进入办公室，从而管理雇员的行为。"

sstatus 寄存器保存特权级别

CPU 当前是否处于特权模式，由控制寄存器 `sstatus` 保存。在 CPU 中，除了有 `x0`～`x31` 这样的通用寄存器外，还有一种特殊的**控制与状态寄存器**（Control and Status Registers，CSR）。在 CSR 中，有一个**监管者状态寄存器**（Supervisor Status Register），即 `sstatus`，由它保存当前 CPU 是否处于**"监管者"**（Supervisor）的特权级别。当 CPU 处于**"监管者模式"**（Supervisor Mode，S-Mode）时，也就是我们常说的"内核态"；处于**"用户模式"**（User Mode，U-Mode）时，也就是我们常说的"用户态"。

计算机科学家："内核空间的内存主要用来管理进程的运行，例如，分配我们刚才介绍的 `vm_area_struct/vma_t` 链表、红黑树、`mm_struct/vmem_t` 内存。当进程要与一个共享库进行动态链接时，要把 CPU 切换到特权模式，执行操作系统内核的指令，新增 `vm_area_struct/vma_t`。这部分工作完成以后，再退出特权模式，执行用户程序的指令。"

电子科学家："那内核的权限是非常大的。"

计算机科学家："没错，因此内核空间的内存是绝对不能暴露给用户程序的，一定要通过特权模式保护起来。否则我们甚至可以自己写一个程序，去修改自己的地址空间了。这是极其危险的，这样一来，黑客可以轻而易举地通过一个普通的程序获得所有其他进程的信息，窃取银行卡密码更是不在话下。"

5.3 多级页表：虚拟地址映射

电子科学家："内存除了 DRAM 芯片外，还真是复杂啊。"

计算机科学家："你说得对。有了这些思想，我们甚至不需要 DRAM，而可以把任何可读写、可寻址的介质当作内存来用，只不过运行效率可能会降低很多。嘿嘿，到那时候，我可就用不着你的帮助了。"

电子科学家充耳不闻："别跑题了，还是讲讲页表吧。"

计算机科学家："行。到此为止，我们终于可以开始讨论虚拟内存的映射——页表。这是通过操作系统（软件）与处理器（硬件）协调工作，才得以实现的。"

他说："我们来回顾一下为什么需要一个映射，将虚拟地址转换为物理地址。在 5.1 节中，我们了解了 ELF 文件的格式。在 5.2 节中，我们了解了进程在执行时，它的虚拟地址空间是怎样的。特别重要的是，我们得知了 ELF 文件中的`.text`、`.rodata`、`.data`、`.bss` 等段是怎样被映射到地址空间中的。但问题是，为什么是虚拟地址，而不是物理地址？”

电子科学家点头：“没错，将上面故事里的‘虚拟地址空间’换成‘物理地址空间’，看起来毫无违和感。”

计算机科学家接腔：“我们甚至可以要求 ELF 中所有地址都是物理地址，并且 CPU 直接按照物理地址执行。”

电子科学家：“实际上，在**虚拟内存**（Virtual Memory）这项技术被提出之前，计算机确实是这么工作的。在大部分单片机上，也是直接使用物理地址的。”

计算机科学家：“回顾历史，第一个真正实现的虚拟内存的技术来自 1962 年的 Atlas 计算机项目，由 Tom Kilburn 等计算机科学家提出，并且深刻地影响了此后所有的计算机系统，直到如今仍深受其益。在此之前，程序员们都为特定的计算机编写程序，分配内存。比如我和你一起在实验室里使用计算机，我们知道这台计算机有 4GB 的内存，那么，我们两个就要商定 0~2 GB 的内存由我使用，2~4 GB 的内存由你使用，并且为此特地编写程序。我编写出来的程序，在 2~4 GB 的内存上是无法运行的，你编写的程序也没办法在 0~2 GB 的内存上运行。”

电子科学家：“这样确实挺麻烦的，实际上我写单片机程序也有这样的感觉，换一个机器可能就要修改很多代码。”

计算机科学家：“虚拟内存技术改变了这一状况。虚拟内存在‘写进程序中的地址’和‘物理地址’之间增加了一个‘映射的中间层’，解开了两者的耦合。”

他兴奋起来：“这也是整个计算机科学范围内最重要的思想——如果我们无法控制和解决一个计算机系统的问题，就添加中间层，在中间层上加以控制。而在硬件上，负责这一项工作的是 CPU 中的**内存管理单元**（Memory Management Unit，MMU）。”

计算机科学家比喻：“可以把运行中的程序想象为一个挑剔的食客老饕。只有整个餐厅空空荡荡，所有服务员都为他一人服务时，他才情愿动筷。增加了‘映射的中间层’后，计算机系统便给这位食客营造了一种‘**幻觉**’，仿佛 CPU 上只有一个程序在运行，仿佛有 2^{48} 字节的内存可供使用，仿佛只有这一个程序独占了所有内存。这个幻觉是通过寄存器实现的。我们把虚拟地址写进 `pc, x0, x1, ..., x31` 里，便让 CPU 中每一个电路的计算都依托在虚拟内存之上了。”

电子科学家恍然，顺着这个比喻：“实际上，这个自大的食客是与其他人一起拼桌就餐的。CPU 同时运行多道程序，提供给这个进程的物理内存也寒酸很多。但在进程自身的幻觉中，仍然以为自己独占了一切资源。”

计算机科学家点头：“这就是一个计算机系统餐厅的待客之道。”

计算机科学家：“如图 5.4 所示，这里列出了本书介绍的关于虚拟内存的主要部分，这一章节可以说都围绕着图 5.4 展开，我们需要时不时回头来看这张图，看看这项技术是怎样实现的。”

5.3.1 虚拟页与物理页

电子科学家：“‘中间层’的这个概念很容易接受，但是我们需要一个怎样的‘中间层’还有待讨论。不如我们先想一想，地址翻译应该具有怎样的性质。”

计算机科学家：“好呀好呀。我觉得归根结底就是一个性质——**局部性**。虚拟地址到物理地址的映射必须兼顾程序的局部性原理。例如，我们有一个数组，`int a[16]`，那么 `&a[0]`，`&a[1]`，

..., &a[15] 这些虚拟地址必须在物理地址上连续，才能维护程序的局部性。把 &a[0] 映射为物理地址 0x0，&a[1] 映射为 4 GB−1，&a[2] 映射为 2 GB，这样的映射是没有意义的，因为没办法有效地利用高速缓存。”

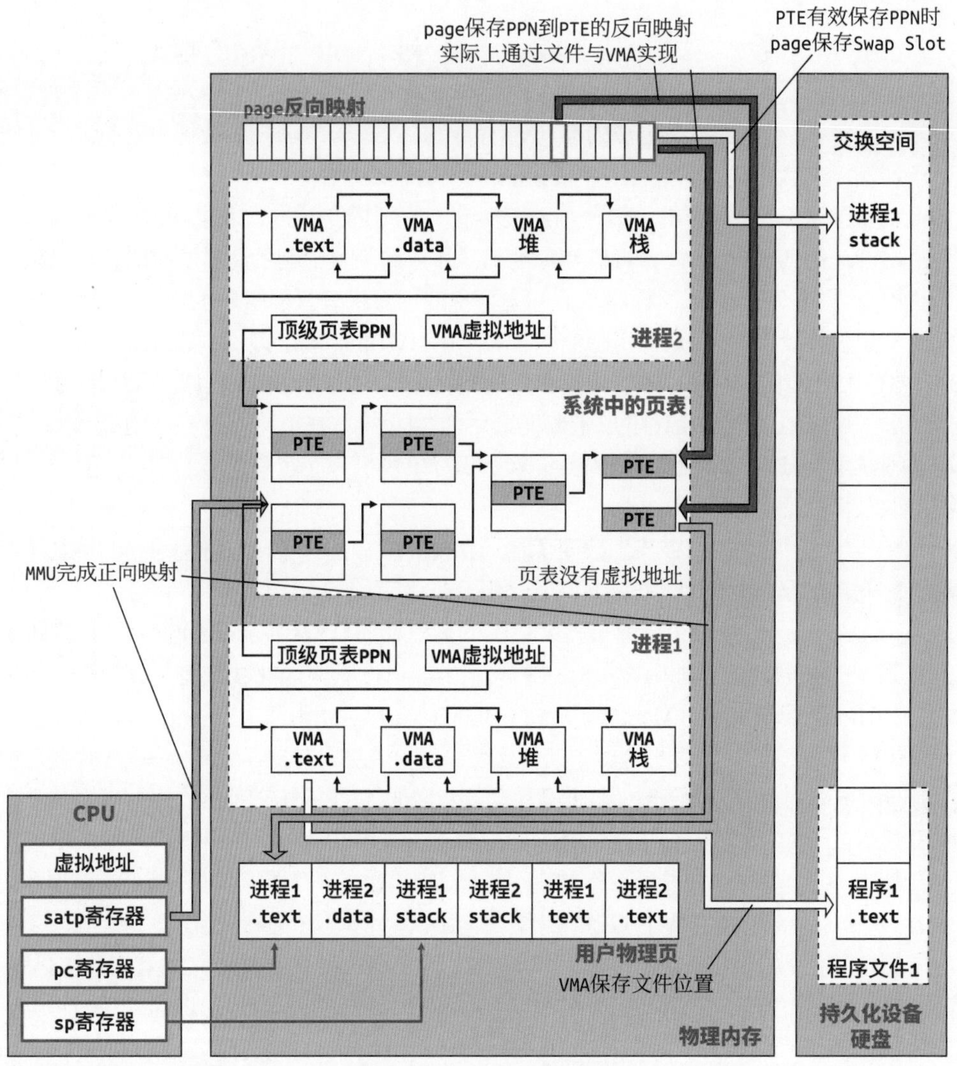

图 5.4 虚拟内存系统

电子科学家点头赞同：“因此，地址映射其实是以**页**（Page）为粒度的。”

计算机科学家：“对。一个常见的页大小是 4096(2^{12}) 字节，也就是 4 KB。当然，计算机系统也可以使用其他大小的页，如 16 KB、32 KB，甚至 64 KB，这也会给程序运行带来不同的影响。虚拟内存中有一个方向就是专门研究页的大小。但为了简单起见，我们设定一个页的大小是 4 KB。在一个页之内，数据的局部性得以维护。”

虚拟页和物理页的大小相同，一个 4 KB 虚拟页上的每一个数据，都对应相对位置的 4 KB 物理页上的数据。

计算机科学家："举一个例子，我们分配一个全局变量数组 `int a[2048]`，有 2 048 个 `int`，也就是 $2\,048 \times 4 = 4\,096 \times 2$ 字节，那么刚好占用两个虚拟页。假定起始虚拟地址 `&a[0]` 的低 12 位都是 `0`，也就是说刚好和一个页对齐，那么 `a` 数组就连续占据两个虚拟页，如图 5.5 所示。"

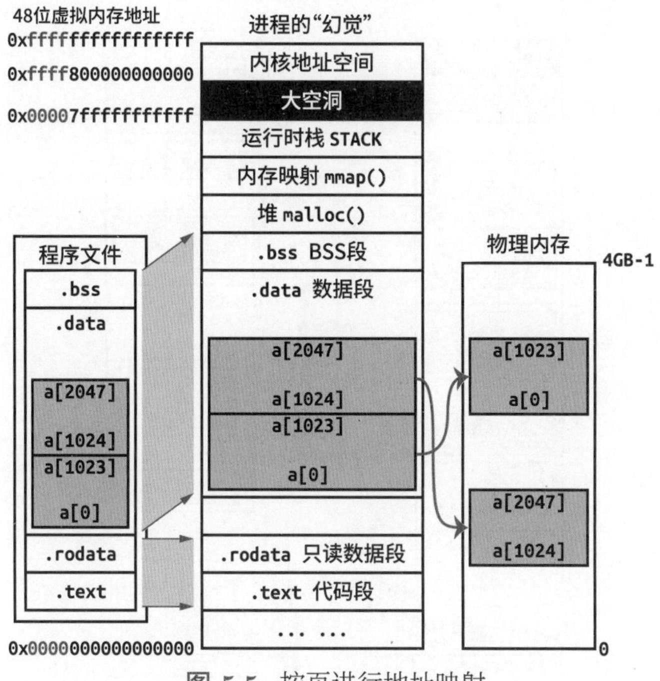

图 5.5　按页进行地址映射

5.3.2 页号

计算机科学家："按页进行地址映射、分配数据、维护局部性，我们称为**分页**（paging）。分页将整个虚拟地址空间分为自然数个虚拟页，也将整个物理内存分为自然数个物理页。"

电子科学家："这样一来，我们要维护的就是虚拟页到物理页的映射关系。"

计算机科学家："说得对！如图 5.6 所示，分页以后，我们可以按照顺序给每一个页编号。"

对于虚拟地址，这个编号称为**虚拟页号**（Virtual Page Number, VPN）。Sv48 中，VPN 的长度是 $48-12=36$。也就是说，64 位虚拟地址中的 `[12]` 到 `[47]` 这些比特构成了 VPN，长度是 36 位。其中，36 位 VPN 又被等分为 4 个 9 位的子 VPN，每一个子 VPN 用于一级页表，一共有四级页表。

对于物理地址，这个编号称为**物理页号**（Physical Page Number, PPN）。Sv48 中，PPN 的长度是 $56-12=44$。物理地址长 56 位，其中高 44 位是 PPN。

不论物理地址还是虚拟地址，低 12 位是页内查找 4096 个字节中的某一个字节的索引，叫做**页偏置**（page offset）。

计算机科学家："如图 5.7 所示，这张图更加清晰地向我们展示了虚拟地址中的 VPN，以及物理地址中的 PPN。需要特别说明的是，我们在5.2.5节中说过，处于特权模式时，CPU 可以访问内核态的虚拟地址，这些地址的高 17 位都是 `1`。而非特权模式时，CPU 只能访问用户态的虚拟地址，这些地址的高 17 位都是 0。因此，当我们看到 VPN 的最高位，也就是虚拟地址的 [47] 位，如果它是 0，则是用户态的地址；如果是 1，则是内核态的地址。”

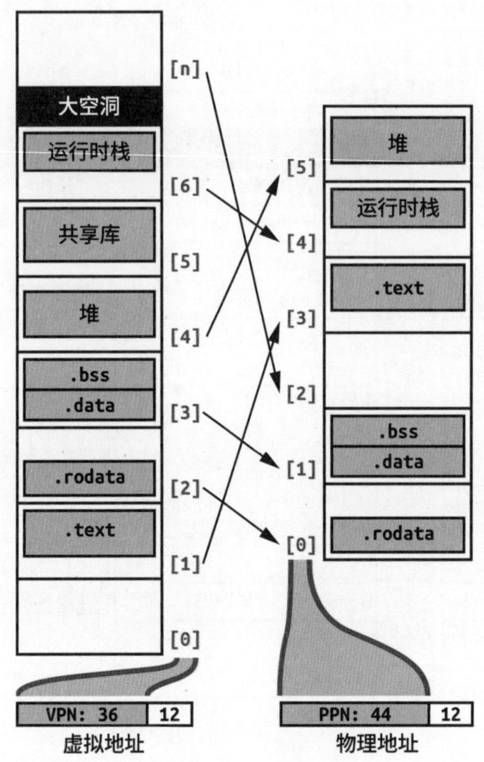

图 5.6 虚拟地址与物理地址中的页号

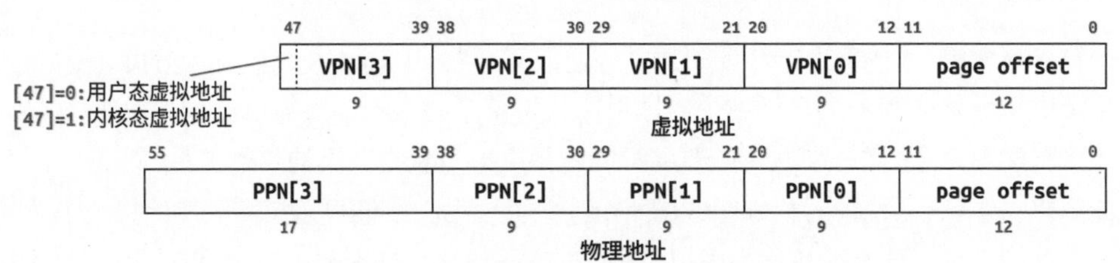

图 5.7 Sv48 虚拟地址与物理地址

而虚拟地址到物理地址的转换，所要维护的就是 VPN 到 PPN 的映射，由 MMU 完成。

5.3.3 四级页表

计算机科学家：“VPN 到 PPN 的转换，是通过页表实现的。在 Sv48 中，则是四级页表。”

电子科学家：“说了这么半天，那到底什么是页表呢？”

计算机科学家：“页表是一块大小为 4 KB 的内存，其中存放了 512 条记录，可以被 MMU 直接访问。在图 5.7 中，我们看到一个虚拟地址被分为 VPN 和 Page Offset，其中 Page Offset

大小是 12 位，用来定位一个页的 4 096 字节中的位置。而 VPN 被分为 4 段，每一段是一个 9 位的子 VPN。”

9 位的子 VPN 可以定位大小为 $2^9 = 512$ 的数组，这正是一个页表中的**页表项**（Page Table Entry，PTE）的数量。因此，每一条页表项的大小是 $\frac{4096}{2^9} = \frac{4096}{512} = 8$ 字节。

计算机科学家：“这个大小为 512 的 8 字节数组，可以看作一棵512 **叉树**。我们一共有 4 段 VPN，就限定 512 叉树的最大深度是 4。而 VPN[i] 就作为‘页表项数组’的索引，用来定位当前页表中的页表项，如图 5.8 所示。”

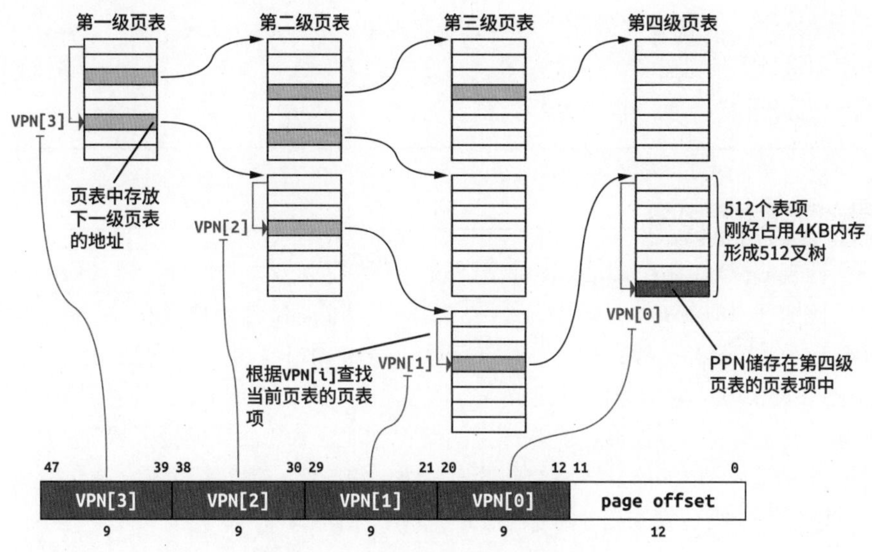

图 5.8　四级页表形成的 512 叉树

计算机科学家：“如图 5.8 所示，我们一共有四级页表，每一个表都是 4 KB、512 条页表项。对于第一级、第二级、第三级的页表，页表项会储存下一级页表的地址，从而形成 512 叉树。至于第四级页表，则不再储存下一级页表的地址（也没有下一级页表了），而储存 PPN 的值。”

电子科学家：“等等，页表直接存放在物理内存中，可以通过 PPN 找到页表。”

计算机科学家：“没错。”

电子科学家：“那我要怎么找到‘页表的物理页’呢？岂不是要再找一个页表，将页表的虚拟地址映射成物理地址？就像是‘先有鸡还是先有蛋’的问题一样。”

计算机科学家奇怪地看着他：“咦？我之前没说过吗？页表是没有虚拟地址的。也就是说，页表映射的结果不包含页表本身，计算机直接通过物理页号找到页表所在的物理内存。”

电子科学家：“你说了吗？我不记得了。那即便这样，也总得知道页表的物理页是多少吧。最少你得知道第一级页表的物理页号吧。”

计算机科学家：“这你不用担心了。系统启动时，操作系统在物理内存中选择一些物理页用来存放页表，第一级页表的物理页号也会被记录下来。而所有页表的所有叶子结点 PTE 的 PPN 里，都没有这些物理页的 PPN，也就不存在‘先有鸡还是先有蛋’的问题了。”

页表的代价

使用页表并非没有代价。我们来做一个简单的计算题。假如存在一个非常“狡猾”的进程，它从虚拟地址 `0` 开始，每隔 $2^{12} \times (1 + 2^9 + 2^{18})$ 访问一次虚拟内存，直到 `0xffffff8000000000`，一共需要 512 个虚拟页，对应 512 个物理页。但是，我们却需要 $(1+512+512+512)$ 个物理页用来存放相应的页表，页表占了内存的 $\frac{3}{4}$ 左右。这显然是我们不希望看到的情形。导致这种现象的原因，就是原程序的**局部性**特别差。这个“狡猾”的进程每隔 $2^{12} \times (1+2^9+2^{18})$ 访问一次虚拟内存，刚好使第一级页表的每一个 PTE 只使用一次，却需要额外三个物理页才能到第四级页表。理想情况下，如果进程连续使用虚拟地址，使 512 个虚拟页相邻，那么只需要 $(1+1+1+1)=4$ 个页表便足够了。因此，局部性对于页表映射是极其重要的。

第一级页表分为两半

还记得我们先前说过，64 位虚拟地址空间被一个大空洞分为两部分，以 $\texttt{0x1ffff}_{17}$ 开头的是内核空间，$\texttt{0x00000}_{17}$ 开头的是用户空间。从低 48 位的角度看，这两个空间由 `vaddr[47]` 区分，`vaddr[47] = 1` 为内核空间，`vaddr[47] = 0` 为用户空间。`vaddr[47]` 是 `vpn[3]` 的最高位，它把第一级页表整个分为两半：低 256 条 PTE 映射到用户空间的物理地址，高 256 条 PTE 映射到内核空间的物理地址。随后我们会了解到，内核空间其实是所有进程共享的，因此内核空间的第二级、第三级、第四级页表也是进程共享的，同时所有进程第一级页表的高 256 条 PTE 也彼此相同。

5.3.4 satp 寄存器

电子科学家：“那第一级页表的物理页号保存在哪里呢?”

计算机科学家：“那得你告诉我了。RISC-V 的 CPU 中有一个特殊的寄存器，`satp` 寄存器。”

电子科学家：“是的，全称**监管者地址转换与保护**（Supervisor Address Translation and Protection，SATP）寄存器。”

计算机科学家：“`satp` 寄存器和其他通用寄存器不同，它保存的不再是任何虚拟地址了，而会直接保存**第一级页表的物理页号**，即第一级页表的 PPN。由于页表一定是和页大小（4 KB）对齐的，因此就找到了第一级页表的起始物理地址，即 `satp.PPN * PAGESIZE`。”

如图 5.9 所示，`satp` 寄存器除了保存第一级页表的 PPN 外，还保存分页的模式（Sv39、Sv48、Sv57）`satp.MODE`。

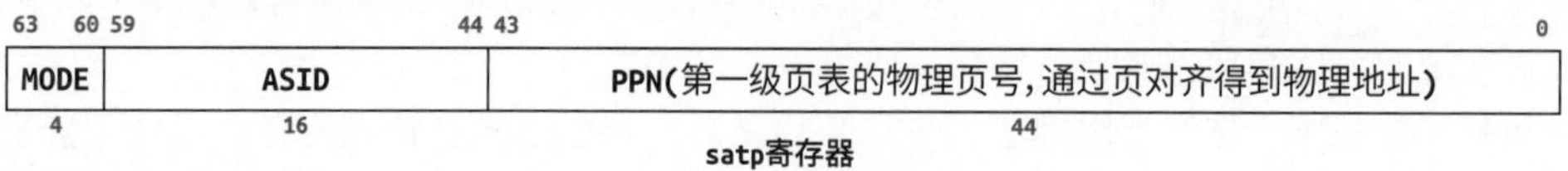

图 5.9 `satp` 寄存器

计算机科学家:“对于我们而言,知道 `satp.MODE` 是 Sv48 即可,至于**地址空间标识**(Address Space Identifier, ASID)`satp.ASID`,我们不必知道这一项的具体作用。总之,只需要 `satp.PPN`,MMU 就可以完成虚拟地址到物理地址的映射了。”

(1)根据 `satp.PPN`,MMU 找到第一级页表的起始物理地址:`satp.PPN * PAGESIZE`。

(2)根据 `VPN[3]`,MMU 查找对应的第一级页表项 `satp.PPN * PAGESIZE + VPN[3] * 8`。根据页表项中保存的地址,MMU 尝试找到第二级页表的物理地址。

(3)根据 `VPN[2]`,MMU 查找第二级页表的页表项,并且尝试找到第三级页表的物理地址。

(4)根据 `VPN[1]`,MMU 查找第三级页表的页表项,并且尝试找到第四级页表的物理地址。

(5)根据 `VPN[0]`,MMU 查找第四级页表的页表项,并且尝试找到第四级页表项中保存的物理地址页号 PPN。

如果查找一路顺利,MMU 也就找到了 PPN。把 PPN 和虚拟地址中的 page offset 拼到一起,便得到了对应的物理地址:`(PPN << 12) | (vaddr & 0xfff)`。

5.3.5 页表项

电子科学家:“那么,每一条 8 字节的页表项中保存了什么,使 MMU 可以查找下一级页表及 PPN 呢?”

计算机科学家:“这取决于 PTE 的结构,如图 5.10 所示,这是 Sv48 中页表项的格式。”

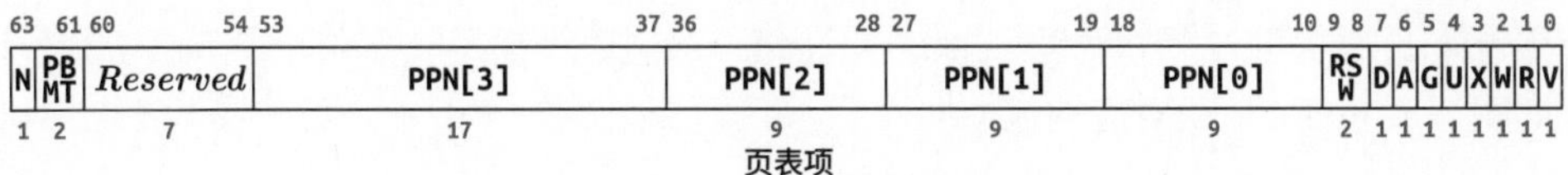

图 5.10 Sv48 的页表项

计算机科学家:“我只解释我们需要了解的几个字段/比特。”

电子科学家:“行,不然太多了,一时半会儿也讲不完。”

1. V 比特

`PTE[0]`,也就是 `V` 比特。这是一个标记位,用来标志这一行页表项是否有效。当 `V` 比特为 `1` 时,表示当前这一条 PTE 是有效的;而当 `V` 比特为 `0` 时,表示这一条 PTE 记录无效,如图 5.11 所示。

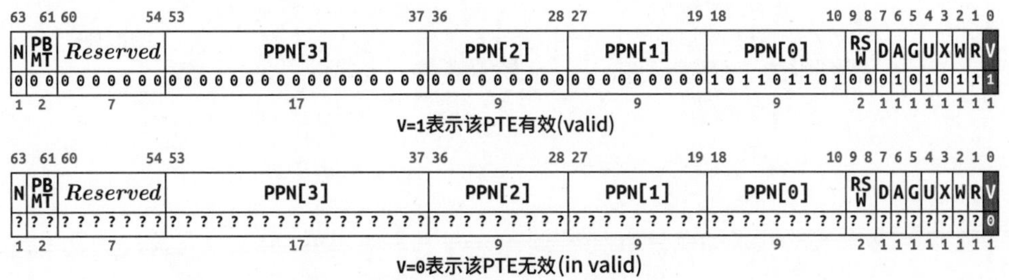

图 5.11 页表项中 V 比特的含义

从 512 叉树的角度来说，V 比特控制了当前结点的子树数量。如果全部 512 项 PTE 都是无效的，那么当前结点便没有任何子树。如果有 256 项有效，就有 256 棵子树；512 项都有效，就有 512 棵子树。

2. X/W/R 比特

接下来 X/W/R 三个比特表示虚拟页的权限。X 比特为 1，表示这一 PTE 所对应的虚拟页具有**可执行**的权限，为 0 则不可执行。W 表示**写**，R 表示**读**。如果三个比特都是 0，则表示当前是一个**中间结点**，PTE.PPN 指向下一级页表，否则是**叶子结点**，描述虚拟页的权限。X/W/R 三个比特的编码及含义见表 5.1。

表 5.1 页表项中 X/W/R 三个比特的编码及含义

X	W	R	含义
0	0	0	PTE.PPN 为指向下一级页表的指针
0	0	1	物理页 PTE.PPN 为只读权限，如.rodata
0	1	0	保留字段，暂无含义
0	1	1	物理页 PTE.PPN 可读可写，如.data
1	0	0	物理页 PTE.PPN 只可执行
1	0	1	物理页 PTE.PPN 可读可执行，如.text
1	1	0	保留字段，暂无含义
1	1	1	物理页 PTE.PPN 可读、可写、可执行

计算机科学家提醒："需要特别注意的是，每一级页表中都可能存在叶子节点 PTE，只不过不同的叶子结点 PTE 所对应的虚拟地址范围不同。如图 5.12 所示，第一级页表中的叶子结点 PTE 覆盖 $\frac{2^{36}}{512} = 2^{27}$ 个虚拟页，如果设置这一叶子结点 PTE 为 0/1/1，那么，从 PTE.PPN 到 PTE.PPN+2^{27} 这个范围内的虚拟页全部可读、可写。"

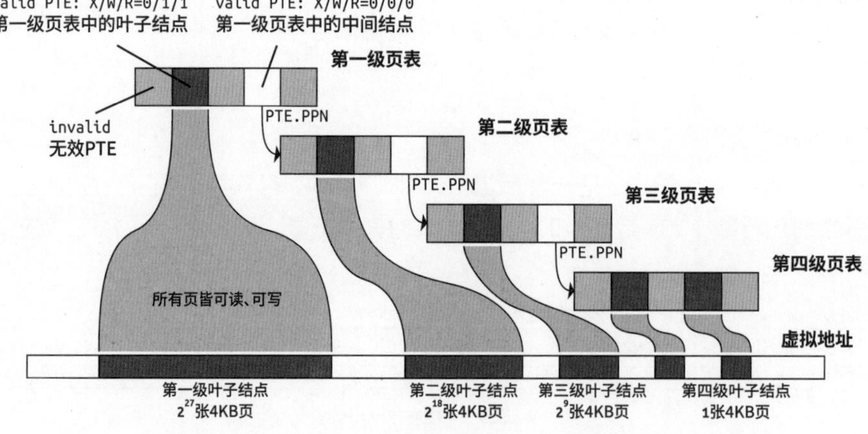

图 5.12 512 叉树中的叶子结点由 X/W/R 标志

同理，第二级页表的叶子结点 PTE 覆盖 $\frac{2^{27}}{512} = 2^{18}$ 个虚拟页，第三级页表的叶子结点 PTE 覆盖 $\frac{2^{18}}{512} = 2^9 = 512$ 个虚拟页，第四级页表的叶子结点 PTE 覆盖 $\frac{512}{512} = 1$ 个虚拟页。

如图 5.13 所示，图中列举了两种结点：中间结点中，三个比特都是 0、PTE.PPN、指向下一级页表所在的物理页号；叶子节点中，三个比特为 0、1、1，表示物理页 PTE.PPN 可读、可写、不可执行。

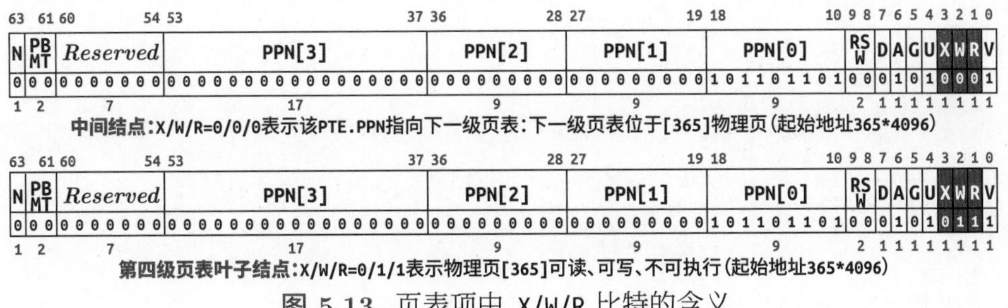

图 5.13　页表项中 X/W/R 比特的含义

3. A/D 比特

计算机科学家：“随后的 U 比特表示用户态时是否可以访问该物理页，G 比特表示全局映射（Global Mapping），Linux 用它标志**保护（Protection）**，但这些我们都不关心。RSW、PBMT、N、*Reserved* 这些保留给以后扩展使用，我们也不关心。”

电子科学家：“那 A 比特你得关心了吧。”

计算机科学家：“是的。A 比特是**访问比特**（Accessed Bit），只在叶子结点中有意义。A = 1 时表示自从上一次 A 被重置为 0 以后，VPN 虚拟页再次被读过，或是被写过。简单来说，只要相应的虚拟页被访问、引用，那么 MMU 就将 A 比特设置为 1。”

D 比特则比 A 比特更加严苛，它表示当前虚拟页是**“脏页”**（Dirty Page），即向其中写过数据。初始时，D 比特为 0，一旦向该 PTE 范围内的物理页写过数据，才把 D 比特设置为 1。

计算机科学家：“这两个比特和虚拟页的管理有关。让我们回忆图 5.3，每一个虚拟页都在一个虚拟内存区域 VMA 中，而每一个 VMA 或是对应硬盘上文件的一部分，或是对应一个匿名区。一旦物理内存不够用，系统需要把物理页中的数据清除，这个过程与高速缓存的 eviction 很相似。这时，我们就需要根据 D 比特判断是否真的要进行硬盘读写操作。”

5.3.6　地址翻译的过程

计算机科学家：“到现在为止，我们已经知道怎样进行虚拟地址到物理地址的转换了，让我们开始写代码吧。”

电子科学家：“这也可以写代码的吗？”

计算机科学家：“可以的哦。不过很遗憾，想要写一个完整的地址翻译模拟程序，还需要增加中断机制才行。这得到第 6 章讨论。在这里，与其说代码 5.3 是模拟程序，倒不如说它是一种**伪代码**。”

电子科学家：“伪代码就伪代码吧，先看看代码 5.3 在说什么。”

代码 5.3　/vmem/VA2PA.c

```
#include <stdio.h>
#include <stdlib.h>
```

```c
#include <stdint.h>
// 检查a中的m比特位是否被设置
#define SET(a, b)        ((a & b) != 0)
#define NSET(a, b)       ((a & b) == 0)
// 与页表有关的常量
#define PAGESIZE         (4096)
#define PTESIZE          (8)
#define PAGEOFFSET_LEN   (12)
#define VPN_LEN          (9)
// 从虚拟地址中提取字段的宏函数
#define VADDR_PAGEOFFSET(vaddr) (vaddr & (uint64_t)0xfff)
#define VADDR_VPN0(vaddr)       ((vaddr >> 12) & (uint64_t)0x1ff)
#define VADDR_VPN1(vaddr)       ((vaddr >> 21) & (uint64_t)0x1ff)
#define VADDR_VPN2(vaddr)       ((vaddr >> 30) & (uint64_t)0x1ff)
#define VADDR_VPN3(vaddr)       ((vaddr >> 39) & (uint64_t)0x1ff)
// 从页表项（PTE）中提取字段的宏函数
#define PTE_V            (1 << 0)
#define PTE_R            (1 << 1)
#define PTE_W            (1 << 2)
#define PTE_X            (1 << 3)
#define PTE_A            (1 << 6)
#define PTE_D            (1 << 7)
#define PTE_PPN(pte)     ((pte >> 10) & 0x00000fffffffffff)
// 从控制寄存器satp中提取字段的宏函数
#define SATP_PPN(satp)  (satp & 0x00000fffffffffff)
/* 触发页错误，陷入内核态，由内核处理页错误
 * ! 特别注意，作为模拟器，该函数应该调用一次，但不可以返回到调用处 !
 * 因此，可以使用setjmp/longjmp实现该函数。 */
extern void raise_pagefault(int access_type);
/// @brief Sv48虚拟地址到物理地址的转换
/// @param vaddr 48位虚拟地址的值
/// @param access_type 0 - Load; 1 - Store
/// @param satp 64位控制寄存器satp的值
/// @param pmem 模拟物理内存的指针，字节数组
/// @param pmem_size 物理内存的大小，字节数量
/// @return 翻译成功，返回对应的物理地址；失败，返回非法的物理地址
uint64_t va2pa_pagetable(uint64_t vaddr, int access_type, uint64_t satp,
    uint8_t *pmem, uint64_t pmem_size)
{
    uint64_t vpn[4] = {
        VADDR_VPN0(vaddr), VADDR_VPN1(vaddr),
        VADDR_VPN2(vaddr), VADDR_VPN3(vaddr) };
    uint64_t pt_paddr = SATP_PPN(satp) * PAGESIZE;
    uint64_t depth = 3, pte = 0, pte_paddr = 0, pte_xwr;
    // Page Walk
    while (depth >= 0)
    {
        pte_paddr = pt_paddr + vpn[depth] * PTESIZE;
        pte = *((uint64_t *)&pmem[pte_paddr]);
        // TODO: 物理内存访问(PMA)/保护(PMP)检查
        if (NSET(pte, PTE_V) || (NSET(pte, PTE_R) && SET(pte, PTE_W)))
        {
            // PTE无效，触发页错误
            raise_pagefault(access_type);
            // !注意! 模拟页错误raise_pagefault不会返回此处
        }
        else
        {
            // PTE有效
            if (NSET(pte, (PTE_X | PTE_W | PTE_R)))
            {
                // 叶子结点PTE
                // TODO: 根据mstatus检查访问权限，触发写时复制
                // TODO: PMA/PMP检查
                // 原子地（不可中断地）设置A/D比特
```

```
                if (NSET(pte, PTE_A) || (NSET(pte, PTE_D) && access_type == 1))
                {
                    // !注意，这里的代码并不具有原子性!
                    if (pte == *((uint64_t *)&pmem[pte_paddr]))
                    {
                    // PTE的值没有被修改过
                    // 如果其他L/S指令**并发地**对PTE进行访问，可能会修改A/D比特
                        pmem[pte_paddr + 6] = 1;
                        if (access_type == 1)
                            pmem[pte_paddr + 7] = 1;
                    }
                    else
                    {
                        // 其他L/S指令已经修改过PTE的值，需要重新求PTE
                        continue;
                    }
                }

                // 提取PTE.PPN，组成物理地址
                return (PTE_PPN(pte)<<PAGEOFFSET_LEN) | VADDR_PAGEOFFSET(vaddr);
            }
            else
            {
                // 中间结点PTE，通过PTE.PPN找到下一个页表的物理地址
                depth = depth - 1;
                if (depth < 0)
                {
                    // 第四级页表中的有效中间结点
                    raise_pagefault(access_type);
                }
                pt_paddr = PTE_PPN(pte) * PAGESIZE;
            }
        }
    }
    // 实际上不会执行到这里
    return 0;
}
```

在伪代码 5.3 中，`vaddr` 是等待翻译的虚拟地址，`access_type` 是地址翻译的类型（为了 Load 还是为了 Store 而进行地址翻译），`satp` 是 `satp` 寄存器的 64 位数值，`pmem` 是模拟物理内存的字节数组，`pmem_size` 是整个物理内存的大小。

计算机科学家：“最重要的就是第一级页表的物理页号了，这是一切的起点。”

电子科学家：“没错。”

计算机科学家：“那在进行地址翻译时，我们首先通过 `VADDR_VPN0/1/2/3` 这些宏函数拿到 4 个 VPN 的值。同时，根据 `satp` 寄存器的值拿到第一级页表的起始地址，`pt_addr`。”

他继续介绍：“接下来，就可以开始进行地址翻译了。根据当前页表的起始地址 `pt_paddr` 及对应的 VPN，我们可以得到 PTE。根据 `V` 比特确定当前 PTE 是否有效，如果无效，触发**页错误**（Page Fault）（具体内容参见 5.5 节）；如果有效，则检查 `X/W/R`，判断是否是叶子结点。”

计算机科学家：“如果是叶子结点，尝试更新 `A/D` 比特，并得到对应的物理地址。如果是中间结点，则根据 PTE 中保存的 PPN 向下一级页表走去，我们形象地称之为**Page Walk**。”

电子科学家：“伪代码是这样子的，总是描述一个大概，细节很难说清楚。”

计算机科学：“那我来解释一下这里的几个细节。”

1. raise_pagefault() 函数

在 MMU 处理地址翻译时，很有可能遇到 PTE 失效等问题。当遇到这些情况时，MMU 会触发一次**页错误**，并且终止地址翻译。对此，可以从两个视角来看待这个问题。

第一个视角是 CPU 的视角。假定执行的是一条 Load 指令，其中 MMU 翻译虚拟地址时触发了页错误。如果这条指令在 U-Mode 下执行，那么 CPU 会修改控制与状态寄存器（CSR），切换到 S-Mode。如果这条指令本身就是在 S-Mode 下执行的，则特权级别不会改变。但不论哪一种情况，都需要记录 **Load 指令的"上下文/环境"**，以便之后重新执行 Load 指令。

保存了指令的"上下文/环境"后，将程序计数器 pc 设置为**页错误处理程序**（Page Fault Handler）的起始地址。

计算机科学家："我们可以把页错误处理程序看作一个独立的程序，它接收出错的虚拟地址作为参数。接下来，CPU 会按顺序执行 Page Fault Handler 的指令，尝试修正页错误。如果成功修正，CPU 会回到原先 Load 指令的特权级别（S-Mode 或 U-Mode），并且**重新执行 Load 指令**。而上一次被**中断**的 Load 指令没有带来任何后果——由于发生页错误，它不会修改任何寄存器、内存的值。"

第二个视角是模拟器的视角，也是伪代码 5.3 的视角。从伪代码的视角看，其实调用 raise_pagefault() 函数以后，模拟器便永远地离开了 va2pa_pagetable() 的函数栈。模拟器需要直接跳到 Page Fault Handler 程序的第一条指令，开始保存 Load 指令的上下文，如图 5.14 所示。

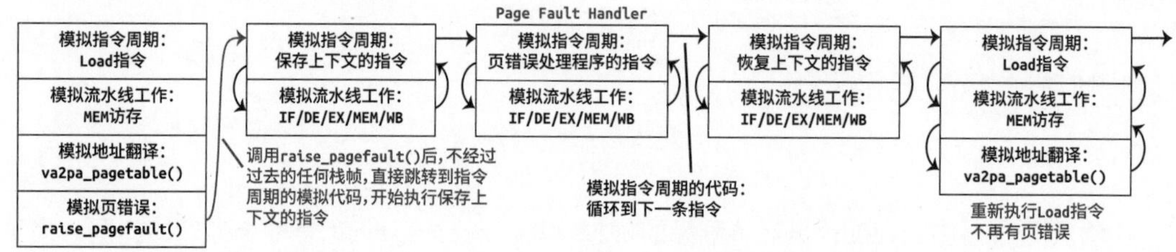

图 5.14 raise_pagefault() 函数的栈帧跳转

电子科学家："等会儿，什么是'永远地离开了 va2pa_pagetable()'？"

计算机科学家："简单地讲，函数 va2pa_pagetable() 被调用了，但是它不会返回。"

电子科学家懵了："还有函数不会返回的吗，我不懂。"

计算机科学家："在第 1 章的代码 2.5 中，我们写了一个 RISC-V CPU 执行指令的模拟器。其中，执行完一条指令，再执行下一条指令，是通过循环实现的。"

电子科学家："没错。"

计算机科学家："如果要把模拟地址翻译的伪代码 5.3 加到代码 2.5，就必须要实现页错误所引发的'异常'或'中断'。"

电子科学家："就是你刚才说的，需要跳转到页错误处理程序的指令，等页错误处理完毕再重新执行出错的指令嘛。"

计算机科学家："说得对，但这样一来模拟器就不应该继续执行 MEM、WB 这几个阶段的 CPU 模拟程序了呀。当 MMU 发现页错误时，需要立刻放弃继续执行该条指令。不然的话，WB 阶段就把错误的物理地址中错误的数据写进目标寄存器了。"

电子科学家："啊，你这么一说，确实有这个问题。所以在 MEM 阶段，MMU 发现了页错误后，模拟器就必须立刻回到代码 2.5 中的指令循环，开始执行'页错误处理程序'的指令。也就是说，地址翻译模拟程序调用函数 `va2pa_pagetable()` 时，模拟器不会回到 MEM 的函数帧，而是直接切换到 `main()` 函数的函数帧。"

计算机科学："是这样子没错。在 C 语言中，这可以通过库函数 `setjmp()` 与 `longjmp()` 实现。这两个函数是**非本地跳转**（Nonlocal Jump），是一种用户态的异常机制。在 Java、Python 等语言中，和 `try ... catch` 机制有一定的相似。"

电子科学家："你能展开讲讲吗？"

计算机科学家："很遗憾，我们的篇幅不足够详细实现 `va2pa_pagetable()` 中的 `longjmp()`。简单来说，模拟器需要在代码 2.5 中的指令循环里调用 `setjmp()`，保存用户级的'上下文'。然后在 `va2pa_pagetable()` 里调用 `longjmp()`，就可以跨越层层函数，直接回到代码 2.5 中的指令循环，开始执行'页错误处理程序'的第一条指令。不过在 C 语言里这么写要非常小心，因为你可能丢失很多堆上内存的指针，导致内存泄漏。"

2. 权限检查

计算机科学家："简单起见，伪代码 5.3 还忽略了很多权限检查。在控制与状态寄存器（CSR）中，有一个寄存器叫作**机器状态寄存器**（Machine Status Register，`mstatus`）。`mstatus` 寄存器会记录当前 CPU 的读写权限，你可以自行参考 RISC-V 手册，阅读关于 `mstatus` 寄存器的章节，我就不赘述了。"

电子科学家："那你总可以大概讲讲 MMU 在进行地址翻译时，CPU 会怎样检查 `mstatus` 寄存器吧？"

计算机科学家："CPU 会比较 PTE 中的 `X/W/R` 三个比特及 `mstatus` 寄存器的值。举一个例子，如果 `mstatus` 表示'当前仅允许加载 `R = 1` 的页'，而虚拟地址访问的是可执行的页（`X = 1`），那么也应该通过 `raise_pagefault()` 触发页错误。"

电子科学家："也就是说，内存的访问权限是写在页表 PTE 里的，只允许 CPU 处于某种特定 `mstatus` 状态时，才能访问这一段物理内存。如果权限错误，同样触发页错误。"

计算机科学家："对的，甚至这种行为可能是故意为之。在这里触发的页错误与我们接下来要讨论的**写时复制**有关。"

他继续："除此之外，伪代码 5.3 也忽略了**物理内存属性检查**（Physical-Memory Attribute Check，PMA Check）以及**物理内存保护检查**（Physical-Memory Protection Check，PMP Check）。违反 PMA/PMP 检查，会触发**访问错误**（Access Fault），不过我没有写在这里。"

3. PTE 的并发访问

计算机科学家："还有一个非常现实的问题。PTE 是可能被并发访问的，因为每一个处理器核心都有自己的 MMU。"

电子科学家："也就是说，当某一个 MMU 正在 Page Walk 进行地址翻译时，页表上的 PTE 可能已经被修改了。正如 4.10 节所说的，多处理器同时执行线程，两个处理器核心可能需要同时访问相同的物理页，甚至是相同的缓存行。"

计算机科学家："没错，所以两个处理器核心的 MMU 都需要到内存中查找页表。但这就带来一个并发的问题，当一个 MMU 刚找到对应的 PTE 时，另一个 MMU 可能已经将物理内存中的 PTE 的 `A` 比特和 `D` 比特设置为 `1` 了。"

电子科学家："这确实是一个问题了，MMU 必须考虑并发访问 PTE 的情况。"

计算机科学家："这就是伪代码 5.3 所做的工作了。MMU 首先比较 PTE 的值与物理内存上 PTE 的值是否相同，如果相同，则说明期间没有其他 MMU 修改过页表中 PTE 的值，那么便由当前的 MMU 修改 `A` 比特与 `D` 比特。相反，如果两个值不同，则说明其他 MMU 必定已经修改过 PTE 了，那么就需要对这一级页表重新 Walk，以获得最新的 PTE 值。"

电子科学家："不对啊，伪代码 5.3 好像只考虑了单个核心的情况。"

计算机科学家面露一丝羞愧："没错，伪代码 5.3 只是假模假样地检查一下 PTE 的值是否被修改。实际上，严格地讲，比较 PTE 值是否被修改、更新 `A/D` 比特，这几行代码都必须是**原子性的**（atomical）。也就是说，当一个 MMU 开始比较 PTE 的值时，必须等待该 MMU 更新完 `A/D` 比特，才可以开始比较 PTE 的值。"

电子科学家："简单地讲，'比较 PTE 的值并更新 `A/D` 比特'必须一气呵成地完成，在任意时刻，只有一个 MMU 可以执行这项任务。而伪代码 5.3 并不具有这样的原子性。"

计算机科学家诚恳认错："说得对，所以这只是伪代码。"

5.4 共享页：写时复制的诡计

电子科学家："到此为止，我们已经从两个方面了解了虚拟内存，一个是软件角度，另一个是硬件角度。"

（1）软件角度：操作系统加载程序文件，创造进程，为每一个进程建立虚拟地址空间。

（2）硬件角度：当 CPU 执行 Load/Store 指令时，MMU 会负责完成虚拟地址到物理地址的映射，并且根据物理地址访问内存。

计算机科学家："而将两个角度结合起来，我们就可以实现一个神奇的魔法——进程之间**共享物理页**。以及在这个魔法之上，再施展一层魔法——**写时复制**（Copy On Write，COW）。"

5.4.1 共享页

计算机科学家："让我们来考虑一个问题。假如我写了一个程序，同时运行两次（形成两个相互独立的进程），应该怎样将程序文件加载到内存之中？"

电子科学家："什么意思？"

计算机科学家："就比如说，我写了一个四则运算求值器（代码 3.5），编译成 ELF 文件，`make -f Makefile build`。现在，打开两个命令行终端窗口，都执行`./eval`。简单起见，我们可以假设有两个处理器核心，每一个核心都有自己的 MMU，分别运行一个 `eval` 进程。这样一来，同一份 ELF 文件会被两次加载到内存中，如图 5.15（a）所示。"

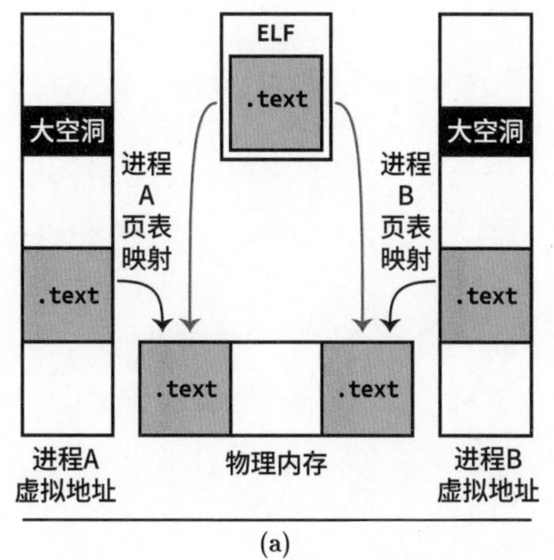

(a)

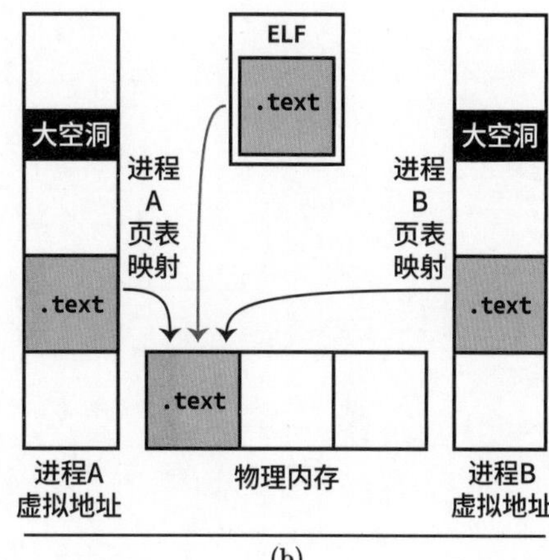

(b)

图 5.15　是/否共享`.text` 物理页

(a) 不共享内存的情况；(b) 共享内存的情况

电子科学家：“是这样子的。但直觉告诉我，这是完全没有必要的，特别是`.text` 尤其没有必要加载两次。因为`.text` 是可读、可执行、不可写的内存，所以让两个进程‘共享同一份物理页’就好了，如图 5.15（b）所示。”

计算机科学家：“在这种情况下，要实现页共享应该也很简单，只需要让两个进程的页表中关于共享页的 Page Walk 相同，就可以实现共享了。”

他补充道：“另外特别提醒你一点，我们可以把 `satp` 寄存器看作一个进程私有的资源，正如每一个进程都有自己的 `pc` 程序计数器，自己的 `sp` 栈指针寄存器。因为不同进程之间的页表不同，所以第一级页表的起始地址——`satp` 寄存器，也是进程私有的。因此，我们才会在图 5.15 中看到两条映射。”

5.4.2 写时复制

电子科学家反驳：“这是`.text` 的共享，但 `stack` 呢？与`.text` 不同的是，`stack` 在虚拟地址空间中是一块可读、可写的内存。当两个进程共享 `stack` 的页时，一旦有一个进程需要向页中写数据，那么另一个进程的数据一致性便被破坏了。”

计算机科学家：“没错，所以我们需要进行**写时复制**。当某一个进程想要向共享页中写数据时，它会自己复制一份页数据，修改自己的页表项，指向一块新的物理页。”

计算机科学家：“如图 5.16 所示，写时复制是通过权限管理实现的一种诡计。”

他接着描述问题：“当一个可读、可写的虚拟页要加载数据到内存时，首先它的虚拟地址对应的 PTE 一定是无效的，对不对？因为系统还没有为它分配物理页。”

电子科学家：“那么，这时访问虚拟地址，比如说先要读一次数据，就一定会触发一次页错误了。”

计算机科学家：“说得对。而当操作系统处理这个‘读数据’引发的页错误时，会将对应的 `vm_area_struct` 标记为‘写时复制’，与此同时，将页表相应的 PTE 标记为**只读**，`PTE.R = 0`。”

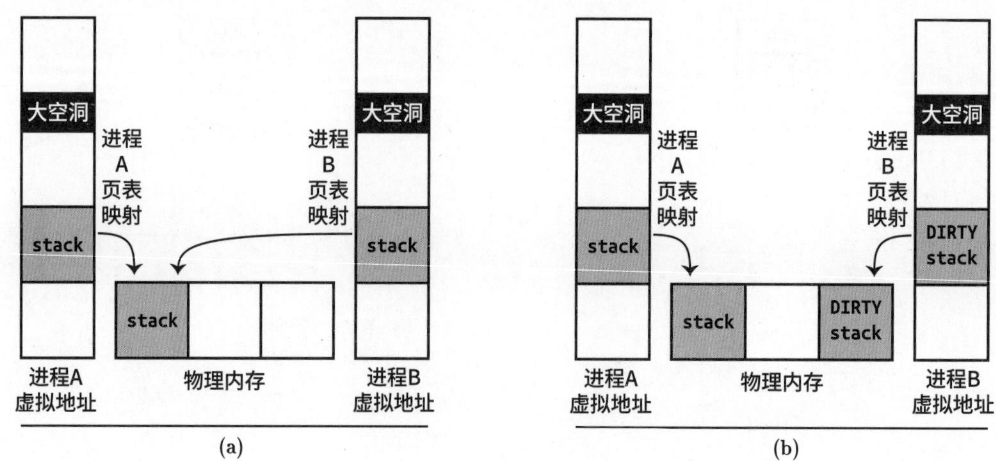

图 5.16 写时复制

(a) 写数据之前共享页；(b) 写数据时复制为私有页

他接着说："在这个诡计下，一旦进程试图向物理页写入数据，MMU 会检查到 `PTE.R` 比特为 `0`。因此，MMU 会触发**另一次**关于'写数据'的页错误[1]。"

电子科学家："我明白了，那操作系统处理这一次页错误时，会检查对应的 `vm_area_struct`，并发现这一块虚拟内存都是被标记为'写时复制'的。"

计算机科学家："是的，这样一来，操作系统就会恍然大悟：'哦，原来我准备当作一次普通页错误处理的。但既然它标记是写时复制，那这次应该当作写时复制来处理页错误。'然后分配一块新的物理页，更新页表项，更新 VMA 的权限等。"

电子科学家总结："因此，写时复制其实是软件（操作系统与页错误处理程序）和硬件（MMU 触发页错误）共同作用的结果。但我还有一个细节问题。"

计算机科学家："你说。"

电子科学家："刚才说的是 `stack`，按照你之前说的，这是一块**匿名**的内存区域。可是如果是有文件备份的内存区域呢？比如说`.data`。如果`.data` 发生写时复制，那新复制的物理页是算有文件备份呢，还是算匿名呢？"

计算机科学家："那这必然算是匿名的呀。你想想看，'写时复制'是通过'写数据'发生的，这样一来，物理内存上的`.data` 数据必定与程序文件中的`.data` 数据不同了。这时，你说`.data` 还是'文件备份'的，就说不过去了吧。"

5.5 页错误处理程序

计算机科学家："到现在为止，我们大概知道了页表怎样实现虚拟地址到物理地址的映射。接下来，我来说一说怎么提高 MMU 的性能……"

电子科学家："等一等，等一等，这里有一个关键的细节，至今我还是不明白。"

计算机科学家："什么？"

[1]在 `x86-64` 体系结构中，会触发一次**保护错误**（Protection Fault）。

电子科学家：“你还从来没有介绍过怎样分配一个物理页给第四级页表 PTE，从而完成映射。”

计算机科学家叹了一口气：“唉，被你发现了。本来我想要像《理想国》中的苏格拉底一样偷一个懒。苏格拉底讨论城邦治理的时候想要略过惊世骇俗的‘三大浪潮’，但是被阿得曼托斯抓住了话柄，逼问出了‘三大比喻’，从而上升到‘善’本身的理念与形式。”

电子科学家：“你在说啥？我看你现在才是在偷懒。”

计算机科学家故意拉高音调：“好吧，我本来想糊弄过去的，但是你既然问了，我们就来说一说怎样分配一个物理页。这很复杂，它的内容远远超过了这本书讨论的范围。我只能捡其概要，介绍一些主要部分。饶是如此，在这一节里，我也不得不掐头去尾，只介绍页错误处理程序本身。”

电子科学家：“那你先说说怎样触发页错误处理程序吧。”

计算机科学家：“为时尚早，为时尚早。这涉及**陷阱**（Trap）的概念，我会在第 6 章中介绍怎样触发及怎样离开。你暂时只需要知道页错误由 MMU 触发，通过 CPU 上的硬件电路通知操作系统，再由操作系统执行错误处理程序。”

电子科学家：“那我们关心什么呢？”

计算机科学家：“我们对页错误处理的目光主要局限在代码 5.3 上，其中有 MMU 触发页错误的两种方式。”

（1）`PTE.V = 0`，`V` 比特为 `0`，说明该 PTE 无效。这可能发生在任何一级页表中，可能发生在中间结点，也可能发生在叶子结点。这表明物理内存中并不存在物理页与 VPN 映射，因此需要在物理内存中分配一块新的物理页，作为虚拟地址的映射，并且将映射关系写在 PTE 中。

（2）指令与 `PTE.XWR` 权限不一致，如 Store 指令，但 `PTE.W = 0`。这可能是真的权限错误，也可能是操作系统在玩弄写时复制的诡计。

计算机科学家：“在 Linux 中，关于 Trap 部分‘掐头去尾’后，操作系统开始通过 `handle_page_fault()` 函数处理页错误。这是一个非常复杂的函数，简单起见，我们不考虑内核地址空间里发生页错误的情况，只考虑用户程序的页错误。”

发现这是一个用户地址空间里发生的页错误后，操作系统会尝试通过红黑树/枫树去找进程的 VMA。如果没有找到 VMA，说明发生错误的虚拟地址在进程可用的虚拟地址空间之外。

计算机科学家：“举一个例子，假定进程的用户栈随机从 `0x00007ffffffffff0` 开始，向低地址增长。那么，栈的 VMA 结束地址就是 `0x00007ffffffffff0`。如果进程试图加载位于 `0x00007fffffffffff` 的字节，那么这一定是一个非法地址，没有任何 VMA 与之对应。这种情况是完全无法挽救的，只能通知操作系统，结束用户程序。”

电子科学家：“而如果存在 VMA，说明虚拟地址至少在进程可用的地址空间中，操作系统可以尝试修复这个错误，对吗？”

计算机科学家：“是的。得到 VMA 后，操作系统必须检查 VMA 的访问权限，这一片区域是否可读、是否可写、是否可执行。这时，操作系统会遇到 4 种情况。”

（1）Load 指令，VMA 显示可读，则说明 PTE 失效，没有物理页与 PTE 形成映射。这种情况下，尝试为 PTE 分配一个物理页，建立两者之间的映射。这时可能找不到合适的物理页，需要回收其他物理页，再分配给 PTE。

（2）Store 指令，VMA 显示可写，则有两种可能：PTE 有效，有对应的物理页，但 `PTE.W`

`= 0`，说明是写时复制的诡计；PTE 失效，没有物理页与 PTE 形成映射。

（3）Read 指令，VMA 显示不可读，无法挽救这种情况，只能结束用户程序。

（4）Store 指令，VMA 显示不可写，同样无法挽救。

计算机科学家："对于前两种 `PTE.V = 0` 的情况，操作系统需要从物理内存中找到一块空闲的物理页，分配给 VPN 使用，并且通过四级页表的 4 条 PTE 建立 VPN 到 PPN 的映射。如果这一虚拟页所属的 VMA 是匿名页，如栈、堆，则称为**按需分配**（Demand Allocation）。如果是有程序文件作为后备的，如`.text`、`.rodata`，则称为**按需分页**（Demand Paging）。"

整个流程大概如图 5.17 所示。

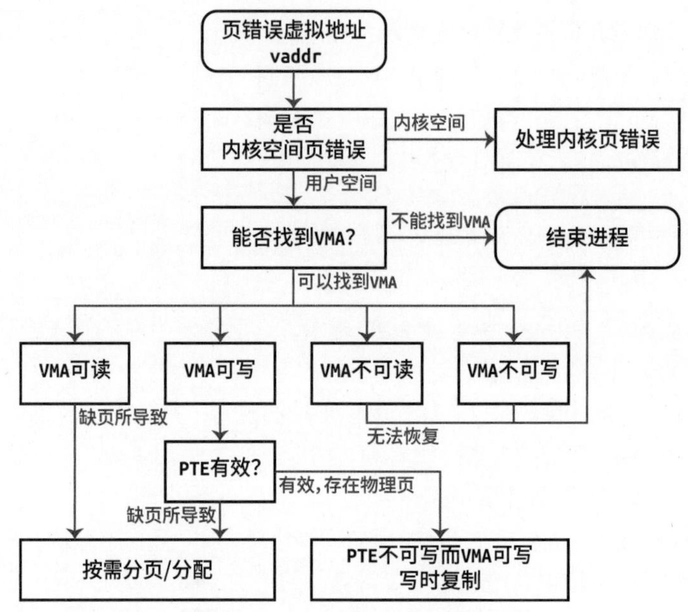

图 5.17 页错误处理程序

5.6 按需分配/分页

电子科学家评价："确实很复杂。"

计算机科学家："所以我们先来看一种简单的情况，当物理内存中存在空闲物理页的时候。注意，这要求内核需要能够直接管理物理内存，能够检查每一个物理页是否为空闲状态。这不是一个简单的功能，必须付出额外的代码（数据结构）才能实现。"

电子科学家："如果操作系统找到了一个空闲的物理页呢？"

计算机科学家："得到空闲的物理页，就需要得到它的 PPN。此后将数据写入 PPN 对应的物理页，并建立 VPN 到 PPN 的映射。操作系统内核首先检查虚拟地址的 VMA，得知这一片虚拟内存是否是匿名的虚拟页。接下来需要分类讨论。"

5.6.1 文件页

第一种情况，不是匿名的虚拟页，而是`.text`、`.data`这种**文件页**（File Backed Page），在进程刚刚建立时，程序文件的页已经和虚拟地址空间的 VMA 之间建立了映射关系。在 Linux 中，这是通过 `vm_file` 数据结构建立的关系。

计算机科学家："其实在这里还有**文件系统**（File System）的工作，但超出了我们的讨论范围。我们简单地把 `vm_area_struct.vm_file` 理解为一个指针，用来查找机械磁盘/固态硬盘上的文件数据就好了。"

因此，在处理缺少物理页的错误时，如果发现虚拟页有对应的 Backing File，就通过 `vm_file` 找到文件，从硬盘中加载数据到空闲的物理页 PPN，并且修改 PTE，建立页表映射。

计算机科学家："一个典型的例子就是加载`.text`段的指令数据。当程序发生页错误时，便通过 `vm_file` 找到程序文件，定位到对应的`.text`页，加载进空闲的 PPN，并且建立映射。"

电子科学家："那如果是`.data`这样可写的页，并且页错误是由于 `Store` 指令产生的，那么内核是没办法把程序文件中的`.data`作为后备的。这一点我们刚才讨论过了。"

计算机科学家："是的，原因很简单，比如程序文件中有 `int a = 100`，但运行程序时修改了它的值，改为 `a = 365`，那么计算机是不可能反过来修改程序文件中的 `int a = 100` 为 `int a = 365` 的。因此，这时`.data`不再是文件页了。页错误处理程序会将它处理为**匿名页**。"

5.6.2 匿名页

匿名页（Anonymous Page）的概念与文件页相反，它背后没有任何文件可以与之映射。因此，匿名页的情况比文件页要简单。由于没有和任何文件之间有映射关系，所以不需要向物理页中加载任何数据，直接将物理页 PPN 清零即可。

5.7 页回收机制

电子科学家："以上讨论的是比较简单的情况——能够找到一个空闲的物理页 PPN。但如果内存已经被各种各样的程序用满了，没有空闲的物理页，那应该怎么办呢？"

计算机科学家："这时候，我们就要把内存当作一级缓存，缓存的是机械磁盘/固态硬盘上的数据。牺牲内存中的某个物理页，让数据落回到下一级的存储设备中，这样就可以有可用的物理页了。"

电子科学家："又是缓存吗？"

计算机科学家："没错，又是缓存！在这些缓存背后的，是支撑整个存储体系的思想——**Memory Hierarchy**。我们将存储空间分层，总是假设当前层容量是不够的。芯片上的三级高速缓存是不够的，因此要从内存拿数据；内存是不够的，因此要向机械磁盘/固态硬盘拿数据；硬盘是不够的，因此要向网络设备、磁带、手写的草稿、人类大脑拿数据。"

电子科学家："只要某一级容量不够，我们就从下一级存储设备拿数据，并且把当前层中有变动（Dirty）的数据写回到下一级。"

计算机科学家："是的，这样一级一级建立起的层次化存储结构，正是计算机最核心的思想之一。"

他继续："把内存看作硬盘的缓存，其实这个问题我们已经讨论了一半。对于文件页，由于数据是从程序文件中来的，所以直接通过'文件系统'从硬盘上加载程序文件的数据就可以了。所以，如果需要牺牲文件页的数据，对于`.text`这样只读的，或者是`PTE.D = 0`的物理页，只需要直接放弃就可以了。"

电子科学家："那堆、栈这样的匿名页，也可以写回到硬盘吗？"

计算机科学家："可以的，计算机系统需要从硬盘上额外分配一片区域，用来存放暂时不需要的物理页。这部分区域被称为**交换空间**（Swap Space）。将内存中的物理页写入硬盘上的交换空间，称为**换出**（Swap Out）。相反，从硬盘上的交换空间加载数据到内存中的物理页，称为**换入**（Swap In）。每一个物理页对应交换空间中的一个**交换槽**（Swap Slot），大小也是 4KB。"

他继续："这样一来，整个虚拟内存的有效数据其实在物理上分为两部分储存。一部分是留在物理内存中的数据，另一部分是留在硬盘上的程序文件与交换空间。"

Macbook 的案例

关于交换空间，一个较新的案例是 MacBook 计算机。MacBook 是美国苹果公司设计的笔记本计算机。苹果公司在 2021 年设计生产了一批 MacBook，搭载苹果公司自己研发的 M1 芯片，使用 macOS 11 操作系统。根据部分科技媒体报道，很多用户发现 MacBook SSD 的数据写入量很高，这引发了他们对 SSD 使用寿命的担忧。根据分析，导致这些 MacBook 高 SSD 数据写入量的原因，就是内存不足。如 8GB 内存版本，当打开的应用程序变多时，8GB 内存不够支持所有程序运行。这时，由于虚拟内存与交换空间技术，macOS 会将很久没有使用的物理页写入到 SSD 的交换空间中，从而将这些物理页分配给当前急需内存的进程。

计算机科学家："让我们试想这样一个场景，假如有一台服务器计算机，用来支撑搜索引擎、视频网站、图片处理、对话式人工智能的计算机服务。每一个计算机服务都要占用大量的内存，并且还有无数其他计算机程序在围绕这些核心服务运行，同样要占用很大的内存空间。"

电子科学家接着他的话："我们来看匿名页的情况吧。这时，某一个进程通过`malloc()`函数申请动态内存，并且这次申请会触发`brk`指针向高地址增长，必须扩展进程的 Heap VMA，同时分配新的物理页。"

计算机科学家点头："因此，这次`malloc()`函数调用会触发'页错误处理程序'，由操作系统管理每一个进程的虚拟与物理内存映射。如果此时可用的物理内存已经全部用尽，只剩余必要的物理内存用以维持操作系统的运行，那么就必须牺牲一些物理页，才能为`brk`提供新的可用内存。"

电子科学家："让我捋一捋。这里至少有三个主要的问题。"

（1）什么时候触发页回收？

（2）哪些物理页会被回收？

（3）怎样追踪牺牲者的数据？

计算机科学家点点头："这 3 个问题的答案，就构成了操作系统中的**页回收机制**（Page Reclaim）。"

5.7.1 高低水位线

计算机科学家："我们先来回答第一个问题，触发页回收的时机。"

电子科学家："其实我们已经讨论过了，不是吗？当执行'页错误处理程序'的时候，可能会触发页回收机制。"

计算机科学家："其实还有另一种情况。操作系统内核会采用水位线判断当前是否需要回收内存，而非傻乎乎地等到物理内存真的不够用了再回收。这样一来，可以集中批量回收一部分物理页，提高性能。试想一下，如果每次都等到页错误处理程序，那就是物理内存全部用尽，再一个物理页一个物理页地回收，这样会使系统始终处于高负载状态。"

电子科学家评论道："这一点倒是与三级高速缓存十分不同。三级高速缓存希望缓存被用满，但内存总是希望预留充足的空闲物理页。"

计算机科学家："系统会将**可用的物理内存**分为若干个**区域**（Zone），并为它们设置了一些**水位线**（Watermark）。这里我们不讨论细节，可以简单地理解为整个物理内存有**高水位线**（High Watermark）和**低水位线**（Low watermark），当可用的物理内存数量超过高水位线时，内存压力很小，可以采用更激进的方式分配内存，如预先加载一些数据，以提高操作系统的效率；低于低水位线时，整个系统的内存压力很大，处于高负载状态，应当启动页回收机制以减小压力，直到可用物理页达到高水位线，如图 5.18 所示。"

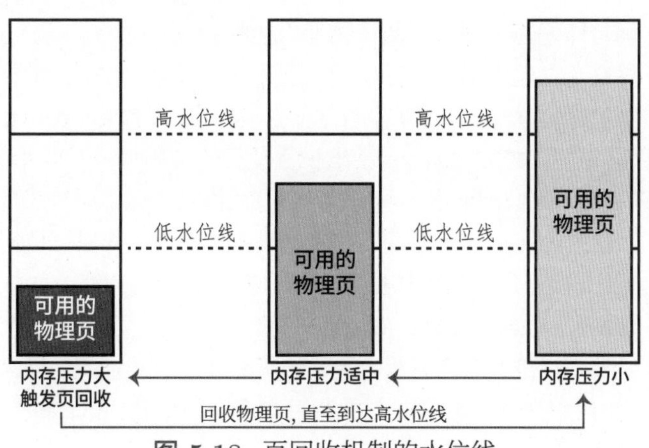

图 5.18　页回收机制的水位线

在 Linux 中，有一个专门的**后台线程** `kswapd` 负责这项工作，称为**换页守护线程**（Swap Daemon）。Daemon 来自希腊语中的"精灵"，在这里守护内存安全。`kswapd` 会定期检查可用内存是否到达低水位线，据此决定是否开始回收物理页。

电子科学家："总结一下，页错误处理程序，以及 `kswapd` 进程检查高低水位线，这是两种主要触发页回收的途径。"

5.7.2 页交换算法

计算机科学家："你的第二个问题，哪些物理页会被回收。"

电子科学家："我记得你之前说过，至少页表是没办法通过地址映射查到物理地址的，因为它只有物理地址，没有虚拟地址。这样说的话，那页表的数据应该是'常驻'在内存中的？它们没有办法被回收、保存到交换空间。"

计算机科学家："没错，不仅如此，所有内核物理页都是不会被换出的。"

电子科学家："我能理解一些内核数据不应该被回收，因为它们承担'关键职务'，如管理进程、管理内存、管理设备等。但是总有一些数据，如用户进程的文件缓存之类的，这些内核数据应该可以回收吧。"

计算机科学家："这里要澄清一个事实，'回收（Reclaim）'和'交换（Swap）'是两个不同的概念。文件缓存这种数据可以被'回收'，从而提高系统性能，但是不可以被'交换到硬盘'。举一个例子，**文件系统缓存**（File System Cache）缓存了硬盘中的文件页，然后提供给用户程序，如一个 `TXT` 文本文件。如果用户程序向文本文件里写数据，那么 Linux 会先写入文件缓存，产生一个'脏页'。如果系统内存不够用了，就按照 LRU 的顺序将'最近最少使用'的文件页写回到硬盘中的 `TXT` 文件。"

电子科学家："也就是说，尽管文件缓存的虚拟地址是在内核空间的，但是它仍然可以通过'写文件'这种方式来回收。那对于栈这种没有后备文件的内存数据呢？"

计算机科学家："'栈'在这里有一点复杂。在第 6 章里，我会和你讨论一个进程所需要的数据结构，其中包括'内核栈'。内核栈是运行进程所必须的数据结构，刚好占用两个物理页。只要进程还'活着'，就需要内核栈的内存。所以只有当进程'消亡'时，系统才会去回收'内核栈'的物理页。"

电子科学家："那具体是怎么回收这两个物理页的呢？"

计算机科学家："这个说起来就非常复杂了。刚才我们说过，Linux 把整个物理内存分为若干个区域，每一个区域按照自己的方式管理内存。内核栈位于 `ZONE_NORMAL` 区域中，其实用户进程的数据也在这个区域里。`ZONE_NORMAL` 会维护物理页的空闲链表。当进程结束时，就将内核栈的两个物理页 PPN 添加回空闲链表，同时标记页表 PTE。"

电子科学家："这就是内核栈和用户栈的差别，是吗？系统内存紧张的时候，用户栈的物理页会被换出到硬盘上的交换空间，但内核栈不会。只有当进程结束时，内核栈的两个物理页和用户栈的物理页都被回收，添加到 `ZONE_NORMAL` 的空闲链表中。"

计算机科学家："大概就是这么个意思。这样的策略基于一个前提，通常内核运行时所使用的内存并不多，远不如用户空间。更何况，所有用户程序共享同样的内核空间，因此就更没有必要让这部分数据离开物理内存了。"

电子科学家："行。那简单起见，我们就聚焦在用户程序物理页的页回收机制吧。"

计算机科学家画了一张图，如图 5.19 所示。

计算机科学家："在用户程序的页回收机制中，被回收/被牺牲的物理页是由**页交换算法**（page-swapping Algorithm）或**页替换算法**（Page Replacement Algorithm）决定的。"

他继续："在这里，依然有数个策略可以选择——随机选择物理页、Second Change 算法、LRU 算法。和高速缓存中的替换策略一样，没有最完美的算法，因为这完全取决于整个计算机对物理内存的访问模式。”

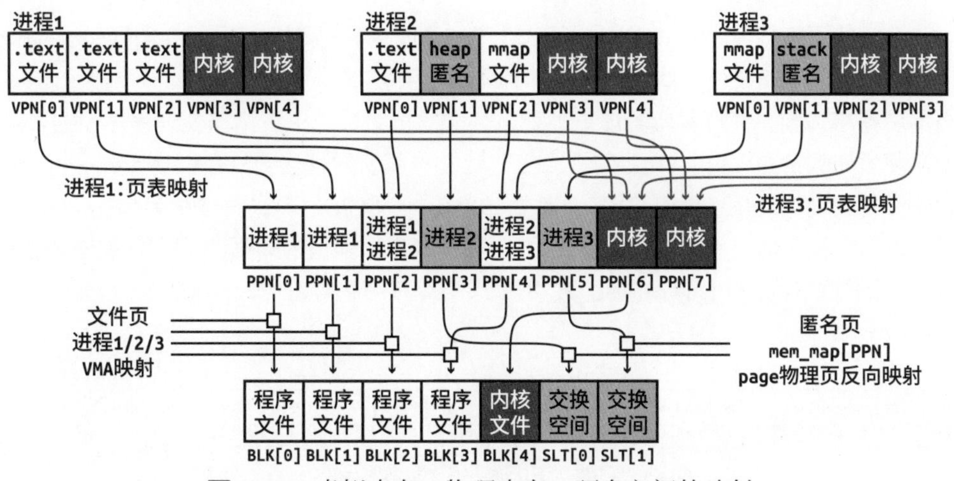

图 5.19　虚拟内存、物理内存、硬盘之间的映射

一般而言，LRU 在这种情况下会有很不错的表现，因为它假设整个计算机的内存访问都具有局部性——最近刚被访问的物理页很可能很快被再次访问，而最久没被访问的物理页也几乎不可能在短期内再次被访问，因此牺牲“最近最少访问的物理页”。

但由于 LRU 算法实现复杂（要维护所有物理页的访问顺序），为了提高系统效率，一般会采用更**粗粒度**（Rough-Grained）的近似算法，如维护两个链表：`active_list`，用来记录最近使用的物理页；`inactive_list`，用来记录最近没有使用的物理页。在统计一定内存访问后，将物理页从一个链表移动到另一个链表，从而实现不严格的 LRU。

5.7.3　页表项中的地址

电子科学家：“最后一个问题，怎样追踪牺牲者的数据。”

计算机科学家：“核心要点只有一条：4 KB 的数据页可能在物理内存中，可能在交换空间的 Slot 中，也可能在后备文件中，但它的**地址**一定在内存中，这样才能保证系统最终能找到数据。页表、VMA，以及 5.8 节中的反向映射 `struct page *mem_map`，这三种位置都可以用来保存地址。”

他继续：“再次强调，在 Linux 中，页回收机制是非常复杂的，其内容远远超过了我们讨论的范围。简单起见，我们只需要了解页表项 PTE 是怎样保存数据地址的，即如何存入物理内存、交换空间、后备文件。或者说，如图 5.19 所示，不同数据地址分别对应怎样的页表项。”

1. PTE 有效

当物理页有效时，物理页存在于内存中，PTE 保存的是物理页号，作为物理地址/指针。当 `X/W/R` 为全 `0` 时，`PTE.PPN` 指向下一级页表的 PPN；否则，`PTE.PPN` 指向数据物理页的 PPN。整个情况如图 5.13 所示。

计算机科学家：“接下来，我们讨论有效的物理页被**页回收算法**选为‘受害者’，被回收到硬盘之后，PTE 的变化。”

2. 文件页

当一个文件页刚创建时，首先由操作系统设置 VMA，包括其中的 `vm_area_struct.vm_file`，用来指向硬盘上的程序文件。此时，PTE 的 64 比特都是 `0`。

当用户程序访问文件页对应的虚拟地址时，触发页错误，由页错误处理程序根据 `vm_file` 将数据从硬盘加载到物理页，并且填写 PTE，建立页表映射。这一过程就是 Demand Paging。

如果没有向文件页写过任何数据，文件页始终保持为 Clean 状态，与硬盘中的数据一致。如果页回收算法选择当前页作为“牺牲者”，那么直接放弃物理页的数据即可，不必向硬盘写回任何内容。与此同时，将 PTE 修改为全 `0`，销毁虚拟地址与物理地址的映射。整个过程如图 5.20 所示。

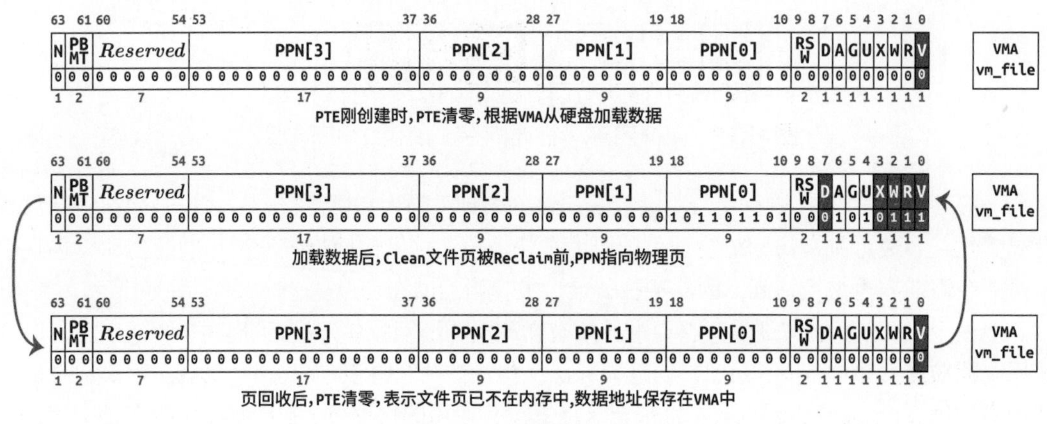

图 5.20 回收文件页

文件页不存在 Dirty 的情况。如`.data`，刚加载到内存中时，它是文件页，并且 Clean，与硬盘上的数据一致。一旦向其中写入数据，就从文件页转变为匿名页，按照匿名页备份到交换空间。

3. 匿名页

匿名页在被创建之前，同样只有 VMA，而尚未创建页表。进程访问 Heap/Stack 时，触发页错误，页错误处理程序为虚拟地址创建 PTE，64 位比特全部设置为 `0`。

但与文件页不同的是，页错误处理程序不会从后备文件中加载数据了。

被换出的物理页会被存放在交换空间中，交换空间可以建立在文件系统上，也可以不经过文件系统而直接建立在磁盘**块**（Block）上（`/mnt/swap` 分区）。无论哪一种，Slot 的单位都与物理页一致，按照 4 096 字节划分。交换空间也需要为 Slot 编制地址，这个过程比较复杂，简单来讲，Linux 用一个数据结构进行定位：**`swap_info`**。**`swap_info`** 就像是硬盘上的 Slot 地址，可以用来在硬盘上定位 Slot。

计算机科学家：“如图 5.21 所示。之前，我们以 `malloc()` 函数导致 `brk` 增长，扩张 Heap VMA 为例，现在依然采用这个例子。进程引用了 Heap 中的一个新的虚拟地址，但内存中并没有对应的物理页，此时 MMU 会触发页错误，控制转移到操作系统进行页错误处理程序。”

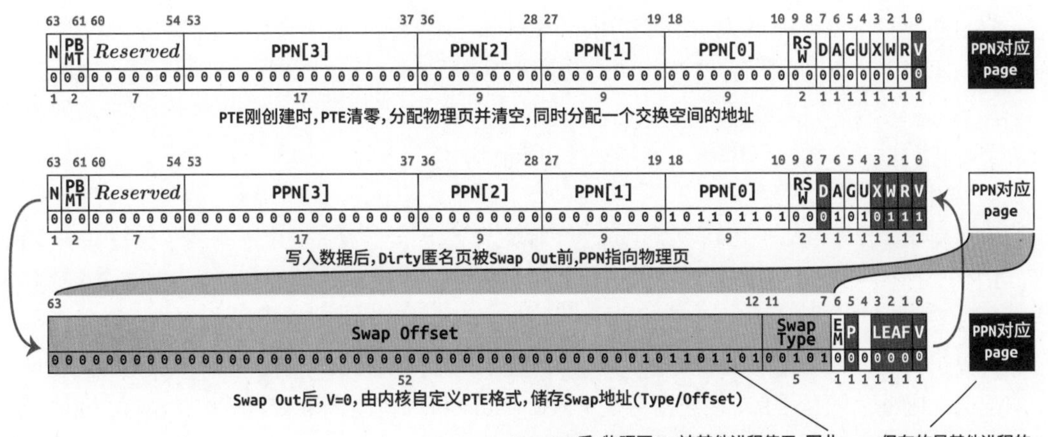

图 5.21　回收匿名页

起初，依然是新分配一个 PTE，并且将它的值设置为 `0UL`。找到合适的物理页后，将物理页的信息填写进 PTE。到此为止，是匿名页的 Demand Allocation 流程。

电子科学家：“等一下。在文件页的按需分页中，可以通过 `vm_file` 找到后备文件。匿名页并不使用程序文件，但它依然要为自己找到一个后备的数据存储位置，也就是交换空间中的 Swap Slot，对不对？Slot 的作用类似于 `vm_file`，因此 Slot 的地址也必须被记录在内存之中。”

计算机科学家：“你说得对，但 Slot 的地址并不是在 VMA 中，而是记录在反向映射数组 `struct page *mem_map` 里，具体内容我会在 5.8 节中介绍。”

总之，Slot 就像 `vm_file` 一样，它的地址由 `swap_info` 得到，组成了 **`Swap Offset`** 与 **`Swap Type`** 两个数据，起到类似硬盘地址的作用。这个地址会被存储在反向映射数组 `struct page *mem_map` 中，等到物理页被换出时，填写到 PTE 里。这就是匿名页 PTE 与文件页 PTE 最大的不同，对于文件页，当数据不在内存中时，PTE 的值全为 `0`；对于匿名页，由于需要填写 Swap Slot 地址，因此 PTE 非零。

为匿名页分配好 Swap Slot 后，Slot 的信息被存放在物理页 PPN 对应的 `struct page *mem_map` 数组中。当匿名页被**页回收算法**选为“牺牲者”时，我们会遇到以下两种情况。

（1）`PTE.D == 0`，也就是说物理页中的数据与硬盘上 Swap Slot 中的数据一致。这样一来，直接放弃物理页中的数据即可，之后可以从 Slot 中恢复。此时无硬盘 I/O 操作，速度较快。

（2）`PTE.D == 1`，也就是“脏页”的情况。这时，需要将脏页中的数据**写回**到 Swap Slot，然后才能放弃物理页中的数据。此时有硬盘 I/O 操作，速度较慢。

不论哪一种情况，最后都需要更新 PTE 和 `page` 的数据。

1）如何更新 PTE

计算机科学家：“如图 5.21 所示，我们先来分析 PTE 中的数据。当物理页 PPN 被放弃后，需要将 `PTE.V` 设置为 `0`，PTE 处于无效状态。按照 RISC-V 的约定，`PTE.V == 0` 时，PTE 中剩余的 63 比特由操作系统自己定义。”

Linux 按照图 5.21 定义剩余的 63 比特。原先 `X/W/R` 三个比特全部置 `0`，原先 `Global` 比特也置为 `0`，表示 PTE 的保护级别（Protection）。原先的 `A` 比特作为 Exclusive Marker。

在这些比特中，`V == 0` 且 `Global/Protection == 0` 时，表示物理页已经不存在于物理内存中了。如果整个 PTE 都有 `PTE == 0`，说明需要进行 Demand Paging/Allocation。如果 `PTE != 0`，则说明该 PTE 是匿名页 Swap Out 后的 PTE，需要按照图 5.21 中的格式分析比特位，得到 Swap Type 及 Swap Offset，用来定位 Swap Slot。

2）如何更新反向映射

电子科学家："PPN 被页回收算法选为'牺牲者'，因此这个 PPN 不再属于该进程的 VPN 了。PPN 可能会被分配给其他进程，也可能被分配给同一进程的其他 VPN。这一信息必须被内核记录下来吧。"

计算机科学家："没错。但问题是，反向映射数据结构 `struct page *mem_map` 是与 PPN 一一对应的。因此，一旦 PPN 被重新分配，`mem_map[PPN]` 中也不再保存原来的 Swap 地址了。"

电子科学家："啊，你说得对。比如原来使用物理页 `PPN = 4` 的进程是 `gcc`，那 `mem_map[4]` 中就记录了 `gcc` 进程的 Swap Slot。现在换成 `gdb` 使用物理页 `4` 了，那 `mem_map[4]` 就应该指向 `gdb` 的 Swap Slot。这样一来，`gcc` 就可能丢失了自己的 Swap Slot。"

计算机科学家："所以要找到一个合适的地方，保存 `gcc` 的 Swap Slot。Linux 把 Swap Slot 的信息记录在 PTE 中。"

这是匿名页和文件页最大的不同之一。文件页被换出时，文件地址只保存在 `vm_file` 中，而非 PTE。匿名页被换出时，Swap 地址只保存在 PTE 中，而 `mem_map[PPN]` 被分配给其他 VPN。对于匿名页而言，换出以后，整个内存中只有 PTE 保存了一份 Swap 地址。

与之相对的，当数据从交换空间换入物理内存时，需要将 PTE 中的 Swap 地址保存到 `mem_map[PPN]` 中，PTE 中保存的是数据的 PPN。

总结一下，虚拟地址、物理地址、后备文件、Swap Slot 的映射关系如图 5.22 所示。

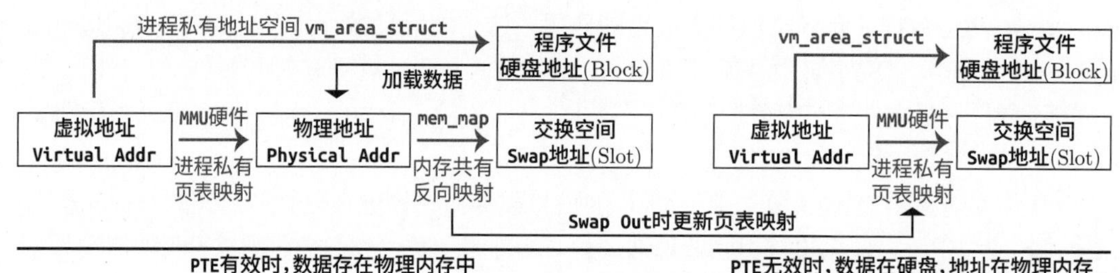

图 5.22 虚拟地址、物理地址、后备文件、Swap Slot 的映射关系

5.8 反向映射：从 PPN 到 PTE

计算机科学家："对于匿名页换入换出，我介绍了一个新的数据结构，`struct page *mem_map`，用来维护**反向映射**（Reverse Mapping）。"

电子科学家："但这只是说 `mem_map[PPN]` 可以用来在 PTE 有效时备份 Swap Slot 地址，这只是 `page` 数据结构的一个便利作用，但还没有触及根本的问题：为什么需要反向映射，以及怎样进行反向映射。"

正向映射是通过页表实现的，也就是通过 MMU 硬件电路，按照内存中存放的页表，将虚拟页号 VPN 映射为物理页号 PPN，从而实现虚拟地址到物理地址的翻译。反向映射的过程与正向映射相反，计算机需要根据物理页号 PPN 得到对应的页表项 PTE。

电子科学家："那为什么需要反向映射呢？"

计算机科学家："因为一个物理页很可能同时被多个进程的多个虚拟页映射。每一个进程都维护一个 PTE，那么，当物理页被回收时，每一个 PTE 都必须正确地更新。如果是文件页，每一个进程的 PTE 都必须全部设置为 `0`；如果是匿名页，每一个进程的 PTE 都必须保存 Swap Slot 的地址。"

计算机科学："如图 5.23 所示，有进程 1 与进程 2 在共享物理页 PPN=2。让我们试想一下如果没有'反向映射'，会发生什么？"

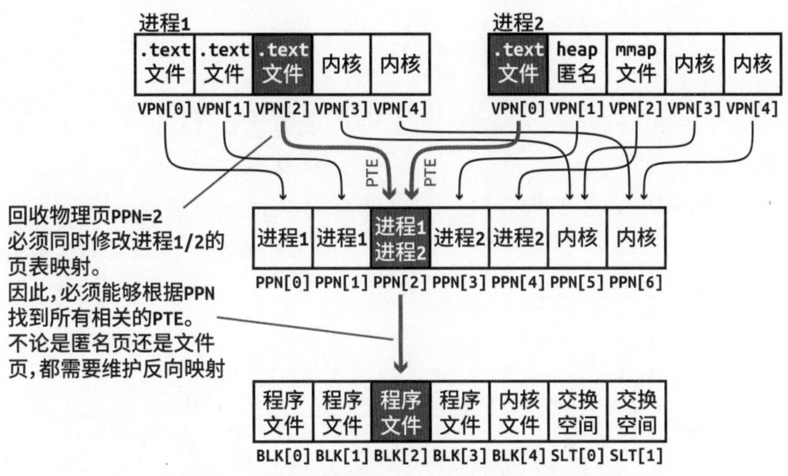

图 5.23　回收物理页时必须利用反向映射

电子科学家推理道："页回收算法选择牺牲物理页 PPN=2，如果没有反向映射，那么页回收机制也就无从找到进程 1 与进程 2 的 PTE。"

计算机科学家："没错。这样一来，即便物理页已经被分配给其他进程或其他 VPN 了，但进程 1 与进程 2 的页表依然使用过期的 PTE。因此，轮到进程 1 执行，访问虚拟页 VPN=2，或是轮到进程 2 执行，访问虚拟页 VPN=0，这时，MMU 不会触发页错误。但是，由于 PTE 过期，所以两个进程很可能读到其他进程的数据。这无疑破坏了进程之间的数据隔离。"

电子科学家："那如果要强行查找 PPN 对应的 PTE，是不是也可以？比如遍历每一个进程，遍历每一个进程的每一个 VMA，根据 VMA 起始地址、结束地址、进程的页表映射，检查 VMA 中是否有映射到 PPN 的 PTE。"

计算机科学家："这其实是 Linux 早期的做法。显然，这样查找的效率是非常低的，但它在 Linux 早期不失为一种可以工作且有效的反向映射。随着 Linux 的发展，内核开发者们开始使用 `page` 来替代早期笨拙的方法。"

他评价道："从我们的讨论来看，数据结构 `struct page` 主要有两个作用。"

（1）反向映射。当物理页 PPN 被回收时，必须通过 `struct page` 反向映射通知**所有**使用 PPN 的进程，这些进程都必须更新自己的 PTE。

（2）存放 Swap Slot 地址。当匿名页 PPN 正在被使用时，由 `page` 保存 Swap 地址；当 PPN 被回收换出到交换空间时，将 page 中的 Swap 地址写入所有引用该物理页的进程的 PTE 中。

为了实现这一点，Linux 为**每一个**物理页分配一个 struct page。假如物理内存一共 16GB，则有 $\dfrac{16\times 2^9}{4\times 2^3}=4\times 2^6=4\text{M}$ 个物理页，也就需要 4M 个 struct page。这个数量无疑是很多的。为了减小开销，操作系统需要对 struct page 占用的内存精打细算。在 Linux 中，一个 struct page 大小大概是 80 B 以内，需要根据其具体储存的数据来计算。这样一来，一个的 struct page 最多大概占整个内存的 $\dfrac{80}{4096}\approx 2\%$，整体算下来在 $1\%\sim 2\%$。对于 16GB 内存而言，大概是 $\dfrac{4\text{M}\times 80\text{B}}{4\text{KB}}=81\,920$ 个物理页。

计算机科学家："具体 struct page 是怎样实现的，这也超过我们的讨论范围了，只能大概描述一下。"

struct page 会对指向对应 PPN 的 PTE 进行**映射计数**（Map Count），通过 page._mapcount 实现。例如，图 5.23 中进程 1 存在 VPN = 2 映射到 PPN = 2 的 PTE，进程 2 存在 VPN = 0 映射到 PPN = 2 的 PTE，那么便有两条 PTE（映射）指向物理页 PPN = 2，相应的，page._mapcount = 2。如果新增一个进程 3 也映射到 PPN = 2，那么 page._mapcount 的映射计数就增加到 3，如图 5.24 所示。

图 5.24 通过 struct page 完成反向映射

电子科学家："显然，当 page._mapcount == 0 时，没有任何一个进程的任何一个 PTE 会指向该 PPN，此时物理页没有被任何进程使用，应当处于空闲状态，可以分配给任何有需要的进程。"

计算机科学家补充："但仅有映射计数是不够，我们真正需要的是所有指向 page 的 PTE。那么，除了内核早期的解决策略（遍历所有进程的所有 VMA）外，还有其他方法吗？"

电子科学家："我的直觉告诉我，一个很简单的做法是给 struct page 增加一个链表，每一个链表元素指向引用物理页 PPN 的 PTE。如图 5.25 所示。"

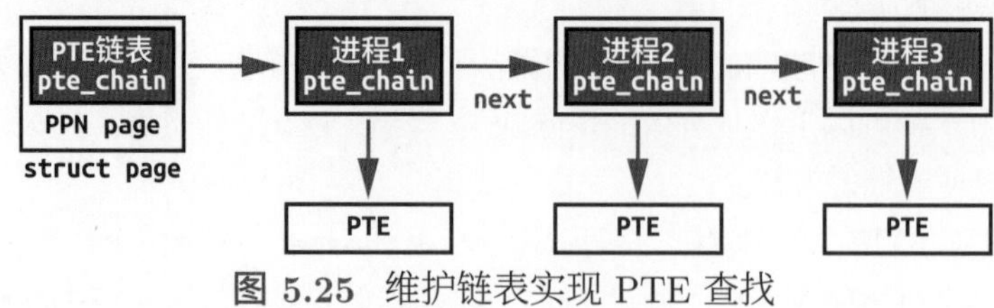

图 5.25 维护链表实现 PTE 查找

计算机科学家："你的直觉还可以。问题是，这个解决方案是有代价的。一个代价是内存大小，我们需要给 `struct page` 增加一个指针的内存。先前我们说过，`page` 的结构体是精心设计过的，一定要尽量精简。而不论物理页是否被使用，给每一个 `page` 都增加一个链表，这会造成相当大的内存浪费。"

他继续："另外，直接映射到 PTE 也是有代价的。比如在 `fork()` 函数中，操作系统刚创建新进程时，会采用**写时复制**的策略分配内存。这时，子进程与父进程会突然共享大量的物理页，它们各自维护私有的页表映射，但都映射到相同的物理页。这时，为了维护反向映射，便需要更新每一个被共享的 `page`，在每一个 `page` 的 PTE 链表中添加新的结点。"

为了回避在 `page` 中直接使用链表的缺陷，一种新的解决策略被提出，即**基于对象的反向映射**（Object-Based Reverse Mapping)。新的解决方案复用 `page` 已有的 `mapping` 字段。如果是文件页，`page.mapping` 会最终指向后备文件。新策略不增加字段，对于匿名页，复用 `page.mapping`，查找到某个 VMA 链表，再找到 PTE。

计算机科学家："这是一种非常曲折迂回的计算方法，但究其本质，其实还是从图 5.25 中的链表策略发展出来的。因为其细节很多，所以就不深入了，你只需要知道图 5.25 中的策略即可。"

5.9　TLB：缓存

电子科学家："真是复杂啊。计算机科学家，我必须指出，你企图逃避的并非是微不足道的部分，相反，是虚拟内存系统中非常核心的部分。你想要不做解释就浑水摸鱼过去，随便提两句话就溜之大吉，这是很不好的。"

计算机科学家虚心接受："说得对，阿得曼托斯，或者是格劳孔。这其实不是虚拟内存系统的离题话，相反，却是它的核心。"

电子科学家："现在，再回到你之前的话题吧。你之前说想要介绍怎样提高 MMU 地址翻译的性能。"

计算机科学："还是靠缓存。一切问题依然来自访问速度，CPU 计算虚拟地址的速度远远快于内存访问的速度，如果每一次虚拟地址都需要 MMU 通过内存中的页表进行计算，那么不论 CPU 计算虚拟地址有多快，都会被 MMU 内存访问的时间卡住。更糟的是，CPU 内的三级缓存并不能解决这个问题。因为要得到三级缓存是根据物理地址计算的，要得到三级缓存的数据，依然需要先计算出物理地址，依然需要 MMU 先访问内存中的页表。"

他继续介绍："因此，科学家与工程师们为地址翻译也添加了一块高速缓存，称为**地址变换高速缓存**（Translation Lookaside Buffer，TLB)。因为 MMU 进行地址翻译的速度至关重要，直接制约了计算机系统运行的整体效率，因此它的速度必须非常快才行。TLB 通常不大，不需要太多的缓存 Set。也就是说，它的**连接度**（Associativity）会很高，只维护少数几个 Set，每一个 Set 中有多个缓存行。"

TLB 按照 VPN 查找，Block 中存放 PTE。首先，CPU 通过 ALU 产生一个虚拟地址，然后 MMU 从 TLB 中根据 VPN 获取 PTE。如果存在 PTE，MMU 截取 Page Offset 形成物理地址，根据物理地址访问三级缓存。否则，MMU 需要根据 `satp` 寄存器中保存的顶级页表起始

PPN 去查找三级缓存，尝试在 L1 数据缓存中找到 PTE。如果三级缓存中也没有 PTE，那只能去物理内存请求数据了。

计算机科学家："这样一来，我们就拼上了地址翻译全过程的最后一块拼图，终于得以纵览其全貌，如图 5.26 所示。"

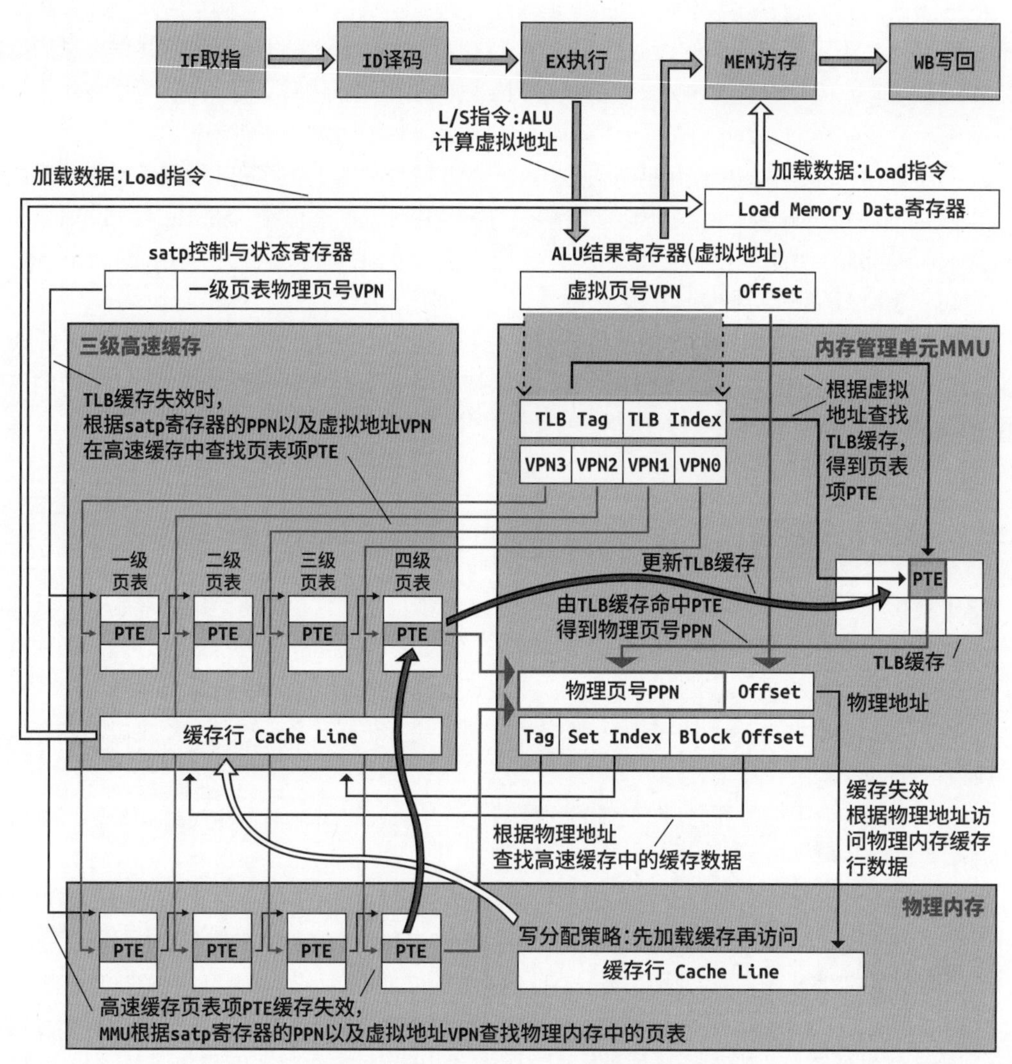

图 5.26 地址翻译与数据访问

穷波讨源，TLB 中缓存的是物理内存上 satp.PPN 对应的页表 PTE 数据，因此只属于当前进程。一旦操作系统"切换进程"，satp 寄存器就要保存"新进程"的顶级页表 PPN。相应的，TLB 中的"旧进程"地址翻译数据就需要被全部清空刷新，否则一旦新、旧进程使用相同的虚拟地址，那么新进程就会得到错误的 PTE。这一现象被称为TLB **刷新**（TLB Flush），是操作系统进行进程切换时特别需要注意的。与之相对的是三级缓存，由于三级缓存使用物理地址进行查找，因此不同进程的数据可以一起停留在缓存中，而不产生歧义。

5.10　阅读材料

第五段旅程到此为止。本章讨论了虚拟内存系统中最关键的一些话题，用来补充第 2 章 RISC-V CPU 解释器缺失的一节，代码 2.7 中的 `va2pa()` 函数。

本章参考书目如下。

关于链接，可以参考 CMU 的《深入理解计算机系统》[15]，其中对链接器怎样工作有比较全面的介绍。静态链接需要根据符号表进行符号解析，解决强、弱符号之间的冲突，然后合并 Section，再对外部引用进行重定位，根据相对寻址和绝对寻址重写符号的地址。这个过程还是相当复杂的，还可以阅读升阳公司（Sun）的技术文档，***Linker and Libraries Guide***[7]。更好的方法是自己写一个简单的 `readelf` 程序，解析 ELF 文件的各个部分，这样会对 ELF 文件与链接有更深刻的理解。

虚拟内存的参考书主要分为两种：一种是通用的操作系统教科书，另一种是介绍 Linux 系统的工具书。

教科书部分，我建议阅读威斯康星麦迪逊大学（UWM）Arpaci-Dusseau 夫妇所写的 ***Operating System: Three Easy Pieces***[18]，简称 ***OSTEP***，中文翻译为《操作系统导论》。作者夫妇介绍，这本书是向物理学家费曼（Feynman）的致敬，他写过一本书 ***Six Easy Pieces: Essentials Of Physics Explained By Its Most Brilliant Teacher***，摘自《费曼物理学讲义》中的 6 个章节。*OSTEP* 作者认为操作系统要比物理学简单多了，只需要 Three Pieces 便足够。

老派一点的操作系统教科书则是 Tanenbaum 的 ***Modern Operating Systems***[6]。数十年前，Linux 的作者 Linus Torvalds 编写 Linux 的契机，就是阅读了 Tanenbaum 的这本操作系统教科书。这本书比较全面，其中的思想在计算机科学界永不过时。

Linux 工具书部分，我建议阅读量子物理学家 Wolfgang Mauerer 的 ***Professional Linux Kernel Architecture***[12]，这本书关于虚拟内存的部分写得很清晰。另一本经典的工具书是 ***Understanding the Linux Kernel***[8]。唯一比较遗憾的是 Linux 的内核在不断进步，这两本书描述的都是 Linux 早期的内核。不过思想永不过时，对我们来说很足够了。

第 6 章 同时运行多道程序

在前面的章节中，我们介绍了单个处理器核心上怎样运行一个程序，包括编译器输出的可执行程序文件的格式，怎样将程序文件加载到内存，怎样开始在虚拟内存上运行程序，等等。但这只是运行一个程序，实际上操作系统最重要的就是要支持多道程序同时运行。

同时运行多道程序，需要两个步骤。第一步，需要将进程从用户态切换到内核态；第二步，需要在内核态中管理进程的资源与状态，实现上下文切换。

6.1 进程的幻觉

电子科学家："虚拟内存的概念真是精彩。但是我们好像还缺少一个环节——CPU。在 5.3 节中，我们将内存比喻成餐桌，将进程形容为食客，自以为占满了整个餐桌，实则是与其他食客拼桌就餐。但就像内存要被多个进程共用一样，CPU 应该也要被多个进程共用吧?"

计算机科学家："你说得对。现在我们给餐厅增添一个新的角色——服务员。"

电子科学家笑了："难道说 CPU 就像是餐厅里的服务员?"

计算机科学家："是的。贪婪的食客极端自私，他不仅希望整张餐桌都供自己使用，还希望整个餐厅的所有服务员都围着他一个人转。但餐厅的预算是有限的，只雇佣得起一位服务员（单个处理器核心），餐厅经理便嘱咐服务员，'你眼力见儿放活络点，看到这个客人招手了，再去服务他。如果他不找你，就去服务其他人'。"

电子科学家："啊，我明白了。这样一来，尽管餐厅只雇佣得起一位服务员，却可以同时接待十来位客人。"

计算机科学家："不错，这就是计算机餐厅的待客之道。餐厅只有一张餐桌（内存），一位服务员（CPU），但每一个客人都自以为来到了高级餐厅，能受到独一无二的照顾。"

他继续说："食客占用了餐桌的'空间'，同时又占用了服务员的'时间'。进程也一样，计算机通过虚拟地址空间对物理内存进行抽象，分离了虚拟地址与物理地址。计算机还需要对 CPU 的资源进行抽象，毕竟每一个 CPU 核心只有一个程序计数器，只有一个 MMU，只能执行一个进程的指令。想要在单个核心上同时运行多道程序，就必须让每一个程序陷入食客的幻觉——'在我运行的时候，好像所有的 CPU 寄存器都属于我，没有任何其他程序来抢占这些资源'。"

如图 6.1 所示，每一个进程都自以为占有整个物理内存，也自以为占有整个 CPU 的所有寄存器。但实际上，CPU 就像一个忙碌的服务员，将它的工作分为若干个时间段，每个时间段里只供一个进程使用，这称为**时间共享**（Time Sharing），也被称为 CPU 的**虚拟化**（Virtualization）。这种策略下，每一个进程使用“一会儿”CPU，如果 CPU 运行得足够快，那么用户便感觉不到进程的切换，以为多个进程在同时运行。

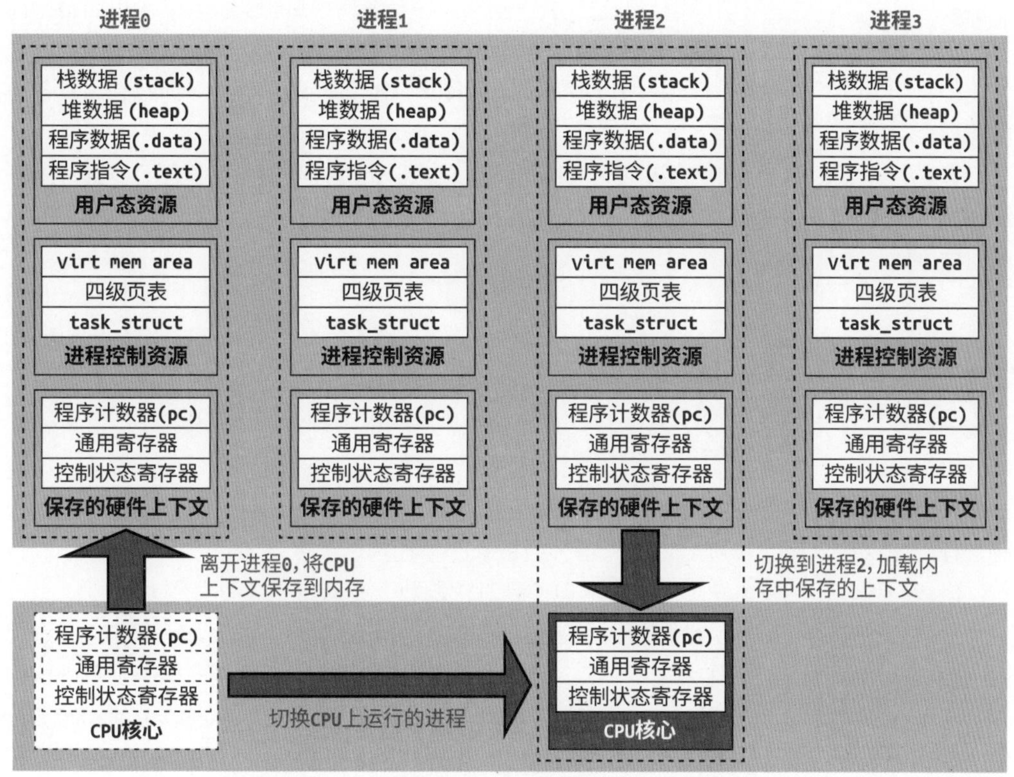

图 6.1　进程在单个处理器核心上的“幻觉”

实现这一点的秘诀就在于 CPU 必须将它的“状态”保存到内存中。依然见图 6.1，假定原先 CPU 上运行的是进程 0，程序计数器指向进程 0 的代码。在某一个时刻，计算机要开始运行进程 2。为此，操作系统需要将当前进程 0 的所有状态都保存到内存中，这些状态便被称为进程的**上下文**（Context）。

将上下文保存到内存中，并且记录上下文的位置，这样才能在将来再把这些数据加载到 CPU 的寄存器里。切换到运行进程 2，就是按照先前记录的上下文位置，将进程 2 的上下文加载到 CPU 的寄存器里，从而恢复先前的进程 2 执行流。

电子科学家说：“我大概明白你说的‘上下文’是什么了。在我看来，这个有一点像程序的调用栈，对不对？例如，我在 `main()` 函数里调用其他函数 `string2num()`，就需要离开 `main()` 函数，把 `main()` 函数的**返回地址**保存在栈上。等到 `string2num()` 执行结束，再通过栈上保存的返回地址回到 `main()` 函数。对于 `main()` 函数而言，就好像没有程序计数器没有离开过 `main()` 函数一样。”

计算机科学家说：“这个类比只有一半是正确的。”

电子科学家：“哦？我感觉没什么问题呀。一个进程保存在内存中的上下文，就像是函数要调用其他函数前在栈上保存返回地址，这不是一样的吗？”

计算机科学家：“关键在于，在函数调用中，调用方和被调用方两者地位是不均等的。例如，`main()` 函数里调用 `string2num()`，必须等待 `string2num()` 的所有指令执行完毕，才能回到 `main()` 函数。但在进程切换里，不是这么一回事。在系统切换进程时，我们可以简单地将所有进程理解为‘地位均等’。程序计数器可以随时离开一个进程，也可以随时重新进入。”

电子科学家：“啊！原来如此！所以说我们不可能用‘栈’来调度进程，而必须用其他方式才能管理。”

计算机科学家：“不错。对于调用方，如 `main()` 函数，调用栈可以做到**返回且继续**（Return and Continue）。但对于被调用方，如 `string2num()`，调用栈需要执行完 `string2num()` 的所有指令，做不到‘返回且继续’。”

6.2 进程控制块

电子科学家：“既然没办法直接用栈，那我们先来看一下怎样才能管理进程吧。”

计算机科学家：“好的。其实也很简单，用一个**链表**就可以管理进程了。问题在于，需要设计好每一个链表单元的结构，让每一个链表单元成为‘进程的化身’，保存足够多的信息，用来控制进程。如保存进程的 VMA 地址、第一级页表的物理地址等。链表是一个足够简单的数据结构，但我们可以从链表出发，衍生出其他控制进程的数据结构。”

他继续：“在操作系统中，我们可以用**进程控制块**（Process Control Block, PCB）或**进程描述符**（Process Descriptor）作为链表单元，用来描述进程的资源，这可以称得上是‘进程的化身’或‘进程的实体’。在 Linux 中，结构体 `task_struct` 就是这样的 PCB。它是整个 Linux 操作系统中最核心的数据结构之一，它将系统中所有的执行流都抽象为‘任务’。”

`task_struct` 被定义在 Linux 的 `include/sched.h` 头文件中，它的内容非常繁多庞杂，也远远超过了当前的讨论。在这里，计算机科学家只截取部分字段，组成一个简单的 PCB，用来介绍 PCB 的概念。见代码 6.1。

代码 6.1 `/proc/ProcMgmt/Process.h`

```
#ifndef _PROC_H
#define _PROC_H
#include <stdint.h>
#include "code/vmem/Vmem.h"
#define RUNNING (1)
#define READY   (2)
#define BLOCKED (4)
typedef struct CONTEXT_STRUCT
{
    uint64_t ra, sp;
    uint64_t s[12];
} context_t;
typedef struct THREAD_STRUCT
{
    uint64_t kernel_sp; // 内核栈指针
    uint64_t user_sp;   // 应用程序栈指针
} thread_t;
typedef struct PROC_STRUCT
```

```
{
    thread_t thread;      // 内核/用户栈信息
    uint64_t pid;         // 统一的进程ID
    uint64_t state;       // 进程的状态
    vmem_t *mm;           // 用户程序的虚拟内存
    // 管理进程链表
    struct PROC_STRUCT *proclist;
    struct PROC_STRUCT *next;
    struct PROC_STRUCT *prev;
    // 管理父子进程
    struct PROC_STRUCT *parent;
    struct PROC_STRUCT *childs;
    struct PROC_STRUCT *sibling;
    // 进程的上下文
    context_t context;
} proc_t;
#endif
```

电子科学家:“代码 6.1 的 `proc_t`,对应 Linux 中的 `task_struct` 吗?”

计算机科学家:“是的。”

代码 6.1 是一个极简的 PCB,用来讨论怎样进行上下文切换。

在 Linux 与 RISC-V 中,`proc_t` 与 `task_struct` 可以通过 `tp` 寄存器找到。当系统处于监管者状态时,`tp` 寄存器,也就是**线程指针**(Thread Pointer,TP)指向 `proc_t`。这样一来,内核就可以直接通过 `tp` 寄存器找到当前的 `proc_t`,见代码6.2,这一段汇编代码其实就是通过 `tp` 寄存器找到当前的 `task_struct`。

代码 6.2　/arch/riscv/include/asm/current.h

```
struct task_struct;
// task_struct定义在sched.h中

register struct task_struct *riscv_current_is_tp __asm__("tp");
   // C语言内联汇编，取tp寄存器值

static __always_inline struct task_struct *get_current(void)
   // 得到当前进程的PCB
{
    return riscv_current_is_tp;
}
```

X86 的情况

“如何找到当前的 `task_struct`”其实是与 CPU 体系结构相关的一个问题。在 X86 系列的 CPU 上,较早版本的 Linux 利用内核栈与 `task_struct` 之间相互指向的指针,从而通过 `rsp` 栈指针寄存器(也就是 RISC-V 中的 `sp` 寄存器)找到 `thread_info`。在这里,`thread_info` 位于内核栈的栈顶(低地址),其中包含了指向 `task_struct` 的指针。不过在 RISC-V 中,我们可以直接利用 `tp` 寄存器,要简单很多。

电子科学家:“你解释一下代码 6.1 中结构体 `pcb_t` 的各个字段吧。”

计算机科学家便开始如下介绍。

1. Thread Info

结构体 `thread_t` 其实只是记录两个栈的位置,一个地址指向用户栈,另一个地址指向内核栈。这个结构体必须位于 `proc_t` 的起始位置,保证 `thread` 字段与整个进程的 `proc_t` 有相同的地址。

电子科学家疑惑：“这就是 Linux 中的 thread_info 结构体吧，为什么一定让两个结构体的地址相同呢？”

计算机科学：“具体原因我们随后再说。”

thread_t.kernel_sp 是 sp 寄存器中的指针，指向内核栈，这是一个十分关键的数据结构，很多功能都依赖于内核栈。

电子科学家：“也就是说，内核栈与应用程序使用的函数调用栈是两个东西，实际上每一个进程有两个栈？”

计算机科学家：“没错。内核栈主要起到两个作用：（1）在发生**中断**时，保存应用程序的上下文；（2）为内核代码的函数调用提供内存。关于（1），我们暂且不提。关于（2），内核也需要调用各种各样的函数，例如内核也需要一个‘malloc() 函数’，用来为内核数据结构分配动态内存。在内核中，起 malloc() 作用的，是 kmalloc() 函数。要调用 kmalloc() 函数，就需要栈。”

thread_t.kernel_sp 就是内核函数所使用的调用栈。想要让进程使用内核栈，而非应用程序的函数调用栈，只要修改 sp 寄存器的值，让它指向内核栈栈顶就可以了。不过这项操作必须在内核态中完成，因为内核栈的地址高于“大空洞”。

在 Linux 中，内核栈的大小一般都是两张虚拟页，也就是 8KB（不同体系结构下可能不同）。而应用程序的调用栈都以 MB 为单位。这是因为内核的函数调用都是受到严格管理的，经过内核开发群体的仔细审阅，所以调用深度不会太深。但应用程序的函数调用是无法预知的，所以需要预留更大的空间。举一个例子，用最原始的递归去写求卡特兰数的函数，$h(n) = \sum_{i=1}^{n-1} h(i)h(n-i)$，很容易就发生“栈溢出”（Stack Overflow）了。而在内核中，开发者则极力避免这样的函数调用，这样就可以将栈大小控制在很小的范围。

2. PID

其中 pid 字段是一个 64 位整数，用来标记进程的编号。

计算机科学家补充道：“实际上，在 Linux 中 PID 的管理是很复杂的，但这里只当它是一个简单的 64 位整数。”

3. State

state 用来表示进程的状态，如是否在运行。进程可以简单地分为三种状态：RUNNING（运行中）、READY（准备）、BLOCKED（阻塞中）。单个处理器核心只能执行一个进程的指令，因此单个核心上只有一个进程的 state 为 RUNNING。其他进程或是 READY，或是 BLOCKED。

READY 是指进程可以运行。CPU 放弃当前进程，要再选一个进程运行，就只能从状态为 READY 的进程中选。

BLOCKED 状态则表示进程正处于阻塞状态。通常是进程正在等待一个外部事件，如**输入/输出**（Input/Output，I/O）事件。如果进程需要读取磁盘中的文件，那么 CPU 要向磁盘控制器发起一个“阅读磁盘数据”的请求。磁盘是一个独立的电磁设备，它的运行不依赖于 CPU。等磁盘读取完数据，通过控制器通知 CPU，这时再执行进程才有意义。而等待磁盘通知的这段时间里，进程什么也做不了，就处于 BLOCKED 状态，内核也不应该选择这一类进程去运行。

计算机科学家：“如图 6.2 所示，这三种状态的切换，大致可以通过图 6.2 中的状态转移表示。只有当 CPU 选择另一个进程时，也就是发生**调度**（Schedule）时，我们才切换进程的状态。”

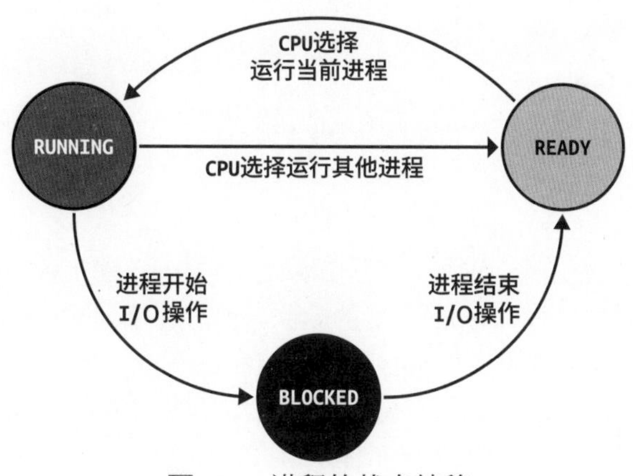

图 6.2　进程的状态转移

4. 虚拟内存描述符

mm 是第 5 章里介绍过的虚拟内存描述符,这里直接使用它的头文件中定义的结构体,vmem_t。

5. 链表指针

接下来有三个指针：proclist、prev、next，这三个指针将所有 proc_t 组织成一个双向环形链表。其中，proclist 指向链表的头结点，prev 指向前一个进程，next 指向后一个进程。如图 6.3 所示，这样一来，所有 PCB 便形成一个双向环形链表。

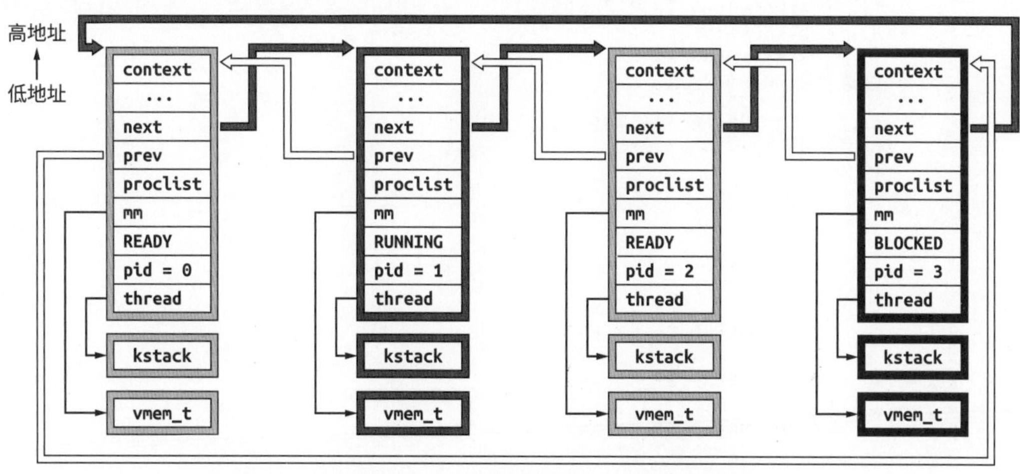

图 6.3　进程链表：不同颜色表示进程的不同状态

计算机科学："其中不同的颜色表示进程的不同状态。当 CPU 要切换进程，进行调度时，就可以遍历这个链表，挑选状态为 READY 的进程。在操作系统的理论中，进程调度是相当复杂的，在 Linux 的实践中也确实如此。但在这里，我们不考虑各种各样的细节，直接让当前进程沿着 next 指针遍历，找到第一个状态为 READY 的进程，选择调度为下一个运行的进程即可。"

6. 亲属关系指针

剩余的 parent、childs、sibling 三个指针用来表示进程之间的"父子关系"。

计算机科学家："这个概念与 fork() 函数创建新进程有关，我们随后再提。"

7. CPU 上下文

最后是 context，这是进程在进行上下文切换时，用来保存寄存器值的位置，这里用结构体 context_t 表示。这个结构体必须是 proc_t 的最后一个字段，保证位于 proc_t 中的最高地址。

电子科学家："这里又必须是最高地址了？刚好和 thread_t 反过来？"

计算机科学家："是的。这部分代码要操作寄存器，因此只能直接编写汇编指令，于是这与 CPU 的体系结构强相关。Linux 要为每一个体系结构编写这部分指令，在 Linux 中，context_t 就是 thread_struct。"

以 64 位 RISC-V 为例，所需要保存的上下文其实就是 14 个寄存器：ra, sp, s0, ⋯, s11，以及其他一些控制寄存器，不过控制寄存器并不保存在 context 中。保存进程 1 上下文的汇编指令见代码6.3。

计算机科学家解释："其中 REG_S、REG_L 都是字面意思，保存寄存器值到内存、从内存加载数据到寄存器。TASK_THREAD_*(a3) 的含义是计算相对 a3 寄存器中保存位置的偏移，其实就相当于引用 proc1.context.ra，具体请见注释。"

代码 6.3 /arch/riscv/kernel/entry.S

```
### __switch_to
    REG_S ra,  TASK_THREAD_RA_RA(a3)
    # 将64位寄存器ra的值写入proc1.context.ra
    REG_S sp,  TASK_THREAD_SP_RA(a3)
    # 将64位寄存器sp的值写入proc1.context.sp
    REG_S s0,  TASK_THREAD_S0_RA(a3)
    # 将64位寄存器s0的值写入proc1.context.s0
        ...
    REG_S s11, TASK_THREAD_S11_RA(a3)
    # 将64位寄存器s11的值写入proc1.context.s11
```

而要恢复一个进程的执行，就需要恢复这 14 个寄存器，以进程 2 为例，见代码 6.4。

代码 6.4 /arch/riscv/kernel/entry.S

```
### __switch_to
    REG_L ra,  TASK_THREAD_RA_RA(a4)
    # 从proc2.context.ra读取64位寄存器ra的值
    REG_L sp,  TASK_THREAD_SP_RA(a4)
    # 从proc2.context.sp读取64位寄存器sp的值
    REG_L s0,  TASK_THREAD_S0_RA(a4)
    # 从proc2.context.s0读取64位寄存器s0的值
        ...
    REG_L s11, TASK_THREAD_S11_RA(a4)
```

```
# 从proc2.context.s11读取64位寄存器s11的值
```

关于进程上下文切换的汇编指令，也见代码 6.4。

6.3　中断与异常

电子科学家盯着图 6.3 想了一会："你说的这些数据结构，我大概理解它们的作用了。一部分是用来描述进程本身的，一部分是用来实现链表的，一部分是用来描述虚拟内存的，还有一些是用来实现进程切换的。这些数据结构合并到一起，为进程营造了图 6.1 中的幻觉。"

计算机科学家："不错。"

电子科学家："但是我不禁产生了一个疑问。CPU 想要控制应用程序，就必须访问 `proc_t` 或 `task_struct`，执行内核代码。但要怎么从应用程序出发，做到这一点呢？因为我们都知道，一个处理器核心只有一个程序计数器，只能执行一条指令。执行了内核指令，就无法执行应用程序的指令。反过来也一样，执行了应用程序的指令，就无法执行内核指令。"

计算机科学家："简单来说，你的问题是，当 CPU 正在执行应用程序指令时，要怎样才能执行内核指令？是这样子吗？"

电子科学家："是的，这个问题让我陷入了深深的困惑。毕竟如果 CPU 一直执行应用程序的指令，程序计数器根本没有任何机会加载内核指令。"

计算机科学家："只靠我们目前的知识，确实是做不到的。要让应用程序执行内核指令，必须得到硬件的支持，这是一项软硬件协同的工作。这个机制就是'异常'。"

一个处理器核心一直在执行应用程序的指令，那么这就是一种"平顺"的控制流。但这种"平顺性"可能随时被打断，转而执行内核指令，或是其他进程的指令。那么，对于原来的应用程序进程而言，这就是一种**异常**（Exception）。发生异常后，CPU 的执行便由原先的控制流转向**异常控制流**（Exceptional Control Flow）。但就像之前所讨论的，对于进程而言，其实是感知不到异常控制流的发生的。在进程的幻觉中，一切都在平顺运行。

在 RISC-V 中，一个硬件的线程/控制流被称为**Hart**，异常就是导致当前 Hart 切换的一种特殊条件。RISC-V 将异常控制流统称为**陷阱**（Trap）。

异常控制流是进程从用户态切换到内核态的机会。异常会导致**控制转移**（Control Transfer），它的情况很多，这里主要考虑 4 种。为了一览全貌，计算机科学家先画出总图（图 6.4），再分别进行讨论。

容易混淆的名词

由于各种各样的历史原因，这里很多名词的使用有些混乱。有些计算机科学家与工程师用"异常"来形容所有的控制流切换，而特别用"中断"去形容"外部中断"。在这里，我们遵循 RISC-V 手册中的标准："中断"指的是"外部中断"及"定时器中断"等**异步**的控制流转移，与 CPU 指令本身无关；"异常"指的是"自陷/陷阱""系统调用""错误"等**同步**的控制流转移，由 CPU 指令主动或被动地产生。具体请看以下介绍。

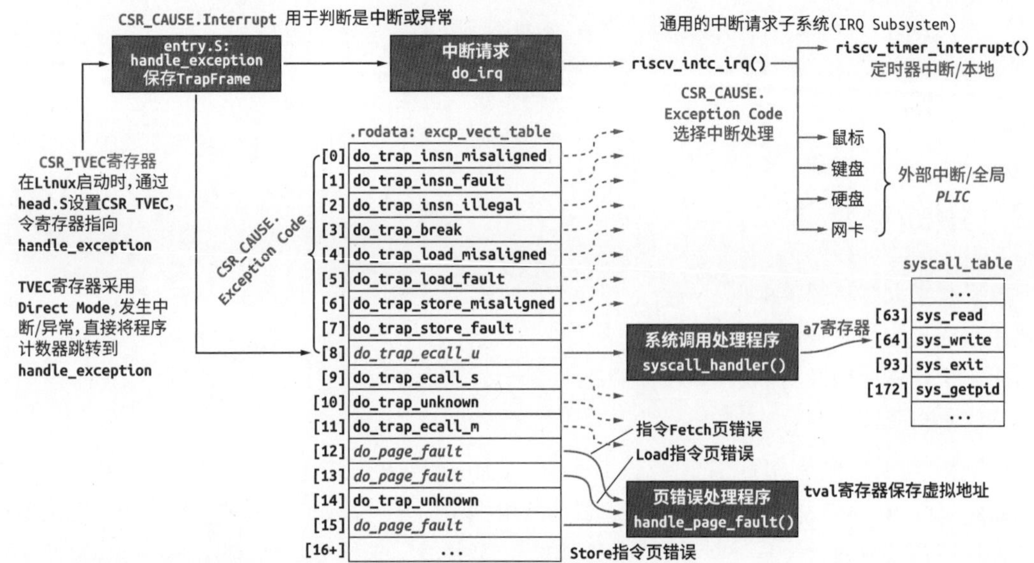

图 6.4 软 (Linux) 硬 (RISC-V) 件结合：中断与异常处理

计算机科学家："在这里，我们需要了解一些新的控制与状态寄存器 (CSR)，它们是 CPU 上真实的寄存器，在 Linux 中，被头文件定义在`/arch/riscv/include/asm/csr.h` 中，用来描述真实的 CPU 寄存器值。"

（1）待处理的中断寄存器：`CSR_IP`(Interrupt Pending)。

（2）陷阱向量寄存器：`CSR_TVEC`(Trap Vector)。

（3）异常程序计数器：`CSR_EPC`(Exceptional Program Counter)。

（4）原因寄存器：`CSR_CAUSE`(Cause)。

（5）陷阱值寄存器：`CSR_TVAL`(Trap Value)。

计算机科学家："它们的具体含义会在接下来解释。"

6.3.1 外部中断

外部中断 (External Interrupt) 主要发生在 CPU 之外，由外部设备产生。因此 CPU 无法预估外部的中断会在什么时候发生，只能做好随时发生中断的准备。这是一种**异步** (Asynchronous) 的异常。

计算机科学家举了一个例子："一个典型的例子是**网络适配器** (Network Adapter)，即俗称的'网卡'。我们访问任何一个互联网的网站，都需要通过网络适配器发送**HTTP 请求** (HTTP Request)。网站服务器收到访问请求后，会向本地计算机发送一个**HTTP 响应** (HTTP Response)。在这个过程中，网站服务器被雷击了、数据库被水淹了、网线被老鼠咬断了，这些问题都可能导致本地计算机收不到来自服务器的 HTTP 响应。"

电子科学家："也就是说，本地计算机是没有手段预估 HTTP 响应会在什么时候到达网络适配器的。或者说，计算机只能假设数据可能会在任意时刻到达。"

计算机科学家："没错。当 HTTP 响应的数据到达网络适配器后，网卡会通过中断机制通知 CPU 之前请求的 HTTP 响应数据已经到达网卡，被写在地址 XXX 的内存中了。而 CPU 会找到请求数据的进程，告诉它去地址 XXX 查收。'"

1. 硬件部分

硬件部分的责任是通知 CPU 发生了外部中断。如图 6.5 所示，CPU 是通过阅读一个标志信息来感知外部中断的。有些 CPU 会设置一个**中断引脚**（Interrupt Pin），通过高低电压指示是否发生中断。RISC-V 则设计了**平台级中断控制器**（Platform-Level Interrupt Controller, PLIC），通过 `CSR_IP` 表示待处理的中断。

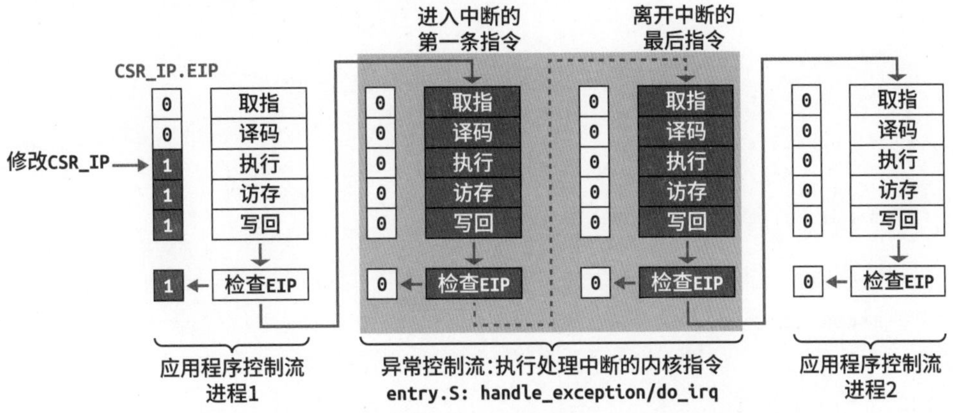

图 6.5　外部中断设置 `CSR_IP` 寄存器，进入内核指令

在同一时刻，可能发生多种外部中断（鼠标、键盘、硬盘、网络适配器同时工作），此时由 PLIC 进行裁决，分配高优先级的中断处理。随后，`CSR_IP` 寄存器的 `EIP`(External Interrupt Pending) 位被设置为 `1`，表示有待处理的外部中断。CPU 执行完一条指令，去检查 `mip` 寄存器。如果 `MEIP` 位为 `1`，则说明发生外部中断，于是转向中断处理程序。

2. 软件部分

软件部分的责任是处理外部中断。如图 6.4 所示，这部分工作需要硬件提供 `CSR_TVEC`、`CSR_CAUSE` 等寄存器。

`CSR_TVEC` 寄存器负责保存整个系统的**中断向量表**（Interrupt Vector Table, IVT），或称**陷阱向量表**（Trap Vector Table）。`CSR_TVEC` 有两种模式，一种是**向量模式**（Vectored），这时它指向一个向量表的起始地址；另一种是**直接模式**（Direct），用于保存中断处理的起始地址。

Linux 目前采用的是直接模式。当发生中断时，程序计数器 PC 中原先保存了用户程序的 PC 值，现在将它暂时保存在 `CSR_EPC` 中，再将 PC 值覆盖为 `CSR_TVEC`。这样，程序计数器就从 `CSR_TVEC` 开始执行指令。而 `TVEC` 寄存器保存的指令地址就是中断处理程序的起始地址。如图 6.6 所示。

电子科学家："那这些信息是什么时候预设好的呢?"

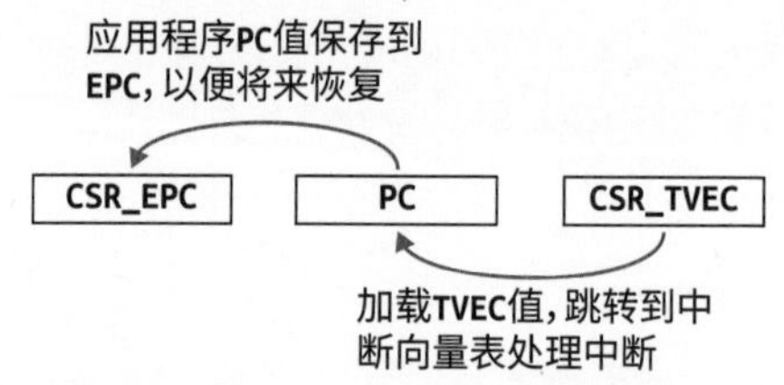

图 6.6 中断时 PC 值的更新

计算机科学家："在操作系统刚启动时，Linux 会执行/arch/riscv/kernel/head.S 中的指令，将 CSR_TVEC 寄存器设置为/arch/riscv/kernel/entry.S 中 handle_exception 的起始地址。见代码 6.5。"

代码 6.5 /arch/riscv/kernel/head.S

```
### _start:
    la a0, handle_exception
    # load address伪指令，将handle_exception地址加载到a0寄存器
    csrw CSR_TVEC, a0
    # 将handle_exception地址写入TVEC寄存器
```

计算机科学家："这样一来，一旦发生外部中断（其实包括任何中断与异常），程序计数器就会从 handle_exception 开始执行。handle_exception 通过 do_irq 继续处理，会根据 CSR_CAUSE 寄存器中保存的值分辨具体的中断类型，如中断来自鼠标、键盘、硬盘，或网络适配器，由此分发，找到正确的函数来处理。"

计算机科学家郑重道："这就是从硬件到软件的协作过程。"

6.3.2 定时器中断

除了外部设备外，还有一个特殊的设备——**定时器**（Timer）。定时器虽然类似外部设备，以**异步**的方式工作，但它并不属于外部中断，而是属于 CPU 的**本地中断**（Local Interrupt）。除了定时器，本地中断还包括**软件中断**，这两种标准的本地中断是不经过 PLIC 的。先前介绍的外部中断是**全局中断**（Global Interrupt），由外部设备（鼠标、键盘、网络适配器）产生，通过 PLIC 裁决。

定时器的作用就是一台闹钟，定时（如 100 ms）提醒 CPU："你好，是 CPU 吗？我是定时器，距离我上一次提醒你已经过去 100 ms 了。现在再提醒你一下看看其他进程，免得你始终执行同一个进程的指令。"过了 100 ms，定时器再次触发："你好，是 CPU 吗？我是定时器，距离我上一次提醒你已经过去 100 ms 了。现在再提醒你一下看看其他进程，免得你始终执行同一个进程的指令。"

电子科学家："为什么要设置一个定时器呢？"

计算机科学家："如果没有定时器，一个贪婪的进程就可能不给内核任何机会进行调度，而始终占有 CPU。苹果公司早期的 Macintosh 操作系统及施乐公司（Xerox）的 Xerox Alto 系统被称为一种'协作式'（Cooperative）系统。它们完全信任用户程序，相信进程会主动中断（通过 yield 系统调用），让出对 CPU 的控制权。"

电子科学家:“但这基于操作系统对应用程序的信任。如果有一个恶意程序，就可能一直占用 CPU，是吗?”

计算机科学家:“对的，所以需要一个外部的定时器提醒 CPU。如果硬件系统使用定时器，软件便不需要进程主动让出 CPU。当定时器中断发生时，操作系统便直接剥夺进程对 CPU 的占用。这种方式是‘非协作式的’(Non-Cooperative)。”

1. 硬件部分

定时器设置 `CSR_IP` 寄存器中的 `TIP`(Timer Interrupt Pending) 等字段，CPU 在执行指令后检查寄存器，得知发生定时器中断。定时器的重要作用就是提醒 CPU，在收到定时器中断时，CPU 应该停止正在执行的进程，检查一下是否需要执行其他进程。例如，另外有一个进程已经收到服务器的 HTTP 响应了，这时 CPU 就可以调度到这一进程执行。

2. 软件部分

CPU 发现中断后，依然跳转到 `TVEC` 寄存器的 PC 值，保存原来应用程序的 PC 值到 `EPC` 寄存器, 开始执行 `handle_exception`。定时器中断依然通过 `do_irq` 处理, 内核检查 `CAUSE` 寄存器, 发现是定时器中断后, 交给定时器中断的处理函数。最终会调用到 `risc_timer_interrupt()` 函数。不过定时器中断是不经过 PLIC 的，如图 6.4 所示。

6.3.3 系统调用

电子科学家问:“上面讨论的都是‘异步’的中断，有没有‘同步’或 CPU‘主动’发生的呢?”

计算机科学家:“有的。RICS-V 将**系统调用**(System Call) 分类为**异常**。这是应用程序主动产生的异常，目的就是通过‘系统调用’让控制流转移到内核，由内核处理应用程序力所不能及的事务。”

每一个系统调用都有对应的内核函数，例如，`write` 系统调用对应内核函数 `sys_write()`，操作系统就是通过这种方式向应用程序提供功能。由于这是通过指令直接触发的，因此这是一种**同步**(Synchronous) 的异常。

如 `printf()` 函数。调用 `printf("Hello World");`, 见代码 6.6。在屏幕上打印字符串`"Hello World"`，仅靠应用程序是做不到的。`printf()` 函数会进行系统调用 `write()` 向标准输出流 (`STDOUT`) 中写入`"Hello World"` 字符串。系统收到这些系统调用，再向屏幕上的终端写入字符串，展示在显示器上。

代码 6.6　Hello.c

```c
// Hello.c
#include<stdio.h>
void main()
{
    printf("Hello world");
}
```

计算机科学家：“在 Linux 中，可以通过 strace 工具查看一个进程的系统调用。strace 工具对 HelloWorld 的检查结果如下，其中 write() 是一次系统调用，接收三个参数：1 是 write 的系统调用编号；"Hello World" 是待写入 stdout 的字符串；11 是字符串的长度。”

x86-64 环境下使用 strace 工具：

>_
Linux Terminal
> gcc Hello.c -o hello
> strace ./hello
write(1, "Hello world", 11)

电子科学家感叹：“内核向应用程序提供系统调用，就像一个 C 语言动态库向应用程序提供函数。从这个角度上讲，操作系统其实就是一个特殊的函数库 (Library)，提供数百种系统调用函数，外带加载程序，以及切换进程的功能。系统调用的编号就是库函数的地址，系统调用的其他参数就是库函数的参数。”

在 RISC-V 中，系统调用属于**主动请求的陷阱** (Requested Trap)，通过 ecall 指令 (图 6.7) 实现。应用程序将 ecall 指令编写在自己的.text 段中，程序计数器执行到 ecall 指令，“陷入”内核，实现系统调用。

31	30	29	28	27	26	25	24	23	22	21	20	19	18	17	16	15	14	13	12	11	10	9	8	7	6	5	4	3	2	1	0
0	0	0	0	0	0	0	0	0	0	0	0	0	0	0	0	0	0	0	0	0	0	0	0	0	1	1	1	0	0	1	1
funct12												rs1					funct3			rd					opcode						

图 6.7 ecall 指令

ecall 指令是 I 类型的指令，有固定的编码——0x00000073。执行 ecall 指令就像调用普通函数一样，准备好参数就行。a 系列寄存器在这里起到传递参数的作用。a7 寄存器最为关键，它负责保存系统调用的编号。a0～a6 寄存器用来保存系统调用的参数。常见的系统调用见表 6.1。

表 6.1 常见的系统调用

系统调用	内核函数	a0	a1	a2	a3	a4	a5	a6	a7
read	sys_read	unsigned int fd	char *buf	size_t count					63
write	sys_write	unsigned int fd	char *buf	size_t count					64
exit	sys_exit	int error_code							93
getpid	sys_getpid								172

计算机科学家：“有了 write 与 exit 系统调用，我们可以用系统调用与汇编指令直接写出打印"Hello World" 的程序。见代码 6.7，这是专门为 RISC-V 编写的指令。”

代码 6.7 /proc/HelloAS/HelloWorld.S

```
# 程序的入口函数为_start
.global _start
# .data段，用来保存字符串
.data
msg: .asciz "Hello World"
# .text段，执行程序指令
.text
# 程序入口函数
_start:
    addi a7, x0, 64      # 准备write系统调用的编号
```

```
    addi a0, x0, 1      # 准备向标准输出(stdout)写入字符串
    la   a1, msg        # 准备字符串的地址(la是load address伪指令)
    addi a2, x0, 11     # 准备字符串的大小
    ecall               # write系统调用
    addi a7, x0, 93     # 准备exit系统调用的编号
    addi a0, x0, 0      # 准备程序结束的返回值0
    ecall               # exit系统调用
```

它的 Makefile 见代码 6.8。

代码 6.8　/proc/HelloAS/Makefile

```
CC = /usr/bin/riscv64-unknown-elf-gcc # 选择RISC-V的编译器路径
CFLAGS = -nostdlib -march=rv32imac -mabi=ilp32 -g -Wall -Werror -std=c99
        # 编译器参数
build:
	$(CC) $(CFLAGS) HelloWorld.S -o hello
run: hello
	qemu-riscv32 ./hello
clean:
	rm -f ./hello
```

1. 硬件部分

硬件部分的工作基本一样，通过 TVEC 寄存器进入 handle_exception。与中断不同的是，发生系统调用时，CSR_CAUSE 寄存器的标记不再是 interrupt=1，而是 interrupt=0。因此，内核知晓当前发生的不是中断，而是异常。因而 handle_exception 不会调用 do_irq 处理，而是通过 excp_vect_table 进行处理。

2. 软件部分

如图 6.4 所示。在整个系统刚启动时，Linux 的只读数据段 (.rodata) 会被加载进内存，其中就包括**异常向量表**（Exception Vector Table）。这张表以 CSR_CAUSE 寄存器中的**异常代码**（Exception Code）为索引，保存了每一种异常的处理函数的起始地址。

因此，当发生系统调用时，CSR_CAUSE 寄存器中保存的是 {Interrupt:0; Exception Code:8}。handle_exception 查找到 excp_vect_table 的起始地址，根据 CSR_CAUSE 寄存器计算偏移，得到 do_trap_ecall_u 函数的起始地址，如图 6.4 所示。

通过 do_trap_ecall_u() 函数，内核会调用 syscall_handler()，按照 a7 寄存器中保存的编号查找**系统调用表**（System Call Table）——syscall_table。例如，write 系统调用编号是 64，就会查找 syscall_table[64]，其中保存的是 sys_write() 函数的地址。再根据 a0~a6 寄存器中保存的系统调用参数，由此执行系统调用。

6.3.4 错误

计算机科学家：“最后一种异常是**错误**（Fault）。CPU 在执行指令时发现指令有问题，就会触发这种异常。它随指令产生，因此也是一种同步的异常。”

电子科学家：“之前讨论的‘页错误’属于这一类吗?”

计算机科学家：“是的。发生页错误后，需要将控制流转移到内核，由内核进行错误处理。如果页错误能够被处理，那么在控制转移回到进程后重新执行指令；如果不能够处理错误，就必须结束程序的运行了。”

例如，RISC-V CPU 处理一条 Load 指令，`ld x1, -8(sp)`，这一指令尝试从栈上的虚拟地址 `*sp-8` 加载 4 B 的数据到寄存器 `x1`。为此，MMU 首先需要对虚拟地址`-8(sp)` 进行转换，得到其物理地址。如果 TLB 没有缓存命中，随后 MMU 进行 Page Walk 查找页表，依然没有找到对应的页表项 (PTE)，那么就会触发页错误。

MMU 触发页错误，需要将错误信息传递给 CPU，这依然是通过控制与状态寄存器实现的。`scause` 寄存器负责记录 Trap 的原因 (Cause)，在这里，页错误是由 `Load` 指令触发的（图 6.8）。`stval` 寄存器负责记录 Trap 的值 (Trap Value)，MMU 可以将虚拟地址 `*sp-8` 写入 `stval`。与此同时，MMU 通知 CPU 发生页错误，将控制转移给内核的页错误处理程序。

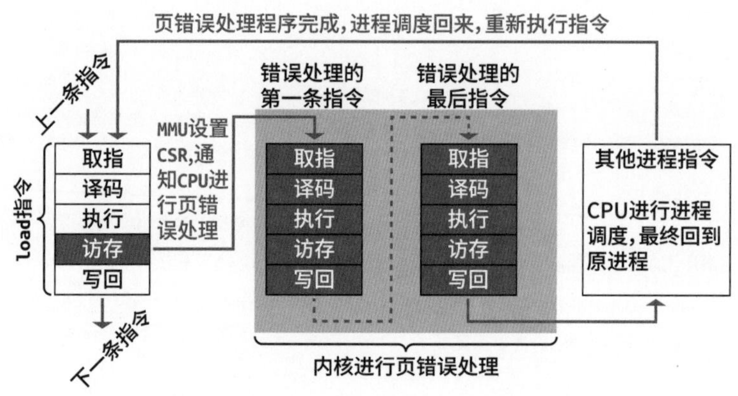

图 6.8 Load 指令发生页错误

1. 硬件部分

硬件部分，这种错误是通过 MMU 触发的，需要设置 `CSR_CAUSE` 与 `CSR_TVAL` 两个寄存器。`CSR_CAUSE` 寄存器保存页错误的类型，`CSR_TVAL` 寄存器保存出错的虚拟地址。

2. 软件部分

软件部分的流程与其他异常一样，如图 6.4 所示，不过页错误处理一共有三种：(1) 取指令时发生页错误，例如`.text` 对应的物理页尚未加载到物理内存；(2) Load 指令页错误；(3) Store 指令页错误。这三种错误可以通过 `CSR_CAUSE` 寄存器区分，但它们都通过 `do_page_fault()` 及 `handle_page_fault()` 处理。

6.4 内核栈与 Trap frame

电子科学家：“刚刚你介绍了 4 种中断与异常：外部中断、定时器中断、系统调用、错误，其实它们都是操作系统进行进程切换的机会，从而实现 CPU 的时间共享。就像图 6.9 一样。”

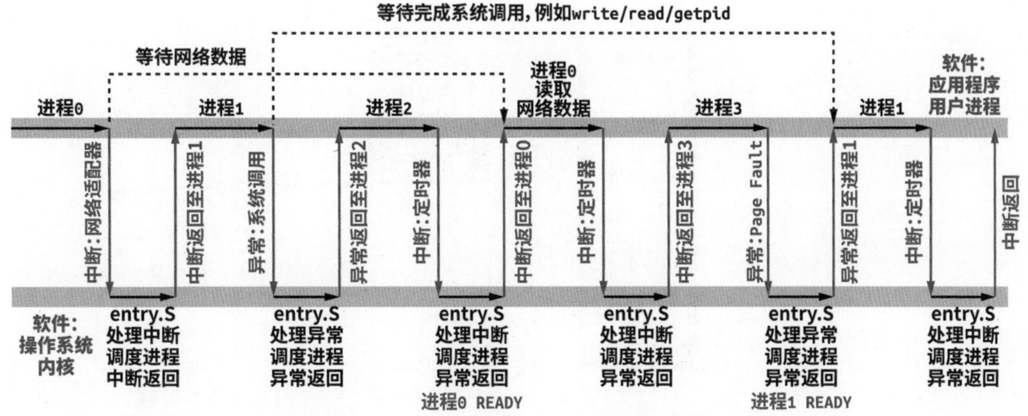

图 6.9 进程通过中断与异常进行切换，共享 CPU 时间

计算机科学家:“你说得对。单个处理器核心上运行一个进程时，如果没有发生任何中断与异常，处理器就会一直运行当前进程。而一旦发生中断或异常，CPU 的控制权会转向内核，也就是异常控制流。这时，CPU 执行内核代码，就可以利用内核代码实现进程的切换了。”

电子科学家:“那我们的问题依然没有解决。我们现在知道了中断与异常是控制转移进入内核的唯一机会，也知道唯一的入口是 `entry.S` 中的 `handle_exception`。但是我们对它的了解还不够深入。除了程序计数器跳转之外，其他仍旧是未解之谜。”

计算机科学家:“这其实和进程的‘上下文切换’很相似。进程上下文切换时，需要保存自己的寄存器。从应用程序切换到内核程序也一样，需要保存 CPU 中的寄存器。不过我们不再称它为‘上下文’，而叫它‘**陷阱帧**’（Trap Frame）。”

电子科学家:“也就是说，Trap Frame 是用户态的‘上下文’，而代码 6.1 中的 `context_t` 是内核态的‘上下文’，我们一共有两种‘上下文’?”

计算机科学家:“是的。”

电子科学家: “但是代码 6.1 里好像并没有一个 `trapframe_t` 这样的结构体来保存 Trap Frame?”

计算机科学家:“其实有了中断机制，通过 `TVEC` 寄存器开始中断处理，接下来各个寄存器的作用都可以由软件自己定义。在这里，我们可以把这个数据存放在**内核栈**中。”

发生中断或异常时，应用程序的 `PC` 会被硬件自动保存到 `CSR_EPC` 寄存器中，`PC` 值被更新为 `handle_exception` 的地址，CPU 开始执行 `handle_exception` 的代码。这部分代码在一开始最重要的工作就是将 Trap Frame 保存到内核栈上。

1. 找到 PCB

想要找到内核栈，就需要找到 Thread Info，就需要找到 PCB(`task_struct`, `proc_t`)。如图 6.10 所示，并见代码6.9。

代码 6.9 /arch/riscv/kernel/entry.S

```
### handle_exception:
    csrrw tp, CSR_SCRATCH, tp # 交换tp、CSR_SCRATCH两个寄存器的值
```

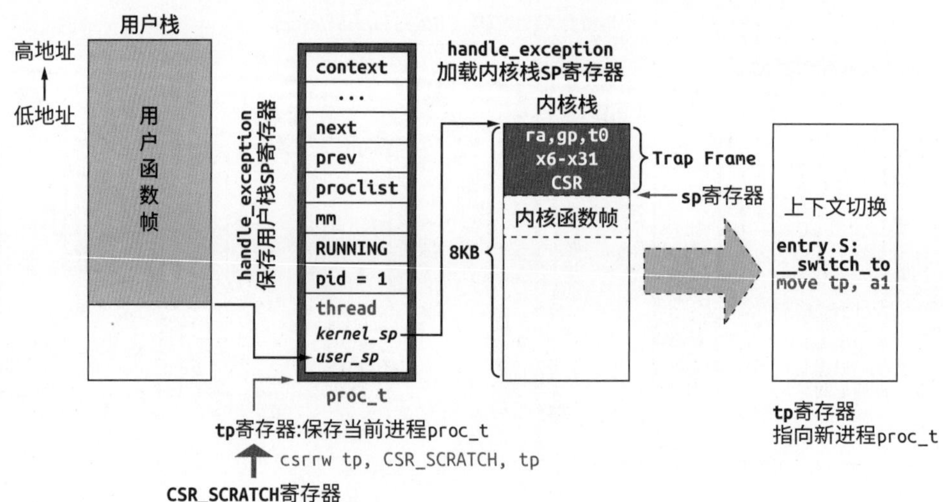

图 6.10 内核栈与 Trapframe

这一行指令 csrrw 是 CSR 指令，用来“原子地”交换 CSR 寄存器与通用寄存器的值：csrrw rd, csr, rs。首先将 CSR 寄存器的值写入 rd，然后将 rs 寄存器的值写入 CSR。因此，代码6.9的含义其实是交换 tp 寄存器与 CSR_SCRATCH 寄存器的值。

计算机科学家：“CSR_SCRATCH 寄存器主要用来保存一些临时信息。Linux 利用它在用户态保存 task_struct 的地址，我们可以用来保存 proc_t 的地址。因此，代码6.9进行寄存器交换的结果就是，tp 寄存器自此开始负责保存 proc_t 的地址。”

计算机科学家总结：“这样一来，也就通过 CSR_SCRATCH 寄存器找到了 PCB，并且从此以后在内核中通过 tp 寄存器访问。”

2. 找到内核栈

计算机科学家：“得到当前进程的 proc_t 以后，我们立刻就可以得到 thread 的地址，因为 thread 是 task 的第一个成员，它们共享相同的地址。与此同时，我们也立刻可以得到 thread_t 中的 kernel_sp 与 user_sp 两个成员。”

代码6.10中，TASK_TI_*_SP 用来计算 thread.kernel_sp 与 user_sp 相对 thread 的偏移，也就是相对 tp 寄存器（proc_t 地址）的偏移。这个过程如图 6.10 所示。

代码 6.10 /arch/riscv/kernel/entry.S

```
### handlle_exception
    REG_S sp, TASK_TI_USER_SP(tp)
    # 将SP寄存器值（用户栈）保存到thread.user_sp
    REG_L sp, TASK_TI_KERNEL_SP(tp)
    # 将thread.kernel_sp（内核栈）写入SP寄存器
    addi sp, sp, -(PT_SIZE_ON_STACK)
    # 栈顶向下增长，提供Trap Frame空间，用于保存通用寄存器值

    REG_S x1,  PT_RA(sp)
    # 保存应用程序的寄存器值到Trap Frame
    REG_S x3,  PT_GP(sp)
    REG_S x5,  PT_T0(sp)
    save_from_x6_to_x31
```

除了保存通用寄存器外，Trap Frame 还需要保存一部分控制与状态寄存器 (CSR)。例如，EPC 寄存器保存了发生中断或异常的 PC 值。在内核处理中断时，可能再次发生中断或异常，形成“中断的中断”，即**嵌套中断**（Nested Interrupt)。因此，需要将 EPC 的值保存到 Trap Frame 中，以免丢失。

3. 上下文切换

电子科学家:“既然 tp 寄存器保存了 proc_t 的值，那么在上下文切换时，CPU 转向运行新的进程，tp 所保存的 proc_t 地址是不是也需要切换?”

计算机科学家:“是的，所以除了代码6.3 与代码6.4外，我们还需要更新 tp 寄存器。见代码6.11。”

代码 6.11 /arch/riscv/kernel/entry.S

```
### __switch_to
    # a0寄存器保存前一个进程的proc_t地址(prev)
    # a1寄存器保存下一个进程的proc_t地址(next)
    li     a4,  TASK_THREAD_RA    # 计算context相对proc_t的偏移
    add    a3, a0, a4             # a3寄存器保存prev.context
    add    a4, a1, a4             # a4寄存器保存next.context

    # 保存prev context到proc_t.context的指令，见代码6.3，此处省略
    # 从next proc_t.context加载到context的指令，见代码6.4，此处省略

    # 更新thread pointer寄存器，更新为next proc_t的地址，指向next进程
    move tp, a1
    ret
```

4. 中断与异常返回

中断与异常返回时，需要对当前进程（新进程 next）重建 Trap Frame，即将 Trap Frame 中保存的寄存器值全部写回寄存器，恢复用户程序的“上下文”。除此之外，还需要将 tp 寄存器的值（proc_t）写入 CSR_SCRATCH 寄存器，以免应用程序破坏 tp 寄存器的值，见代码 6.12。

代码 6.12 /arch/riscv/kernel/entry.S

```
### ret_from_exception
    csrw CSR_SCRATCH, tp
    # 将tp寄存器的值写入SCRATCH寄存器，以免tp在用户态被破坏
```

6.5 切换虚拟内存

计算机科学家:“尊敬的电子科学家，同时运行多任务看似平凡，实则辛苦。‘苏格拉底啊，人们为了这个目标付出了全部辛劳[1]。’”

电子科学家:“是啊，从建立进程的抽象，到 CPU 虚拟化和内存虚拟化……诶不对，等等，上下文是切换过来了，那页表映射呢?”

[1]柏拉图《会饮篇》210E: *and this, Socrates, is the final object of all those previous toils.*

计算机科学家："哈哈哈，被你发现了。如果现在就结束讨论的话，那么当中断或异常返回时，你得到的是一组新的寄存器，但地址映射却是旧进程的。这样一来，进程无疑还是不可以运行的。比如新进程要访问一个字符串，但按照旧进程的页表进行地址映射，得到的却是一张图片，这无疑就陷入了一种混乱。因此，在恢复寄存器上下文后，新进程还需要恢复自己的页表映射。"

回顾第 5 章，MMU 是通过 `satp` 寄存器去查找页表的，按照 `satp` 中保存的物理页号，可以在物理内存中找到第一级页表，随后根据虚拟地址查找到第四级页表的页表项，得到虚拟地址对应的物理地址。

切换虚拟地址，其实就是更新 `satp` 寄存器的值，写入新进程的第一级页表物理页号即可。

第一级页表的物理页号被保存在 `vmem_t` 中，可以通过 `tp` 寄存器指向的 `proc_t` 找到。在代码 6.1 中，虚拟内存是通过 `proc_t.mm` 这一描述符确定的。在第 5 章的代码 5.2 中，保存了当前进程的第一级页表的物理页号，`vmem_t.pgd`。`tp` 寄存器指向新进程后，就可以通过 `tp` 找到 `proc_t.mm.pgd`，将这一页表的 PPN 加载到 `satp` 寄存器，这样就实现了虚拟内存的切换。

不过有两点需要特别注意。

第一点，虚拟内存的切换必须在内核态实现，不仅仅因为这是特权操作，更因为只有这样才不会造成紊乱。因为所有进程的内核虚拟地址映射是相同的，每一个进程有自己的第一级页表，第一级页表的高 256 条页表项都属于内核地址映射，它们是相同的。而这高 256 条页表项则指向相同的第二、第三、第四级页表，实现内核页表的第二、第三、第四级页表共享，如图 6.11 所示。

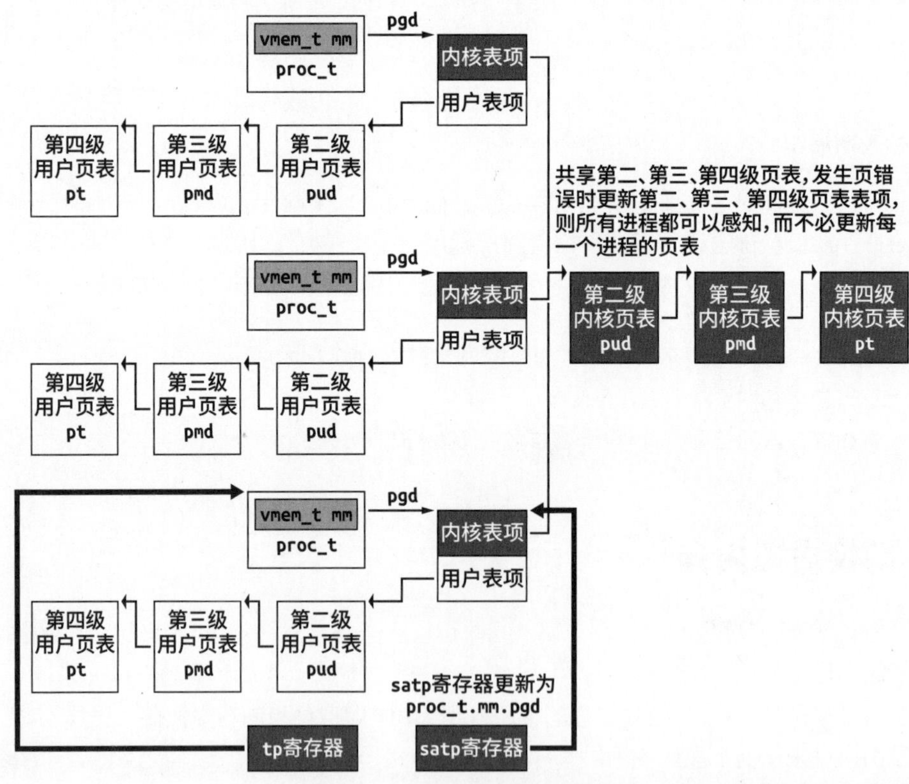

图 6.11 进程共享内核页表

因此，不论在旧进程还是新进程，只要在内核态，操作系统可以任意使用页表。甚至，操作系统可以使用其他进程的页表，而不必担心地址映射错误。但一旦回到用户态，开始执行应用程序，MMU 实际使用的是第一级页表的低 256 条页表项，这部分是每一个进程私有的。

第二点，必须刷新 TLB 缓存，至少要清空进程私有的部分地址映射缓存项。否则进程切换，回到用户态执行应用程序，TLB 映射很可能命中旧进程的页表项，这就会使内存之间不再隔离，既破坏安全性，也可能使当前进程陷入不可知的状态。

修改 RISC-V 指令解释器

到目前为止，我们已经了解软件、硬件怎样协同工作，一起处理中断与异常。感兴趣的读者可以修改第 2 章中的代码 2.5，使指令解释器支持中断与异常。特别提示，想要做到这一点，读者很可能需要使用 `setjmp()` 与 `longjmp()` 库函数。这两个函数用来实现**非本地跳转**（Nonlocal Jump），是一种用户态的异常机制。在 `Java`、`Python` 等语言中，可以通过 `try ··· catch` 机制实现。限于篇幅，本书没有给出详细代码，不过实现这一功能并不难，请读者仔细阅读 RISC-V 规范手册及 Linux 的`/arch/riscv/kernel/entry.S` 代码，想想怎么设计数据结构及其关联，然后动手试试吧。

实现页错误处理

有了中断与异常机制，就可以通过异常进入页错误处理程序了。在第 5 章的代码 5.3 中，有一个尚未实现的函数，`raise_pagefault()`，现在可以通过这个函数触发页错误异常。与此同时，通过 `raise_pagefault()` 进入内核后，读者可以实现第 5 章所描述的页错误处理了。

模拟上下文切换

在第 2 章中的代码 2.5 上实现中断与异常机制后，读者可以尝试在代码上实现进程管理，实现上下文切换。可以使用代码 6.1 中的 `proc_t` 作为 PCB，也可以深入理解 Linux 的 `task_struct`，写出自己的 PCB。一个简单的策略是禁止“嵌套中断”，在进程调度上则使用简单的“**轮询**”（Round Robin），沿着 `proc_t.next` 指针查找第一个 `READY` 的进程。简化这些步骤，是为了将重点放在上下文切换，读者需要非常小心仔细地保存与加载上下文，以免丢失任何寄存器的值。因为是模拟器，所以可以用 `malloc()`，但实际上内核中内存分配并不是通过 `malloc()` 实现的，而是有自己的管理机制。

买一块开发板？

如果指令解释器不能满足读者的期望，可以试着使用系统 `qemu`: `qemu-system-riscv32` 或 `qemu-system-riscv64`，在成熟的模拟器上直接实现 `proc_t` 的进程管理。甚至，读者可以花钱买一块搭载真实的 RISC-V CPU 的开发板，在上面尝试进程调度。等实现了进程调度，基本上我们就得到一个极为简单的操作系统了。当然，还缺少文件系统等功能，但这远远超出了本书的范围。建议读者去读更多的书，看更多的代码，了解更多的接口与标准，然后动手写出属于自己的操作系统。

6.6 Fork 系统调用

电子科学家："这些概念真是精妙复杂，却又协调地工作在一起，实在令人叹为观止。"

计算机科学家："不错。最后我们来看一个系统调用——fork()，见代码 6.13。它涉及了我们所需要了解的所有概念。中断、页错误处理、进程调度、虚拟内存，这些概念其实是一个整体。"

代码 6.13 fork()

```
#include <unistd.h>

pid_t fork(void);
```

fork() 函数是 unistd.h 中声明的 UNIX 标准库函数，用来新建一个进程。这里有三个系统调用可供选择，sys_fork、sys_vfork 或 sys_clone，最后实际通过 kernel_clone 函数创建新进程。sys_fork 是比较重量级的，需要复制很多数据结构，即便使用"写时复制"技术，依然负担很重。我们主要按照 sys_fork 理解，因为它的原理比较简单。

Windows 操作系统中新建进程

在 Windows 操作系统中，fork() 函数对应 CreateProcess() 函数。很多跨操作系统的程序都需要考虑到 fork() 与 CreateProcess()，移植程序也需要考虑到这一点。例如，知名的内存缓存服务 (In-Memory Cache Service)——Redis。Redis 起初是在 UNIX 系列操作系统上开发与应用的，Redis 用 fork() 创建新进程，利用"写时复制"的特点将内存中的数据持久化到硬盘中。而在 Windows 的 CreateProcess() 函数中，则并没有类似"写时复制"的机制，这就对应用程序的移植造成了困难。作为计算机科学家，不得不考虑到这一点。

6.6.1 指数爆炸

计算机科学家："说是新建进程，但其实不完全是凭空新建 proc_t 或 task_struct，而是**复制** (Duplicate) 当前进程的 PCB，从而新建进程。调用 fork() 的进程称为**父进程** (Parent Process)，而被创建的进程则是**子进程** (Child Process)。"

电子科学家："那为什么叫作'Fork'呢?"

计算机科学家："因为父进程、子进程之间的关系犹如一把'叉子'(Fork)。"

计算机科学家："见代码 6.14，在 main() 函数中，调用了两次 fork() 函数。但如果你运行这个程序，却会发现生成了 4 个进程。这就是 fork() 的'叉子特性'，因为是'通过复制来新建进程'的。"

代码 6.14 `/proc/Fork/Fork4.c`

```
 1 #include <unistd.h>
 2 #include <stdio.h>
 3 int main()
 4 {
 5     fork();
 6     fork();
 7     pid_t pid = getpid();
 8     printf("Proc %d\n", pid);
 9     return 0;
10 }
```

如图 6.12 所示，假定程序刚开始运行时，为进程 `822`。第 5 行发生第一次 `fork()` 调用，产生了新进程 `823`。由于 `823` 是 `822` 的复制，因此两个进程有相同的 PC 值。所以，当系统调用返回时，两个程序都从相同的位置开始继续执行。

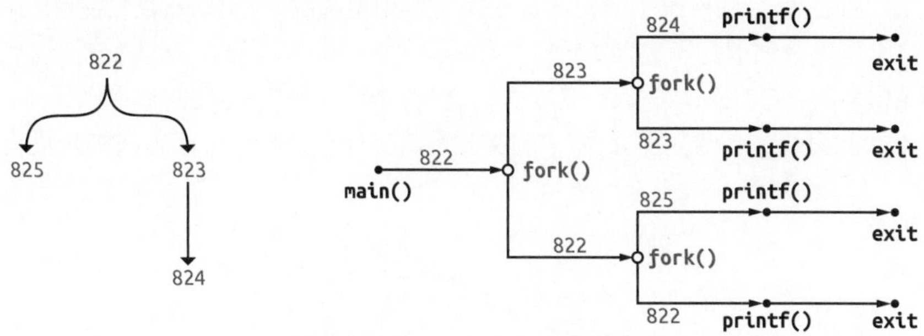

图 6.12　Fork 就像叉子

接下来，`822` 和 `823` 各自再调用一次 `fork()`，分别产生新的进程 `824` 与 `825`。因此，看上去代码 6.14 只调用了 `fork()` 两次，但实际上是三次，多了 `823` 子进程的一次调用。

电子科学家："那 CPU 按照什么顺序执行这些进程的呢？比如说，一定是先执行父进程，再执行子进程吗？"

计算机科学家否定道："这是不确定的。CPU 可以按照它的意愿按任意顺序调度，我们能保证的只是 '一次 `fork()` 调用，会产生一个新的进程'。因此，按照代码 6.14，只要满足**拓扑排序**（Topological Sort）顺序，CPU 就可能按此顺序执行。"

他提醒道："在使用 `fork()` 函数时，需要对这些细节特别小心，因为一旦写了不谨慎的代码，会带来指数爆炸，而给操作系统带来毁灭性的后果。因为指数爆炸的不是单个进程的使用内存，而是整个系统的进程数，这会耗尽整个操作系统各种各样的资源。"

计算机科学家举了一个例子："见代码 6.15，这就是著名的Fork **炸弹**（Fork Bomb）。看起来只是一个平平无奇的循环，但实际上进程是按照指数规模被创建的。"

代码 6.15 `/proc/Fork/ForkBomb.c`

```
#include <unistd.h>
#include <stdio.h>
int main()
{
    while (1) fork();
    return 0;
}
```

他郑重地对电子科学家说：“特别提醒你哦，代码 6.15 是非常危险的，千万不要在自己的工作计算机上运行！也不要祸害其他人的计算机，这可能构成违法行为。如果想要尝试 Fork Bomb，可以利用 VirtualBox 创建虚拟机，或是创建其他沙箱环境，在安全隔离的条件下尝试。”

6.6.2 亲属关系

电子科学家：“那按照图 6.12，一个进程可能有多个子进程。但是代码 6.1 好像没有这样的多个指针？”

计算机科学家肯定他的观察：“代码 6.1 中的 `parent`、`childs`、`sibling` 采用的是**左孩子、右兄弟**（Left-Child Right-Sibling）的结构，通过这种方式来表示亲属关系。其中，`parent` 指针指向父进程，`childs` 指针指向‘第一个’子进程（长子），`sibling` 指针指向自己的兄弟进程，即父进程的其他子进程。这种树状结构的好处是可以用二叉树的形式存储任意多叉树，避免在每一个进程 PCB 里分配很多子进程指针。”

如图 6.13 所示，这是 Fork Bomb 爆炸 5 次之后，操作系统中存储的进程亲属关系。用“左孩子、右兄弟”的树结构存储，图 6.13 中的实线是真实保存的指针，而虚线则是没有直接保存的父子关系。

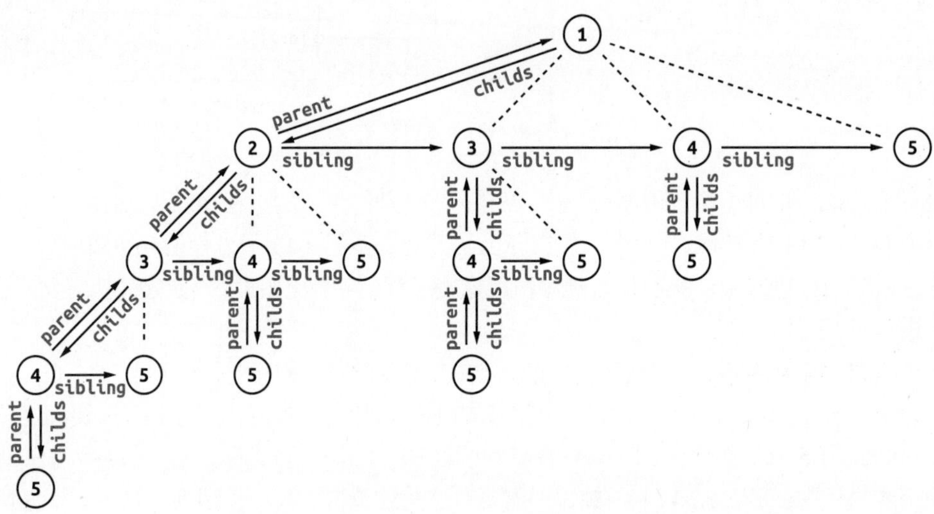

图 6.13 Fork Bomb 5 次：左孩子、右兄弟

计算机科学家：“而当一个进程执行完毕，它将进入**僵尸状态**（Zombine）。代码 6.1 的进程状态只有三种，并没有提到僵尸状态。在僵尸状态下，进程其实已经释放了大部分资源，但还有一些资源有待父进程处置。因此，子进程不会直接结束（释放 `proc_t`），而是等待父进程处理。”

电子科学家困惑：“为什么要等父进程处理，处理什么？我感觉直接释放整个进程的 `proc_t` 也没问题呀，这好像有点多此一举。”

计算机科学家：“这主要涉及一个问题，父进程必须要有能力感知子进程的死亡。”

电子科学家：“为什么？”

计算机科学家：“我举一个经典的例子，命令行程序（Terminal），也就是通常人们与 Linux

计算机交互的媒介。我们通过 > ./Hello 运行进程，其实是‘命令行程序’调用 fork()，创建了另一个自己（另一份‘命令行进程’），然后通过 execve() 系统调用将.data 与.text 等替换成./Hello 程序文件中的数据，实现‘程序加载进内存’。因此，命令行是大部分程序的父进程。”

电子科学家：“这一点我明白了。这和父进程感知子进程的死亡有什么关系呢？”

计算机科学家：“很有关系，有很大关系。‘命令行程序’创建子进程后，比如加载 void main() { while (1) printf("Hello"); } 这样的程序片段并执行，会发生什么？”

电子科学家：“会被"Hello" 字符串刷屏。”

计算机科学家：“这是从 Hello 进程视角来看的。从‘命令行程序’的角度来看，既然要运行 Hello 进程了，那就可以将‘命令行程序’的进程状态设置为图 6.2 中的 BLOCKED 状态，让 CPU 不调度‘命令行程序’运行。这可以通过 sigsuspend() 系统调用来实现。”

电子科学家：“确实，这时主要运行 Hello 进程，就没必要运行‘命令行程序’了，它就好像潜伏到后台一样。”

计算机科学家：“特别提醒你哦，‘命令行程序’是很多子进程的父进程。除了前台运行的 Hello 进程之外，可能还有很多背后作为服务运行的其他程序，如网络进程等。在 Linux 的命令行中，以'&' 符号结尾，就是后台运行的程序了。如 > /bin/sleep 5 &，就是后台运行 Sleep 程序 5 s。”

电子科学家：“但是只有 Hello 位于前台，所以整个系统应该只能有一个**前台任务**（Fore-Ground Job），对吧？”

计算机科学家：“没错，只有 Hello 是前台的，命令行进入 BLOCKED 状态了，其他进程则是**后台任务**（Back-Ground Job），后台任务不会**阻塞**（Block）前台任务的运行。这时候，你要怎样结束这个讨厌的刷屏呢？”

电子科学家：“我会使用 Ctrl + C 组合键打断。”

计算机科学家：“对喽，这里就是为什么父进程需要感知子进程的死亡。当你按下 Ctrl + C 组合键时，其实触发了一次外部设备的硬件中断，中断向操作系统传输的信号 Ctrl + C，也就是‘用户希望停止当前运行的程序’。操作系统收到中断信号后，触发 Ctrl + C 对应的中断处理程序，结束 Hello 进程。”

电子科学家：“但问题是，结束 Hello 进程以后，就得恢复‘命令行程序’了，让‘命令行程序’重新成为前台进程，不然我们怎么再次输入命令呢？”

计算机科学家：“说得没错。但之前调度 Hello 作为**前台程序**（Fore-Ground Process）的时候，已经将‘命令行程序’设置为 BLOCKED 状态了。所以系统的第一个工作是唤醒‘命令行程序’的进程。这是通过 Linux 的**信号**（Signal）机制工作的。在子进程 Hello 结束时，它会向父进程‘命令行程序’发送一个‘信号’，即 SIGCHLD。”

计算机科学家继续说：“而父进程‘命令行程序’处于 BLOCKED 状态时，CPU 便不会从图 6.3 中的进程链表中选中‘命令行程序’进程了。而当 Hello 程序结束的时候，它会通过 Linux 系统向父进程‘命令行程序’发送 SIGCHLD 信号。系统捕获到 SIGCHLD，便会将‘命令行程序’的进程从 BLOCKED 状态设置为图 6.2 中的 READY 状态，这样一来 CPU 就可以调度‘命令行程序’运行了。”

电子科学家："等一下，这里有问题吧？假如不是前台程序 Hello 死亡，而是某一个后台程序死亡呢？那个后台程序也会发送 SIGCHLD 给父进程'命令行程序'，这时候'命令行程序'恢复为 READY 状态，那么 CPU 就会交替选择'命令行程序'和 Hello 作为前台程序运行了，这样一来，系统的性能肯定会降低的。"

计算机科学家惊异地看着电子科学家："你很敏锐，一下子就发现了这里的问题。你说得不错，这样一来可就糟糕了，理想情况是，只要 Hello 还在运行，那么'命令行程序'就应该处于 BLOCKED 状态。但如果什么都不做，某个后台程序结束，发送 SIGCHLD，就会破坏这种理想情况。"

电子科学家："那要怎么处理呢？"

计算机科学家："这依赖于'命令行程序'本身了。每当'命令行程序'被 SIGCHLD 唤醒，它就需要通过 waitpid() 系统调用检查是哪一个子进程发送的 SIGCHLD 信号。如果是其他后台进程，那么'命令行程序'需要重新调用 sigsuspend()，回到 BLOCKED 状态。如果 waitpid() 检查发现发送方就是前台任务 Hello，那'命令行程序'就不必调用 sigsuspend() 了，而是继续作为前台程序运行下去。"

计算机科学家提醒道："waitpid() 函数比较复杂，它的使用方法可以参考附录。"

电子科学家："所以其实一个进程的死亡分为两个步骤。一个是由于各种原因而结束进程，如 Ctrl + C，或是正常退出 main() 函数，这时进程都会进入僵尸状态，同时通过操作系统发送 SIGCHLD。另一个则是父进程通过 waitpid() 接收到子进程死亡的消息，从而可能有针对子进程死亡的特殊代码逻辑，例如不再通过 sigsuspend() 进入 BLOCKED 状态。"

计算机科学家："没错。父进程调用 waitpid() 检查子进程的'死亡状态'，称为**回收**（Reap）。父进程在这里扮演了'死神'的角色，当子进程'死亡'后，进入'僵尸状态'，而父进程就像'死神'举起镰刀一样，收割回收僵尸的生命。"

电子科学家："但有没有可能父进程会先于子进程结束呢？这时候要怎么做？"

计算机科学家："完全有可能，甚至非常普遍。父进程和子进程是相互独立的，如果父进程不刻意等待子进程结束，那 CPU 可以任意调度两个进程的执行顺序。如果父进程提前结束，那子进程便不得不变成一个**'孤儿'**（Orphan）。"

电子科学家："'孤儿'吗，很形象。那这时内核要怎么处理子进程呢？"

计算机科学家："贴心的内核发现这一情况时，会命令 1 号进程（PID=1, init 进程）抚养孤儿，成为孤儿的父进程。但 init 毕竟不是孤儿的亲生父母，因此并不知道应当怎样处置孤儿。所以，当孤儿死去，变成僵尸进程时，init 也不会释放孤儿的资源。长此以往，init 会抚养很多僵尸孤儿进程，这会占用系统资源。所以对于命令行程序这样可能 fork 多个子进程的程序，正确地调用 waitpid() 处置子进程是非常重要的。"

6.6.3 fork() 返回值

计算机科学家："我们再来看看 fork() 函数的返回值。之前我们讨论过，fork() 函数之所以叫作'Fork'，是因为它像一把'叉子'。从程序员的角度来看，就好像 fork() 函数被调用了一次，却有两个不同的返回值：父进程中返回子进程的 PID，子进程中返回 0。"

电子科学家:“没错，但这是程序员写代码的时候看到的假象，真实情况是他编写的代码在 fork() 调用后在两个不同的进程中执行。”

计算机科学家:“是的，这意味着 fork() 系统调用的内核代码需要对父进程和子进程提供不同的返回值。通过 ecall 系统调用进入内核后，最终会调用到 kernel_clone() 函数，内核会调用 copy_process() 对当前进程进行复制。这里需要特别注意如下几个数据结构。”

(1) **内核栈**。子进程需要一个独立的内核栈，这部分内存不进行写时复制，而是直接分配内核栈的内存，并且修改 proc_t.thread 中的内核栈地址，将新内核栈的地址写入 sp 寄存器。

(2) PID。子进程需要分配一个新的 PID。在 proc_t 中，PID 是一个简单的 64 位数。但在 Linux 中，PID 是一个复杂的系统，有很多管理工作要做。

(3) **虚拟内存**。子进程复制父进程的 VMA 等 proc_t.mm 结构体。不过子进程会分配新的页表，并且复制父进程的所有页表项。此时父进程已经将页表属性修改为“写时复制”，这样一来，父进程、子进程的页表都被标记为“写时复制”。复制页表，但不复制数据页，因为 fork() 之后很可能调用 execve() 加载新的程序文件。这样一来，复制数据页就毫无意义了。

(4) **链表、树指针**。新建的子进程需要加入进程链表，同时也需要为它更新父进程指针。

计算机科学家:“而 fork() 的两个返回值是通过直接设置寄存器 ra 实现的。对应 proc_t.context.ra，在上下文切换时，将 thread/context.ra 中的值加载到寄存器，就可以设置应用程序系统调用的返回值。见代码 6.16。”

代码 6.16　/arch/riscv/kernel/process.c

```
// copy_thread()
// 设置task_struct上保存的返回值寄存器(ra)
// 父进程: ra值为子进程PID
// 子进程: ra值为0
p->thread.ra = (unsigned long)ret_from_fork;
```

计算机科学家总结道:“对于父进程，fork() 的返回值是子进程的 PID；对于子进程，fork() 的返回值是 0。因此，fork() 函数就好像调用了一次，但却返回了两次。通过这一点，可以分辨当前是父进程还是子进程。”

6.7　阅读材料

这是第六段旅程，我们讨论了软件与硬件系统是怎样一起工作，从而同时执行多道程序的。与第 5 章内容一起，我们可以看到一个操作系统的雏形。

本章参考书目如下。

关于 RISC-V 的中断机制，以及各种寄存器的使用，建议继续阅读 RISC-V 的 CPU 指令手册。这次阅读第二卷[2]关于特权指令部分的章节。如果要给第 2 章中的模拟器代码 2.5 增加模拟中断的功能，就必须深入理解每一个寄存器的作用。本章我们只是浮光掠影地从用户程序角度介绍了一些寄存器，但这是远远不够的。

[2]Waterman, Andrew, Yunsuplee, David A. Potterson, et al. *The RISC-V instruction set manual volume II: Privileged architecture version 1.7.* EECS Department, University of California, Berkeley, Tech. Rep. UCB/EECS-2015-49 (2015).

除此之外，依然可以参考 CMU 的《深入理解计算机系统》[15]，其中比较详细地介绍了中断机制。虽然 *CS:APP* 主要介绍的是 Intel x86 平台的中断机制，但核心思想是完全一样的。

关于用户态“陷入”内核态，然后在内核态完成上下文切换，建议继续阅读 *OSTEP*[18]。*OSTEP* 对操作系统怎样结合软硬件操作讲得很清楚，并且充分阐释了这样做的动机。具体到 Linux，则可以继续阅读 *Professional Linux Kernel Architecture*[12]。

关于 `fork()`、`execve()`、`sigsuspend()`、`waitpid()` 这些系统调用，可以阅读 *Professional Linux Kernel Architecture*[12]，也可以直接参考 Linux 的 Manual Page 使用说明，可以直接在系统中通过 `man` 命令查到。在这里，一个非常好的实践是自己去实现一个命令行程序。为此，需要阅读更多关于 Linux Signal 的材料，这些内容可以在 *CS:APP* 中找到。

第 5 章和本章其实讨论的是怎样在 RISC-V 乃至任意一个冯 • 诺依曼架构上实现一个操作系统。在这里，我们缺失了重大的一块，即操作系统中的**文件系统**（File System），这与硬盘等持久化存储设备息息相关，可以通过阅读 *OSTEP* 获得更多内容。

最后，特别建议阅读 MIT 为教学目的开发的 `Xv6` 操作系统[3]。通过反复阅读 Xv6 的设计手册，以及阅读 Xv6 的源代码，可以极大地加深对“怎样设计一个操作系统”的理解。Xv6 早期是在 Intel X86 平台上的，现在已经切换到 RISC-V 平台了。如果想要了解怎样搭建 RISC-V 交叉编译的环境，可以阅读 MIT Xv6 实验的教学文档。

[3]Russ Cox, M. Frans Kaashoek, Robert Morris. *Xv6, a simple Unix-like teaching operating system.* 2013-09-05. http://pdos. csail. mit. edu/6.828/2012/xv6. html (2011).

第 3 部分

精彩纷呈的程序

第 7 章 红黑树索引

我们已经介绍了软硬件如何结合在一起来实现计算机系统。从本章开始，我们一起看看在计算机系统上能实现哪些有趣的应用。第一个应用程序是红黑树索引，这是一个广泛应用在计算机软件中的数据结构，可以非常快速地根据数值进行定位。

7.1 从 VMA 开始

当计算机科学家和电子科学家讨论怎样实现内存管理的时候，数学家听了两句（没有听到红黑树的部分），然后就出门吃晚饭了。等他回来时，计算机科学家和电子科学家刚好讨论完进程管理。在吃晚饭的时候，数学家仔细思考了怎样管理 VMA，于是他兴冲冲地说：“刚才你们说要想办法高效地对 VMA 进行增加、删除、查找，我吃晚饭的时候用喝汤的时间（大概 5min）已经完全想清楚了，用红黑树对 VMA 建立索引就行。”

电子科学家无情地评论道：“就在你后脚跟刚刚离开的时候，我们讨论到了这个问题，已经说清楚了。现在，你吃过晚饭了，但我们两个还没有吃，明天再说吧。”

数学家正在兴头上，他拉住两个人：“别走嘛，那你们搞清楚这一整套算法了吗?”

计算机科学家老实地摇了摇头：“没有。刚才我和电子科学家讨论的时候，先简化了问题，撇开后备文件与交换空间。我们在想，这种情况下要怎样实现 VMA 的管理，能够让这套系统运行足够快，性能足够好。因为如果一个进程频繁调用 `mmap()`，可能会在系统中产生很多 `vm_area_struct` 结构体。这样一来，不论是下一次调用 `mmap()`，还是页错误时检查 VMA，都会带来很大的性能负担。结论就是使用红黑树，但是它的具体算法还没来得及想。”

数学家：“对嘛，这我不就来了嘛。我们可以用红黑树 + 链表对一个进程所拥有的所有 VMA 建立索引，然后就可以高效地对数据结构进行操作了。我说的‘**索引**’（Index），是指一种‘**字典**’（Dictionary）。日常生活中，我们可以根据字典查找单词的释义，‘索引’就是字典的‘目录’。比如说要查找‘佶屈聱牙’这个成语的意思，那么**键**（Key）就是‘佶屈聱牙’；**值**（Value）就是成语的释义；‘索引’就是字典的目录，可以根据读音、部首等方式找到‘佶屈聱牙’对应的释义。”

他继续：“对于 VMA 也是如此。每一个 VMA 都有自己的起始地址与结束地址，那么 Key

就是虚拟地址，Value 就是刚好覆盖虚拟地址的 VMA，索引就是接下来我要分析的红黑树与链表。向红黑树插入一个新的 VMA，就好比给字典的目录增加一个新的成语。对于 VMA 来说，主要需要以下三种操作，其中链表主要用于区间查询操作。除此以外，可能还需要想办法把数据结构打印出来。”

（1）根据起始虚拟地址与结束虚拟地址，从数据结构中查找此区间内的所有 VMA。

（2）新建一个 VMA，根据起始虚拟地址与结束虚拟地址向数据结构中插入这个 VMA。

（3）根据 VMA 的起始虚拟地址与结束虚拟地址从数据结构中删除一个 VMA。

计算机科学家：“这三种操作应该是足够了。那么，我们接下来就围绕这几个方面讨论吧。”

不过电子科学家实在是想要吃晚饭，便先离开了。

7.2 二叉搜索树

计算机科学家：“关于链表的插入、删除，我们已经很清楚了。但关于红黑树，我们还一无所知。红黑树是怎样的数据结构呢?”

数学家：“比起红黑树，我想先介绍一下二叉搜索树，这样我们才能理解怎样根据 VMA 的起始地址与结束地址进行搜索。”

二叉搜索树（Binary Search Tree，BST）是一种特殊的**二叉树**（Binary Tree），特殊之处就在于它也是字典。与普通的二叉树相比，二叉搜索树的结点多了两个成员：Key 和 Value。更重要的是，二叉搜索树对 Key 有一个特殊的限制，这形成了二叉搜索树的定义。

二叉搜索树的定义

二叉搜索树是一类特殊的二叉树，它的每一个结点都带有 Key。如果 x 是一个二叉搜索树结点，且 u 是 x 左子树中的任意结点，v 是 x 右子树中的任意结点，则有

$$u.\mathrm{Key} \leqslant x.\mathrm{Key} \leqslant v.\mathrm{Key}$$

也就是说，x.Key 大于或等于它左子树中的任意 Key，小于或等于右子树中的任意 Key。在这里，“大于或等于”“小于或等于”只是一种数量关系。总之，Key 一定是**可比较**（Comparable）的一种**良序关系**（Well-Ordering），我们可以按照结点的 Key，对整个二叉搜索树进行排序。

数学家：“如图7.1所示，观察 Key 为 7 的结点。它的左子树中有结点 1,3,6，每一个结点的 Key 都小于 7；右子树中有 8,9，每一个结点的 Key 都大于 7。因此，如果我们把整个二叉搜索树‘投影’到‘地面’，就会得到一个排好序的数组：1,3,6,7,8,9。这种‘投影’的访问顺序称为**中序遍历**（In-Order Traversal）——先访问左子树，再访问当前结点，最后访问右子树。”

根据二叉搜索树的定义，可以立刻得到如下一条性质。

二叉搜索树的搜索性质

如果 x 是一个二叉搜索树结点，且 x.Left 是 x 的左子结点（非空），x.Right 是右子结

点（非空），则有

$$x.\text{Left.Key} \leqslant x.\text{Key} \leqslant x.\text{Right.Key}$$

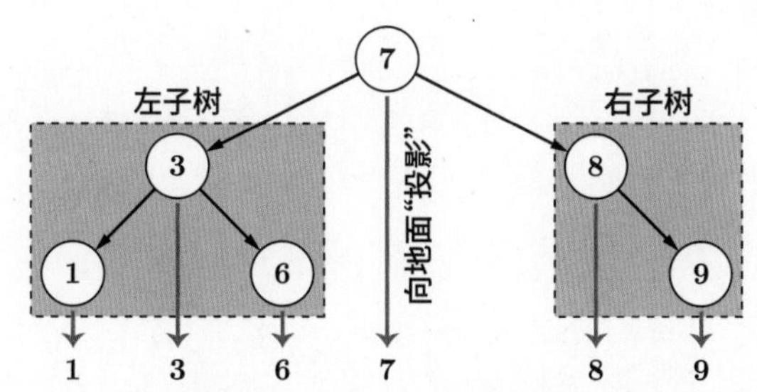

图 7.1　二叉搜索树：每一个结点标记了它的 Key

原因很简单，x.Left 在 x 的左子树中，x.Right 在 x 的右子树中，因此可以立刻得到它们的数量关系。由此，二叉搜索树便可以根据 Key 进行搜索了。

数学家："如图7.2所示，如果要在二叉搜索树中查找 Key = 6 的结点，只需要根据搜索性质，每次比较搜索值与当前结点 Key 即可。假定 Target = 6，起初访问根结点⑦，有 $6 \leqslant 7$，因此 Target = 6 如果存在，必定位于⑦的左子树中。所以接下来应该搜索⑦的左子树，为③。对于③，有 $3 \leqslant 6$，所以搜索③的右子树。这时，发现右子树根结点⑥的 Key 刚好就是 Target 目标值，因此搜索成功。"

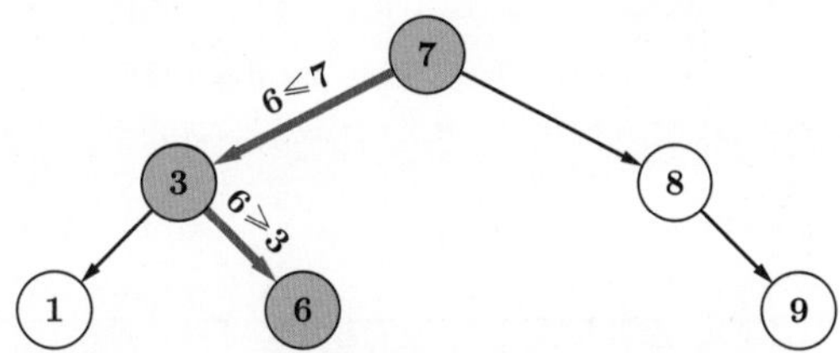

图 7.2　二叉搜索树根据 Key 进行搜索

数学家："这种搜索非常高效，因为它不必查找整个数据结构。如果数据是一个无序的链表，如 7,8,3,1,9,6，那么查找 Target 目标值 6 就需要访问每一个结点 $7 \to 8 \to 3 \to 1 \to 9 \to 6$。而在二叉搜索树中，只需要查找 $7 \to 3 \to 6$。"

数学家继续说道："红黑树也具有二叉搜索树的'有序性'。后面我们会利用这种'有序性'进行红黑树的区间查找。我建议你先写一下按照 Key 搜索的算法，加深对数据结构的理解。"

计算机科学家于是写了代码7.1，这部分代码的算法与图7.2完全一样，只不过 Key 是 `vma_t` 的 `start` 值。

计算机科学家："数学家啊，我先把搜索的代码写出来，即代码7.1。这里使用了结构体 `vma_t`，但是我们还没有讨论它的定义。不过不要紧，很快我们就会写出这个结构体了。"

数学家认同："不错，最重要的是算法。代码7.1的结构体虽然还不完整，但是它的含义已经跃于纸上了，结合图7.2来看，不言自明。"

代码 7.1 /rbt/Find.c

```
#include <assert.h>
#include <stdlib.h>
#include "VMA.h"
/// @brief 根据虚拟地址查找VMA
/// @param root 红黑树根结点
/// @param vaddr 虚拟地址
/// @return 如果找到VMA，使start <= vaddr < end，返回VMA
vma_t *vma_find(vma_t *root, uint64_t vaddr)
{
    if (root->start <= vaddr && vaddr < root->end)
        return root;
    vma_t *x = root;
    // 红黑树进行二分搜索：时间复杂度为O(log(N))
    while (x != NULL)
    {
        if (x->start <= vaddr && vaddr < x->end)
            // 找到VMA区间
            return x;
        else if (vaddr < x->start)
            // 虚拟地址在当前区间左侧
            x = LEFT(x);
        else if (vaddr >= x->end)
            // 虚拟地址在当前区间右侧
            x = RIGHT(x);
    }
    // 不存在VMA包含虚拟地址vaddr
    return NULL;
}
```

数学家："这种搜索最多需要访问**树高数量**（Tree Height）的结点，就可以判断是否找到目标结点。如图7.2所示，图7.2中一共有 6 个结点，记 $N = 6$。从根结点出发，直到叶子结点为止，一共有三条路径 $7 \to 3 \to 1$、$7 \to 3 \to 6$、$7 \to 8 \to 9$，取所有路径的最大长度作为二叉搜索树的'树高'，记 $H = 3$。一般情况下，H 都比 N 小很多。因此二叉搜索树的搜索性能要比直接搜索好。"

树高的定义

我们可以对任何一个二叉树结点定义它的"树高"，不论它是根结点还是中间结点。首先，叶子结点的定义是清楚的：叶子结点没有任何子结点。对于二叉树结点 x，从 x 出发，到任意一个它的叶子结点，都会形成一条"路径"。选择最长的路径，路径上结点的数量就是 x 的树高。这可以通过递归定义为

$$H(x) = \begin{cases} 0, & x\text{是 NULL 结点} \\ 1 + \max\{H(x.\text{Left}), H(x.\text{Right})\}, & x\text{不是 NULL 结点} \end{cases}$$

很容易得知，如果 x 是叶子结点，那么树高就是 $H(x) = 1 + \max\{0, 0\} = 1 + 0 = 1$。

链表与二叉搜索树之间的巨大差异，来自**排序**（Sorted）性质。排序是一个非常良好的性质，如果一个计算机问题具有排序性质，那么就有非常多的算法工具去处理它。相反，如果问题中的数据没有顺序，通常大家会先想办法进行排序，然后再用其他算法工具进一步

处理。

数学家惋惜：“但即便具有排序性质，二叉搜索树依然可能退化为一个链表，使树高 H 与结点数量 N 相等，即 $H=N$，导致搜索的性能急剧下降。如图7.3所示，图中的三个数据结构都是合法的二叉搜索树。二叉搜索树可能退化为一个‘左偏’的链表，也可能退化为一个‘右偏’的链表，或者直接由两条链表组成。不论哪一种情况，二叉搜索树都失去了排序性质的优势。在图7.3中的二叉搜索树中搜索，与在普通的链表中搜索没有任何差别，完全没有利用到排序性质。”

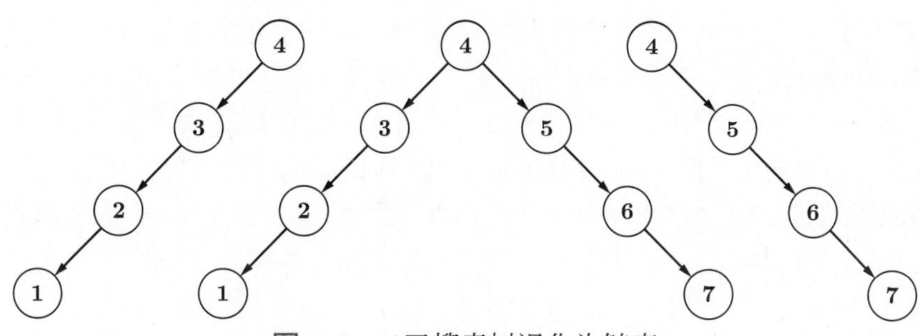

图 7.3　二叉搜索树退化为链表

7.3　AVL 树

计算机科学家：“你说得很有道理。二叉搜索树其实并没有很好地利用到数据的排序性质。那么，怎样的二叉搜索树才是高效的?”

数学家：“其实很简单，只要让二叉搜索树平衡，就可以避免退化为链表了。”

> **AVL 树的定义**
>
> **平衡树** (Balanced Tree) 可以通过“树高”递归地定义。首先是递归定义的终止条件：叶子结点是平衡树。然后递归定义平衡树：平衡树中的任意一个中间结点（非叶子结点）x，x 的左、右子树都是平衡树。不仅如此，$|H(x.\text{Left})-H(x.\text{Right})|\leqslant 1$，左右子树树高相差不超过 1。这其实就是著名的**AVL 树**（AVL Tree），由 G.M.Adelson-Velsky 与 E.M.Landis 发明，以他们名字的首字母命名。

数学家：“其实图7.1就是一棵 AVL 树。‘平衡’是一个很强的条件，比‘平衡’更强的是‘满二叉树’，比‘满二叉树’更强的是‘完全二叉树’。不过‘满二叉树’与‘完全二叉树’的条件太苛刻，很不实用。所以，通常我们保证‘平衡性’，就可以得到足够好的性质了，没有必要追求‘满二叉树’和‘完全二叉树’。”

数学家补充：“特别注意，这些都是树的‘形态’‘结构’方面的性质，与‘排序性质’相互独立。一棵树的 Key 可能是随机的，但同时它是平衡的；Key 也可能是排序的，但并不平衡。最理想的状态当然是既排序，又平衡。排序和平衡都是可以独立维护的性质。”

数学家兴奋道：“而且我可以证明 AVL 树的‘平衡性质’会让二叉搜索树有更好的搜索

性能。”

计算机科学家一听数学家要搞证明，立刻推诿：“这倒也不用了吧，平衡树性质再好，也比不过完全二叉树吧。”

数学家一听，更加激动了：“不！不！我可以证明 AVL 树的树高规模为 $O(\log(N))$，与完全二叉树相同！这样一来，只要结点数 N 足够大，AVL 树的搜索性能就达到了最优，与完全二叉树相同。也就是说，AVL 树平衡要比完全二叉树更容易维护，但同时二者的性能是相同的！”

于是数学家开始证明 AVL 树的根结点树高为 $O(\log(N))$。他反过来证明：要考虑 N 个结点的 AVL 树有多高，不如先考虑一个树高为 h 的 AVL 树需要多少结点。很显然，完全二叉树是一个**上界**（Upper Bound），有 $1+2+2^2+\cdots+2^{h-1}=2^h-1$ 这么多结点。否则的话，如果能容纳更多结点，就一定要向叶子结点插入新的结点，就会增加树高到 $h+1$。

有了上界，只要确定**下界**（Lower Bound），就可以估算 h 与 N 之间的关系了。也就是说，要找到形成 h 高度的 AVL 树最少需要多少个结点。数学家首先枚举了一些简单情况。

如图7.4所示，图中每一个结点都标记了自己的树高。$h=0$ 时，不需要任何结点，为 0；$h=1$ 时，需要 1 个叶子结点；$h=2$ 时，最少需要 2 个结点；$h=3$ 时，最少需要 4 个结点；$h=4$ 时，最少需要 7 个结点。

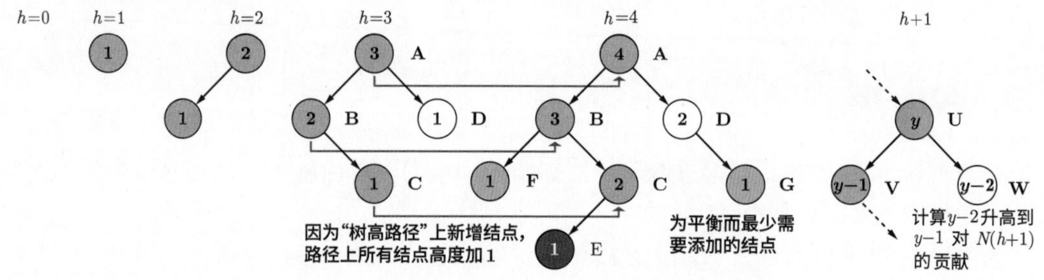

图 7.4 高度 h 的 AVL 树结点数量下界

数学家庄严地对计算机科学家说：“这是一个**斐波那契数列**！”

假定高度为 h 的 AVL 树最少需要 $N(h)$ 个结点。那么，这棵 AVL 树至少有一条从根结点到叶子结点的路径，路径上有 h 个结点，如图7.4中的 A,B,C 路径。现在考虑 $h+1$ 的情况。给 h 路径新加一个结点 E，那么这条路径上所有结点的树高都加 1。

原先 C 高度为 1，现在高度为 2，不进行任何操作。原先 B 高度为 2，它的子树或是“两个高度为 1”，或是“一个高度为 1，一个高度为 0”。因为考虑的是最少结点的情况，所以选择“一个高度为 1，一个高度为 0”，高度为 1 的子结点就是 C。现在，B 的高度升高到 3，C 高度升高到 2，于是 B 就必须新增一个高度为 1 的子树。这对 $N(h+1)$ 的贡献是 $N(1)-N(0)=1-0=1$。

同理，考虑路径上原先高度为 y 的结点 U，由于新增结点，所以 U 的高度升高到 $y+1$。原先，U 有两个子树，一个是路径上高度 $y-1$ 的结点 V，另一个是不在路径上的高度 $y-2$ 的结点 W。高度从 y 增加到 $y+1$ 后，W 结点要从 $y-2$ 升高到 $y-1$。W 子树原来有 $N(y-2)$ 个结点，“升高”后 W 子树的结点数量是 $N(y-1)$。因此，W 子树上新增了 $N(y-1)-N(y-2)$ 个结点，也就是说，对整体新增结点数量 $N(h+1)-N(h)$ 的贡献是 $N(y-1)-N(y-2)$。

这样，考虑树高路径 $y=1,2,\cdots,h$ 上的每一个结点 U，以及它对应的结点 W——“不在

树高路径中的子结点”，就得到新增加的结点数

$$N(h+1)-N(h)=1+(N(1)-N(0))+(N(2)-N(1))+(N(3)-N(2))+\cdots+(N(h-1)-N(h-2))$$

也就是斐波那契数列的一种变体，常数项会使计算通项公式更加复杂

$$N(h+1)=N(h)+N(h-1)+1$$

这里直接给出 Knuth 在《计算机程序设计艺术》（*The Art of Computer Programming*）中的结果[1]

$$\log(N+1)\leqslant H\leqslant 1.4404\log(N+2)-0.3277$$

计算机科学家：“等一下，这个推理看似很有道理，但好像缺少了一步证明。你怎么就知道 W 结点升高之前的结点数量一定是 $N(y-2)$，升高后一定是 $N(y-1)$ 呢？”

数学家：“没错，你观察得很仔细。这里我们假设‘在结点最精简的 AVL 树中，每一个子树也都是一棵 AVL 树，且结点最为精简’。也就是说，树高为 h 的 AVL 树最少需要 $N(h)$ 结点的话，对于它的任意一棵子树，如果子树树高为 h'，那么子树的结点数量刚好就是 $N(h')$。AVL 下界的每一棵子树都是 AVL 的下界。”

可以通过反证法证明这个结论。如果结点数量最精简的某个 AVL 树 Q 中存在一棵子树 W'，W' 树高为 h'，但结点数量大于 $N(h')$。那么就可以构造另一棵 AVL 树 K：K 与 Q 完全一样，但只有 W' 的位置不同。K 在 W' 上构造了另一棵子树 $W^\star$，它的树高也是 h'，且结点数量是最精简的 $N(h')$。显然 $W'/W^\star$ 子树树高相同，于是 K 与 Q 仍然是高度相同的 AVL 树。但显然 K 的结点要少于 Q（因为 $W^\star$ 的结点要少于 W'），这与“Q 是结点数量最精简的 AVL 树”相矛盾。

因此，在结点最精简的 AVL 树中，每一个子树都是结点最精简的 AVL 树。因此 $N(h+1)=N(h)+N(h-1)+1$ 成立。

数学家：“总之，反过来求 N 相对 H 的关系，就可以得到 H 相对于 N 的关系了。从 Knuth 的结果看，AVL 树的树高确实是渐进 $O(\log(N))$ 的。这个结果要比原始的二叉搜索树好很多，不会发生‘退化为链表’的情况。”

7.4　红黑树的平衡性

计算机科学家：“到现在为止我们谈了很多关于排序性质和平衡性质的内容。这是两个独立的性质，一个是关于结点中 Key 的，另一个是有关树的拓扑结构的，只是碰巧两个性质都可以合并在 AVL 树当中而已。但是，你还没有介绍红黑树。”

数学家清了清嗓子：“红黑树其实是另一种形式的平衡树，不过这是一种近似的平衡。”

红黑树（Red Black Tree）是一类特殊的二叉搜索树，最大的不同在于每一个红黑树结点都要维护自己的颜色。每一个结点只有一种颜色，**红色**或**黑色**。颜色是一种约束，用来保证整个红黑树的平衡性。

[1] Vol 3 Sorting and Searching. Chap 6. Sec. 2.3, Balanced Trees.

子树的黑高

从任意一个结点出发，沿着 Left/Right 指针移动，直到 **NULL**（注意不是叶子结点）为止，这一条**简单路径**（Simple Path）上**黑色**结点的数量被称为**黑高**（Black Height）。任意一个结点 x 的黑高可以用 $H^B(x)$ 来表示。且约定 $H^B(\text{NULL}) = 1$，即 NULL 本身就贡献一个黑高。

红黑树的定义与约束

(1) 每一个结点都持有一种颜色，**红色**或**黑色**。

(2) 根结点一定是**黑色**。

(3) NULL 一定是**黑色**。

(4) **红色**结点的左右子结点一定是**黑色**，但**黑色**结点的左右子结点可以是**红色**，也可以是**黑色**。

(5) 对于红黑树的任意一个结点，它的左右子树黑高都相同，由此保证红黑树近似平衡。

红黑树定义中所描述的性质如图 7.5 所示。

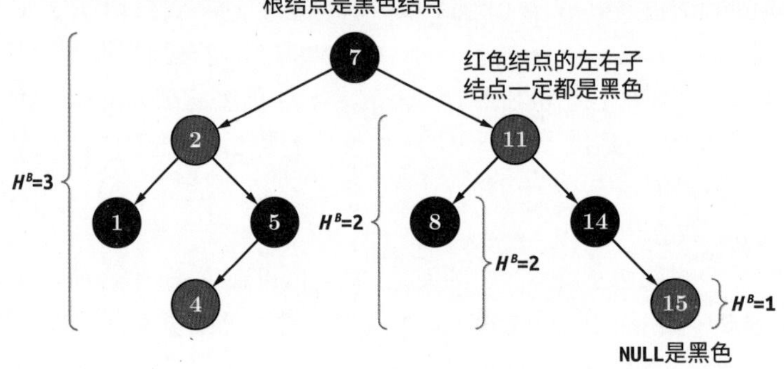

图 7.5 红黑树定义中所描述的性质

数学家：“根据定义中的第（4）条，我们知道，红黑树的任意一条简单路径上，不可能连续出现**红色**结点，但可以连续出现**黑色**结点。也就是说，一定有**红色**结点的数量小于**黑色**结点(含根结点与 NULL)。这样一来，从红黑树的根结点出发，任意一条简单路径的结点数量都不超过**黑色**结点数量的两倍，即**红色**结点数量 + **黑色**结点数量 $<$ 2× **黑色**结点数量。因此，整个红黑树的树高 H 不会超过黑高 H^B 的 2 倍，即 $H < 2H^B$。这就是为什么可以通过黑高来控制红黑树的平衡性。”

另一种分析红黑树平衡性的方法是 2-3-4 树。2-3-4 树是一类特殊的树结构，每一个结点可以**按大小顺序**存放 1 个 Key、2 个 Key 或 3 个 Key。相对应的，就可能产生 2 个子结点、3 个子结点、4 个子结点。两个 Key 之间的指针指向子树，子树中所有结点的 Key 也在两个 Key 之间。实际上，按照中序遍历，2-3-4 树依然是保持排序的。

如图7.6所示，2、7、11 这三个红黑树结点实际上形成一个 3-Key 的 2-3-4 树结点，包含 4 个指针。第一个指针指向一个**黑色**结点，如1，对应一个 1-Key 的 2-3-4 树结点，包含 2 个指针，就像一个正常的红黑树**黑色**结点，8也属于这种情况。而如果一个**黑色**结点只有一个子结点是**红色**结点，如4与5、14与15，不论**红色**结点是左子结点，还是右子结点，都是 2-Key 的 2-3-4 结点。

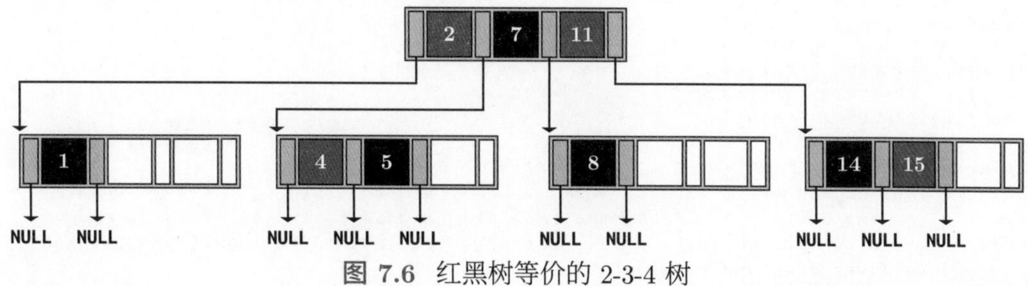

图 7.6 红黑树等价的 2-3-4 树

之所以这样将红黑树等价为 2-3-4 树，是为了说明“黑高”控制了树的平衡。每个**黑色**结点对应一个 2-3-4 树结点，最多可以“吸纳”两个**红色**子结点。这样一来，红黑树的“黑高”其实就是 2-3-4 树的树高。所以，红黑树的黑高相等，就是 2-3-4 树平衡，那么红黑树、2-3-4 树的搜索与 AVL 树相比，最多就相差常数项，差别不大。

计算机科学家评论道：“从编程和内存利用率的角度看，2-3-4 树的每一个结点需要维护 3 个 Key、4 个指针。如果**黑色**结点过多，那么内存的利用率就会降低，编程实现也不如红黑树方便，毕竟红黑树是一个标准的二叉树。尽管原理是一样的，但红黑树应该更方便一些。”

7.5 红黑树的结构体

计算机科学家：“红黑树的平衡性基本通过 2-3-4 树说清楚了。现在，我们忽略 `vm_area_struct` 的其他功能，不去考虑反向映射，不去考虑后备文件，也不去考虑进程的虚拟地址空间。这样一来，就可以写出结构体 `vma_t`，就是刚才在代码7.1中所使用的。见代码7.2。”

代码 7.2 /rbt/VMA.h

```
#ifndef _VMA_H
#define _VMA_H
#include <stdint.h>
// 颜色枚举类型
typedef enum
{
    BLACK = 0,
    RED = 1
} color_t;
// VMA结构体
typedef struct VMA_STRUCT
{
    uint64_t start;                  // VMA起始地址，包括左闭右开区间
    uint64_t end;                    // VMA结束地址，不包括左闭右开区间
    color_t color;                   // 红黑树结点颜色
    struct VMA_STRUCT *childs[2];    // 红黑树左右子结点：0-左，1-右
    struct VMA_STRUCT *parent;       // 红黑树父结点指针
    struct VMA_STRUCT *prev;         // 链表前结点
    struct VMA_STRUCT *next;         // 链表后结点
} vma_t;
```

```
/*--------------------红黑树指针操作----------------------*/
#define LEFT(x) (x->childs[0])        // 红黑树结点的左子结点
#define RIGHT(x) (x->childs[1])       // 红黑树结点的右子结点
// 红黑树结点的兄弟结点
#define SIBLING(x) (x->parent->childs[x == LEFT(x->parent)])
// 红黑树结点对于父结点中的位置：为父结点左孩子，获得左孩子位置
#define LOCATION(x) (x->parent->childs[x == RIGHT(x->parent)])
#define COLOR(x) (x == NULL ? BLACK : x->color)      // 红黑树结点的颜色
// 按颜色输出打印结果
#define REDCLR   "\e[1;31m"
#define GREENCLR "\e[1;32m"
#define ENDCLR   "\e[0m"
// VMA数据结构的函数
extern vma_t *vma_find(vma_t *root, uint64_t vaddr);
extern int vma_add(vma_t **root, vma_t **head, uint64_t start, uint64_t end);
extern int vma_del(vma_t **root, vma_t **head, uint64_t vaddr);
extern vma_t *vma_range(vma_t *root, uint64_t left, uint64_t right, vma_t **end);
extern void vma_free(vma_t **root, vma_t **head);
// 打印函数
extern char *vma_tree(vma_t *root);
extern char *vma_list(vma_t *head);
// 校验函数
extern int check_tree(vma_t *root);
extern int check_list(vma_t *head);
#endif
```

计算机科学家忽然凝神，对着空气说："如果你来自第 5 章，想要看一下 vma_t 的结构，那么现在可以回头了。"

数学家疑惑："你在干什么，好像在和平行世界中的另一个人说话一样。"

计算机科学家摆摆手："没什么事，电子科学家会懂，刚才你不在这里。我来解释一下 vma_t 结构体里的成员。"

（1）start、end 是 VMA 区间的虚拟地址，这是一个左闭右开区间，即 [start, end)，取到 start，但取不到 end。

（2）color 是结点的颜色，通过枚举类型 color_t 表示，0 表示黑色，1 表示红色。实际上，颜色信息可以用 1bit 表示。如果 vma_t 大小经过内存对齐，我们甚至可以把颜色信息压缩为 1bit，保存在 childs、parent 这些指针当中。这是 C 语言非常灵活的地方，可以将内存利用到极致。

（3）childs[2] 是左右子结点的指针。这里用数组而不是常规的 left、right，是为了方便计算"左""右"。如果是左结点，只要计算到 childs[0]，右结点计算到 childs[1]。头文件中的宏定义，如 LEFT(x)、RIGHT(x)、SIBLING(x)、LOCATION(x)，操作会比较方便。

（4）parent 是父结点指针。红黑树插入操作，需要向根结点方向调整，所以需要记录父指针。

（5）prev、next 是链表的前后结点指针，用来进行区间查询。

数学家："这个头文件里还有一些宏定义，再展开说说。如 LEFT(x)，为什么用宏定义，而不用函数进行封装？"

计算机科学家："宏定义是在**编译预处理**（Preprocessor）时直接复制到代码中的。所以使用宏定义 LEFT(x)，可以既出现在赋值的**右边**（Right-Hand-Side）用来取值，vma_t *left = LEFT(x);也可以出现在**左边**（Left-Hand-Side）进行赋值，LEFT(x) = left。如果用函数封装，函数返回

值是无法出现在**左边**的，不可能出现 f() = 1 这样的写法。这样就需要写一个 get 函数，一个 set 函数，复杂很多。”

数学家：“那你再解释一下 SIBLING(x) 和 LOCATION(x) 这两个宏定义，它们看上去挺复杂的。”

计算机科学家首先说明 SIBLING(x) 的含义，结点 x 的兄弟结点。

如图7.7所示，取兄弟结点是通过 childs 数组实现的。首先计算表达式 x==LEFT(x->parent)，如果 x 是其父结点 x->parent 的左子结点，那么表达式取 1，否则取 0。这样，父结点的 childs 就取到另一个子结点，也就是兄弟结点了。LEFT(x) 与 RIGHT(x) 既可以取值，也可以赋值。SIBLING(x) 也一样，既可以取值：vma_t *sib = SIBLING(x)，也可以赋值：SIBLING(x) = sib。

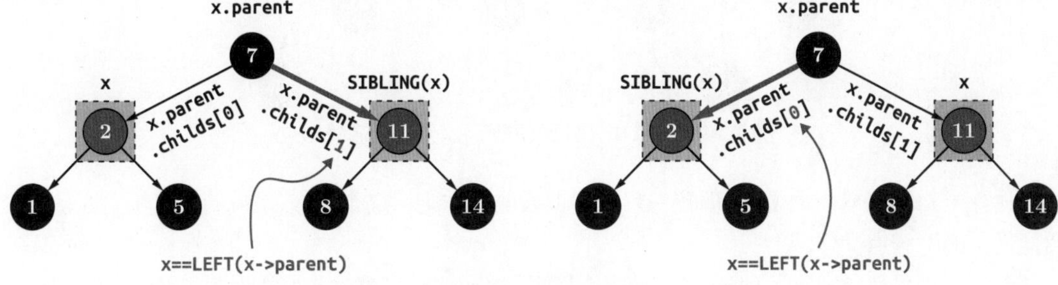

图 7.7　兄弟结点

LOCATION(x) 的原理和 SIBLING(x) 一样，只不过取的不是兄弟结点，而是 x 在父结点 x->parent 中的位置。如图7.8所示，与 SIBLING(x) 相比，LOCATION(x) 的表达式变成 x==RIGHT (x->parent)。因此 x 如果是 x->parent 的左子结点，表达式取 childs[0]，也就是 x 在 x->parent 中的位置。

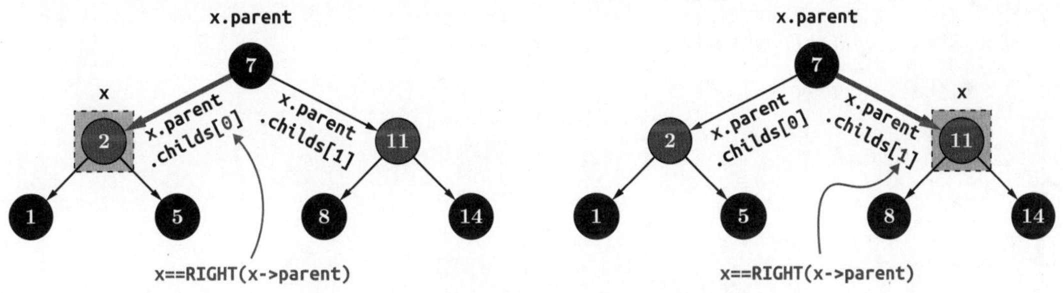

图 7.8　x 在父结点 x->parent 中的位置

有了 LOCATION(x)，就可以替换 x。如 LOCATION(x) = y，就将 x->parent 中的 x 替换成了 y。

7.6　链表的插入与删除

数学家：“我大概理解了你写的代码7.2。其实 vma_t 是一个很常规的结构体，主要是 LEFT(x)、RIGHT(x) 这几个宏定义，利用了 vma_t.childs 的数组特点，可以比较方便地求值与赋值。”

计算机科学家：“是这样子的。接下来，我们就用代码7.2来写这个数据结构吧。第一个要解决的问题是插入，需要写一个函数，接收红黑树的根结点，以及新建 VMA 的起始地址 `start`、结束地址 `end`，将左闭右开区间为 `[start, end)` 的 VMA 插入到红黑树里。”

说到这里，计算机科学家一愣：“不对，你还没告诉我怎么实现红黑树的插入算法呢。”

数学家：“其实除了红黑树之外，这还是一个有序链表，按照红黑树的中序遍历顺序排序的，如图7.9所示。所以你可以先向链表里插入 VMA，并且维护链表的有序性。”

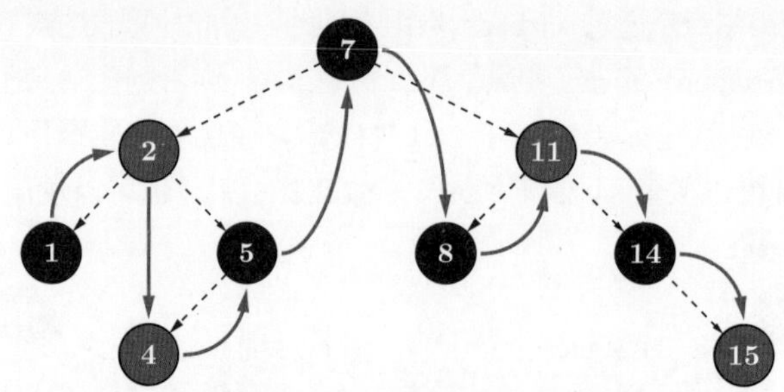

图 7.9 红黑树中的有序链表（`next` 指针）

计算机科学家自信地说：“那我先写一下链表的操作吧，这个比较简单。包括向前插入、向后插入、删除结点操作。”

于是计算机科学家写了代码7.3，他说：“很简单，这其实就是一些指针操作而已。”

代码 7.3 /rbt/List.c

```
#include <stdlib.h>
#include "VMA.h"
/// @brief 链表操作：在x之前插入链表结点a
/// @param head 链表头结点
/// @param x 待插入的链表位置
/// @param a 待插入的链表结点
/// @return 新的链表头结点
vma_t *list_addprev(vma_t *head, vma_t *x, vma_t *a)
{
    if (head == NULL)
    {
        a->prev = a->next = NULL;
        return a;
    }
    a->prev = x->prev;
    a->next = x;
    if (x->prev != NULL) x->prev->next = a;
    x->prev = a;
    // 检查x是否已经是链表头结点
    if (a->prev == NULL) return a;
    return head;
}
/// @brief 链表操作：在x之后插入链表结点a
/// @param head 链表头结点
/// @param x 待插入的链表位置
/// @param a 待插入的链表结点
/// @return 新的链表头结点
vma_t *list_addnext(vma_t *head, vma_t *x, vma_t *a)
{
    if (head == NULL)
    {
        a->prev = a->next = NULL;
        return a;
    }
    a->prev = x;
```

```
    a->next = x->next;
    if (x->next != NULL) x->next->prev = a;
    x->next = a;
    return head;
}
/// @brief 链表操作：从链表中删除a
/// @param head 链表头结点
/// @param a 待删除的链表结点
/// @return 新的链表头结点
vma_t *list_del(vma_t *head, vma_t *a)
{
    if (a->prev != NULL) a->prev->next = a->next;
    if (a->next != NULL) a->next->prev = a->prev;
    if (a->prev == NULL) head = a->next;
    return head;
}
```

如图7.10和代码7.3中的 list_addprev() 函数所示，想要在 x 结点之前插入 a 结点，只需要按照顺序更新指针即可。可以先将 a->next 更新为 x，a->prev 更新为 x->prev。在这里，x->prev 可以为 NULL。如果 x->prev 存在，则将 x->prev->next 由 x 更新为 a。最后更新 a->next 为 x。与在 x 之后插入 a 的操作类似，只不过需要判断 x->next 是否存在。

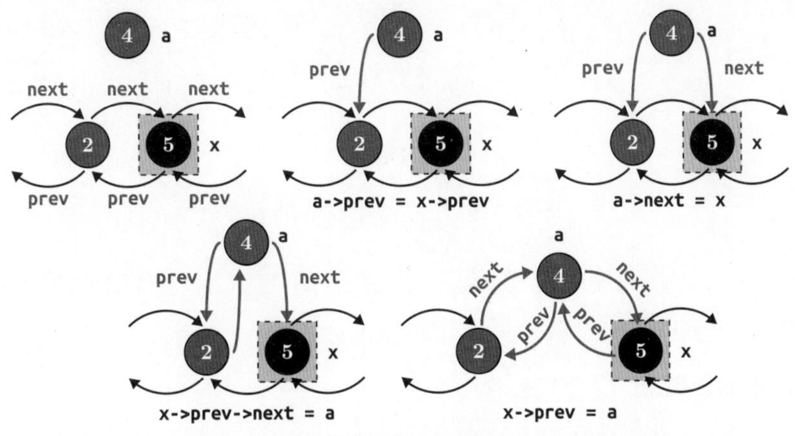

图 7.10　向 x 结点之前插入 a 结点

如图7.11所示，代码7.3中的 list_del() 函数，只需要更新 a->prev 与 a->next 为相互指向即可，不过需要注意判断两个结点是否存在。另外，需要注意被删除的是否是链表头结点。

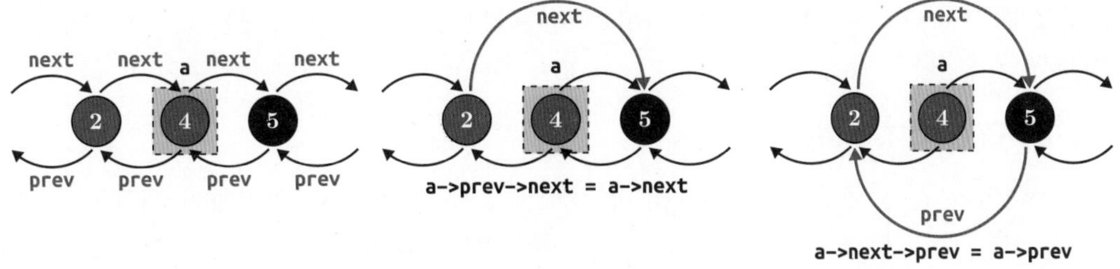

图 7.11　从链表中删除 a 结点

7.7 红黑树的插入操作

数学家："现在，你已经完成了链表的插入与删除操作。接下来，需要分别实现红黑树的插入与删除。首先是插入操作，我们先来推导一下怎样进行插入操作。我们先按照二叉搜索树的性质找到结点插入的位置，然后通过颜色调整红黑树的平衡，并且不破坏红黑树的排序性质。这就可以同时维护排序性质与平衡性质。"

7.7.1 排序性质

按照中序遍历，对红黑树所有结点的 Key 进行排序，假如可以得到：$K_0 < K_1 < \cdots < K_{n-1}$。如果新插入结点的 Key 是 X，$X < K_0$ 及 $K_{n-1} < X$（这两种情况都是很简单的情况），直接沿着整个树的左分支或右分支下降，然后按照 Key 大小插入即可，如图7.12左侧两张图所示。

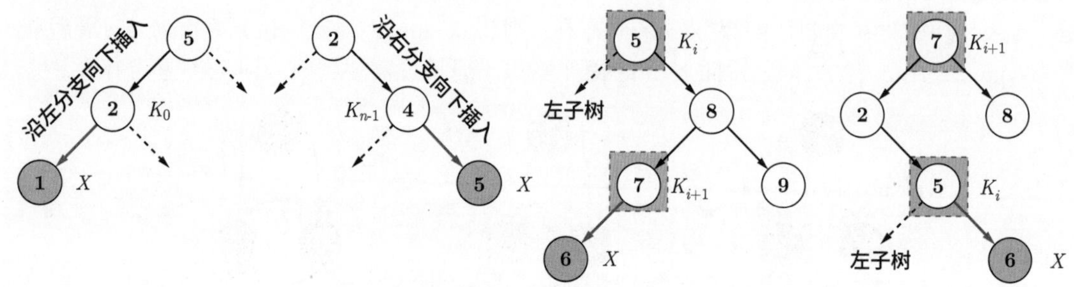

图 7.12 二叉搜索树的插入

比较复杂的是 X 位于排序中间的情况。假如存在 K_i 与 K_{i+1}，使 $K_i < X < K_{i+1}$。这时，就需要讨论 K_i 与 K_{i+1} 的关系。

1. K_{i+1} 在 K_i 的右子树中

这种情况下，按照二叉搜索树/AVL 树/红黑树的排序原则，K_{i+1} 一定位于 K_i 右子树的最左侧分支，因为它是 K_i 的**后继结点**（Sucessor）。如图7.12中的第三张图所示，⑤结点的后继结点是⑦，⑤的右结点是⑧，右子树的最左分支下降到后继结点⑦。

显然，⑦（K_{i+1}）是没有左子结点的。如果有左子结点，假定 Key 为 Y，那么就有 $K_i < Y < K_{i+1}$，与 K_{i+1} 是 K_i 的后继结点矛盾。因此，后继结点的左子结点就是一个合适的插入位置。将 X 插入 `a->right->left->...->left` 的位置即可。很容易验证，整个二叉搜索树/AVL 树/红黑树依然保持有序。

2. K_{i+1} 不在 K_i 的右子树中

后一种情况，K_{i+1} 不在 K_i 的右子树中。这时，K_i 的右子结点必定为 `NULL`。证明方法和第一种情况一样，假如 K_i 右子结点非 `NULL`，Key 值为 Y，则有 $K_i < Y < K_{i+1}$，与 K_{i+1} 是 K_i 的后继结点矛盾。如图7.12中的第四张图所示，⑤的右子结点为 `NULL`，⑦不在⑤的右子树中。因此，可以将 X 插入 K_i 的右子结点，而不违背排序性质，也即将⑥插入到⑤的右子结点。

综上所述，只需要按照排序性质，对整个红黑树进行**二分搜索**（Binary Search），在中序遍历 $K_0 < K_1 < \cdots < K_{n-1}$ 中找到 $K_i < X < K_{i+1}$，就可以按照图7.12进行插入操作了。查找插入位置的时间复杂度与树高成正比，为 $O(H)$。对于红黑树，由于整棵树是 2-3-4 平衡的，所以查找的时间复杂度是 $O(\log(N))$。

7.7.2 区间比较

计算机科学家："很好，你推导了怎样找到插入的位置，只要根据二叉搜索树的排序性质，比照 Key 的大小，向左子树或右子树移动即可。但问题是，VMA 是一个区间，有 `start` 值与 `end` 值。按照你的说法，这是一个**偏序关系**（Partial Ordering），而不是**良序关系**。你要怎么比较区间，从而建立红黑树呢？"

数学家："这得依赖 VMA 本身的特点了。确实，如果是区间 `[start, end)`，这种偏序关系是无法作为红黑树的 Key 的。比如 `[5, 6)` 和 `[5, 7)`，想要比较任意两个区间大小，只能比较 `start` 值或 `end` 值，将偏序关系'降维投影'到 `start` 轴或 `end` 轴。"

计算机科学家："这不失为一种好的方法，可以用 `start` 值作为 Key，而不用整个区间。"

数学家："也可以考虑整个区间，因为我们认为 VMA 要求虚拟地址段不可以相交，否则一个虚拟地址同属于多个 VMA，就无法判断虚拟地址在 VMA 的权限了。这样一来，只需要比较 `start` 值，就可以找到插入的位置：

$$[\mathtt{start}_i, \mathtt{end}_i] < [\mathtt{start}_{i+1}, \mathtt{end}_{i+1}]$$

在插入时，比较新插入的区间 `[start, end)` 是否与这两个区间有重合部分。如果没有，就可以放心插入了。"

这部分代码见代码7.4。`bst_addloc()` 函数从红黑树根结点 `root` 开始，按照二叉搜索树的排序性质，查找插入新区间 `[start, end)` 的结点位置。如果找不到，返回 `NULL`。

代码 7.4　/rbt/BstAdd.c

```
#include <assert.h>
#include <stdlib.h>
#include "VMA.h"
/// @brief 按照BST性质，查找插入VMA区间[start, end)的位置
/// @param root 红黑树根结点
/// @param start 新加VMA的起始地址
/// @param end 新加VMA的结束地址
/// @return 负责插入区间的结点（父结点）
vma_t *bst_addloc(vma_t *root, uint64_t start, uint64_t end)
{
    // 地址区间不合法
    if (!(start < end)) return NULL;
    // 按照起始地址，二分搜索查找红黑树中适合新加结点的位置，时间复杂度O(log(N))
    vma_t *x = root;
    while (x != NULL)
    {
        if (end <= x->start)
        {
            if (LEFT(x) != NULL) x = LEFT(x);
            else break;
        }
        else if (x->end <= start)
```

```
        {
            if (RIGHT(x) != NULL) x = RIGHT(x);
            else break;
        }
        else return NULL;
    }
    // 检查链表中前后结点之间是否能够插入新的VMA区间[start, end)
    if (x != NULL &&
        (!(end <= x->start || x->end <= start) ||
         (end <= x->start && x->prev != NULL && start < x->prev->end) ||
         (x->end <= start && x->next != NULL && x->next->start < end)))
        return NULL;
    return x;
}
```

7.7.3 平衡性质

计算机科学家：“好的。到目前为止，其实你分析的都是二叉搜索树的性质。但你也知道，按照上面的算法，是不能保证平衡性的。比如一直沿着树的最左分支向下插入，就会让树退化为链表。那要怎么做才能保证红黑树的平衡呢?”

数学家：“注意，在插入新的结点之前，红黑树本身就是平衡的。新增加一个结点，如果想要整棵树依然保持平衡，那么只能选择插入一个**红色**结点，这样一来，各个结点的两边子树黑高依然相等。但这样做可能会违背红黑树的另一条性质——‘**红色**结点不得连续出现在路径上’。所以，这时候就需要我们对红黑树进行调整了。”

1. 向黑色结点插入

第一种情况如图7.13所示，代码7.4找到的是**黑色**结点，我们向**黑色**结点插入新的**红色**结点。代码7.4根据二叉搜索树的排序性质找到的 x，一定有一个子结点为 NULL，作为新结点插入的位置。

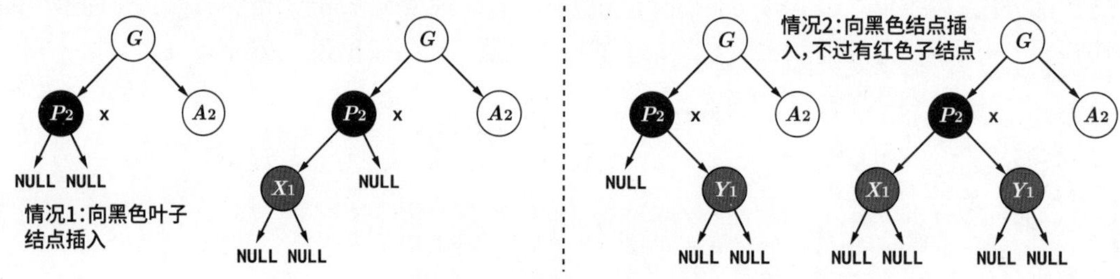

图 7.13 向黑色结点插入

数学家：“因此，我们立刻可以推理，如果 x 是**黑色**结点，那么加上 NULL，x 的黑高一定是 2。与此同时，立刻可以知道，根据红黑树平衡的原则，x 的两个子树黑高都是 1。”

这样一来，其实只有两种子情况可以讨论了，如图7.13所示。（1）x 是**黑色**叶子结点，按照区间的 start 向 x 插入即可；（2）x 有一个子结点是**红色**叶子结点，按照 Key 插入即可。

2. 向红色结点插入

第二种情况如图 7.14 所示，如果 x 是**红色**结点，那么就不得不向上调整了。如果 x 是**红色**结点，而它又有一个子结点为 NULL（代码7.4能够找到插入位置），那么 x 必然是一个**红色**叶子结点。

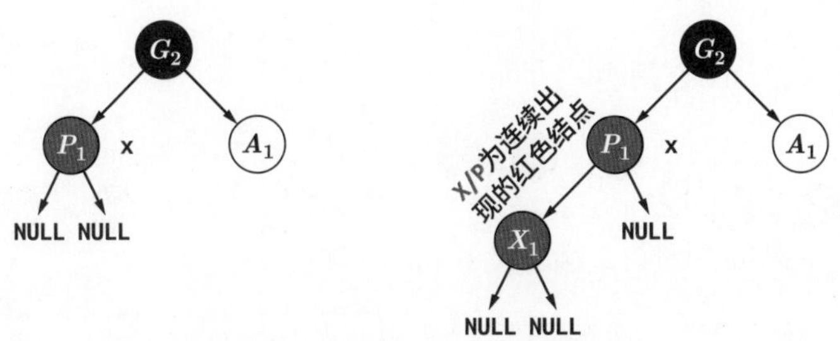

图 7.14 向红色叶子结点插入

数学家：“这样一来，就违背了‘**红色**结点不得连续出现在路径上’的原则。因此，需要向上调整红黑树的黑高，使整个红黑树依然合法。”

7.8 红黑树的旋转

如图7.15所示，调整的核心机制是**旋转**（Rotation）。考虑结点 X_n、P_n、G，P_n 是 X_n 的父结点，G 是 P_n 的父结点，也就是 X_n 的祖父结点。X_n 与 P_n 都是**红色**结点，破坏了红黑树的性质。

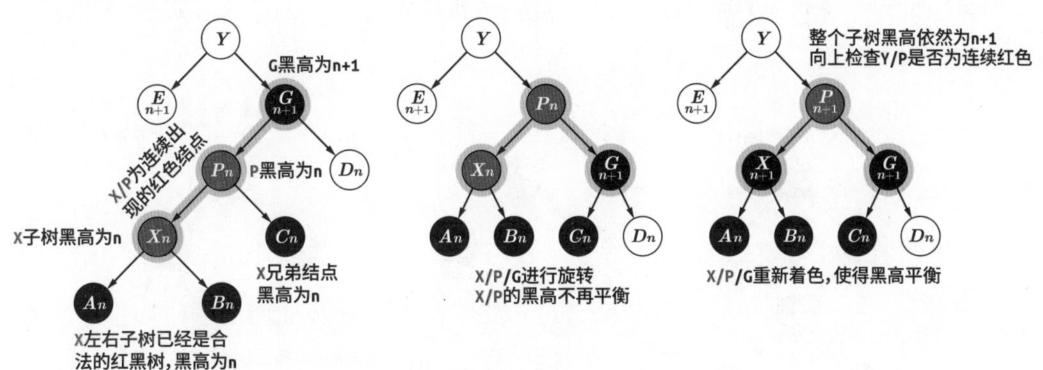

图 7.15 向上调整连续红色结点（第一类旋转：X、P、G 同侧）

因为新加结点是**红色**结点，所以整个红黑树的平衡与原来一样。X_n 及以下是合法的红黑树，P_n 及以上也是合法的红黑树，唯一被破坏的性质就是 X_n 与 P_n。假定 X_n 的左右子结点是 A_n 与 B_n，这两个结点必定是**黑色**结点。同理，X_n 的兄弟结点 C_n 也必定是黑色结点。其余结点的颜色是无法判断的，如图7.15所示。

数学家：“由于红黑树原来是平衡的，所以我们可以推算每一个结点的黑高。”

假定 A_n 与 B_n 黑高是 n。当这两个结点都是 NULL 时，n 取 1，X_n 为**红色**子结点，也就是图7.14中的情况。这样，可以推知 X_n 黑高也为 n，那么兄弟结点 C_n 的黑高也为 n，祖父结点 G 的黑高为 $n+1$，P_n 兄弟结点 D_n 的黑高也为 n。G 的兄弟结点 E 的黑高与 G 一样，为 $n+1$，只不过无法确定它的颜色。

并且，按照排序性质，有 $Y < A_n < X_n < B_n < P_n < C_n < G < D_n$，其中 A_n、B_n、

C_n 也代表了整个子树。调整后，排序性质必须依然满足，且经过重新平衡。

1. 第一类旋转：X、P、G 在同侧

第一类旋转如图7.15所示，X_n、P_n、G 位于同侧。图7.15中是同位于左侧的情况，X_n 是 P_n 的左子结点，P_n 是 G 的左子结点。另一种情况是同位于右侧，X_n 是 P_n 的右子结点，P_n 是 G 的右子结点。两种情况对称，就以同在左侧为例。

同侧的情况，可以将 P_n “提拔”为整棵子树的根结点，替代 G，如图7.15中的第二张图所示。特别要注意的是 X_n 的兄弟结点 C_n。旋转以后，C_n 整棵子树成为 G 的子结点了。显然，旋转以后排序性质是不变的：$Y < A_n < X_n < B_n < P_n < C_n < G < D_n$。

不过，这时红黑树的黑高不再平衡了，因此需要**重新着色**（Recoloring），如图7.15中的第三张图所示。整个 G 子树的黑高依然是 $n+1$，不需要调整。但 X_n 现在与 G 同为 P_n 的子结点，应该有相同的黑高。因此，将 X_n 重新着色为**黑色**，为 X，黑高为 $n+1$。最后，为了维持整棵子树的黑高依然是 $n+1$，与 E 平衡，维持 P_n 为**红色**结点，但黑高升高为 $n+1$。

2. 第二类旋转：X、P、G 在异侧

第二类旋转的情况与第一类相似，想要修正“双红结点”问题，都需要先旋转，再重新着色。如图7.16所示，X_n 是 P_n 的右子结点，P_n 是 G 的左子结点。对称的情况是一样的，我们只讨论图7.16的情形。

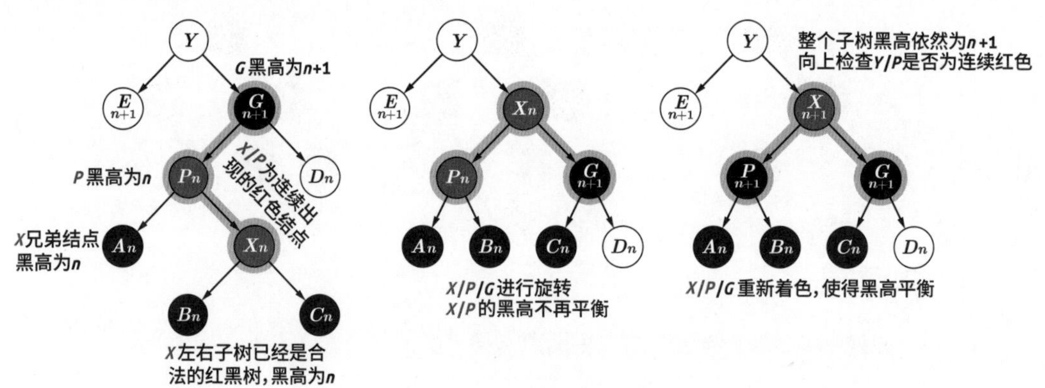

图 7.16　向上调整连续红色结点（第二类旋转：X、P、G 异侧）

如图7.16所示，这次依然需要旋转 X_n、P_n、G 三个结点。不过，与第一类旋转情况不同的是，这一次 X_n 被“提拔”为根结点，而非 P_n。与此同时，X_n 原有的两棵子树 B_n 及 C_n 被 P_n 与 G 接管。

旋转前后，始终有排序关系：$Y < A_n < P_n < B_n < X_n < C_n < G < D_n$。

同样的，旋转后想要重新使黑高平衡，就需要重新着色。

根据数学家描述的算法，计算机科学家实现了两类旋转的代码，见代码7.5。

计算机科学家：“旋转的代码要比链表插入、删除复杂一些，但无非也是调整指针而已。在这里，利用 `LOCATION(x)`、`SIBLING(x)`、`vma_t.childs`，我们可以把代码写得尽量简洁。另一种

写法是把三个结点 X_n 、P_n 、G 的旋转拆分成‘左旋转’‘右旋转’，可以写得更加简洁，但未必足够直观。我的建议是直接写三个结点的旋转，这样对红黑树在做什么会有更清楚的理解。”

代码 7.5 /rbt/Rotate.c

```c
#include <assert.h>
#include <stdlib.h>
#include "VMA.h"
/// @brief 旋转红黑树
/// @param x 当前结点
/// @param p x的父结点
/// @param g x的祖父结点
/// @return 旋转后子树的根结点
vma_t *tree_rotate(vma_t *x, vma_t *p, vma_t *g)
{
    if ((x == LEFT(p) && p == LEFT(g)) || (x == RIGHT(p) && p == RIGHT(g)))
    {
        // X,P,G同侧，一共有两种情况
        // 同在左侧：(G,(P,(X,A,B),C),D) 旋转为 (P,(X,A,B),(G,C,D))
        // 同在右侧：(G,A,(P,C,(X,B,D))) 旋转为 (P,(G,A,C),(X,B,D))
        // p->x子树关系不变：
        vma_t *c = SIBLING(x);          // x的兄弟结点，交给g的p子结点
        SIBLING(x) = g;                 // p指向g
        LOCATION(p) = c;                // g指向c
        if (c != NULL)                  // 更新c的父指针
            c->parent = g;
        if (g->parent != NULL)          // g的父结点指向p
            LOCATION(g) = p;
        p->parent = g->parent;          // 更新p的父指针
        g->parent = p;                  // 更新g的父指针
        return p;
    }
    else if ((x == LEFT(p) && p == RIGHT(g)) || (x == RIGHT(p) && p == LEFT(g)))
    {
        // X,P,G异侧，一共有两种情况
        // k = 0: P左G右：(G,(P,A,(X,B,C)),D) 旋转为 (X,(G,A,B),(G,C,D))
        // k = 1: P右G左：(G,A,(P,(X,B,C),D)) 旋转为 (X,(G,A,B),(P,C,D))
        if (g->parent != NULL)          // g的父结点指向p
            LOCATION(g) = x;
        int k = LEFT(p) == x;           // 0 - p左g右; 1 - p右g左
        vma_t *b = x->childs[k];        // 交给p的x子结点，b
        vma_t *c = x->childs[!k];       // 交给g的x子结点，c
        LOCATION(x) = b;                // b取代x的位置，p指向b
        LOCATION(p) = c;                // c取代p的位置，g指向c
        if (b != NULL) b->parent = p;   // 更新b的父指针
        if (c != NULL) c->parent = g;   // 更新c的父指针
        x->childs[k] = p;               // x指向p
        x->childs[!k] = g;              // x指向g
        x->parent = g->parent;          // 更新x的父指针
        g->parent = p->parent = x;      // 更新p，g的父指针
        return x;
    }
    return NULL;
}
```

实现旋转的代码后，就可以对“双红结点”进行调整了。只要发现一个**红色**结点的父结点仍然是**红色**，就对其进行调整，直到**红色**的父结点是**黑色**结点为止。

见代码 7.6，如图7.15与图7.16所示，每次调整后，整个 G 子树的根结点会变成一个**红色**的根结点，为 X 或 P。因此，代码 7.6 需要将这个**红色**的根结点作为新的 X_n ，检查其与图7.15和图7.16中的 Y 是否形成新的“双红结点”。最坏的情况是一直检查到整棵红黑树的根结点，由于

根结点必定是**黑色**，因此这个函数是必定会停止的。最坏情况下，需要沿着插入的路径一直向上到根结点，遍历整个树高。因此，时间复杂度还是 $O(\log(N))$。

代码 7.6 /rbt/AddFixup.c

```
#include <assert.h>
#include <stdlib.h>
#include "VMA.h"
// 红黑树操作函数
extern vma_t *tree_rotate(vma_t *x, vma_t *p, vma_t *g);
/// @brief 在红黑树添加新的红色结点后，调整红黑树的平衡
/// @param x 新加入红黑树的红色结点
/// @return 可能产生新的根结点
vma_t *vma_addfixup(vma_t *x)
{
    // 如果p -> x同时为红色，则违背红黑树性质，需要修正
    while (x->parent != NULL)
    {
        if (x->parent->color == BLACK) break;
        else
        {
            x = tree_rotate(x, x->parent, x->parent->parent);
            LEFT(x)->color = BLACK;
            RIGHT(x)->color = BLACK;
            x->color = RED;
        }
    }
    return x;
}
```

最后，结合链表的插入，就可以写出对整个数据结构插入一个区间的函数了，见代码7.7。

代码 7.7 /rbt/Add.c

```
#include <assert.h>
#include <stdlib.h>
#include "VMA.h"
// 链表操作函数
extern vma_t *list_addprev(vma_t *head, vma_t *x, vma_t *a);
extern vma_t *list_addnext(vma_t *head, vma_t *x, vma_t *a);
// 红黑树操作函数
extern vma_t *bst_addloc(vma_t *root, uint64_t start, uint64_t end);
extern vma_t *vma_addfixup(vma_t *x);
extern vma_t *vma_alloc(uint64_t start, uint64_t end);
/// @brief 向红黑树与链表中添加新的结点，VMA区间[start, end)
/// @param root 红黑树根结点
/// @param head 链表头结点
/// @param start 新加VMA的起始地址
/// @param end 新加VMA的结束地址
/// @return 0 - 添加失败; 1 - 添加成功
int vma_add(vma_t **root, vma_t **head, uint64_t start, uint64_t end)
{
    // 按照BST，查找插入结点的位置
    vma_t *x = bst_addloc(*root, start, end);
    if ((*root) != NULL && x == NULL) return 0;
    // 到此为止，确定虚拟地址空间（红黑树/链表）中[start, end)部分空闲
    vma_t *a = vma_alloc(start, end);
    if ((*root) == NULL && x == NULL)
    {
        *root = *head = a;
        return 1;
    }
    // 按照[start, end)，向x添加a，修改红黑树/链表
```

```c
    if (end <= x->start)
    {
        *head = list_addprev(*head, x, a);
        LEFT(x) = a;
    }
    else if (x->end <= start)
    {
        *head = list_addnext(*head, x, a);
        RIGHT(x) = a;
    }
    // 将新加的红黑树结点设置为红色
    a->color = RED;
    a->parent = x;
    // 旋转、重新着色，调整红黑树颜色
    a = vma_addfixup(a);
    // 检查是否更新根结点
    if (a->parent == NULL)
    {
        a->color = BLACK;
        *root = a;
    }
    return 1;
}
```

7.9 红黑树的删除操作

计算机科学家擦擦汗：“插入操作真是复杂啊。”

数学家：“是的，而且红黑树的删除操作还要更加复杂。我们可以按照子结点的数量进行讨论：叶子结点、单个子结点、两个子结点。”

7.9.1 删除一个叶子结点

第一种情况是叶子结点。这时又分为两种情况：**红色**叶子结点与**黑色**叶子结点。删除一个**红色**结点的情况如图7.17所示，**红色**叶子结点 X_1 的黑高必定是 1，它的父结点 P_2 必定是**黑色**结点，且黑高必定是 2。也就是说，X_1 存在一个黑高为 1 的兄弟结点，可能是 NULL，也可能是另一个**红色**叶子结点。不论哪一种情况，直接删除 X_1 都不影响红黑树的排序性质与平衡性质。

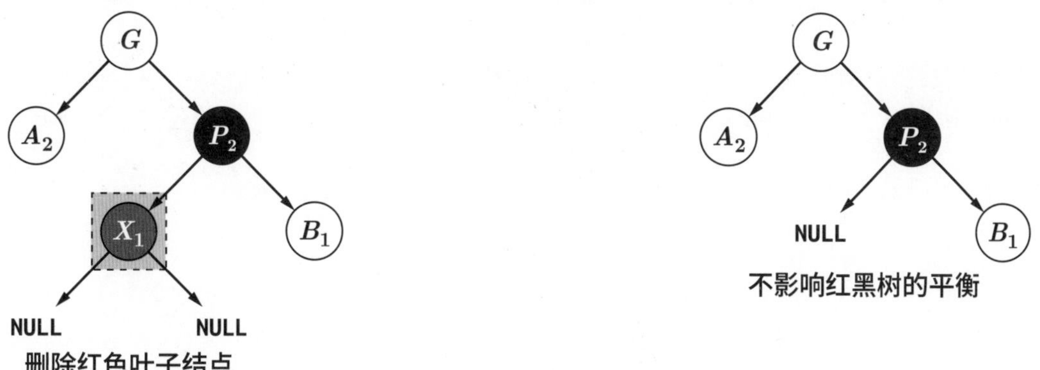

图 7.17　删除一个红色叶子结点

但如果是一个**黑色**叶子结点，问题就复杂得多了。整个删除算法里，最复杂的部分就是删除一个黑色叶子结点。如图 7.18 所示，X_2 是一个**黑色**叶子结点，加上两个为 NULL 的子结点，黑高为 2。直接删除 X_2，并不影响整个红黑树的排序性质。

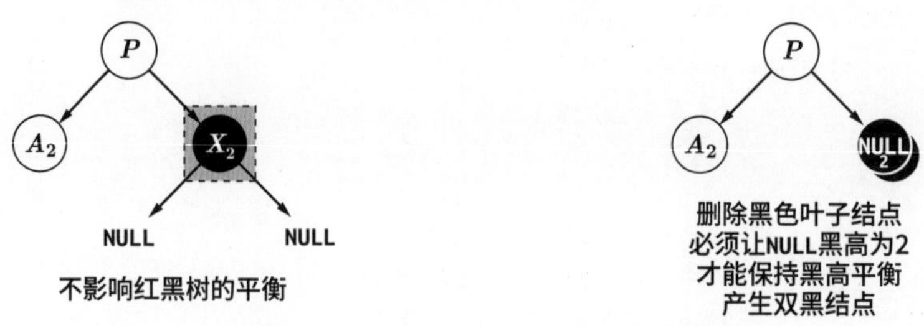

图 7.18　删除一个黑色叶子结点

数学家："但问题是，X_2 是一个**黑色**结点，删除操作后只剩下 NULL。也就是说，这部分子树的黑高从 2 变成了 1，无法与 X_2 的兄弟结点 A_2 平衡了。为了解决这个问题，我们暂时给图7.18中删除过后的 NULL 增加 1 层黑高，使它成为**双黑结点**（Double Black）。也就是说，在计算黑高时，这个结点计算两次。"

他补充道："使用'双黑结点'的概念，整个红黑树的**黑色**结点分布是维持不变的。但'双黑结点'并不是一个合法的红黑树结点，所以必须对它进行调整，使红黑树恢复正常状态。这个过程很复杂，稍后单独讨论。"

7.9.2 删除单个子树的结点

数学家："第二种情况下，被删除的结点只有单个子树。这是最简单的情况，不过需要我们做出一些推理。"

如图7.19所示，假定要删除结点 X，其仅有单个子树 Y。Y 必定与 NULL 黑高相等，所以 Y 一定是**红色**结点，为 Y_1。既然 Y_1 是**红色**结点，那么 X 必定是**黑色**结点，为 X_2，黑高为 2。

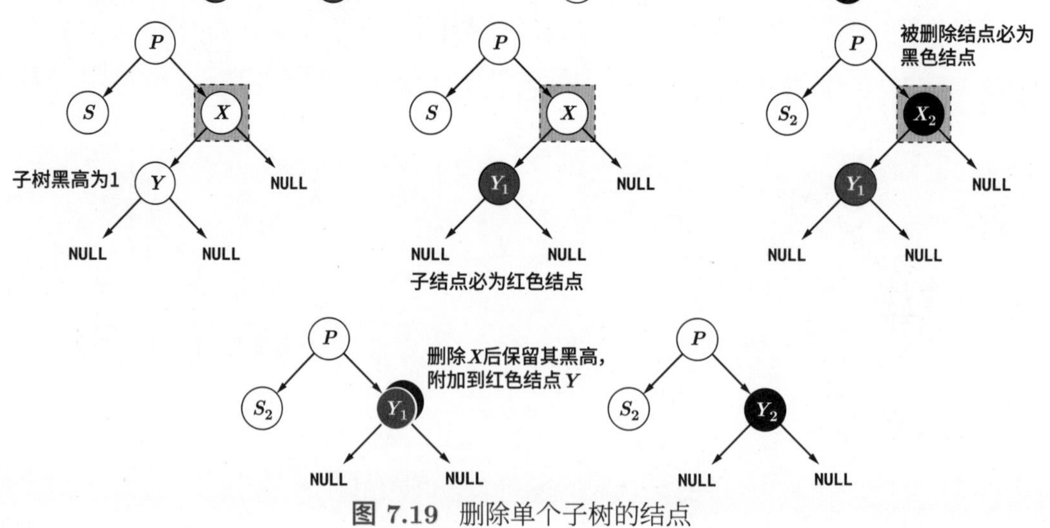

图 7.19　删除单个子树的结点

因此，删除的必定是一个**黑色**结点。删除 X_2 后，用 Y_1 替代 X_2 的位置。但删除一个**黑色**结点，就会带来黑高减少。所幸的是 Y_1 是**红色**结点，可以将 X_2 持有的黑高份额分配给 Y_1，使之变成**黑色**结点 Y_2。这样一来，黑高不会变化。

7.9.3 删除一个双子树的结点

最后一种情况，删除一个有双子树的结点。在这里，需要该结点与它的**后继结点**进行交换。如图7.20所示，如果不在红黑树中使用链表，那么 X 后继结点就是从 X 的右子结点 Z 开始，一直沿着左孩子指针，找到最左结点 Y。当然，也可能 Z 的左指针为 NULL，这样 Y 就是 Z，如图7.20中上下所列举的两种情况所示。

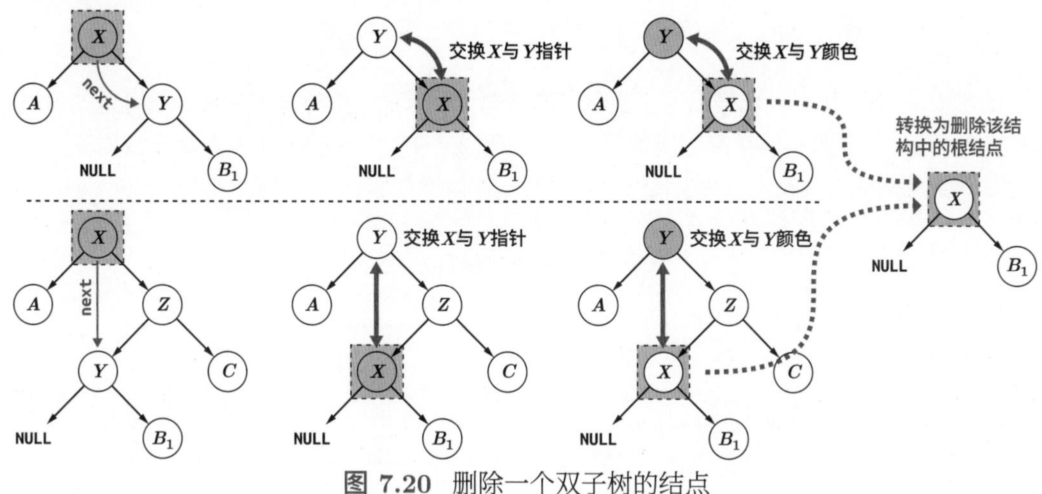

图 7.20　删除一个双子树的结点

数学家庆幸道："但我们实现的红黑树索引中有链表的 next 指针，所以直接查找 X 的 next 指针，就可以得到 Y 了。"

X 不一定是**红色**结点，也不一定是**黑色**结点。X 与 Y 的颜色都是不确定的，可能是不同颜色，也可能是相同颜色。但为了区分它们，图7.20中一个结点使用淡红色，另一个使用白色。

交换 X 与它的后继结点 Y 的指针，使两个结点交换位置。再交换两个结点的颜色。

交换位置会破坏红黑树的排序性质。交换位置之前，红黑树的排序是 $A < X < Y < B_1 < Z < C$。交换以后，$X < Y$ 就变成了 $Y < X$。不过没关系，删除 X 之后，就又可以恢复了。

数学家总结："交换位置后再交换颜色，就会使整个红黑树的颜色保持不变，那么平衡性也不会发生变化。"

Y 作为 X 的后继结点，它的左孩子指针一定是 NULL，黑高为 1。因此，它的右子树 B_1 黑高一定也是 1。完成交换位置与交换颜色后，如图7.20所示，Y 的右子树 B_1 被 X 继承。

现在，只需要删除 X 即可，且 X 的左子树为 NULL，右子树 B_1 的黑高为 1。

B_1 无非分为两种情况，如图7.21所示，且这些情况都已经被讨论过了。(1) B_1 为 NULL，这样一来，X 就是一个叶子结点，转换为删除一个叶子结点的情况，根据 X 的颜色分类讨论，可能需要调整双黑结点；(2) B_1 为**红色**叶子结点，则 X 必定是**黑色**结点，且黑高为 2，X_2。

这就转换为删除单个子树的情况。

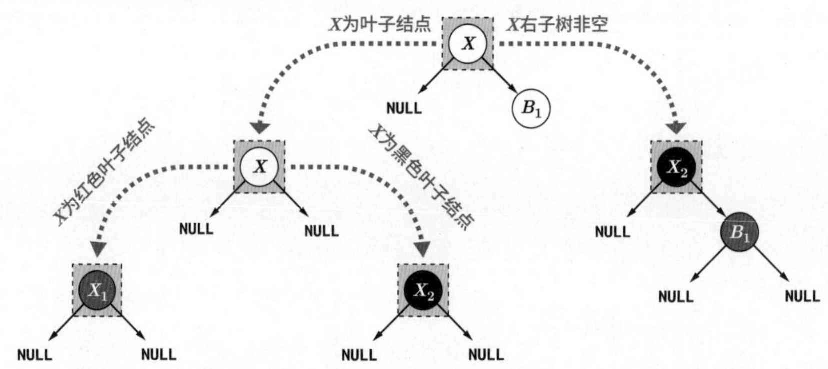

图 7.21 交换位置、颜色后，转换为已经讨论过的两种情况

数学家：“到此为止，已经讨论了删除时的所有可能。加上删除链表元素，就可以先写出删除的算法。”于是计算机科学家写出代码 7.8。代码 7.8 中的 `vma_find()` 函数先根据输入的虚拟地址找到要删除的 VMA，再按照先前讨论的三种情况处理各个结点的指针。

代码 7.8 /rbt/Delete.c

```
#include <assert.h>
#include <stdlib.h>
#include "VMA.h"
// 外部函数
extern vma_t *list_del(vma_t *head, vma_t *a);
extern vma_t *fix_doubleblack(vma_t *x);
/// @brief 按照虚拟地址vaddr删除VMA
/// @param root 红黑树根结点
/// @param head 链表头结点
/// @param vaddr 虚拟地址
/// @return 0 - 删除失败; 1 - 删除成功
int vma_del(vma_t **root, vma_t **head, uint64_t vaddr)
{
    // 根据vaddr查找对应的VMA
    vma_t *x = vma_find(*root, vaddr);
    if (x == NULL) return 0;
RETRY:
    if (LEFT(x) == NULL && RIGHT(x) == NULL)
    {
        // 情况1: 删除叶子结点
        if (x->color == BLACK)
        {
            if (x->parent == NULL) *root = NULL;
            else
            {
                // 无法直接删除一个黑色叶子结点
                // 删除后NULL会成为双黑结点，必须修正
                vma_t *t = fix_doubleblack(x);
                // 修正后检查是否更新红黑树根结点
                if (t != NULL && t->parent == NULL) *root = t;
            }
        }
        // 将x父结点的指针设置为NULL，不再指向x
        if (x->parent != NULL) LOCATION(x) = NULL;
    }
    else if (LEFT(x) == NULL || RIGHT(x) == NULL)
    {
```

```
        // 情况2: 单子树结点
        // 根据红黑树性质, 只有两种情况
        // ([x,B],#,([y,R],#,#))或([x,B],([y,R],#,#),#)
        assert(x->color == BLACK);
        vma_t *y = x->childs[RIGHT(x) != NULL];
        assert(y->color == RED);
        // y替代x, x父结点不再指向x, 而指向y。检查是否取代根结点
        if (x == *root) *root = y;
        else LOCATION(x) = y;
        y->parent = x->parent;
        y->color = BLACK;
    }
    else
    {
        // 情况3: 左右子树都非空
        // y为链表中x的下一个结点, 即x->right->left->left->...->left
        vma_t *y = x->next, *z = RIGHT(x), *p = x->parent;
        // 交换x与y两个结点的位置
        if (x == *root) *root = y;
        // 交换x.left到y.left, x.left为空
        LEFT(y) = LEFT(x);
        LEFT(x)->parent = y;
        LEFT(x) = NULL;
        // 交换y.right到x.right
        RIGHT(x) = RIGHT(y);
        if (RIGHT(x) != NULL)
            RIGHT(x)->parent = x;
        // 交换x.right到y.right
        if (x->parent != NULL) LOCATION(x) = y;
        if (y->parent == x)
        {
            // (x -> y)交换为(y -> x)
            RIGHT(y) = x;
            y->parent = x->parent;
            x->parent = y;
        }
        else
        {
            // (x -> z -> y)交换为(y -> z -> x)
            RIGHT(y) = z;
            z->parent = y;
            LOCATION(y) = x;
            x->parent = y->parent;
            y->parent = p;
        }
        // 交换x, y颜色
        color_t xcolor = x->color;
        x->color = y->color;
        y->color = xcolor;
        // 交换x, y后, 至少x.left为空
        // 再次删除, 转换为情况1与情况2
        goto RETRY;
    }
    // 红黑树删除后, 链表删除x
    *head = list_del(*head, x);
    free(x);
    return 1;
}
```

计算机科学家:“代码7.8中比较复杂的是第三种情况，删除一个双子树的结点。主要麻烦在交换(X)与(Y)两个结点。让情况更复杂的是，交换这两个结点需要按照(Y)是否是(X)右孩子的情况分类讨论，否则容易把指针指向搞乱。”

7.10 处理双黑结点

计算机科学家："那现在终于到最后一步了，处理删除**黑色**叶子结点中的'双黑结点'。"

数学家："是的，到这一步真是不容易。双黑结点要考虑 4 个结点的颜色，分为 9 种情况讨论。"

计算机科学家："啊这……我们也讨论很久了，不如让我先吃一下晚饭？电子科学家说不定都已经吃完回家了。"

数学家断然拒绝："不行，还有很多情况要讨论呢。"

于是他接着分析怎样处理双黑结点。

如图7.22所示，一共要讨论双黑结点 X_n 的父结点 P、兄弟结点 S_n、两个侄子结点 N 与 F，合计 4 个结点的情况。其中，N 是距离 X_n 较近的侄子结点，F 是距离较远的侄子结点。

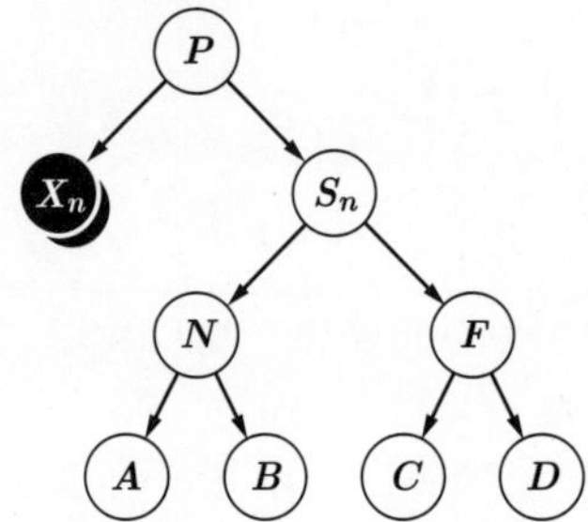

图 7.22 双黑结点与它的父结点、兄弟结点、两个侄子结点

数学家："处理双黑结点有一个原则——双黑结点 X_n 额外持有一份**黑色**份额，因此需要将**黑色**份额转让给其他结点，但同时不可以改变红黑树的黑高平衡。因此，总是尝试在 P、S_n、N 与 F 4 个结点中找到一个**红色**结点，将**黑色**份额转移给**红色**结点，使之成为**黑色**结点，从而既消除双黑结点，又维护红黑树的黑高平衡。"

按照**红色**结点可能出现的位置，两个人开始分类讨论。

如图7.23所示，数学家先把所有情况列举在一张图中。图7.23中的 A 部分是7.10.1节和7.10.2节中描述的情况，两个侄子结点 N、F 中至少有一个**红色**结点，那么就在**红色**结点上旋转、着色，调整结束。B 部分是7.10.3节描述的情况，不用旋转，可以通过调整颜色而平衡。C 部分是7.10.4节描述的情况，进行旋转后，可以转换为 A 部分与 B 部分的情况。最后是 D 部分，在7.10.5节中讨论，通过调整颜色上浮双黑结点，递归地进行处理。

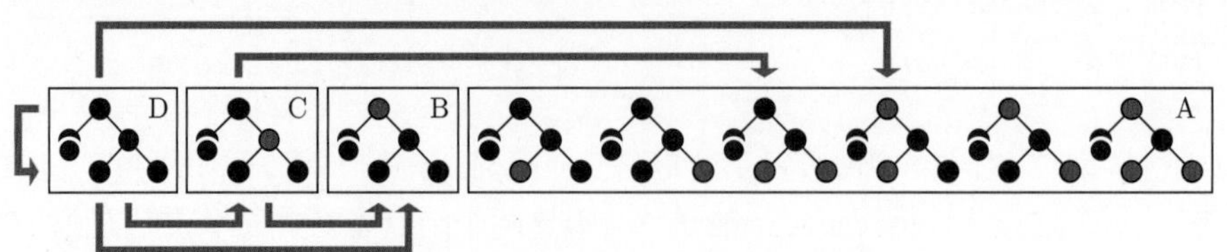

图 7.23 处理双黑结点的所有情况

接下来，是数学家对每一种情况的分析。

7.10.1 A 类：N 是红色结点

如果N是**红色**结点，那么S_n必定是**黑色**结点，为S_n。N的黑高则为 $n-1$。剩余P、F两个结点的颜色依然无法判断，可能是**红色**，也可能是**黑色**，所以一共有 4 种情况，如图7.24所示。不论哪一种情况，X_n 的额外黑色份额都向N转移。

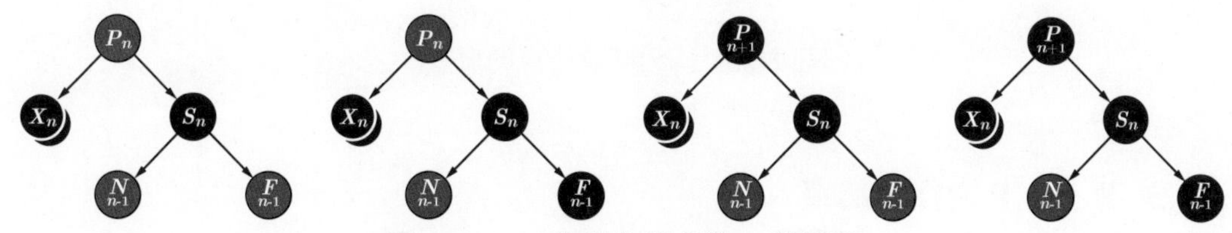

图 7.24　N 为红色结点的 4 种情况

调整之后，要维持P的两棵子树黑高依然为 n。如图7.25所示，首先旋转N、S_n、P 3 个结点。特别要注意根结点P，我们一定希望子树在调整后根结点的颜色不变，以免与子树的父结点颜色冲突。所以旋转以后，根结点变为N，为**红色**，就需要与P交换颜色，使整个子树的根结点颜色不变。

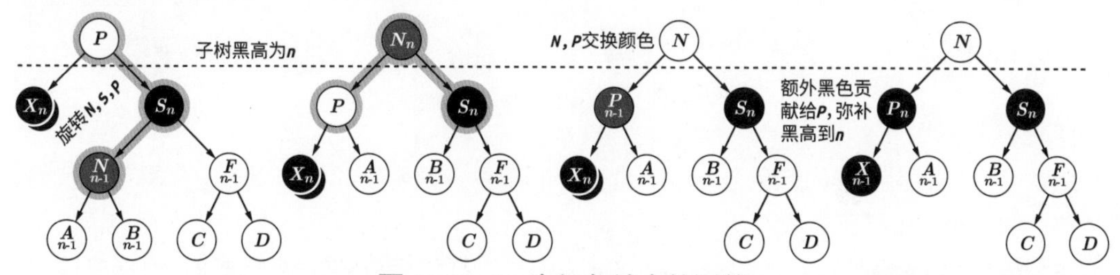

图 7.25　N 为红色结点的调整

交换颜色后，P变为**红色**结点，为P，黑高为 $n-1$，不足以与S平衡。这时候，就可以将双黑结点 X_n 的额外黑色份额贡献给P弥补其黑高，使之成为**黑色**，黑高为 n，即P_n。而双黑结点 X_n 贡献黑高后，它的黑高则由 n 降为 $n-1$。

到此为止，调整结束。整棵子树的根结点颜色不变，两棵子树的黑高也不变，仍然为 n。所以双黑结点的调整到此为止。

7.10.2 A 类：F 为红色结点

依然关注侄子结点中存在**红色**结点的情况。如果F为**红色**结点，F，那么接下来的推理与之前一样：S_n必为**黑色**结点，因此F与N的黑高必为 $n-1$。考虑P的颜色，则有类似图7.24的 4 种情况，就不一一列举了。

如图7.25与图7.26所示，可以看到，不论是N为**红色**结点，还是F为**红色**结点，调整双黑结点的方法总是一样的：旋转**红色**结点，将旋转后的根结点颜色调整为P的颜色，再将根结点的左右子结点调整为**黑色**即可。这样，调整后子树根结点的颜色不变，左右子树的黑高也不变。

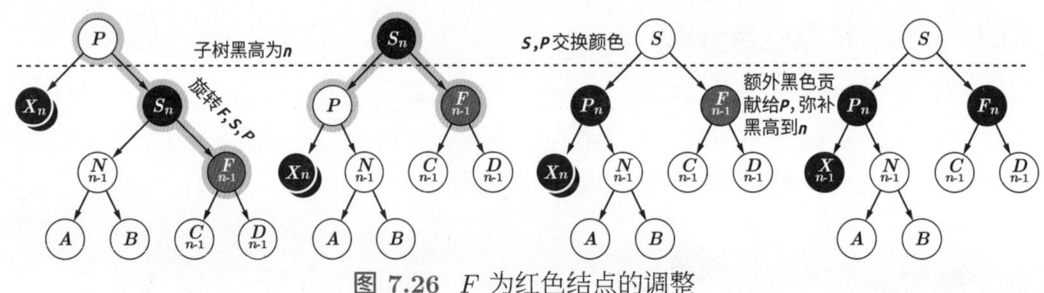

图 7.26 F 为红色结点的调整

7.10.3 B 类：P 为红色结点

如果P为**红色**结点P，其他三个结点都是**黑色**，那么情况就非常简单了。这种情况下，不需要做任何旋转操作，只需要改颜色就可以达到平衡，如图7.27所示。

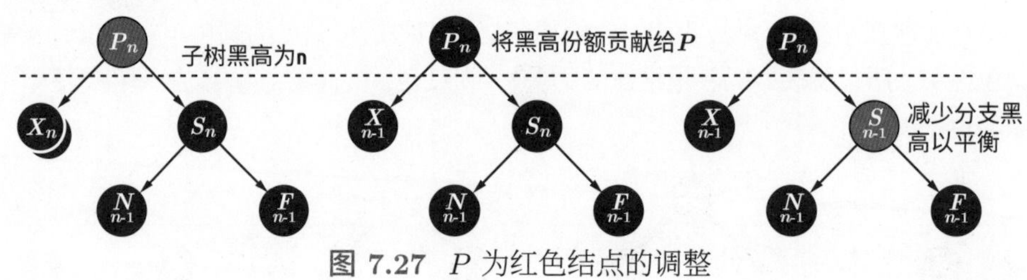

图 7.27 P 为红色结点的调整

数学家：“根结点P为**红色**是一种非常安全的现象，说明它的父结点一定是**黑色**，我们就可以放心地把子树根结点修改为任何颜色。”

将双黑结点X额外持有的黑高份额贡献给唯一的**红色**结点P，转为P。但这会同时引发S_n整个子树的黑高增加。因此，需要将S_n转为**红色**，“对冲”P得到的黑高份额。如图7.27所示，因此只需要将P与S_n的颜色互换，为P与S_n即可。

7.10.4 C 类：S 为红色结点

如果S_n为**红色**结点S_n，那么其他三个结点必定都是**黑色**结点：P、N_n、F_n。如图7.28所示，这时旋转P、S_n、F_n，再交换P、S_n的颜色为P_n、S，则红黑树依然平衡。

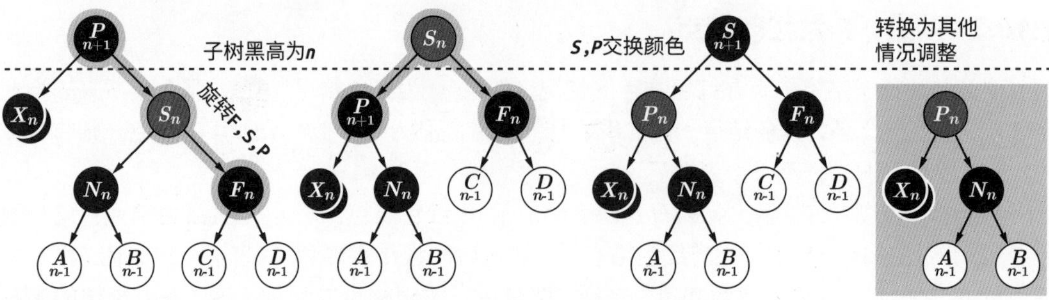

图 7.28 S 为红色结点的调整

数学家:"但此时没有解决双黑结点X的问题。可是,我们观察可以发现,现在双黑结点X的父结点P_n是**红色**结点。因此,如果再处理一次双黑结点X,它一定可以转换为7.10.1节、7.10.2节、7.10.3节中所描述的几种情况。"

如果新的侄子结点A、B中存在红色结点，按照7.10.1节、7.10.2节处理，进行旋转、重新着色；如果没有，按照7.10.3节处理，对P_n与N_n重新着色。

7.10.5 D 类：没有红色结点

最后一种情况，没有**红色**结点。这时候，不论X_n的额外黑高转移给哪一个结点，都会形成新的双黑结点。因此，只能向P转移，从而使双黑结点向上移动，以期待能在P结点上解决双黑结点。

如图7.29所示，没有**红色**结点时，X_n的额外黑高转移到P，P的黑高变为 $n+2$，X的黑高变为 $n-1$。此时，S_n子树与X不再平衡，因此将S_n重新染色为**红色**，黑高为 $n-1$，S。这样一来，P的黑高下降为 $n+1$，整棵子树平衡，只有P额外持有一份黑高。如果调整到P为整棵红黑树的根结点，那么也无法再向上调整了。

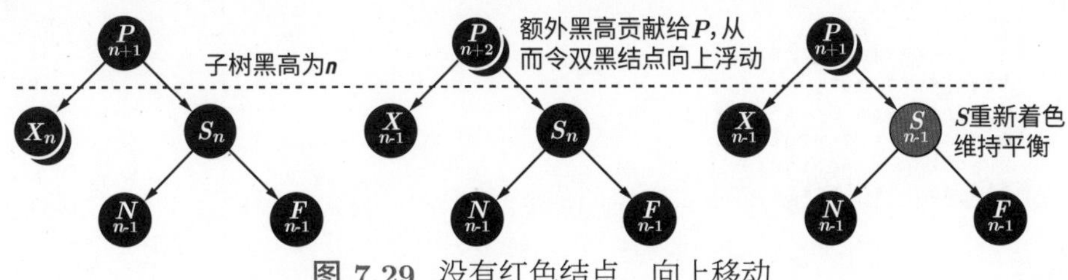

图 7.29　没有红色结点，向上移动

计算机科学家："真是不容易，双黑结点的情况有这么多，需要一一讨论。"

数学家："是的，这没办法，毕竟一共有 4 个结点。在红黑树的颜色约束下，我们已经把 $2^4=16$ 种情况下降为 9 种了。"

计算机科学家："这 9 种情况里，有一些可以归化为其他情况，有一些则需要继续向上处理。"

数学家："是的。简单来说，就是一条原则——只要P、S_n、N、F 4 个结点里至少有一个**红色**结点，那么调整就会停止。但如果 4 个结点全部都是黑色结点，那就只能继续向上调整了。回头再看看图7.23，应该还算是比较清晰了。"

计算机科学家："好的，那我把这部分代码写出来看看吧。见代码7.9。"

代码 7.9　/rbt/DoubleBlack.c

```
#include <assert.h>
#include <stdlib.h>
#include "VMA.h"
extern vma_t *tree_rotate(vma_t *x, vma_t *p, vma_t *g);
/// @brief 修正双黑结点
/// @param x 当前双黑结点
/// @return 修正后的子树根结点
vma_t *fix_doubleblack(vma_t *x)
{
    if (x->parent == NULL) return NULL;
```

```
    vma_t *p = x->parent;
    vma_t *s = SIBLING(x);
    // x为双黑结点，则兄弟节点s存在黑色高度，必定非空
    assert(s != NULL);
    vma_t *n = s->childs[x == RIGHT(p)];
    vma_t *f = s->childs[x == LEFT(p)];
    // 按照p, s, n, f四个结点的颜色分配讨论
    if (COLOR(n) == RED || COLOR(f) == RED)
    {
        // psnf = BBRB, BBRR, RBRB, RBRR, BBBR, RBBR
        vma_t *t = f;
        if (COLOR(n) == RED) t = n;
        t = tree_rotate(t, s, p);
        t->color = p->color;
        LEFT(t)->color = BLACK;
        RIGHT(t)->color = BLACK;
        return t;
    }
    else if (p->color == RED)
    {
        // psnf = RBBB
        p->color = BLACK;
        s->color = RED;
        return p;
    }
    else if (s->color == RED)
    {
        // psnf = BRBB
        assert(n != NULL && f != NULL);
        tree_rotate(f, s, p);
        color_t pcolor = p->color;
        p->color = s->color;
        s->color = pcolor;
        fix_doubleblack(x);
        return s;
    }
    else
    {
        // psnf = BBBB
        s->color = RED;
        return fix_doubleblack(p);
    }
    return NULL;
}
```

见代码7.9，`fix_doubleblack()` 函数接收一个结点 `x` 作为双黑结点，通过递归调用，调整双黑结点。不过需要注意的是，要在删除**黑色**叶子结点 `x` 之前调用函数，`fix_doubleblack()` 的参数不可以是 `NULL`。

7.11 区间查询

数学家："最后就是区间查询了，提供起始地址 `left` 与结束地址 `right`，查询左闭右开区间 `[left, right)` 覆盖的所有 VMA。为此，首先需要查找到整个区间覆盖的第一个 VMA，也就是 `left` 的**最小上界**（Min Upper Bound）。"

如图7.30所示，对图中的二叉搜索树查找区间 `[4, 9)` 覆盖的所有 VMA，需要先找到区间左值 `4` 的最小上界 VMA。图中标注的 Key 值是 `vma_t.start`，则最小上界 VMA 的 `start` 值就是 `6`。

数学家："这可以通过对 `vma_t.start` 进行二分搜索找到。同理，查找区间的**最大下界**（Max

Lower Bound）可以通过查找 `vma_t.end` 的最大下界找到。”

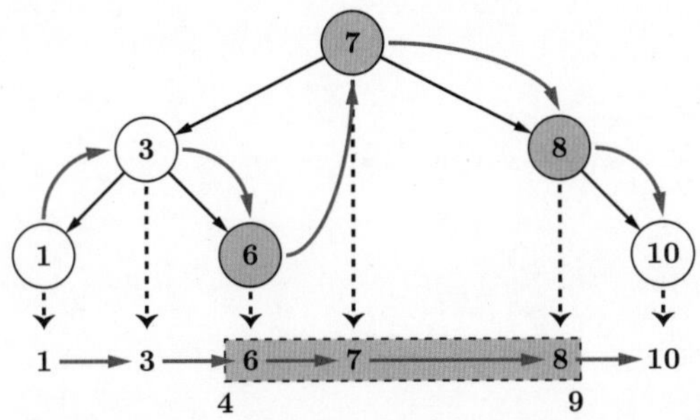

图 7.30　查找区间的最小上界 VMA：Key 值为 `vma_t.start`

计算机科学家写出代码7.10。`vma_minupper()` 函数查找最小上界 VMA，`vma_maxlower()` 函数查找最大下界 VMA，这两个 VMA 作为区间的起始 VMA 与终结 VMA，可以通过链表按照顺序搜索中间所有被区间覆盖的 VMA。查找上下界的复杂度是 $O(\log(N))$，遍历区间的复杂度则是线性的，为 $O(\text{right} - \text{left})$，于是整体复杂度就是 $O(\log(N) + \text{right} - \text{left})$。

代码 7.10　/rbt/Range.c

```c
#include <stdio.h>
#include <stdlib.h>
#include "VMA.h"
/// @brief 根据虚拟地址查找第一个完全大于等于vaddr的VMA：最小上界
/// @param root 红黑树根结点
/// @param vaddr 虚拟地址
/// @return 如果找到VMA，返回
static vma_t *vma_minupper(vma_t *root, uint64_t vaddr)
{
    vma_t *x = root, *result = NULL;
    // 红黑树进行二分搜索：时间复杂度为O(log(N))
    while (x != NULL)
    {
        if (x->start == vaddr)
            // 找到VMA区间
            return x;
        else if (vaddr < x->start)
        {
            // 虚拟地址可能在当前区间左侧
            // 此时更新result作为可能的结果
            result = x;
            x = LEFT(x);
        }
        else if (vaddr > x->start)
            // 虚拟地址可能在当前区间右侧
            // 此时不更新result
            x = RIGHT(x);
    }
    return result;
}
/// @brief 根据虚拟地址查找第一个完全小于vaddr的VMA：最大下界
/// @param root 红黑树根结点
/// @param vaddr 虚拟地址
/// @return 如果找到VMA，返回
static vma_t *vma_maxlower(vma_t *root, uint64_t vaddr)
{
    vma_t *x = root, *result = NULL;
    // 红黑树进行二分搜索：时间复杂度为O(log(N))
```

```c
    while (x != NULL)
    {
        if (x->end == vaddr)
            // 找到VMA区间
            return x;
        else if (vaddr < x->end)
            // 虚拟地址可能在当前区间左侧
            // 此时不更新result
            x = LEFT(x);
        else if (vaddr > x->end)
        {
            // 虚拟地址可能在当前区间右侧
            // 此时更新result作为可能的结果
            result = x;
            x = RIGHT(x);
        }
    }
    return result;
}
/// @brief 根据查找左闭右开区间[left, right)内的所有VMA
/// @param root 红黑树根结点
/// @param left 区间左值
/// @param right 区间右值
/// @param end 区间内的最后一个VMA
/// @return 区间内的第一个VMA。如果区间内不存在任何VMA，返回NULL
vma_t *vma_range(vma_t *root, uint64_t left, uint64_t right, vma_t **end)
{
    if (left > right) return NULL;
    // 查找区间[left, right)中right的最大下界VMA
    *end = vma_maxlower(root, right);
    if (*end == NULL) return NULL;
    // 查找区间[left, right)中left的最小上界VMA
    return vma_minupper(root, left);
}
```

7.12 红黑树索引程序

计算机科学家："核心算法已经写出来了，但我们还需要让程序真正运行起来。我可以写一个命令行程序，读取一个输入文件中的指令，然后对数据结构进行操作。"

7.12.1 动态内存管理

在代码7.7中，`vma_alloc()` 函数尚未实现。于是计算机科学家写出分配红黑树结点内存的函数，以及释放整个红黑树内存的函数。

见代码7.11，其中 `vma_free()` 函数按照链表的顺序释放所有动态内存。

代码 7.11 /rbt/Alloc.c

```c
#include <stdlib.h>
#include "VMA.h"
/// @brief 分配新的红黑树结点
/// @param start VMA起始地址，包括左闭右开区间
/// @param end VMA结束地址，不包括左闭右开区间
/// @return 新分配的红黑树结点，所有指针都为NULL
vma_t *vma_alloc(uint64_t start, uint64_t end)
{
    vma_t *a = malloc(sizeof(vma_t));
```

```
    a->start = start;
    a->end = end;
    LEFT(a) = RIGHT(a) = a->parent = a->prev = a->next = NULL;
    a->color = BLACK;
    return a;
}
/// @brief 释放红黑树/链表所占用的内存
/// @param root 红黑树根结点
/// @param head 链表头结点
void vma_free(vma_t **root, vma_t **head)
{
    vma_t *x = *head, *p;
    *root = *head = NULL;
    while (x != NULL)
    {
        p = x->next;
        free(x);
        x = p;
    }
}
```

7.12.2 序列化数据结构

与此同时，计算机科学家想要把整棵红黑树打印出来，方便对照结果调试。他以**前序遍历**（Preorder Traversal）和圆括号 `()` 的格式对红黑树进行**序列化**（Serialization），也就是用字符串表示整棵红黑树。格式是 **(根结点, 左子树, 右子树)**。其中“根结点”部分序列化 VMA 区间的起始地址与结束地址，以及红黑树的颜色，`'R'` 代表**红色**，`'B'` 代表**黑色**。

见代码7.12，其中 `vma_tree()` 负责前序深度优先遍历，首先打印根结点信息，然后递归地打印左子树与右子树信息。`vma_list()` 函数则按照顺序打印整个链表的信息。

代码 7.12 /rbt/Print.c

```
#include <stdlib.h>
#include <stdio.h>
#include <string.h>
#include <inttypes.h>
#include "VMA.h"
/// @brief 深度优先搜索/前序遍历序列化红黑树
/// 格式：([start,end,R/B],LEFT,RIGHT)
/// @param root 红黑树根结点
/// @return 序列化红黑树字符串
char *vma_tree(vma_t *root)
{
    if (root == NULL)
    {
        char *str = malloc(sizeof(char) * 2);
        strcpy(str, "#");
        return str;
    }
    char buf[256];
    int n = sprintf(buf, "[%"PRIu64",%"PRIu64",%c]",
        root->start, root->end, (COLOR(root) == RED) ? 'R' : 'B');
    char *left = vma_tree(LEFT(root));
    char *right = vma_tree(RIGHT(root));
    char *str = malloc(sizeof(char) * (n + strlen(left) + strlen(right) + 5));
    sprintf(str, "(%s,%s,%s)", buf, left, right);
    free(left);
    free(right);
    return str;
}
```

```
/// @brief 序列化链表
/// @param head 链表头结点
/// @return 序列化链表字符串
char *vma_list(vma_t *head)
{
    char buf[256];
    vma_t *x = head;
    char *str = NULL;
    int m = 0, n = 0;
    while (x != NULL)
    {
        n = sprintf(buf, "[%"PRIu64",%"PRIu64",%c]",
            x->start, x->end, (COLOR(x) == RED) ? 'R' : 'B');
        if (x->next != NULL)
            n += sprintf(&buf[n], ";");
        str = realloc(str, m + n + 1);
        str[m] = '\0';
        strcat(str, buf);
        m += n;
        x = x->next;
    }
    return str;
}
```

7.12.3 检查正确性

计算机科学家：“我们可以写一些检查红黑树与链表正确性的函数，让程序自动检查每一次插入、删除操作之后，红黑树是否依然合法。见代码 7.13”。

代码 7.13 /rbt/Check.c

```
#include <stdlib.h>
#include "VMA.h"
/// @brief 检查链表是否合法
/// @param head 链表头结点
/// @return 0 - 链表不合法; 1 - 链表合法
int check_list(vma_t *head)
{
    vma_t *x = head;
    uint64_t prev_end = 0;
    while (x != NULL)
    {
        // 检查区间是否排序
        if (!(prev_end <= x->start && x->start <= x->end))
            return 0;
        // 检查指针
        if (!(x->next == NULL || (x->next != NULL && x->next->prev == x)))
            return 0;
        // 更新到下一个链表结点
        prev_end = x->end;
        x = x->next;
    }
    return 1;
}
/// @brief 深度优先搜索/后序遍历检查红黑树是否合法
/// @param root 红黑树根结点
/// @param height 红黑树的**黑色高度**
/// @param tree_start 红黑树最小的start值
/// @param tree_end 红黑树最大的end值
/// @return 0 - 不合法; 1 - 合法
static int check_tree_internal(vma_t *root, int *height,
    uint64_t *tree_start, uint64_t *tree_end)
{
```

```c
    if (root == NULL)
    {
        *height = 1;
        return 1;
    }
    int lheight = 0, rheight = 0;
    uint64_t lstart, lend, rstart, rend;
    // 深度优先搜索
    if (check_tree_internal(LEFT(root), &lheight, &lstart, &lend) == 0 ||
        check_tree_internal(RIGHT(root), &rheight, &rstart, &rend) == 0)
        return 0;
    // 检查黑色高度
    if (lheight != rheight) return 0;
    // 检查两个红色节点不可以连续
    if (root->color == RED &&
        (COLOR(LEFT(root)) == RED || COLOR(RIGHT(root)) == RED))
        return 0;
    // 检查指针
    if (LEFT(root) != NULL && LEFT(root)->parent != root) return 0;
    if (RIGHT(root) != NULL && RIGHT(root)->parent != root) return 0;
    // 检查区间值
    if (LEFT(root) == NULL) lstart = lend = root->start;
    if (RIGHT(root) == NULL) rstart = rend = root->end;
    if (!(lend<=root->start && root->end<=rstart && root->start<=root->end))
        return 0;
    // 更新黑色高度
    if (root->color == RED) *height = lheight;
    else *height = lheight + 1;
    // 更新子树区间
    *tree_start = lstart;
    *tree_end = rend;
    return 1;
}
/// @brief 检查红黑树是否合法
/// @param root 红黑树根结点
/// @return 0 - 不合法; 1 - 合法
int check_tree(vma_t *root)
{
    int height = 0;
    uint64_t start, end;
    if (COLOR(root) == RED) return 0;
    return check_tree_internal(root, &height, &start, &end);
}
```

其中 check_list() 函数按照 vma_t.next 指针沿着整个链表检查合法性, 保证链表中 VMA 按照区间进行排序。check_tree() 函数按照深度优先搜索后序遍历检查红黑树的 5 条性质是否得到满足。

7.12.4 命令行程序

最后，计算机科学家写了一个简单的命令行程序，见代码7.14。

代码 7.14 /rbt/RBTree.c

```c
#include <assert.h>
#include <stdint.h>
#include <stdio.h>
#include <stdlib.h>
#include <string.h>
#include <inttypes.h>
#include "VMA.h"
// 主程序入口
int main(int argc, const char **argv)
```

```
{
    char buf[4096]; // 读取输入文件中的命令
    uint64_t start, end, vaddr; // 命令参数
    vma_t *root = NULL, *head = NULL;   // 红黑树根结点、链表头结点
    FILE *infp = fopen(argv[1], "r"), *outfp = fopen(argv[2], "w");
    while (fgets(buf, 4096, infp) != NULL)
    {
        // 添加VMA、删除VMA、查找VMA
        if (strncmp("add ", buf, 4) == 0 || strncmp("del ", buf, 4) == 0)
        {
            int result = 0;
            if (buf[0] == 'a')
            {
                sscanf(buf, "add %"PRIu64" %"PRIu64, &start, &end);
                result = vma_add(&root, &head, start, end);
            }
            else
            {
                sscanf(buf, "del %"PRIu64, &vaddr);
                result = vma_del(&root, &head, vaddr);
            }
            // 校验插入、删除后红黑树与链表的性质得到维护
            assert(check_tree(root) == 1);
            assert(check_list(root) == 1);
            if (result == 1)
            {
                char *tree = vma_tree(root);
                char *list = vma_list(head);
                fprintf(outfp, "> %s%s\n%s\n", buf, tree, list);
                free(tree);
                free(list);
            }
        }
        else if (strncmp("find ", buf, 5) == 0)
        {
            sscanf(buf, "find %"PRIu64, &vaddr);
            vma_t *x = vma_find(root, vaddr);
            if (x != NULL)
                fprintf(outfp, "> %s[%"PRIu64",%"PRIu64")\n",
                    buf, x->start, x->end);
        }
        else if (strncmp("range ", buf, 6) == 0)
        {
            sscanf(buf, "range %"PRIu64" %"PRIu64, &start, &end);
            fprintf(outfp, "> %s", buf);
            vma_t *p = NULL, *q = NULL;
            p = vma_range(root, start, end, &q);
            while (p != NULL)
            {
                fprintf(outfp, "  [%"PRIu64",%"PRIu64")\n", p->start, p->end);
                if (p == q) break;
                p = p->next;
            }
        }
    }
    // 释放整个数据结构
    vma_free(&root, &head);
    fclose(infp);
    fclose(outfp);
    return 0;
}
```

整个程序接收一个文本文件作为输入、一个文本文件作为输出。输入文件里按行写命令，一共有 4 种格式。

（1）add start end 命令向数据结构中添加区间 [start, end)。

（2）del vaddr 命令删除含有虚拟地址 vaddr 的区间。

（3）find vaddr 命令查找包含虚拟地址 vaddr 的区间。

（4）range left right 命令查找区间 [left, right) 所覆盖的所有 VMA。

它的 Makefile 见代码 7.15，其中输入文件指定为 input.txt，结果输出到 output.txt 文件中。除此之外，make check 命令调用 valgrind 工具检查 malloc() 与 free() 的调用是否正确，以防发生内存泄漏。

代码 7.15　/rbt/Makefile

```
CC = /usr/bin/gcc-10 # 选择自己的编译器路径，最好使用gcc-10
CFLAGS = -g -Wall -Werror -std=c99 # 编译器参数
build:
	$(CC) $(CFLAGS) Print.c Alloc.c Check.c List.c Rotate.c BstAdd.c \
	Add.c AddFixup.c DoubleBlack.c Delete.c Find.c Range.c RBTree.c -o vma
run: vma
	./vma ./input.txt ./output.txt
check: vma
	valgrind --leak-check=full --show-leak-kinds=all --track-origins=yes \
	--log-file=valgrind-out.txt ./vma ./input.txt ./output.txt
clean:
	rm -f vma output.txt valgrind-out.txt
```

7.12.5 测试用例

数学家为程序设计了一个测试用例，见代码7.16的文本文件。

代码 7.16　/rbt/input.txt

```
// 插入红色结点
add 100 101
find 100
range 100 120
range 0 10
range 101 120
// 插入红色结点
add 50 59
range 0 120
range 0 59
range 55 120
// 插入红色结点
add 160 201
// 双红结点第一类旋转X<P<G
add 25 27
// 双红结点第二类旋转G<X<P
add 150 160
// 插入红色结点
add 30 31
// 双红结点第一类旋转G<P<X
add 40 47
// 插入红色结点
add 0 5
// 双红结点第二类旋转P<X<G
add 10 13
// 准备删除
add 125 126
// 第二类删除：删除单个右子树结点
del 100
// 准备删除
```

```
add 98 99
// 第二类删除：删除单个左子树结点
del 125
// 准备删除
add 100 105
// 第一类删除：删除红色叶子结点
del 104
// 准备删除
add 90 91
// 第三类删除：转换为第一类删除红色叶子结点
del 50
// 准备删除
add 50 52
// 第三类删除：转换为第二类删除单右子树结点
del 30
// 第一类删除：双黑结点，P红，SNF黑
del 98
// 第一类删除：双黑结点，F红
del 50
// 第一类删除：双黑结点，全黑
del 0
// 准备删除
del 25
// 第一类删除：双黑结点，S红，PNF黑，转换为P红SNF黑
del 10
// 第一类删除：双黑结点，N红
del 160
// 第三类删除：转换为第一类删除黑色叶子结点
del 90
```

可以运行这个输入文件，它基本涵盖了插入与删除的大部分情况，根据输出结果验证自己的想法是否正确。

```
>_                                             Linux Terminal

> make -f Makefile build
> make run
```

数学家："到此为止，我们实现了一个红黑树索引。它可以广泛地应用在各种应用程序中，为程序提供高性能的索引功能。"

计算机科学家颇为遗憾道："很多编程语言内置了红黑树作为工具，例如，C++ 的标准数据结构 `std::map` 底层就是用红黑树实现的。遗憾的是我们不讨论多线程问题。在多线程场景下，红黑树索引还有很多细节可以探索。"

7.13 阅读材料

这是第七段旅程，我们再次分析了第 5 章中所提到的用红黑树和链表管理 VMA 的算法。这是一个很复杂的数据结构，本章也涉及一些算法的证明，不感兴趣的读者可以跳过这些证明。不过建议还是读一下，从而理解怎样推导出红黑树的各种算法，了解算法背后的深层动机。

本章参考书目如下。

关于红黑树的实现，依然推荐 Sedgewick 的《算法》[14] 与 CLRS《算法导论》[10] 这两本书。关于 AVL 树平衡性的证明，可以参考 Knuth 在算法领域的经典巨作，*The Art Of Computer Programming*[5]，第三卷。

第 8 章 λ 表达式求值器

最后，让我们来看看数学家与计算机科学家之间的对话，他们讨论了计算机的另一种形式——λ 演算（Lambda Calculus）。

8.1 λ 表达式

计算机科学家：“在第 2 章中，我们回望历史，发现整个人类的心智之旅中出现过 3 种计算模型：图灵的状态机、丘奇的 λ 演算、哥德尔的递归函数理论。对于图灵机，撇开各种理论证明，我们已经见识到它与冯 · 诺依曼体系结构及现代计算机之间的关系了。哥德尔的递归函数理论或许太数学了，但是 λ 演算确实发展出了**函数式编程**（Functional Programming），然而，我们还不了解它的具体内容。在一个字节的旅途最后，让我们从另一个角度了解计算机的本质吧。”

数学家：“当然，在过去的旅途里，你们用 C 语言写了很多代码。写着写着就会发现，编程语言本身其实就是一种计算机，一种计算模型，只不过没有硬件支撑它的运行。特别是 C 语言，它几乎就是对硬件的一层薄薄的抽象。”

数学家神情肃穆，伸手按在计算机科学家的额头上，庄严得像一位正在催眠的心理医生：“现在，忘掉图灵机，忘掉冯 · 诺依曼体系结构，忘掉 RISC-V 指令、寄存器、内存，忘掉目前你学习过的一切。都忘掉了吗？”

计算机科学家神情恍惚地点了点头：“忘掉了。”

数学家：“好，现在我们来看什么是 λ 演算。”

在数学家眼中，一切其实都是字符串。不过这些字符串之间有一些规则，可以相互推导。而推导也只不过是从一个字符串变成另一个字符串而已。举一个例子，考虑平方函数 $f(x) = x^2$，它的定义域其实不是自然数，而是字符串的集合。我们有基础的字符集 $\{0, 1, 2, 3, 4, 5, 6, 7, 8, 9\}$，从它可以生成一个可列无穷大的字符集代表所有自然数的字符串。函数 $f(x) = x^2$ 把字符串"12"映射为"144"，把字符串"7" 映射为"49"。

这样，把一个符号变成另一个符号，也是计算。

λ 表达式就是一些特殊形式的字符串，这些字符串可以按照特定规则转换为另外一些字符串，就像在玩文字游戏一样。一个 λ 表达式，或者说λ **项**（Lambda Term），只有三种形式。它或是一个**变量**（Variable），x；或是一个**抽象**（Abstraction），或者称它为**函数**（Function），$\lambda x.e$；或是一个**应用**（Application），$(e_1)(e_2)$。

$$e \quad \longrightarrow \quad x \quad | \quad \lambda x.e \quad | \quad (e_1)(e_2)$$

说到这里，数学家停住了。计算机科学家等了一会儿，见数学家仍不作声，好奇道："还有呢?"

数学家说："没了，λ 表达式本身就这么多东西。"

计算机科学家大吃一惊："啊？这能算个啥？这连 1+1 都没办法表示。"

数学家说："不对哦。这就是**无类型的 λ 演算**（Untyped Lambda Calculus），它没办法直接表示数字 '1' '2' '3' '4'。但不意味着没办法表示自然数的概念，'无类型的 λ 演算' 可以表示，只不过用一种更曲折的方法而已。还记得在 1.2.1 节中我介绍过自然数的集合论表示吗?"

计算机科学家："记得。你当时定义了一个**后继运算**：$S^+ = S \cup \{S\}$，对空集 $\varnothing$ 不断施加后继运算，从而产生自然数：$\varnothing$、$\varnothing^+$、$\varnothing^{++}$……"

数学家："不错。λ 演算中的自然数也是这样定义的。假如一个 λ 变量 f 代表**后继运算**，另一个变量 x 代表空集，也就是运算的起点，那么我们就得到所有的自然数了。"

$$\text{Zero} = \lambda f.\lambda x.x$$

$$\text{One} = \lambda f.\lambda x.(f)(x)$$

$$\text{Two} = \lambda f.\lambda x.(f)((f)(x))$$

$$\text{Three} = \lambda f.\lambda x.(f)((f)((f)(x)))$$

数学家继续说："这就是**丘奇数**（Church Numeral），一种根植于集合论与**皮亚诺公理**的自然数定义法。回顾 2.2 节，URM 模型中定义了置零指令 $Z(i)$ 与后继指令 $S(i)$，这些其实都是根据皮亚诺算术公理构造自然数的手段。"

计算机科学家："等会儿、等会儿，你讲得太快了。我还没有完全理解 λ 表达式呢，你就讲丘奇数和算术公理了。慢一点，先把**函数** $\lambda x.e$ 和**应用** $(e_1)(e_2)$ 这两种表达式讲明白吧。"

8.1.1 函数

数学家："可以，但它们其实也就是字符串罢了。通过一些例子来看或许更容易理解，就以丘奇数 3 为例好了。"

如图8.1所示，函数表达式 $\lambda x.e$ 中的 λ 是定义函数的符号，表示这个表达式是一个函数。点号 "." 将字符串分为两个部分，一部分是变量 x，另一部分是函数的**函数体**（Body）e。在图8.1中可以看到，函数 $\lambda f.\lambda x.(f)((f)((f)(x)))$ 的变量是 f，函数体是 $\lambda x.(f)((f)((f)(x)))$。

计算机科学家："也就是说，函数体可以是任何一种表达式？比如 Three 的函数体是 $\lambda x.(f)((f)((f)(x)))$。而 $\lambda x.(f)((f)((f)(x)))$ 也是一个函数，它的函数体是 $(f)((f)((f)(x)))$，这是一个应用表达式。”

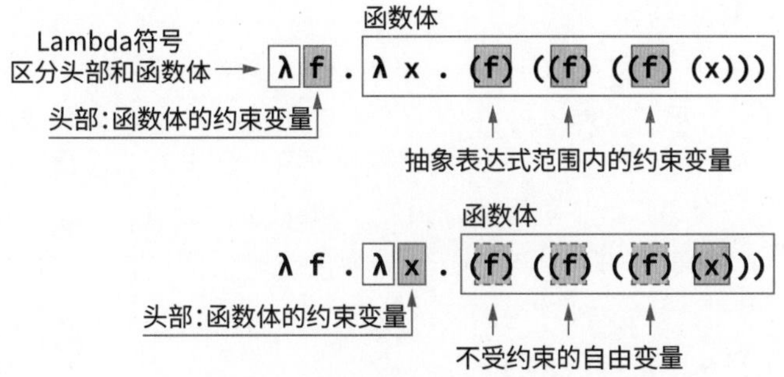

图 8.1 函数表达式

数学家:“是的,函数体可以是任何一种表达式。但变量只能是‘变量表达式’。”

计算机科学家:“那你再讲讲函数中的‘变量’。”

函数表达式 $\lambda x.e$ 定义了一个**约束变量**(Bound Variable),也就是 x。而它的**约束范围**(Scope),就是整个函数体 e。函数体字符串 e 中出现的字符串 x 就是被函数表达 $\lambda x.e$**约束**(Bind)的变量。如图8.1所示,函数 $\lambda x.(f)((f)((f)(x)))$ 定义了约束变量 x,它的约束范围是函数体 $(f)((f)((f)(x)))$,其中 x 就是约束变量。而没有被 x 约束的变量 f,则称为**自由变量**(Free Variable)。

数学家:“严谨一点的话,我们可以用 $FV[e]$ 表示一个表达式 e 中的**自由变量集合**,可以递归地定义自由变量。一个变量表达式 x 的自由变量就是它自己;一个函数表达式 $\lambda x.e$ 的自由变量就是函数体 e 的自由变量 $FV[e]$,再除去约束变量 x;应用表达式 $(e_1)(e_2)$ 的自由变量则是左右两边表达式的并集。”

$$FV[x] = \{x\}$$

$$FV[\lambda x.e] = FV[e] - \{x\}$$

$$FV[(e_1)(e_2)] = FV[e_1] \cup FV[e_2]$$

于是 $FV[\lambda x.(f)((f)((f)(x)))] = FV[(f)((f)((f)(x)))] - \{x\} = \{f, x\} - \{x\} = \{f\}$。

计算机科学家:“明白了。其实 $\lambda x.e$ 这样的函数表达式,和数学函数(如微积分)$e(x)$ 差不多嘛。”

数学家:“是的。但主要有以下几点区别。”

(1)严格来说,按照 λ 演算的定义,所有函数都是“单变量”的函数,只有一个约束变量 x。而数学中可以定义任意参数的函数,例如,$f(x, y) = \frac{x^2}{a^2} + \frac{y^2}{b^2}$ 有两个参数。在 λ 演算中,如果想要定义多个变量,只能像 Three 那样,“嵌套地”将多个表达式连接起来:

$$\text{Three} = \lambda f.\lambda x.(f)((f)((f)(x)))$$

这种技巧称为**柯里化**(Curring)。

(2)λ 演算的语言更加清晰,可以区分定义与赋值。在数学中,函数符号 $f(x)$ 的使用常常是模糊的,有时候表示一个函数,有时候又表示把值 x 带入函数 f。那么,在这里 f 指的是什么呢？是约束 x 的表达式，还是函数的名字？这里其实常常是混乱使用的。但 λ 演算是清楚的，$\lambda x.e$ 就是定义函数，仅此而已。

(3) 函数表达式没有“名字”。乍一看，$\text{Zero} = \lambda f.\lambda x.x$ 好像有一个“名字”，Zero。但这其实不是函数的名字，只是一种简记符号，可以当作 C 语言中的**宏定义**，`#define Zero (...)`。但是，就像 C 语言中的**宏定义**一样，宏函数这种简记符号是没办法**递归展开**的。例如，没办法仅仅使用宏定义来写一个递归计算阶乘的宏函数，`#define Fact(n) (n * Fact(n - 1))`。

λ 函数表达式和宏函数一样没有名字，或者说所有函数都只有一个相同的名字，λ。因此，在其他编程语言中，λ 表达式又被称为**匿名函数**（Anonymous Function）。怎样用 λ 函数表达式进行递归计算，就是这一章最核心的问题。

以 JavaScript 为例，在 JavaScript 中，函数的格式是 `x => e`，等价于 $\lambda x.e$。如果可以对函数命名，我们就可以这样写：

```
var fact = n => n === 0 ? 1 : n * fact(n - 1);
f(5);
```

在这里，函数 `fact` 其实是有“名字”的，我们在定义它的同时，又使用了它。但最基础的 λ 演算是无法定义函数名字的。

8.1.2 应用

计算机科学家：“明白了，函数表达式 $\lambda x.e$ 还挺复杂。那应用表达式 $(e_1)(e_2)$ 呢？”

数学家：“应用表达式 $(e_1)(e_2)$ 其实就是**赋值**（Assignment），把表达式 e_2 当作‘值’赋值给表达式 e_1。”例如 One 中的 $(f)(x)$，表示将变量表达式 x 赋给另一个变量表达式 f。

但什么是“赋值”？如果应用表达式的左边 e_1 是一个函数表达式 $\lambda x.e$，那么这个语义是清楚的，即将函数体 e 中所有约束变量 x 替换成 e_2：$(\lambda x.e)(e_2)$。例如，考虑 Three 函数，用变量表达式 S 代表“后继操作”，用变量表达式 0 代表“零”，那么 $(\text{Three})(S)$ 是一个应用表达式，它将 Three 的函数体 $\lambda x.(f)((f)((f)(x)))$ 中的所有约束变量 f 替换成 S，得到 $\lambda x.(S)((S)((S)(x)))$。

再对 $(\text{Three})(S)$ 应用 0：$((\text{Three})(S))(Z)$，将函数体 $(S)((S)((S)(x)))$ 中的约束变量 x 替换成 0，得到 $(S)((S)((S)(0)))$。这就是丘奇数 Three，丘奇数是一个函数，通过“应用”或“赋值”可以“归约”或“化简”到 $(S)((S)((S)(0)))$。

计算机科学家：“看起来应用表达式 $(e_1)(e_2)$ 对右式 e_2 没什么要求，但是左式 e_1 必须是一个函数表达式才能进行化简？”

数学家：“可以这么说。我们把 $(\lambda x.e)(e_2)$ 这种形式的应用表达式称为**归约式**（Redex），这种表达式可以进一步化简。但考虑应用表达式时不需要想着它能不能化简，例如，$(S)(0)$ 也是一个合法的应用表达式，它的左式是变量 S，不可化简。切记，就算 $(\lambda x.x)(y)$ 可以化简到 y，但两者是不同的 λ 表达式，它们之间差了一步**化简**，而我们还没有定义化简的规则，就不能说前者可以化简到 y。”

计算机科学家：“懂了。也就是说，应用表达式只是‘准备化简’，而不是真的‘化简’。”

数学家：“是这样的。”

8.2 抽象语法树

计算机科学家：“既然 λ 表达式只有三种格式，那我完全可以用一个结构体 `term_t` 写出来。变量表达式 x 就是叶子结点；函数表达式 $\lambda x.e$ 在函数体中有一个子表达式 e，代表一棵子树；应用表达式 $(e_1)(e_2)$ 有左、右两个子表达式，对应两棵子树。这样看来，其实一棵二叉树就足够表达所有的 λ 表达式了。”

数学家：“唉，我刚要讨论表达式的化简规则，你就开始想怎么写代码了。”

计算机科学家：“是的，反正不管怎么化简，只要有了结构体 `term_t`，都可以当成二叉树上的操作。”

数学家无奈：“行吧，那你先写吧。”

如代码8.1所示，`tterm_t` 代表 λ 项的类型，一共有三种：`VAR` 代表一个变量，`FUNC` 代表一个函数，`APP` 代表一个应用表达式。`var_t` 用来描述一个变量，包括一个独特的 ID 以及它的变量名，ID 用来标识不同的变量，以免重名。`term_t` 用来描述一个 λ 项，它本质上是一个二叉树结点。

代码 8.1 /lambda/Lambda.h

```
#ifndef _LAMBDA_H
#define _LAMBDA_H
// Lambda表达式的类型
typedef enum
{
    VAR  = 0,                       // 变量表达式
    FUNC = 1,                       // 函数表达式
    APP  = 2                        // 应用表达式
} tterm_t;
// 变量类型
typedef struct
{
    int id;                         // 变量unique ID
    char str[64];                   // 变量名（可重名）
} var_t;
// Lambda表达式：抽象语法树AST结点
typedef struct LTERM_STRUCT
{
    tterm_t type;                   // 表达式类型：VAR/FUNC/APP
    struct LTERM_STRUCT *parent;    // 父结点
    // 变量表达式：只记录变量
    var_t var;
    // 函数表达式
    struct
    {
        var_t var;                  // 约束变量
        struct LTERM_STRUCT *body;  // 函数体
    } func;
    // 应用表达式
    struct
    {
        struct LTERM_STRUCT *left;  // 应用左式
        struct LTERM_STRUCT *right; // 应用右式
    } app;
} term_t;
#endif
```

如图8.2所示，我们用 `term_t` 结构体通过二叉树来表达 λ 项。`term_t.type` 代表 λ 表达式

的类型。term_t.parent 是父结点指针，用来描述二叉树的结构。按照 term_t.type 确定表达式的类型，然后根据类型选择使用 term_t.var、term_t.func、term_t.app。

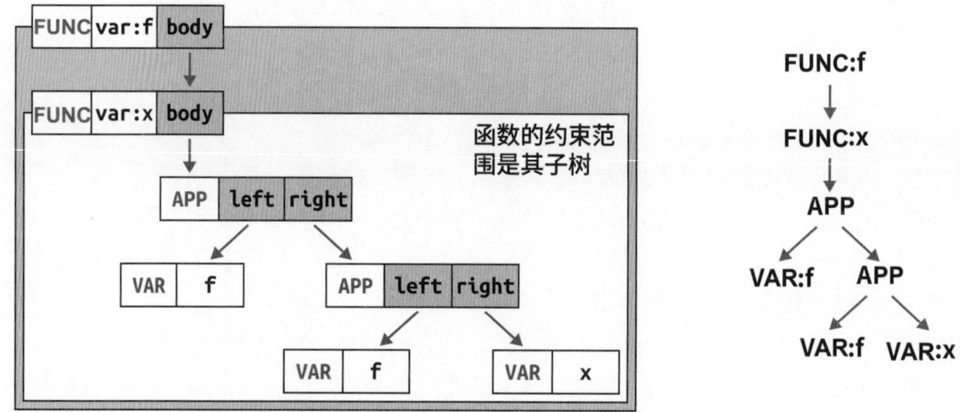

图 8.2 $\lambda f.\lambda x.(f)((f)(x))$ 的抽象语法树

term_t.var 用来描述一个变量。term_t.func 描述函数，其中 term_t.func.var 是函数的约束变量，body 是函数体，作为指针指向函数体的表达式 term_t。term_t.app 描述应用表达式，term_t.app.left 指向 $(e_1)(e_2)$ 中的 e_1，term_t.app.right 指向 (e_2)。

如图8.2所示，这样一来，我们可以用二叉树表示任意一个 λ 表达式。这种树结构被称为**抽象语法树**（Abstract Syntax Tree, AST），更复杂的语法可能会产生多叉树，但 λ 演算的语法足够简单，因此二叉树 AST 便足够用了。

既然 term_t.func.body 指向函数的函数体 term_t，那么，显然一个函数表达式 $\lambda x.e$ 的函数体 e 就是 body 子树。因此，约束变量 x 的作用范围就是整棵子树。

8.3 α 归约与约束变量

数学家："接下来，我们开始讨论化简吧。其实很简单，一共就两条规则。我们一般称化简为'归约'，这听上去更酷。"

第一条规则是α **归约**（α Reduce）。简单来说，就是"重命名"。λ 表达式之间，变量的名字是无关紧要的，例如，$\lambda f.\lambda x.(f)(x)$ 与 $\lambda g.\lambda y.(g)(y)$ 是两个等价的表达式，只不过名字不一样而已。但名字在同一个表达式之内是重要的，它用来区分不同变量，如表达式 $\lambda f.\lambda x.(f)(x)$ 和 $\lambda x.\lambda x.(x)(x)$ 就完全不同了。

α 归约所做的，就是在不造成名称歧义的情况下对变量重命名，称为一次 α 归约。例如，$\lambda f.\lambda x.(f)(x)$ 经过一次 α 归约，将变量 f 替换成 g，得到 $\lambda g.\lambda x.(g)(x)$。

计算机科学家："好麻烦，那我要怎么选新名字呢？不如不用字符串，而用一个整数标识每一个变量。"

数学家："确实有这样一种命名方式，叫做De Bruijn **记号**（De Bruijn Notation）。这种方法按照函数层级对约束变量进行重命名，例如，0 就代表最近被约束的函数。这样一来，$\lambda f.\lambda x.(f)(x)$ 就可以写成 $\lambda.\lambda.(1)(0)$。"

计算机科学家："但这样还是挺复杂的。我觉得最简单的就是给每一个变量分配一个独一无二的自增整数 ID，这样编程起来也比较方便。根据这个想法，代码8.1中的变量类型 `var_t` 带有一个 ID 成员，用来记录变量的 ID。"

如代码8.2所示，其中，`bind_t` 是一个栈结点，用来按顺序记录子树中的约束变量。

代码 8.2 /lambda/Alpha.c

```c
#include <assert.h>
#include <stdlib.h>
#include <string.h>
#include "Lambda.h"
// 约束变量栈结点
typedef struct BINDING
{
    int id;                     // 约束变量ID
    char str[64];               // 约束变量名
    struct BINDING *next;       // 链表栈结点的下一个结点指针
} bind_t;
// 变量的自增全局ID，用来区分不同变量
static int _id = 0;
/// @brief 对表达式中的约束变量进行α归约
/// @param x 进行α归约的子树根结点
/// @param bound_var 链表实现的LIFO栈，按照函数子树、函数调用栈记录约束变量
/// @param id 自增全局ID指针，用来分配新的变量ID
static void alpha_bound(term_t *x, bind_t *bound_var, int *id)
{
    assert(x != NULL);
    if (x->type == VAR && x->var.id == 0)
    {
        // 查找是否有与当前变量匹配的约束变量
        bind_t *y = bound_var;
        while (y != NULL)
        {
            // 变量名与最近的约束变量匹配
            if (strcmp(x->var.str, y->str) == 0)
            {
                x->var.id = y->id;
                break;
            }
            y = y->next;
        }
    }
    else if (x->type == FUNC)
    {
        bind_t *y = bound_var;
        if (x->func.var.id == 0)
        {
            // 当前函数的约束变量没有分配过ID
            // 为当前函数分配新的约束变量ID，插入栈中
            (*id) += 1;
            x->func.var.id = *id;
            y = calloc(1, sizeof(bind_t));
            y->id = *id;
            strcpy(y->str, x->func.var.str);
            y->next = bound_var;
        }
        // 约束变量栈随递归调用分配和释放
        alpha_bound(x->func.body, y, id);
        // 函数子树对约束变量分配ID完成，弹出栈外
        if (y != NULL) free(y);
    }
    else if (x->type == APP)
    {
```

```
        // 递归处理应用表达式的两棵子树
        alpha_bound(x->app.left, bound_var, id);
        alpha_bound(x->app.right, bound_var, id);
    }
}
/// @brief 子树中的自由变量分配ID，必须在约束变量归约后调用
/// @param x 进行α归约的子树根结点
/// @param id 自增全局ID指针，用来分配新的变量ID
static void alpha_free(term_t *x, int *id)
{
    if (x->type == VAR && x->var.id == 0)
    {
        (*id) += 1;
        x->var.id = *id;
    }
    else if (x->type == FUNC)
        alpha_free(x->func.body, id);
    else if (x->type == APP)
    {
        alpha_free(x->app.left, id);
        alpha_free(x->app.right, id);
    }
}
/// @brief 对表达式x进行α归约（通过ID实现）
/// @param x 表达式AST根结点
void alpha_reduce(term_t *x)
{
    // 对所有约束变量分配ID
    alpha_bound(x, NULL, &_id);
    // 对所有自由变量分配ID
    alpha_free(x, &_id);
}
```

代码8.2有一点复杂，计算机科学家需要进行更多解释。

真正被暴露的函数是 `alpha_reduce()`，这个函数负责对表达式进行 α 归约。函数接收一个 `term_t` 类型的变量，这是用 AST 表示的表达式。函数 `alpha_reduce()` 只负责两件事：(1) 给所有约束变量分配一个 ID，作为它们在表达式中真正的标识符，而不是使用容易引起冲突的字符串名字；(2) 所有约束变量得到 ID 后，剩余所有没有得到 ID 的变量都是自由变量，给自由变量分配 ID。

在这里，需要一个全局的自增 ID，即 `int _id`，每次给一个新的变量分配 ID，全局 ID 就增加 1。

负责给约束变量分配 ID 的，是 `alpha_bound()` 函数。这个函数稍微有一点复杂，结合一个例子可能更容易看懂。

$$((\lambda a.\lambda b.\lambda f.\lambda x.((a)(f))(((b)(f))(x)))(\lambda f.\lambda x.(f)((f)(x))))(\lambda f.\lambda x.(f)((f)((f)(x))))$$

这个表达式很复杂，它实际在计算丘奇数 $2+0$，但我们先不管它的含义，只从 AST 和 α 归约的角度来看这个表达式。

如图8.3所示，`alpha_bound()` 函数通过**深度优先搜索**，实际上在遍历图8.3中的 AST。这样一来，我们可以利用 `alpha_bound()` 函数的系统调用栈，来维护一个 `bind_t` 栈，即 `bound_var`。

先前我们讲过，在 AST 中，一个函数表达式的约束范围就是 AST 的 `term_t.body` 子树。也就是说，如果子树中出现与约束变量同名的变量，应当将其视作约束变量。既然约束范围是

子树，那么完全可以利用**深度优先搜索**的顺序标记每一个变量的 ID。

因此，我们需要维护 `bound_var`，每当发现一个函数表达式，意味着发现了新的约束变量，就新分配一个 `bind_t`，并且作为链表头结点插入，形成“压栈”操作。而当函数表达式的子树通过 `alpha_bound()` 处理完毕，我们也不必再关心这一函数表达式的约束变量了，所以释放头结点的内存，形成“弹栈”操作。

需要特别注意的是在栈中查找约束变量的顺序，也就是以下这一段代码。

```
bind_t *y = bound_var;
while (y != NULL)
{
    // 变量名与最近的约束变量匹配
    if (strcmp(x->var.str, y->str) == 0)
    {
        x->var.id = y->new_id;
        break;
    }
    y = y->next;
}
```

这样一来，对于有**命名冲突**（Name Collision）的表达式，就有了固定的命名顺序。例如表达式 $\lambda x.\lambda x.(x)(x)$，其中 $(x)(x)$ 中的两个 x 是外层函数还是内层函数的约束变量？注意我们查找 `bound_var` 的顺序，是从栈的顶部向底部查找。因此，$(x)(x)$ 会和距离当前 `term_t` 最近的 `term_t` 绑定，也就是内层函数表达式。因此，表达式 $\lambda x.\lambda x.(x)(x)$ 可以通过 α 归约转换成 $\lambda y.\lambda x.(x)(x)$。

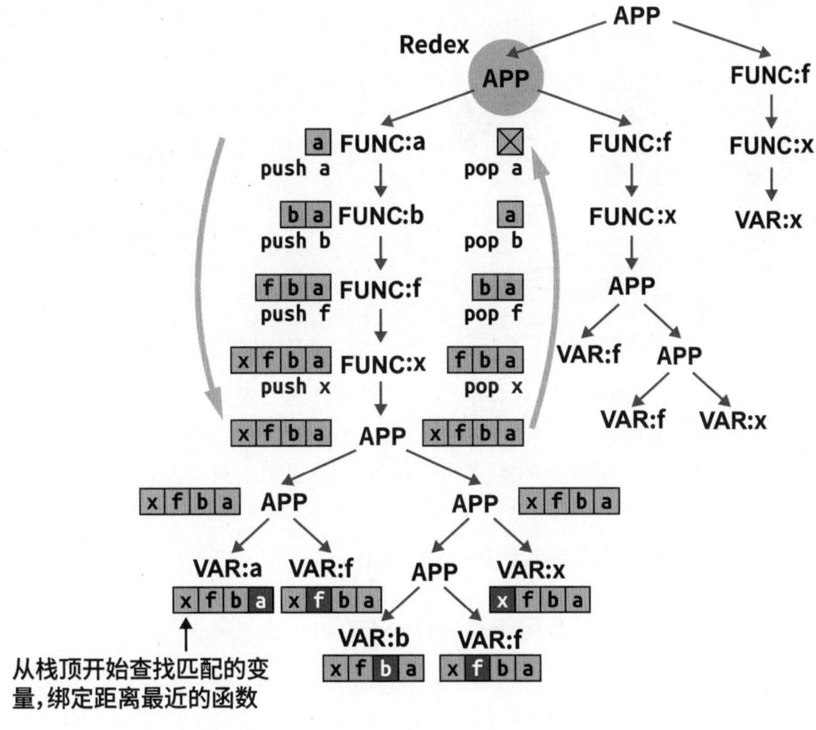

图 8.3　2 + 0 的抽象语法树与 `bind_t` 栈

8.4 β 归约与二叉树操作

第二条规则是关于应用表达式的化简规则，被称为**β 归约**（β Reduce）。β 归约其实就是赋值与替换。我们讲过应用表达式 $(e_1)(e_2)$ 左右两边可以是任意合法的 λ 表达式。但存在一种特殊的表达式，$(\lambda x.e)(e_2)$，这种表达式被称为**归约式**，它的含义就是将右式中的 e_2 替换到 e 中，将 e 中所有出现的约束变量 x 都替换成 e_2。

还是拿 2+0 举例子。如图8.4所示，整个 λ 表达式中只有一个归约式，它的左式是函数：$\lambda a.\lambda b.\lambda f.\lambda x.((a)(f))(((b)(f))(x))$，右式是丘奇数 2：$\lambda f.\lambda x.(f)((f)(x))$。

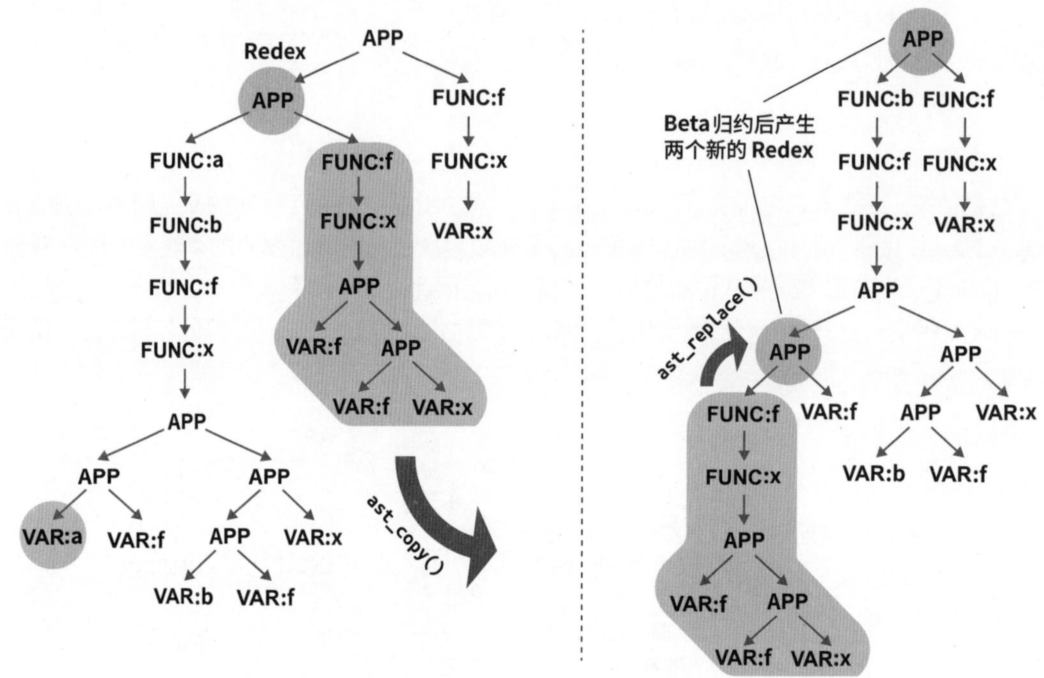

图 8.4 2 + 0 的 β 归约

β 归约在函数中找到约束变量，也就是 a，然后复制归约式的右子树，再移植到叶结点 a 的位置。之所以要进行复制，是因为约束变量在函数体中可能出现多次，如 a_1、a_2。如果归约式右子树中存在函数，那么 a_1、a_2 被替换后，这些原来位于归约式右子树中的函数也被复制成两份，且相互独立。与此同时，在复制归约式右子树时，需要将所有变量的 ID 都设置为 0，等待 α 归约时再设置。

我们先来看一下复制 AST 子树的代码，见代码8.3。

代码 8.3 /lambda/Copy.c

```
#include <assert.h>
#include <stdlib.h>
#include <stdio.h>
#include <string.h>
#include "Lambda.h"
/// @brief AST子树复制函数，同时为新复制的函数分配约束变量
/// @param x 被复制的AST子树
```

```
/// @return 新复制的AST子树
term_t *ast_copy(term_t *x)
{
    if (x == NULL) return NULL;
    term_t *y = calloc(1, sizeof(term_t));
    if (x->type == VAR)
    {
        y->type = VAR;
        strcpy(y->var.str, x->var.str);
        y->var.id = 0;        // 将变量ID分配为0，等待α归约设置
    }
    else if (x->type == FUNC)
    {
        y->type = FUNC;
        y->func.var.id = 0; // 将约束变量ID分配为0，等待α归约设置
        strcpy(y->func.var.str, x->func.var.str);
        y->func.body = ast_copy(x->func.body);
        y->func.body->parent = y;
    }
    else if (x->type == APP)
    {
        y->type = APP;
        y->app.left = ast_copy(x->app.left);
        y->app.right = ast_copy(x->app.right);
        y->app.left->parent = y;
        y->app.right->parent = y;
    }
    return y;
}
```

代码8.3很简单，依然是一个按照深度优先搜索递归遍历的函数。ast_copy() 函数按照深度优先搜索的顺序遍历待复制的子树，每访问一个结点，就对它进行复制。需要注意的是，所有变量表达式，以及所有函数表达式的变量部分，其 ID 都被设置为 0，等待 α 归约。这样一来，每次对归约式右子树调用一次 ast_copy()，所得到被复制的子树中的函数表达式都彼此独立。

当归约式右子树被复制好后，需要用新复制的子树去替代左子树函数体中约束变量 x 出现的位置。在 λ 表达式的 AST 中，让情况变得简单的是，任何变量的 term_t 一定都是叶子结点。所以，实际上我们只需要用一个子树去替换一个叶子结点，而不必考虑叶子结点本身有任何子树的情况。

见代码8.4，ast_replace() 函数将 x 结点替换成 y 子树。这其实就是一个很常规的二叉树操作，更新父结点指向子树的指针，再更改子结点指向父结点的指针即可。需要注意的是，ast_replace() 函数没有处理 x 是整个表达式根结点的情况，因为这个函数的调用方会保证 x 不是根结点。至少在 β 归约时，由于约束变量都在一个归约式的左侧函数体内，所以约束变量都不可能是整个 AST 的根结点。

代码 8.4　/lambda/Replace.c

```
#include <assert.h>
#include <stdlib.h>
#include "Lambda.h"
/// @brief 将x结点替换成y结点
/// @param x 被替换的结点
/// @param y 替换成的结点
void ast_replace(term_t *x, term_t *y)
{
    if (x == NULL || y == NULL) return;
    // 调用ast_replace()时要保证x不是根结点
    assert(x->parent != NULL);
```

```
    if (x->parent->type == FUNC)
    {
        x->parent->func.body = y;
        y->parent = x->parent;
    }
    else if (x->parent->type == APP)
    {
        if (x->parent->app.left == x)
        {
            x->parent->app.left = y;
            y->parent = x->parent;
        }
        else if (x->parent->app.right == x)
        {
            x->parent->app.right = y;
            y->parent = x->parent;
        }
    }
}
```

有了 `ast_copy()` 和 `ast_replace()` 两个函数，关于 AST 的二叉树操作就足够了。接下来，我们需要对一个归约式进行 β 归约。这依然是一个二叉树的深度优先搜索，只不过遍历的是归约式的左子树，见代码8.5。

代码 8.5 /lambda/Beta.c

```
#include <stdlib.h>
#include <stdio.h>
#include <string.h>
#include "Lambda.h"
// AST的二叉树操作
extern term_t *ast_copy(term_t *x);
extern void ast_replace(term_t *x, term_t *y);
/// @brief β归约：将Redex左式中的约束变量bound_var替换为右式v
/// @param x Redex左式中的子表达式
/// @param v Redex右式
/// @param bound_var Redex左式函数表达式中的约束变量
void beta_reduce(term_t *x, term_t *v, var_t *bound_var)
{
    if (x->type == VAR && x->var.id == bound_var->id)
    {
        // 在Redex左式中遇到约束变量，将约束变量替换为v
        if (v->type == VAR)
        {
            // Redex右式为变量，直接原地修改约束变量的内容
            x->var.id = v->var.id;
            strcpy(x->var.str, v->var.str);
        }
        else
        {
            // Redex右式为函数或应用，对右式进行复制，替换x
            term_t *_v = ast_copy(v);
            ast_replace(x, _v);
            // 约束变量x的内存可以释放
            free(x);
        }
    }
    else if (x->type == FUNC)
    {
        beta_reduce(x->func.body, v, bound_var);
    }
    else if (x->type == APP)
    {
        beta_reduce(x->app.left, v, bound_var);
        beta_reduce(x->app.right, v, bound_var);
```

```
    }
}
```

代码8.5中，beta_reduce() 函数负责进行 β 归约。如果遇到函数或应用，就按照二叉树的深度优先搜索向下遍历。如果遇到的是约束变量，则复制归约式右式，将遇到的约束变量结点 x 替换为新复制的复制归约式右式子树。

数学家："在 β 归约中，要注意一种特别的归约式，举一个例子，$(\lambda x.y)(z)$。在这里，x 是函数的约束变量，但它并没有出现在函数体中。于是在归约时，归约式右侧的 z 找不到可以替换的地方，表达式便归约为一个变量 y。"

$$(\lambda x.y)(z) \quad \longrightarrow_\beta \quad y$$

计算机科学家大惑不解："这有什么要特别注意的吗？这好像看上去很顺理成章。"

数学家嘿嘿一笑："这就是 λ 演算中**延迟计算**的技巧，或者说是**惰性求值**，一种被称为**Thunk**的特殊结构。你现在还不明白这是什么，但随后就会明白了。这个看上去平平无奇的 β 归约暗含了很深刻的计算机思想。"

计算机科学家："你是计算机科学家还是我是计算机科学家？"

8.5　β 范式与归约策略

数学家："行了，λ 演算的两种化简都说过了。如果你不能直接从定义理解，现在也写了代码了，应该能明白这两种归约在做什么。"

计算机科学家："关于两种归约的原则，我已经明白了。但是观察图8.4时，我产生了一些疑问。"

数学家："说说看。"

计算机科学家："图8.4进行了一次 β 归约，但图中本来只有一个归约式，进行 β 归约以后却变成了两个。所以我在想，β 归约是试图消除归约式的，但反而可能产生更多的归约式。这带来了几个问题。"

(1) 如果一个 λ 表达式中存在多个归约式，应该选择哪一个归约式进行归约？

(2) 一个 λ 表达式能否不断进行 α 归约与 β 归约，直到其中不再有任何归约式？反例就是图8.4，一次 β 归约后产生了更多的归约式。

(3) 如果 λ 表达式可以通过 β 归约"收敛"，那么存在多个归约式时，是不是不论选择先归约哪一个归约式，最后都能"收敛"到同样的形式？也就是说，图8.4中的两个归约式，不论先归约哪一个，最后总能得到同样的表达式？

数学家大喜，连声叫好："不错，你这几个问题充满了洞见，一下子触及 λ 演算作为计算机的本质了。我且来问你一个问题，图灵机也好，URM 也好，冯 · 诺依曼体系结构的现代计算机也好，这些状态机是怎样进行计算的？"

计算机科学家迷惑了："怎么计算……就执行指令啊。"

数学家一拍巴掌："对喽，就是执行指令。如果把一个 λ 表达式当作一个程序呢？λ 表达式的各个子树就是组成状态机程序的指令。这样一来，λ 演算要怎样执行程序？"

计算机科学家："难道说……"

数学家："你说对了，就是通过 α 归约与 β 归约，特别是 β 归约。每执行一次 β 归约，就相当于状态机执行一次指令。现在，我来问你，一个指令组成的程序在什么时候结束？"

计算机科学家："当它执行完所有指令的时候。"

数学家追问："那一个 λ 表达式'程序'什么时候停止呢？"

计算机科学家："那应该是当这个表达式中不再含有任何归约式时，它便无法再进行任何 β 归约了。这时，表达式中依然可以含有函数与应用表达式，如 $(e_1)(e_2)$、$\lambda x.(x)(x)$，但却不再有任何归约式。"

数学家："这就是 β 归约范式。"

当一个 λ 表达式无法进行 β 归约时，称它为β **范式**（β Normal Form）。也就是说，表达式中不存在任何β **归约式**（β Redex）。β 范式等价于图灵机程序**停机**（Halting），所以，当一个表达式中不再有任何归约式时，λ 演算停止。

计算机科学家："那么现在的问题就是，当我随机地从多个归约式中选一个化简，这样一步一步化简下去，是不是一定能够到达 β 范式，也就是化简停止，化简到不能再化简呢？"

数学家："显然这是不一定的。这里其实有两个问题，第一，一个 λ 表达式是不是总能被化简到 β 范式？第二，在多个归约式中按照某种顺序选择一个进行化简，这称为**归约策略**（Reduction Strategy）。如果最终能够停机，是不是每一种归约策略都能化简到 β 范式，也就是说与归约策略无关？"

计算机科学家："那我们先来看第一个问题吧。由于图灵机中存在无法停机的程序，如 `void main() {while(1);}`，所以我相信肯定存在无法停止的 λ 表达式。"

数学家："说得对，看一个例子吧，$(\lambda x.(x)(x))(\lambda y.(y)(y))$，这是一个很经典的**自我应用**（Self Application）的例子，被称为ω **组合子**（ω Combinator）。你试着对它归约看看。"

计算机科学家："这玩意儿是不是永远在递归的递归函数，类似于 `void f() { f(); }`？我把 AST 画出来看看。"

如图8.5所示，$(\lambda x.(x)(x))(\lambda y.(y)(y))$ 中只有一个归约式，就是根结点的表达式。左子树 $\lambda x.(x)(x)$ 中约束变量出现两次，将右子树 $\lambda y.(y)(y)$ 带入，消去归约式、右子树、左结点，得到 $(\lambda y.(y)(y))(\lambda y.(y)(y))$。对新的左子树进行 α 归约，就还原到了 ω 组合子，即 $(\lambda x.(x)(x))(\lambda y.(y)(y))$。

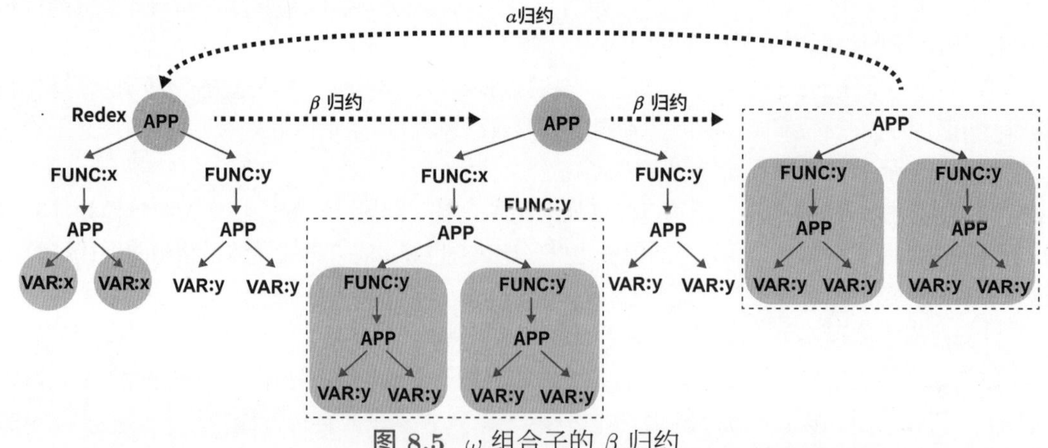

图 8.5 ω 组合子的 β 归约

因此，不论进行多少次 α 归约与 β 归约，ω 组合子永远会回到它自身，永远都含一个归约式，无法抵达 β 归约范式。也就是说，不会停机。

计算机科学家："我记得图灵证明过'停机问题不可判定'，也就是说，'不存在一个图灵机程序 H，它接收任意一个图灵机程序 P 和它的输入 I 作为 H 的输入，可以判定 P 是否停机。如果可以停机，H(P,I) 返回 True，如果不可以停机，H(P,I) 返回 False'。"

数学家："对，图灵是用 H 构造了另一个图灵机程序证明的。证明不复杂，感兴趣的话你自己查查看。"

计算机科学家对此充耳不闻，继续问道："那也就是说，不存在一个图灵机程序或 λ 表达式程序，可以判定任意 λ 表达式是否能化简到 β 范式了？"

数学家："没错，不存在这样的程序，因为这也是一个**不可判定问题**（Undecidable Problem）。你可以把 β 范式判定问题转换为图灵机停机问题。但是，一个表达式一旦可以按照某个归约策略到达 β 范式，那么如果其他归约策略也能到达同样的 β 范式，这里的 β 范式是唯一的。这个结论是丘奇和 Rosser 给出的，被称为Church-Rosser **定理**（Church-Rosser Theorem）。这个定理证明起来比较复杂，你应该也不想知道那么多细节吧？"

计算机科学家："确实，我只需要知道一个结论就可以了。那这是不是说明，只要一个 λ 表达式存在 β 范式，那么任意一个归约策略都可以停机？"

数学家："很可惜，不是的。Church-Rosser 定理只说明'可以到达 β 范式的归约策略'会到达相同的 β 范式，但完全可能出现这样一种情况——λ 表达式存在 β 范式，但某种归约策略却永远无法到达。这回答了你之前的问题，能到 β 范式的归约策略是**汇流的**（Confluent），但并不是所有归约策略都可以到达 β 范式。"

计算机科学家："啊？竟然还有这种事。"

数学家："是的。所以我们来看一下常见的归约策略吧。"

8.5.1 Call By Value 策略与弱范式

Call By Value（**按值调用**）策略是指，对于可 β 归约的 λ 表达式，先对**最左最内**（Leftmost Innermost），且不在函数体中的归约式进行归约。也就是说，对于归约式 $(\lambda x.e)(e_2)$，只有当右子树 e_2 是**值**（Value）时，才选择这个归约式进行归约。"值"在无类型的 λ 演算中指的是不可再进行 β 归约的表达式。

在这里，右子树 e_2 中找不到归约式，并不代表它是一个 β 范式。举一个例子，$(\lambda x.x)(\lambda y.(\lambda z.z)(\lambda u.u))$，根结点的右子树 $\lambda y.(\lambda z.z)(\lambda u.u)$ 是一个函数，按照 Call By Value 的归约策略，尽管它下面还有归约式 $(\lambda z.z)(\lambda u.u)$，但是这个归约式是无法被找到的。因此，应当选择根结点归约式 $(\lambda x.x)(\lambda y.(\lambda z.z)(\lambda u.u))$ 进行化简。

右子树 $\lambda y.(\lambda z.z)(\lambda u.u)$ 这样的表达式被称为**弱范式**（Weak Normal Form），弱范式中可能存在尚未化简的归约式，这些归约式全部都在函数体内，没"来得及"通过 β 归约消除函数的约束变量，因此没有暴露出来。而显然 β 范式依然是弱范式。

Call By Value 归约策略最终只能得到弱范式，不一定能抵达 β 范式。也即 Call By Value 的最终结果可能依然存在归约式。

我们来解释一下什么是“最左”和“最内”的归约式。两个归约式并排放在一起，$((\lambda x.A)(B))((\lambda y.C)(D))$，归约式 $(\lambda x.A)(B)$ 就位于 $(\lambda y.C)(D)$ 左侧。如果归约式 $(\lambda x.A)(B)$ 中不含有任何其他归约式，也就是说 A 和 B 中都没有其他归约式，那么 $(\lambda x.A)(B)$ 就是“最左最内”的归约式。

按照这个定义，我们很容易写出按值调用的代码，按照“Call By Value”的顺序查找归约式，见代码 8.6。

代码 8.6 /lambda/Redex.c

```
#include <stdlib.h>
#include <string.h>
#include "Lambda.h"
/// @brief 按照Call By Value顺序查找Redex
/// @param x AST根结点
/// @return 查找到的Redex。不存在，返回NULL
term_t *find_redex(term_t *x)
{
    if (x == NULL) return NULL;
    // 不对(x->type == FUNC)向下查找
    // Call By Value只搜索不在函数之内的Redex
    if (x->type == APP)
    {
        if (x->app.left->type == FUNC)
        {
            // 找到Redex，检查右子树中是否有Redex
            term_t *y = find_redex(x->app.right);
            // 右子树存在Redex，按照Call By Value先对右子树Redex求值
            // 不存在，右子树为Beta范式，对当前Redex求值
            if (y != NULL) return y;
            else return x;
        }
        else
        {
            // 当前应用并非Redex，递归向下查找
            term_t *left = NULL, *right = NULL;
            // 按照最左顺序，先查找左子树
            left = find_redex(x->app.left);
            if (left != NULL) return left;
            right = find_redex(x->app.right);
            if (right != NULL) return right;
        }
    }
    return NULL;
}
```

代码8.6中的 `find_redex()` 函数本身依然是一个简单的深度优先搜索，但是，它搜索的是整个 AST 中的归约式，即 $(\lambda x.e)(e_2)$。需要特别注意的是，`find_redex()` 只对应用表达式递归向下搜索，而不对函数搜索。因为按照“按值调用”的定义，我们需要找的归约式不在函数体内。

让我们来看一个例子，$((\lambda f.\lambda x.(\lambda u.u)((f)(x)))(\lambda y.y))(\lambda z.z)$，如图8.6所示。

如图8.6所示，$((\lambda f.\lambda x.(\lambda u.u)((f)(x)))(\lambda y.y))(\lambda z.z)$ 有两个归约式，但 $(\lambda u.u)((f)(x))$ 在函数内，所以 `find_redex()` 不会搜索到这个归约式。等到足够多的 β 归约后，这个归约式会自然而然地“浮现出来”。

图8.6 (a) 中，`find_redex()` 函数第一次搜索，首先查看根结点，发现是 `APP` 类型，但不是归约式。于是递归向下查找 `left = find_redex(x->app.left)`。这次发现是一个归约式，于是就选择该归约式作为归约。整个过程只查找了两个结点。

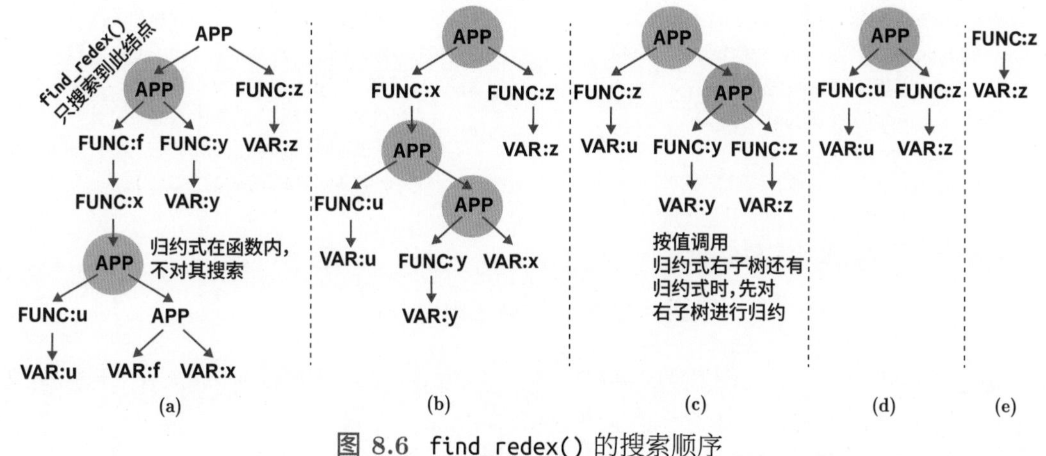

图 8.6　`find_redex()` 的搜索顺序

一次 β 归约后，得到图8.6（b）中的 AST。纵观整个 AST，其实还有更左、更内的归约式，但它们都在函数之下，所以也不会搜索。

图8.6（c）真正展现了“Call By Value”的含义。图8.6（c）中有两个归约式，根结点 $(\lambda u.u)((\lambda y.y)(\lambda z.z))$ 和它的右子结点 $(\lambda y.y)(\lambda z.z)$。对于根结点，由于它的右子树还不是一个“值”，还没有到达 β 范式，因此先对右子树进行归约，得到图8.6（d）。此后的归约都很直接，在此就不赘述了。

8.5.2　其他归约策略

这些归约策略在不同的语境下含义常常不同，在这里我们采用以下标准[1]进行名词解释。

（1）**按名调用**（Call By Name）是指，先对**最左最外**（Leftmost Outermost）且不在函数体中的归约式进行归约。Call By Name 策略会到**弱头部范式**（Weak Head Normal Form）。

（2）**正则序求值**（Normal Order Evaluation）是指，先化简**最左最外**的归约式。相比 Call By Name，正则序求值的归约式可以位于函数之内。因此，正则序求值会到 β 范式。

（3）**应用序求值**（Applicative Order Evaluation）是指，先化简**最左最内**的归约式。相比于 Call By Value，应用序求值的归约式可以位于函数之内。应用序求值也会到 β 范式。

我们来看一个例子，对比应用序与正则序求值。`Add(Square(Add(5, 1))、Square(Mul(5, 2)))`，这个嵌套的函数尝试求值 $(5+1)^2+(5*2)^2$，它有不同的求值策略。应用序求值/按值调用的策略是，每当要对函数进行“**应用**”（Apply）时，它的参数需要已经被**求值**（Evaluated）。如果参数还没有准备好，如图8.7（a）中的 `Add(36, Square(10))`，就继续对参数 `Square(10)` 进行求值。因此，这个表达式按照图8.7（a）中的顺序展开。

应用序求值是“先对参数求值，再应用参数”，而正则序求值则是“先完全展开到值类型，再一并进行求值”。如图8.7（b）所示，正则序求值可能会带来不必要的重复计算。例如，`(5+1)*(5+1)` 就计算了两次 `5+1`，而应用序不会出现这个问题。因此，大部分编程语言都是应用序求值的。

[1]Peter Sestoft. ***Demonstrating lambda calculus reduction.*** The essence of computation: complexity, analysis, transformation (2002): 420-435.

```
Add(Square(Add(5, 1)), Square(Mul(5, 2)))
Add(Square(6), Square(Mul(5, 2)))
Add(36, Square(Mul(5, 2)))
Add(36, Square(10))
Add(36, 100)
136
```

(a) 应用序求值

```
Add(Square(Add(5, 1)), Square(Mul(5, 2)))
Add(Square(5+1), Square(Mul(5, 2)))
Add((5+1)*(5+1), Square(Mul(5, 2)))
Add((5+1)*(5+1), Square(5*2))
Add((5+1)*(5+1), (5*2)*(5*2))
(5+1)*(5+1)+(5*2)*(5*2)
136
```

(b) 正则序求值

图 8.7 应用序与正则序求值

但正则序求值有一个无法忽视的特点，它可以很好地表示递归，从而表示“**无穷类型**”(Infinite Type)。例如我们考虑一个 λ 表达式：

$$(\lambda a.b)((\lambda x.(x)(x))(\lambda y.(y)(y)))$$

这个神奇的表达式使用了我们之前提过的 ω 组合子。如果按照 Call By Value 或者应用序求值，那么就需要先把 $(\lambda x.(x)(x))(\lambda y.(y)(y))$ 化简到 β 范式，这就陷入了无穷计算。但如果按照 Call By Name 或正则序求值，那么归约式右式的 ω 组合子求值就会被推迟，而先计算 $(\lambda a.b)(\omega)$，立刻就可以得到 b。

与 Call By Value 相比，应用序求值虽然能到 β 范式，但更有可能发生的是应用序求值陷入无穷递归。Call By Value 虽然也无法处理表达式 $(\lambda a.b)((\lambda x.(x)(x))(\lambda y.(y)(y)))$，但可以对参数 $(\lambda x.(x)(x))(\lambda y.(y)(y))$ 套一层函数：

$$((\lambda a.b)(\lambda t.(\lambda x.(x)(x))(\lambda y.(y)(y))))(T)$$

这样一来，至少 $(\lambda a.b)$ 一项可以消除。但应用序求值会向函数内求值，因此无法消除。

这是 Call By Value 与应用序求值的重大差别，也是这一差别使应用序求值需要额外工作才能实现惰性求值与递归计算，无法直接使用 y 组合子与 z 组合子。

图8.8也印证了一点，表达式 $(\lambda a.b)((\lambda x.(x)(x))(\lambda y.(y)(y)))$ 按照正则序求值是可以化简到 β 范式的，但按照应用序则不可以。所以不是每一个归约策略都可以停机。

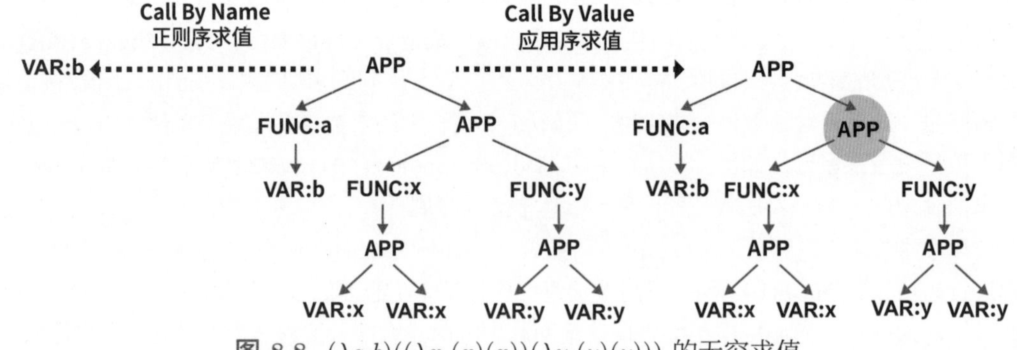

图 8.8 $(\lambda a.b)((\lambda x.(x)(x))(\lambda y.(y)(y)))$ 的无穷求值

8.6 实现 λ 表达式求值器

计算机科学家："好了，到现在为止我们有了 α 归约、β 归约、按值调用（Call By Value）的代码。那我们应该足够写出一个 λ 表达式的求值器了。"

数学家耸耸肩："随便你，你可以写一个求值器，我不是很关注这些代码上的事情。"

计算机科学家："我想写一个求值器，能够输入一个 λ 表达式的字符串，然后按照我们刚才说的，一步一步进行 α 归约、按值调用、β 归约，将表达式化简到弱范式。"

数学家的态度越发无所谓了："好呀，听你的。"

计算机科学家："不过要在字符串写 λ 这个符号不是很方便，我准备用`'\'`来替代。这样一来，$\lambda f.\lambda x.(f)(x)$ 就可以写成`'\f.\x.(f)(x)'`。"

数学家只有简短的一个字："行。"

计算机科学家："而完成求值器的第一步，就是把`'\f.\x.(f)(x)'`这样的 λ 表达式字符串转换为 `term_t` 组成的 AST。"

8.6.1 标记化 Tokenize

首先，我们扫描`'\f.\x.(f)(x)'`这样的字符串，识别其中的关键字符串，如`'\'`、`'.'`、`'('`、`')'`，以及变量名。这些关键的字符串称为**标记**（Token）。我们可以用一个双链表来保存标记，以待下一步构建语法树。

见代码8.7，`token_t` 结构体就是一个普通的双链表结点，`token_t.type` 用来标记结点的类型，`token_t.str` 用来保存变量的字符串名称，`token_t.prev` 指向链表中的上一个链表结点，`token_t.next` 指向链表中的下一个链表结点。

代码 8.7　/lambda/Token.h

```c
#ifndef _TOKEN_H
#define _TOKEN_H
// Token类型
typedef enum
{
    LAMBDA,             // lambda符号
    DOT,                // 区分函数约束变量与函数体
    LEFTPAR,            // 左括号(
    RIGHTPAR,           // 右括号)
    STRING              // 变量名字符串
} ttoken_t;
// Token结构体
typedef struct TOKEN
{
    ttoken_t type;      // Token类型
    char str[64];       // 如果是字符串类型，用来保存变量名字符串
    struct TOKEN *prev; // 单链表中的前一个token指针
    struct TOKEN *next; // 单链表中的下一个token指针
} token_t;
#endif
```

将字符串转换为 `token_t` 链表的代码很简单，见代码8.8。

代码 8.8 /lambda/Tokenize.c

```c
#include <stdlib.h>
#include <stdio.h>
#include <string.h>
#include "Lambda.h"
#include "Token.h"
// 判定是否是一个合法的变量字符
#define ISVARCHAR(c) (('a'<=c&&c<='z')||('A'<=c&&c<='Z')|| \
                      ('0'<=c&&c<='9')||c=='_'||c=='-'||c=='+')
/// @brief 将字符串转换成token_t链表
/// @param str lambda表达式字符串
/// @return token链表
token_t *tokenize(const char *str)
{
    int i = 0;
    token_t *head = NULL, *tail = NULL;
    // 从前向后扫描字符串
    while (str[i] != '\0' && str[i] != '\n')
    {
        // 忽略空白字符
        if (str[i] != ' ' && str[i] != '\t')
        {
            token_t *token = calloc(1, sizeof(token_t));
            token->prev = token->next = NULL;
            // 向链表尾部插入新结点
            if (head == NULL) head = token;
            else
            {
                tail->next = token;
                token->prev = tail;
            }
            tail = token;
            if (str[i] == '\\')      token->type = LAMBDA;
            else if (str[i] == '.') token->type = DOT;
            else if (str[i] == '(') token->type = LEFTPAR;
            else if (str[i] == ')') token->type = RIGHTPAR;
            else if (ISVARCHAR(str[i]))
            {
                // 将字符串中的变量名复制进token结点
                int start = i;
                while (ISVARCHAR(str[i]))
                    i += 1;
                token->type = STRING;
                strncpy(token->str, &str[start], i - start);
                token->str[i - start] = '\0';
                continue;
            }
        }
        i += 1;
    }
    return head;
}
```

代码8.8从前向后扫描字符串，按照所遇到的字符类型设置 `token_t.type`。其中最复杂的是变量字符串，需要继续向后遍历字符，直到遇到非变量类型的字符为止。

以`'\f.\x.(f)(x)'`为例，如图8.9（图中只画了 `next` 指针）所示，`tokenize()` 函数会得到该链表，等待下一步处理。

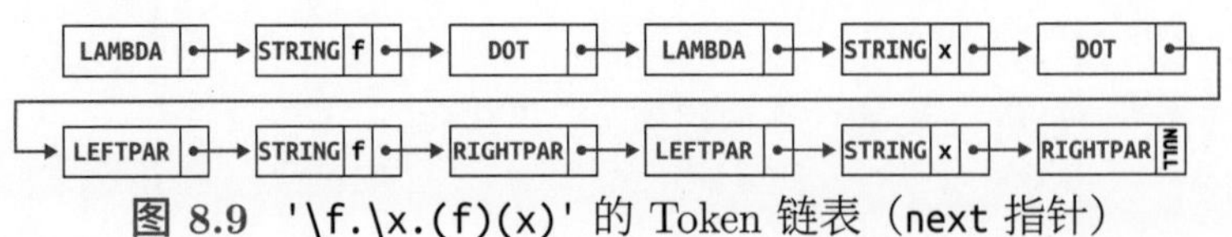

图 8.9 `'\f.\x.(f)(x)'` 的 Token 链表（`next` 指针）

8.6.2 生成抽象语法树

比较麻烦的是根据 token_t 链表生成抽象语法树。见代码8.9，其中，parse_ast() 函数负责生成 AST。

代码 8.9 /lambda/Parse.c

```c
#include <assert.h>
#include <stdlib.h>
#include <stdio.h>
#include <string.h>
#include "Lambda.h"
#include "Token.h"
/// @brief 查找(…)左括号结点相应右括号结点
/// @param l 左括号结点
/// @return 右括号结点
static token_t *find_rightpar(token_t *l)
{
    assert(l->type == LEFTPAR);
    token_t *x = l->next;
    int count = 1;
    while (x != NULL)
    {
        if (x->type == LEFTPAR)       count += 1;
        else if (x->type == RIGHTPAR) count -= 1;
        if (count == 0) break;
        if (count < 0) return NULL;
        x = x->next;
    }
    return x;
}
/// @brief 深度优先建立抽象语法树
/// @param tk 刚好是当前表达式的Token链表
/// @return 建好的语法树
term_t *parse_ast(token_t *tk)
{
    if (tk == NULL) return NULL;
    term_t *x = calloc(1, sizeof(term_t));
    // 递归建树：Token链表与term_t树一一对应
    if (tk->type == STRING)
    {
        // 变量表达式，要求Token仅此一个结点
        if (tk->prev != NULL || tk->next != NULL) goto FAILED;
        // 设置变量
        x->type = VAR;
        x->var.id = 0;
        strcpy(x->var.str, tk->str);
        // 释放已知的Token内存
        free(tk);
        return x;
    }
    else if (tk->type == LAMBDA)
    {
        // 函数表达式：\ Bound_Var . Body
        if (tk->next == NULL || tk->next->type != STRING ||
            tk->next->next == NULL || tk->next->next->type != DOT ||
            tk->next->next->next == NULL)
            goto FAILED;
        x->type = FUNC;
        // 设置约束变量
        x->func.var.id = 0;
        strcpy(x->func.var.str, tk->next->str);
        // 递归向下建树
        tk->next->next->next->prev = NULL;
        x->func.body = parse_ast(tk->next->next->next);
```

```
        x->func.body->parent = x;
        // 释放已知的Token内存
        free(tk->next->next);    // DOT
        free(tk->next);          // STRING: 约束变量
        free(tk);                // LAMBDA
        return x;
    }
    else if (tk->type == LEFTPAR)
    {
        // 应用表达式：(Left)(Right)
        //             tk   a     b
        if (tk->next == NULL) goto FAILED;
        token_t *a = find_rightpar(tk);
        if (a == NULL || a->next == NULL || a->next->type != LEFTPAR ||
            a->next->next == NULL)
            goto FAILED;
        token_t *b = find_rightpar(a->next);
        if (b->next != NULL) goto FAILED;
        // 设置应用表达式
        x->type = APP;
        // 截断Token链表
        tk->next->prev=a->next->next->prev=a->prev->next=b->prev->next=NULL;
        // 递归向下建树
        x->app.left = parse_ast(tk->next);
        x->app.right = parse_ast(a->next->next);
        x->app.left->parent = x;
        x->app.right->parent = x;
        // 释放已知的Token内存
        free(tk);        // <(>Left)(Right)
        free(a->next);   // (Left)<(>Right)
        free(a);         // (Left<(>(Right)
        free(b);         // (Left)(Right<)>
        return x;
    }
FAILED:
    printf("Expression cannot be parsed.\n");
    return NULL;
}
```

parse_ast() 函数接收一个 token_t 链表作为输入，它的任务就是根据该链表生成 AST。因此，如果要生成一个变量表达式，token_t 链表只能有一个 STRING 结点；如果生成一个函数表达式，token_t 链表就一定是 LAMBDA、STRING、DOT 三个结点开头的链表；如果生成一个应用表达式，token_t 链表一定刚好可以被分为两个括号。

其中，find_rightpar() 函数负责为应用表达式查找与当前左括号匹配的右括号，这是通过一个简单的计数器实现的。find_rightpar() 函数接收一个 LEFTPAR 类型的 token_t 作为输入，然后将计数器 count 设置为 1，每逢左括号 LEFTPAR 加 1，每逢右括号 RIGHTPAR 减 1，直到计数器为 0，便找到了与当前左括号对应的右括号。

我们来看一个例子：'(\x.(x)(x))(\y.(y)(y))'，观察一下 parse_ast() 是怎样从 token_t 链表生成语法树的。

如图8.10所示，parse_ast() 接收的第一个 token_t 链表是'(\x.(x)(x))(\y.(y)(y))'，通过 find_rightpar() 函数查找到左右圆括号内的表达式：'\x.(x)(x)' 与'\y.(y)(y)'。通过链表操作，将这两个部分从链表中分离出来。

接下来 parse_ast() 递归地接收'\x.(x)(x)' 解析，生成根结点的左子树。同样地，parse_ast() 函数分析 token_t 链表的前三个起始结点，发现这是一个函数表达式，便递归地为它生成函数体子树。接下来的步骤如图8.10所示，总之，要通过链表操作不停提取函数体、应用左式、应用右式这些“子链表”，作为生成 AST 子树的输入。

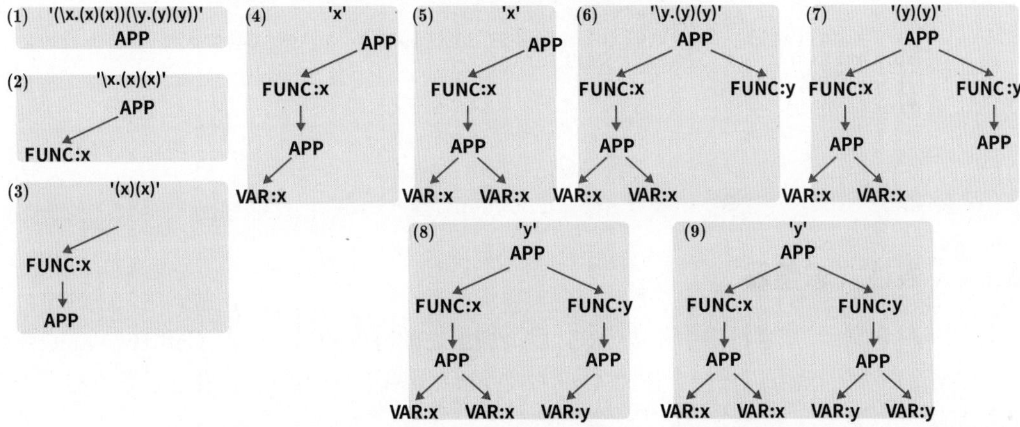

图 8.10　'(\x.(x)(x))(\y.(y)(y))' 生成语法树

8.6.3 表达式序列化

我们需要看清 λ 表达式求值的每一步，所以需要在每一步化简后把整个表达式打印出来。这就需要将 `term_t` 树转换成字符串，也就是序列化。

代码8.10中的 `serialize()` 函数负责将 AST 转换成字符串，这依然是一个二叉树的深度优先遍历。需要特别注意的是字符串内存是分配在堆上的，所以打印完需要及时释放。

代码 8.10　/lambda/Serialize.c

```c
#include <stdlib.h>
#include <stdio.h>
#include <string.h>
#include "Lambda.h"
// 打印颜色 - 适用于Linux
#define REDCLR    "\e[1;31m"
#define GREENCLR  "\e[1;32m"
#define YELLOWCLR "\e[1;33m"
#define ENDCLR    "\e[0m"
/// @brief 将AST序列化为Lambda表达式
/// @param x AST根结点
/// @return 字符串表达式（分配在堆中）
char *serialize(term_t *x)
{
    if (x == NULL) return NULL;
    char *str = NULL;
    if (x->type == VAR)
    {
        str = calloc((strlen(x->var.str) + 1), sizeof(char));
        sprintf(str, "%s", x->var.str);
    }
    else if (x->type == FUNC)
    {
        char *func = serialize(x->func.body);
        str = calloc(strlen(x->func.var.str)+strlen(func)+3, sizeof(char));
        sprintf(str, "\\%s.%s", x->func.var.str, func);
        free(func);
    }
    else if (x->type == APP)
```

```
    {
        char *left = serialize(x->app.left);
        char *right = serialize(x->app.right);
        str = calloc(5 + strlen(left) + strlen(right), sizeof(char));
        sprintf(str, "(%s)(%s)", left, right);
        free(left);
        free(right);
    }
    return str;
}
```

8.6.4 λ 表达式求值器

计算机科学家：“从字符串中生成 AST 后，加上之前写好的 α 归约、Call By Value 归约策略、β 归约，我们就可以写一个按照 Call By Value 策略进行归约的 λ 表达式求值器了。它的目标是运行 λ 演算，将一个表达式化简到弱范式。”

整个求值器的代码见代码8.11，我们主要关注主循环所做的工作。主循环执行一次，对表达式进行一次 α 归约与 β 归约。

代码 8.11 /lambda/Lambda.c

```
#include <assert.h>
#include <stdlib.h>
#include <stdio.h>
#include <string.h>
#include "Lambda.h"
#include "Token.h"
// Linux命令行打印颜色
#define GREENCLR  "\e[1;32m"
#define YELLOWCLR "\e[1;33m"
#define ENDCLR    "\e[0m"
// 生成抽象语法树
extern token_t *tokenize(const char *str);
extern term_t *parse_ast(token_t *head);
// α归约
extern void alpha_reduce(term_t *root);
// β归约
extern term_t *find_redex(term_t *a);
extern void ast_replace(term_t *x, term_t *y);
extern void beta_reduce(term_t *x, term_t *v, var_t *bound_var);
// 序列化
extern char *serialize(term_t *x);
// 释放整棵子树内存
void deep_free(term_t *x)
{
    if (x == NULL) return;
    if (x->type == VAR) free(x);
    else if (x->type == FUNC)
    {
        deep_free(x->func.body);
        free(x);
    }
    else if (x->type == APP)
    {
        deep_free(x->app.left);
        deep_free(x->app.right);
        free(x);
    }
}
// 检查整个表达式是否还有归约式，从而检查是β范式还是弱范式
```

```c
int no_redex(term_t *x)
{
    if (x->type == VAR) return 1;
    else if (x->type == FUNC) return no_redex(x->func.body);
    else if (x->type == APP)
    {
        if (x->app.left->type == FUNC) return 0;
        if (no_redex(x->app.left) == 1 && no_redex(x->app.right) == 1)
        return 1;
    }
    return 0;
}
/* --------- 程序入口 - Entry Point --------- */
int main(int argc, const char **argv)
{
    // 根据程序输入参数生成抽象语法树
    token_t *t = tokenize(argv[1]);
    term_t *a = parse_ast(t);
    // 局部变量
    char *s = NULL, *p; // 用于打印表达式
    int i = 0;          // 用于统计归约轮次
    term_t *x = NULL;   // 用于查找β归约式
    // 主循环
    while (1)
    {
        // 首先进行α归约，因为parse_ast()以及beta_reduce()中可能存在未初始化的ID
        alpha_reduce(a);
        // β归约
        // 查找归约式(Call By Value)
        x = find_redex(a);
        // 未能查找到归约式，为弱范式，停止化简
        if (x == NULL) break;
        // 打印查找到的归约式
        s = serialize(x->app.left);
        p = serialize(x->app.right);
        printf(GREENCLR"[Redex@{%d}]:  %s --> %s\n"ENDCLR, i, s, p);
        if (s != NULL) free(s);
        if (p != NULL) free(p);
        // 对归约式进行β归约
        beta_reduce(x->app.left->func.body,x->app.right,&x->app.left->func.var);
        // β归约完成，清理空闲的App、App.Right、App.Left结点
        deep_free(x->app.right);
        if (x != a)
           ast_replace(x, x->app.left->func.body);
        else
        {
            a = x->app.left->func.body;
            a->parent = NULL;
        }
        free(x->app.left);
        free(x);
        // 打印一步归约结果
        s = serialize(a);
        printf("[Result@{%d}]: %s\n", i, s);
        if (s != NULL) free(s);
        i += 1;
    }
    // 如果能到达β弱范式，打印化简的结果
    s = serialize(a);
    if (no_redex(a) == 1) printf(YELLOWCLR"\n[Normal Form]: %s\n"ENDCLR, s);
    else printf(YELLOWCLR"\n[Weak Normal Form]: %s\n"ENDCLR, s);
    if (s != NULL) free(s);
    deep_free(a);
    return 0;
}
```

首先进行 α 归约，因为 `parse_ast()` 和 `beta_reduce()` 中可能存在 ID=0 的变量，需要 `alpha_reduce()` 对其赋值。

然后按照 Call By Value 的顺序查找表达式中是否存在归约式，如果存在，对该归约式进行 β 归约。如果不存在，说明到达停机条件，表达式为弱范式，停止演算。特别注意，此时整个表达式中可能依然存在归约式，但是被函数“掩盖”了。

β 归约通过 `beta_reduce()` 函数实现。但 `beta_reduce()` 函数只负责将归约式的右子树代入左子树中的函数体。还需要在代入完成后释放右子树的内存，并且需要清楚左子树 `FUNC` 结点、归约式 `APP` 结点这两个结点的内存。除此之外，需要让左子树函数体顶替归约式 `APP` 结点的位置，成为新的根结点。

完成上述步骤后，才真正实现了 β 归约。不过，需要特别注意的是，限于篇幅，程序并没有对非法输入的字符串做更多处理。想要写一个鲁棒性更好的求值器，需要增加很多错误处理和内存管理的代码。整个程序基本假定输入的表达式是一个合法的 λ 表达式。

整个程序的 `Makefile` 见代码8.12，其中包括了一个内存泄漏的检查。

代码 8.12 /lambda/Makefile

```
CC = /usr/bin/gcc # 选择自己的编译器路径，最好使用gcc-10
CFLAGS = -g -Wall -Werror -std=c99 # 编译器参数
build:
	$(CC) $(CFLAGS) Tokenize.c Parse.c Serialize.c Alpha.c \
	Beta.c Copy.c Redex.c Replace.c Lambda.c -o lambda
check: lambda
	valgrind --leak-check=full --show-leak-kinds=all --track-origins=yes \
	--log-file=valgrind-out.txt \
	./lambda "(((\cond.\x.\y.((cond)(x))(y))(\t.\f.t))(BRANCH1))(BRANCH2)"
clean:
	rm -f lambda *.txt
```

8.7 常见的λ表达式

计算机科学家长呼一口气：“终于写好了一个基本的 Call By Value λ 表达式求值器。现在，不论我们讨论什么表达式，都可以用这个求值器来检验了。”

数学家：“那行。那我们来看看怎样在 λ 表达式上构造运算吧。”

8.7.1 丘奇数的加法运算

计算机科学家：“那我们首先来看一下加法运算吧。加法运算可以说是算术的基础了，有了丘奇数定义的自然数，如果能够做加法运算，那么很多数学结论便立刻可以得到了。”

数学家说：“不错。丘奇数的加法其实是一个特定的函数，它负责实现两数相加。”

$$\text{Add} = \lambda a.\lambda b.\lambda f.\lambda x.((a)(f))(((b)(f))(x))$$

数学家：“其中 a 是一个约束变量，等待被归约为一个丘奇数。b 也是一个等待被归约为丘奇数的约束变量。这个表达式可以实现 $a+b$：$((\text{Add})(a))(b)$。”

计算机科学家：“有趣，那我们用求值器来验证一下吧。之前在图8.3中我们画了 $2+0$ 的抽象语法树，现在，用求值器看看它是怎样归约的。”

```
>_                                                        Linux Terminal
> ./lambda "((\a.\b.\f.\x.((a)(f))(((b)(f))(x)))(\f.\x.(f)((f)(x))))(\f.\x.x)"
[Redex@0]:  \a.\b.\f.\x.((a)(f))(((b)(f))(x)) --> \f.\x.(f)((f)(x))
[Result@0]: (\b.\f.\x.((\f.\x.(f)((f)(x)))(f))(((b)(f))(x)))(\f.\x.x)
[Redex@1]:  \b.\f.\x.((\f.\x.(f)((f)(x)))(f))(((b)(f))(x)) --> \f.\x.x
[Result@1]: \f.\x.((\f.\x.(f)((f)(x)))(f))(((\f.\x.x)(f))(x))
[Weak Normal Form]: \f.\x.((\f.\x.(f)((f)(x)))(f))(((\f.\x.x)(f))(x))
```

可以看到，结果是弱范式，还没有完全化简。想要完全化简到 β 范式，可以继续对函数进行应用：

```
>_                                                        Linux Terminal
> ./lambda "((((\a.\b.\f.\x.((a)(f))(((b)(f))(x)))(\f.\x.(f)((f)(x))))(\f.\x.x))(SUCC))(ZERO)"
[Redex@0]:  \a.\b.\f.\x.((a)(f))(((b)(f))(x)) --> \f.\x.(f)((f)(x))
[Result@0]: (((\b.\f.\x.((\f.\x.(f)((f)(x)))(f))(((b)(f))(x)))(\f.\x.x))(SUCC))(ZERO)
[Redex@1]:  \b.\f.\x.((\f.\x.(f)((f)(x)))(f))(((b)(f))(x)) --> \f.\x.x
[Result@1]: ((\f.\x.((\f.\x.(f)((f)(x)))(f))(((\f.\x.x)(f))(x)))(SUCC))(ZERO)
[Redex@2]:  \f.\x.((\f.\x.(f)((f)(x)))(f))(((\f.\x.x)(f))(x)) --> SUCC
[Result@2]: (\x.((\f.\x.(f)((f)(x)))(SUCC))(((\f.\x.x)(SUCC))(x)))(ZERO)
[Redex@3]:  \x.((\f.\x.(f)((f)(x)))(SUCC))(((\f.\x.x)(SUCC))(x)) --> ZERO
[Result@3]: ((\f.\x.(f)((f)(x)))(SUCC))(((\f.\x.x)(SUCC))(ZERO))
[Redex@4]:  \f.\x.(f)((f)(x)) --> SUCC
[Result@4]: (\x.(SUCC)((SUCC)(x)))(((\f.\x.x)(SUCC))(ZERO))
[Redex@5]:  \f.\x.x --> SUCC
[Result@5]: (\x.(SUCC)((SUCC)(x)))((\x.x)(ZERO))
[Redex@6]:  \x.x --> ZERO
[Result@6]: (\x.(SUCC)((SUCC)(x)))(ZERO)
[Redex@7]:  \x.(SUCC)((SUCC)(x)) --> ZERO
[Result@7]: (SUCC)((SUCC)(ZERO))
[Normal Form]: (SUCC)((SUCC)(ZERO))
```

通过求值器，我们就可以看清楚加法在 λ 演算中是怎样工作的。$(a)(f)$ 与 $(b)(f)$ 是对相加的两个数确定相同的后继函数，不妨分别记为 $A=(a)(f)$、$B=(b)(f)$，这样一来，可以更清楚地看到，加法是增加后继函数的嵌套而已：$(A)((B)(x))$。

8.7.2 丘奇数的乘法运算

再看一下乘法。乘法比加法略复杂一些，它的原理就是“乘法原理”：$m\times n$ 就是 n 份 m，或者 m 份 n。

$$\mathrm{Mul}=\lambda n.\lambda m.\lambda f.\lambda x.((n)((m)(f)))(x)$$

用求值器查看它的运算过程，丘奇数 2×3：

```
>_                                                        Linux Terminal
> ./lambda "((((\n.\m.\f.\x.((n)((m)(f)))(x))(\f.\x.(f)((f)(x))))(\f.\x.(f)((f)((f)(x)))))(SUCC))
(ZERO)"
[Redex@0]:  \n.\m.\f.\x.((n)((m)(f)))(x) --> \f.\x.(f)((f)(x))
[Result@0]: (((\m.\f.\x.((\f.\x.(f)((f)(x)))((m)(f)))(x))(\f.\x.(f)((f)((f)(x)))))(SUCC))(ZERO)
[Redex@1]:  \m.\f.\x.((\f.\x.(f)((f)(x)))((m)(f)))(x) --> \f.\x.(f)((f)((f)(x)))
[Result@1]: ((\f.\x.((\f.\x.(f)((f)(x)))((\f.\x.(f)((f)((f)(x))))(f)))(x))(SUCC))(ZERO)
[Redex@2]:  \f.\x.((\f.\x.(f)((f)(x)))((\f.\x.(f)((f)((f)(x))))(f)))(x) --> SUCC
[Result@2]: (\x.((\f.\x.(f)((f)(x)))((\f.\x.(f)((f)((f)(x))))(SUCC)))(x))(ZERO)
[Redex@3]:  \x.((\f.\x.(f)((f)(x)))((\f.\x.(f)((f)((f)(x))))(SUCC)))(x) --> ZERO
```

```
[Result@3]: ((\f.\x.(f)((f)(x)))((\f.\x.(f)((f)((f)(x))))(SUCC)))(ZERO)
[Redex@4]:  \f.\x.(f)((f)((f)(x))) --> SUCC
[Result@4]: ((\f.\x.(f)((f)(x)))(\x.(SUCC)((SUCC)((SUCC)(x)))))(ZERO)
[Redex@5]:  \f.\x.(f)((f)(x)) --> \x.(SUCC)((SUCC)((SUCC)(x)))
[Result@5]: (\x.(\x.(SUCC)((SUCC)((SUCC)(x))))((\x.(SUCC)((SUCC)((SUCC)(x))))(x)))(ZERO)
[Redex@6]:  \x.(\x.(SUCC)((SUCC)((SUCC)(x))))((\x.(SUCC)((SUCC)((SUCC)(x))))(x)) --> ZERO
[Result@6]: (\x.(SUCC)((SUCC)((SUCC)(x))))((\x.(SUCC)((SUCC)((SUCC)(x))))(ZERO))
[Redex@7]:  \x.(SUCC)((SUCC)((SUCC)(x))) --> ZERO
[Result@7]: (\x.(SUCC)((SUCC)((SUCC)(x))))((SUCC)((SUCC)((SUCC)(ZERO))))
[Redex@8]:  \x.(SUCC)((SUCC)((SUCC)(x))) --> (SUCC)((SUCC)((SUCC)(ZERO)))
[Result@8]: (SUCC)((SUCC)((SUCC)((SUCC)((SUCC)((SUCC)(ZERO))))))
[Normal Form]: (SUCC)((SUCC)((SUCC)((SUCC)((SUCC)((SUCC)(ZERO))))))
```

8.7.3 丘奇数的前序运算

有了加法运算，还可以定义减法运算。但减法运算比较复杂，我们只看比较简单的一种情况：**前序运算**（Predecess）。

$$\text{Pred} = \lambda n.\lambda f.\lambda x.(((n)(\lambda g.\lambda h.(h)((g)(f))))(\lambda u.x))(\lambda u.u)$$

加法运算是不停增加后继，那么前序运算就需要消除一个后继 $(f)(\cdots)$。想要做到这一点，查看第 11 步：`(\u.ZERO)(SUCC)`，这一步归约将本来应该带入的 `SUCC` 消除了，从而实现前序。

```
>_                                                          Linux Terminal
> ./lambda "(((\n.\f.\x.(((n)(\g.\h.(h)((g)(f))))(\u.x))(\u.u))(\f.\x.(f)((f)((f)(x)))))(SUCC))
(ZERO)"
[Redex@0]:  \n.\f.\x.(((n)(\g.\h.(h)((g)(f))))(\u.x))(\u.u) --> \f.\x.(f)((f)((f)(x)))
[Result@0]: ((\f.\x.(((\f.\x.(f)((f)((f)(x))))(\g.\h.(h)((g)(f))))(\u.x))(\u.u))(SUCC))(ZERO)
[Redex@1]:  \f.\x.(((\f.\x.(f)((f)((f)(x))))(\g.\h.(h)((g)(f))))(\u.x))(\u.u) --> SUCC
[Result@1]: (\x.(((\f.\x.(f)((f)((f)(x))))(\g.\h.(h)((g)(SUCC))))(\u.x))(\u.u))(ZERO)
[Redex@2]:  \x.(((\f.\x.(f)((f)((f)(x))))(\g.\h.(h)((g)(SUCC))))(\u.x))(\u.u) --> ZERO
[Result@2]: (((\f.\x.(f)((f)((f)(x))))(\g.\h.(h)((g)(SUCC))))(\u.ZERO))(\u.u)
[Redex@3]:  \f.\x.(f)((f)((f)(x))) --> \g.\h.(h)((g)(SUCC))
[Result@3]: ((\x.(\g.\h.(h)((g)(SUCC)))((\g.\h.(h)((g)(SUCC)))((\g.\h.(h)((g)(SUCC)))(x))))(\u.
ZERO))(\u.u)
[Redex@4]:  \x.(\g.\h.(h)((g)(SUCC)))((\g.\h.(h)((g)(SUCC)))((\g.\h.(h)((g)(SUCC)))(x)))
--> \u.ZERO
[Result@4]: ((\g.\h.(h)((g)(SUCC)))((\g.\h.(h)((g)(SUCC)))((\g.\h.(h)((g)(SUCC)))(\u.ZERO))))(\u.u)
[Redex@5]:  \g.\h.(h)((g)(SUCC)) --> \u.ZERO
[Result@5]: ((\g.\h.(h)((g)(SUCC)))((\g.\h.(h)((g)(SUCC)))(\h.(h)((\u.ZERO)(SUCC)))))(\u.u)
[Redex@6]:  \g.\h.(h)((g)(SUCC)) --> \h.(h)((\u.ZERO)(SUCC))
[Result@6]: ((\g.\h.(h)((g)(SUCC)))(\h.(h)((\h.(h)((\u.ZERO)(SUCC)))(SUCC))))(\u.u)
[Redex@7]:  \g.\h.(h)((g)(SUCC)) --> \h.(h)((\h.(h)((\u.ZERO)(SUCC)))(SUCC))
[Result@7]: (\h.(h)((\h.(h)((\h.(h)((\u.ZERO)(SUCC)))(SUCC)))(SUCC)))(\u.u)
[Redex@8]:  \h.(h)((\h.(h)((\h.(h)((\u.ZERO)(SUCC)))(SUCC)))(SUCC)) --> \u.u
[Result@8]: (\u.u)((\h.(h)((\h.(h)((\u.ZERO)(SUCC)))(SUCC)))(SUCC))
[Redex@9]:  \h.(h)((\h.(h)((\u.ZERO)(SUCC)))(SUCC)) --> SUCC
[Result@9]: (\u.u)((SUCC)((\h.(h)((\u.ZERO)(SUCC)))(SUCC)))
[Redex@10]:  \h.(h)((\u.ZERO)(SUCC)) --> SUCC
[Result@10]: (\u.u)((SUCC)((SUCC)((\u.ZERO)(SUCC))))
[Redex@11]:  \u.ZERO --> SUCC
[Result@11]: (\u.u)((SUCC)((SUCC)(ZERO)))
[Redex@12]:  \u.u --> (SUCC)((SUCC)(ZERO))
[Result@12]: (SUCC)((SUCC)(ZERO))
[Normal Form]: (SUCC)((SUCC)(ZERO))
```

8.7.4 选择分支与判断是否为 0

λ 演算中的 True/False 是通过选择实现的。如果为 True，选择某个分支；如果为 False，选择另一个分支。

$$\text{True} = \lambda t.\lambda f.t \qquad \text{False} = \lambda t.\lambda f.f$$

有了 True/False，就可以判断一个丘奇数 n 是否为 0，(IsZero)(n)。如果为 0，化简到 True $= \lambda t.\lambda f.t$，分支选择时选择第一个参数；如果非 0，化简到 False $= \lambda t.\lambda f.f$，分支选择时选择第二个参数。

$$\text{IsZero} = (\lambda m.((m)(\lambda x.\lambda t.\lambda f.f))(\lambda t.\lambda f.t))$$

```
>_                                                        Linux Terminal
> ./lambda "(((\m.((m)(\x.\t.\f.f))(\t.\f.t))(\f.\x.(f)((f)((f)(x)))))(BRANCH1))(BRANCH2)"
[Redex@0]:  \m.((m)(\x.\t.\f.f))(\t.\f.t) --> \f.\x.(f)((f)((f)(x)))
[Result@0]: ((((\f.\x.(f)((f)((f)(x))))(\x.\t.\f.f))(\t.\f.t))(BRANCH1))(BRANCH2)
[Redex@1]:  \f.\x.(f)((f)((f)(x))) --> \x.\t.\f.f
[Result@1]: (((\x.(\x.\t.\f.f)((\x.\t.\f.f)((\x.\t.\f.f)(x))))(\t.\f.t))(BRANCH1))(BRANCH2)
[Redex@2]:  \x.(\x.\t.\f.f)((\x.\t.\f.f)((\x.\t.\f.f)(x))) --> \t.\f.t
[Result@2]: (((\x.\t.\f.f)((\x.\t.\f.f)((\x.\t.\f.f)(\t.\f.t))))(BRANCH1))(BRANCH2)
[Redex@3]:  \x.\t.\f.f --> \t.\f.t
[Result@3]: (((\x.\t.\f.f)((\x.\t.\f.f)(\t.\f.f)))(BRANCH1))(BRANCH2)
[Redex@4]:  \x.\t.\f.f --> \t.\f.f
[Result@4]: (((\x.\t.\f.f)(\t.\f.f))(BRANCH1))(BRANCH2)
[Redex@5]:  \x.\t.\f.f --> \t.\f.f
[Result@5]: ((\t.\f.f)(BRANCH1))(BRANCH2)
[Redex@6]:  \t.\f.f --> BRANCH1
[Result@6]: (\f.f)(BRANCH2)
[Redex@7]:  \f.f --> BRANCH2
[Result@7]: BRANCH2
[Normal Form]: BRANCH2
```

有一点要特别注意，分支 `BRANCH1` 与 `BRANCH2` 如果可以归约，按照 Call By Value 策略，求值器会先归约两个分支。因此，如果分支中含有递归计算，就需要对这两个分支进行惰性求值。

与之相对的是 `C` 语言中的一个例子。`if (condition) Branch1(); else Branch2();`。在 `C` 语言中，只有当 `condition` 确定了 `Branch1()`，这个函数才会被执行。与此同时，函数 `Branch2()` 不会被调用。

8.8 递归函数与不动点组合子

计算机科学家不由感叹：“λ 表达式真的也可以像程序一样计算。不过和图灵机相比，我们比较难以去估测演算的时间、空间复杂度。”

数学家：“是的。但 λ 演算的另一个神奇之处，你尚未领略。”

计算机科学家：“确实。到现在为止，这个表达式求值器就像一个普通的计算器。普通的计算器也可以计算加法、乘法、逻辑运算，但计算机与计算器有一个本质的不同，也是计算能力所在，就是递归。一旦能够进行递归，也就有了循环，计算能力就有了一个飞升了。”

数学家：“不错。但你不要忘了，λ 表达式都是**匿名**的，你无法在定义一个表达式的同时又应用它。这样一来，要怎么递归调用呢？”

计算机科学家："你就别卖关子了，之前你也说过了，有一个叫做**Y 组合子**（**Y** Combinator）的东西。"

数学家尴尬一笑："确实。**Y** 组合子或许是 λ 演算中最著名的结论之一了，一个可以调用自身的函数，一个最为神奇的魔法，即便早已知晓这个表达式，我现在回想起来也感到十分激动。**Y** 组合子是 Haskell B.Curry 发现的，也是他提出了柯里化，`Haskell` 编程语言正是为了纪念他而命名的，他是希尔伯特的博士生。"

数学家继续说："我们不妨研究一个问题，怎么在无类型的 λ 演算中表达公式 $f(n) = n \times f(n-1)$，递归地计算**阶乘**（Factorial）？"

计算机科学家："我有一个灵感。既然 $\omega = (\lambda x.(x)(x))(\lambda x.(x)(x))$ 会陷入无穷循环，那我们是不是可以把这个结构当作'发动机'，在它基础上改造出递归？也就是说，有某种函数 **G**，**G** 以 ω 为核心，$((\mathbf{G})(f))(x)$ 会归约一次会产生更多 f，如 $(f)((f)(x))$，这样一来，就可以实现递归了。这么说来，这是一种'发散'的表达式，它无法'收敛'到 β 范式，反而会产生更多归约式。"

数学家："你的想法很好，比较接近了。在这里，核心思想就是利用 ω 产生更多层嵌套。但它要比你想象的还要精巧一些。Curry 提出了一个被称为**不动点组合子**（Fixed Point Combinator）的概念。"

计算机科学家："不动点？我知道数学上 $f(x) = x$ 这种方程解出来的 x 是函数 f 的不动点。"

数学家："差不多吧。我们考虑函数 **Y**，对它应用任意一个函数 f，都会有 $(\mathbf{Y})(f) \longrightarrow_{\beta} (f)((\mathbf{Y})(f))$，那么 $(\mathbf{Y})(f)$ 对于函数 f 就是一个不动点。如图 8.11 所示。"

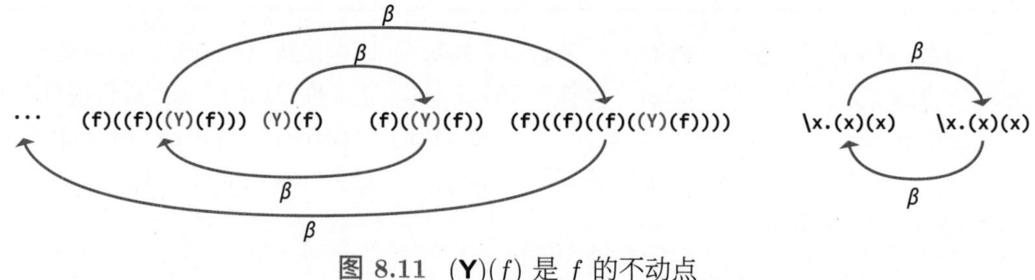

图 8.11 $(\mathbf{Y})(f)$ 是 f 的不动点

计算机科学家："但是 f 在这里是任意一个函数，有可能构造出 **Y** 吗？"

数学家："可以的，就像你刚才说的，利用 ω 组合子就好。其实很简单，给 $(x)(x)$ 外面套一层 f 就行，$(f)((x)(x))$。这样一来，就得到了**Y 组合子**。"

$$\mathbf{Y} = \lambda f.(\lambda x.(f)((x)(x)))(\lambda x.(f)((x)(x)))$$

很容易验证不动点的性质（按照正则序求值）对任意函数 g 都成立：

$$\mathbf{Y}(g) = (\lambda f.(\lambda x.(f)((x)(x)))(\lambda x.(f)((x)(x))))(g) = (\lambda x.(g)((x)(x)))(\lambda x.(g)((x)(x)))$$

$$= (g)((\lambda x.(g)((x)(x)))(\lambda x.(g)((x)(x)))) = (g)(\mathbf{Y}(g))$$

8.8.1 阶乘函数

计算机科学家："这很抽象，但我们先来看看怎么计算阶乘吧。在 C 语言中，阶乘可以这样计算：

```
int fact(int n) {if (n == 0) {return 1;} else {return n * fact(n - 1);}}''
```

数学家："那你的第一步工作就是把这段 C 语言代码改写成 λ 表达式，可以利用我们之前提过的 Mul、Pred、IsZero 三个表达式来实现。"

计算机科学家稍作沉吟："那应该是这样？ $\text{fact} = \lambda N.(((\text{IsZero})(N))(1))(((\text{Mul})(N))((\text{fact})((\text{Pred})(N))))$？哎不对呀，这样 fact 就被递归定义了。"

数学家："没错，如果在 C 语言中，fact 是可以这样定义的。但是在 λ 演算中，每一个函数表达式都是**匿名函数**，是不可以对 fact 命名的。此外，Mul、Pred、IsZero 这三个其实不是名字，而是助记符号，和 fact 是有本质区别的。"

计算机科学家没辙了："那怎么办？"

数学家："函数不能有名字，但是你想想，变量是可以有名字的呀。"

计算机科学家："啊？你的意思是……"

数学家："没错，你把 fact 设成变量，不就可以递归计算了？所以需要一个比 fact 更加'高阶'（High Order）的函数，将 fact 作为变量。"

$$H = \lambda\text{fact}.\lambda N.(((\text{IsZero})(N))(1))(((\text{Mul})(N))((\text{fact})((\text{Pred})(N))))$$

计算机科学家："这么说好像有点道理，但是要怎么递归计算呢？例如，我要计算 $(\text{fact})(4) = 24$，我没办法用 H 这个函数计算 $(H)(4)$ 吧。"

数学家："这就又回到了 **Y** 组合子。你算算看，$((\mathbf{Y})(H))(4)$ 是啥？"

计算机科学家："按照不动点的性质，应该是 $((H)((\mathbf{Y})(H)))(4)$。再归约下去，就是 fact 被替代为 $(\mathbf{Y})(H)$……啊！这样就把 $\lambda n.(((\text{IsZero})(N))(1))(((\text{Mul})(N))(((\mathbf{Y})(H))((\text{Pred})(N))))$ 暴露出来了！再下一步就可以用 3 替代 n，得到 $(((\text{IsZero})(4))(1))(((\text{Mul})(4))(((\mathbf{Y})(H))((\text{Pred})(4))))$。"

$$\begin{aligned}
&(((\text{IsZero})(4))(1))(((\text{Mul})(4))(((\mathbf{Y})(H))((\text{Pred})(4))))\\
=&(((\text{IsZero})(4))(1))(((\text{Mul})(4))(((\mathbf{Y})(H))(3)))\\
=&((\text{Mul})(4))(((\mathbf{Y})(H))(3)) = \cdots
\end{aligned}$$

数学家："对，这样一来，接下来真正要计算的就变成了 $((\mathbf{Y})(H))(3)$，也就实现了一次递归下降。"

8.8.2 Z 组合子

计算机科学家："等等，我感觉有点不对劲。我们好像一直在按照有利于自己的方法选归约式，但实际上 Call By Value 也好，正则序求值也好，归约式的选择是有顺序的。"

数学家："被你发现了。如果用原始的 **Y** 组合子，在 Call By Value 情况下，递归是不会停止的。这是 **Y** 组合子的固有结构导致的。"

计算机科学家："那我们用求值器按照 Call By Value 顺序来看一下归约的过程。为此，需要先写出完整的表达式字符串。"

```
((((\F.(\X.(F)((X)(X)))(\X.(F)((X)(X))))(\fact.\N.(((\m.((m)(\x.\t.\f.f))
(\t.\f.t))(N))(\f.\x.(f)(x)))(((\a.\b.\f.\x.((a)((b)(f)))(x))(N))((fact)
((\n.\f.\x.(((n)(\g.\h.(h)((g)(f))))(\u.x))(\u.u))(N))))))(\f.\x.(f)((f)
((f)((f)(x))))))(SUCC))(ZERO)
```

计算机科学家："运行的结果太长了，我就不写在这里了。如果运行一下程序，就可以看到，在第一次归约后求值器一直在选同一个归约式进行化简，$(\lambda x.(H)((x)(x)))(\lambda x.(H)((x)(x)))$。因为按照 Call By Value 的顺序，任何其他归约式都'位于函数体内'。于是，便陷入无穷循环了。"

$$((((H)((\lambda X.(H)((X)(X)))(\lambda X.(H)((X)(X)))))(4))(\text{SUCC}))(\text{ZERO})$$

数学家："正是如此，这就是 **Y** 组合子在 Call By Value 归约策略中的固有问题。"

计算机科学家："那要怎么解决这个问题呢？"

数学家："这就需要一个特殊的结构，称为**形实转换程序**（Thunk），将形式参数和实体参数进行转换。在 Call By Value 的 λ 演算里，我们可以用 $(\lambda u.e)(v)$ 来表示一个 Thunk，其中表达式 e 中不含约束变量 u。当 Thunk 求值时，我们称这是'**强制执行**（Forcing）。"

计算机科学家："啊？你在说什么？"

数学家："你再仔细看看 $(\lambda u.e)(v)$ 这个表达式。"

计算机科学家："这不就是一个普通的归约式吗？顶多 e 中不含约束变量 u 而已，你对它'强制执行'，既然 e 不含 u，那就是归约到 e 啊。"

数学家："是这样子没错。但是奥秘在于，Call By Value 归约策略选归约式时，由于 e 在函数 $\lambda u.e$ 之内，所以 Call By Value 不会选到 e 中的任何表达式。"

计算机科学家："啊！我懂了！所以如果表达式 e 本身直接求值很危险的话，就用 $\lambda u.e$ 这个函数'包住'它，就可以**延迟**（Delay）e 的化简了。你可以安全地在任何地方使用 $\lambda u.e$，直到想要求值的时候，随便用一个变量 v 对它'强制执行'就好。"

数学家："Bingo! 所以说，Thunk 的具体形式其实是与归约策略有关的。在 Call By Value 下，Thunk 的形式是 $\lambda u.e$。我们可以用 Thunk 来改造 **Y** 组合子，这被称为**Z 组合子**（**Z** Combinator）。"

$$\mathbf{Z} = \lambda f.(\lambda x.(f)(\lambda u.((x)(x))(u)))(\lambda x.(f)(\lambda u.((x)(x))(u)))$$

其中，表达式 $\lambda u.((x)(x))(u)$ 就是为了延迟 $(x)(x)$ 的计算，同时不破坏不动点的性质。

8.8.3 延迟条件判断

计算机科学家："好，有了 **Z** 组合子，我就可以写出阶乘 fact(4) 了。让我来准备一下求值器的输入字符串。"

```
((((\F.(\X.(F)(\U.((X)(X))(U)))(\X.(F)(\U.((X)(X))(U))))(\fact.\N.(((\m.((m)
(\x.\t.\f.f))(\t.\f.t))(N))(\f.\x.(f)(x)))(((\a.\b.\f.\x.((a)((b)(f)))(x))(N))
((fact)((\n.\!\f.\!\x.\!(((n)(\g.\h.(h)((g)(f))))(\u.x))(\u.u))(N))))))(\f.
\x.(f)((f)((f)((f)(x))))))(SUCC))(ZERO)
```

计算机科学家用求值器运行了这个表达式，他惊奇地发现程序依然没有停止："咦？为什么还是无穷循环了？我不信邪，我用 `JavaScript` 和 `Node.js` 的 λ 函数求值看看。`JavaScript` 中，一个函数表达式 $\lambda x.e$ 不写作\ `x.e`，而写成 `x => e`。"

```
>_                                                            Linux Terminal

> node
> var Z = F => (X => (F)(U => ((X)(X))(U)))(X => (F)(U => ((X)(X))(U)))
undefined
> var H = fact => N => (N===0) ? 1 : N * fact(N - 1)
undefined
> ((Z)(H))(4)
24
```

计算机科学家："`JavaScript` 也是按 Call By Value 顺序求值的，为什么它可以得到正确的结果呢？"

数学家："至少你可以看看求值器在哪一步陷入无穷循环了。"

计算机科学家查了一下求值器的结果，发现这回不是 **Z** 组合子出现的问题，而是由于 H 没能停下来。计算机科学家恍然大悟："啊！我明白了，问题在于条件判断。在 `JavaScript` 中，`(N===0)` 会先进行条件判断，然后根据条件的结果选择分支，执行 `1` 或执行 `N * fact(N - 1)`。但是 Call By Value 的 λ 表达式求值则不同，$(((\text{IsZero})(N))(1))(((\text{Mul})(N))((\text{fact})((\text{Pred})(N))))$ 要归约，会先将 $(\text{IsZero})(N)$ 化简到 $\text{True} = \lambda t.\lambda f.t$ 或 $\text{False} = \lambda t.\lambda f.t$。但按照 Call By Value 化简选择分支时，就会出现递归无法停止的问题。"

我们来看递归停止的时候，$N = 0$，$(\text{IsZero})(N)$ 化简到 $\text{True} = \lambda t.\lambda f.t$。这时，表达式为

$$((\lambda t.\lambda f.t)(1))(((\text{Mul})(0))((\text{fact})((\text{Pred})(0))))$$

$$= (\lambda f.1)(((\text{Mul})(0))((\text{fact})((\text{Pred})(0))))$$

函数表达式 $\lambda f.1$ 类似于一个 Thunk，其实不论对它应用什么值，都会化简到 1。但问题是，按照 Call By Value 的顺序，首先会对函数参数 $((\text{Mul})(0))((\text{fact})((\text{Pred})(0)))$ 进行归约，这就会进入下一步递归，导致表达式无法停止。

数学家："这里是一般编程语言改进的地方。但最原始的 Call By Value 无类型 λ 演算并没有这个优化。想要解决让递归停止下来，只能延迟 $(((\text{IsZero})(N))(\text{Branch1}))(\text{Branch2})$ 中两个分支的求值时间。"

计算机科学家："所以又要使用 Thunk 了是吗？"

数学家："不错。这其实很简单。始终记得 Branch1 和 Branch2 应该是要化简到一个值的，其实是一个 β 范式。它们两个'地位均等'，所以我们给它们相同层次的 Thunk：$(((\text{IsZero})(N))(\lambda u.\text{Branch1}))(\lambda v.\text{Branch2})$。当 $(\text{IsZero})(N)$ 化简后，我们得到的是对两个函数表达式的选择分支。按照 Call By Value 的顺序，不会对 Branch1 和 Branch2 求值。"

$$((\lambda t.\lambda f.t)(\lambda u.\text{Branch1}))(\lambda v.\text{Branch2}) = (\lambda f.\lambda u.\text{Branch1})(\lambda v.\text{Branch2}) = \lambda u.\text{Branch1}$$

$$((\lambda t.\lambda f.f)(\lambda u.\text{Branch1}))(\lambda v.\text{Branch2}) = (\lambda f.f)(\lambda v.\text{Branch2}) = \lambda v.\text{Branch2}$$

计算机科学家：“明白了，所以只要把分支的求值时间延迟到 (IsZero)(N) 进行选择之后就行了。那我可以先写出求阶乘的整个表达式，然后再写出表达式字符串。”

$$((\mathbf{Z})(\lambda \text{fact}.\lambda N.((((\text{IsZero})(N))(\lambda u.1))(\lambda v.((\text{Mul})(N))((\text{fact})((\text{Pred})(N)))))(\text{Thunk})))(4)$$

```
>_                                                              Linux Terminal
> ./lambda "((((\F.(\X.(F)(\U.((X)(X))(U)))(\X.(F)(\U.((X)(X))(U))))(\fact.\N.((((\m.((m)
(\x.\t.\f.f))(\t.\f.t))(N))(\U.\f.\x.(f)(x)))(\V.((\a.\b.\f.\x.((a)((b)(f)))(x))(N))((fact)
((\n.\f.\x.(((n)(\g.\h.(h)((g)(f))))(\u.x))(\u.u))(N)))))(Thunk)))
((\f.\x.(f)((f)((f)((f)(x))))))(SUCC))(ZERO)"
...
[Normal Form]: (SUCC)((SUCC)((SUCC)((SUCC)((SUCC)((SUCC)((SUCC)((SUCC)((SUCC)((SUCC)((SUCC)((SUCC)
((SUCC)((SUCC)
((SUCC)((SUCC)((SUCC)((SUCC)((SUCC)((SUCC)((SUCC)((SUCC)((SUCC)((SUCC)(ZERO)))))))))))))))))))))))
```

计算机科学家：“终于成功了，计算了 1393 步，最后得到 24。”

数学家：“祝贺你，这至少验证了你的求值器基本正确。整个 λ 演算的基础就到此为止，更加有威力的求值器可以添加 `let` 等关键字，用来助记。也可以添加基本的整数类型，变成有类型的 λ 演算。或者添加其他归约策略。现在的这个简单的 λ 演算是一个起点，从它出发，我们会见到和图灵机等价的辉煌瑰丽景象。”

数学家最后感慨：“计算机科学家呀，这是一种不可估量的丰盈的智慧沧海，我们又何其幸运，能在其中锤炼自己的理性，孕育自己的思想。当我们熟悉了图灵机与 λ 演算，可以说我们就开始了解计算的‘本相’了，图灵机也好，λ 演算也好，哥德尔的递归函数论也好，其实都是‘计算’的一种殊相、姿态、形容或是实例。而抵达这一理性之旅的终点时，我们或许能够猛然瞥见一种无比高妙的‘计算的本相’。理性的道路是这样的，我们首先认识物体的数量，然后一步一步不断地上升，就好像攀登阶梯一样，先抽象到自然数，再扩张数域，构建代数结构。等我们回过头时，才发现算术原理，从它出发发展出形形色色的计算机。通过研究各种各样的计算机模型，最后达到关于‘计算’本身的研究，得以瞥见‘计算’其本身的美，而认识到‘计算’的本质与它的局限。”

数学家：“祝愿你关于‘计算’的研究永不停息，一直保持对‘计算机’的热爱。”

8.9 阅读材料

这是我们的最后一段旅途了。我们用 C 语言实现了一个简单的 Call By Value 策略的 λ 表达式求值器，其实也无形中部分证明了图灵机与 λ 演算的等价性：可以从图灵机推导到 λ 演算。如果我们用 λ 表达式写出图灵机模拟器，也就证明了可以从 λ 演算推导到图灵机。两相结合，就可以证明计算模型的等价性。

本章参考书目如下。

在函数式编程方面，MIT 的《计算机程序的构造与解释》[3]（*SICP*）依然是最棒的教科书，不论是原版的 Scheme 版本还是现在常用的 JS 版本都值得一读。读者可以阅读 *SICP* 关于应用序、正则序的章节，重点阅读《元语言抽象》一章，理解其中应用与求值、惰性求值和 Thunk

的构造。不过 *SICP* 并没有讲太多关于 λ 演算与组合子的知识。如果读者读的是 Scheme 版本的 *SICP*，可以后续阅读《*The Little Schemer*：递归与函数式的奥妙》[4]，其中介绍了怎样推导 **Y** 组合子。除此以外，还有一本《计算的本质：深入剖析程序和计算机》[16] 也很值得推荐，它使用的是 Ruby 编程语言，介绍了 λ 演算、图灵机、**SKI** 组合子等。

附录 A　常用的 C 语言标准库函数

字符串转整数类函数

```
#include <stdlib.h>

long strtol(const char *restrict nptr, char **restrict endptr, int base);
unsigned long strtoul(
    const char *restrict nptr, char **restrict endptr, int base);
unsigned long long strtoull(
    const char *restrict nptr, char **restrict endptr, int base);

int atoi(const char *nptr);
```

strtol() 函数将字符串 nptr 转换为对应的整数，按照 base 进制转换。base 需在 2～36 之间，例如 base = 2 按照二进制转换字符串，base = 16 按照十六进制转换。如果 base = 0，按照十进制转换；但如果 nptr 以"0x" 或"0X" 开头，则按照十六进制转换。总之，base = 0 时会尽可能识别字符串的模式，无法识别就默认按照十进制进行转换。

strtol()“尽最大努力”转换 nptr，并且将 *endptr 指针设置为第一个非法字符的地址。如"123xyz"，“尽最大努力”转换为 123，第一个非法字符是'x'，*endptr 指向'x' 的地址。如果提供 endptr 为 NULL，则不记录第一个非法字符了。

strtoul() 和 strtoull() 函数的原理和 strtol() 函数一样，只不过转换为无符号数，或者转换为 32 位或 64 位。

相比 strtol() 系列函数，atoi() 函数行为更简单一些，就是将 nptr 按照十进制转换为 32 位有符号整数。atoi(nptr) 等价于 strtol(nptr, NULL, 10)，但 atoi() 不会提示字符串中的错误。通常更建议使用 strtol() 函数。

strtol() 系列函数的使用见第 1 章代码 1.2、第 3 章代码 3.5 及第 4 章代码 4.10。

打印、输入字符串类函数

```
#include <stdio.h>

int printf(const char *restrict format, ...);
int sprintf(char *restrict str,const char *restrict format, ...);
int fprintf(FILE *restrict stream, const char *restrict format, ...);

int sscanf(const char *restrict str, const char *restrict format, ...);

char *fgets(char *restrict s, int n, FILE *restrict stream);
```

printf()、fprintf() 和 sprintf() 都是格式化输出字符串的函数，它们的差别是：printf() 函数直接将字符串打印到标准输出流 stdout，fprintf() 函数打印到文件流 stream，sprintf() 打印到用户程序自定义的字符串缓冲区 str。

这些函数所打印的格式化字符串都受 format 控制，随后“...”表示可变参数。格式化字符串 format 以% 为转义符，常见的有："%d" 打印一个 32 位有符号整数；"%u" 打印 32 位无符号整数；"%x" 打印 32 位十六进制数；"%s" 打印字符串；"%c" 打印字符；"%p" 按照十六进制打印指针。

sscanf() 函数正好与 sprintf() 相反，sscanf() 从字符串 str 中按照 format 格式提取到参数。见第 7 章代码7.14。

fgets() 函数从文件流 stream 中获得一个字符串。这里其实涉及文件系统的一些知识，本书没有介绍过。简单来说，进程可以通过文件系统打开硬盘上的文件，而每一个文件会为进程维护一个**当前位置**（Current Location）。fgets() 函数就从“当前位置”开始，向后读 n 个字符的数据，将数据保存到用户自定义的缓冲区 s 中。

fgets() 读取字符时有三个停止条件：（1）读满 $n-1$ 个字符（要预留最后一个空字符）；（2）遇到换行符（<newline>）；（3）遇到**文件终结符**（End-Of-File）。因此，通常用 fgets() 读取文件中的一行。

如果读取 $n-1$ 个字符成功或读完一行，fgets() 返回 s 指针。如果遇到 EOF，返回 NULL。

fgets() 的使用见第 4 章代码 4.10 及第 7 章代码 7.14。

文件操作类函数

```
#include <stdio.h>

FILE *fopen(const char *restrict pathname, const char *restrict mode);
int fclose(FILE *stream);
```

fopen() 函数按照 pathname 提供的文件系统路径名以 mode 模式打开一个文件，返回它的文件指针。文件系统负责根据字符串 pathname 查找文件的 inode，inode 是文件系统用来描述硬盘中文件数据位置的数据结构。根据文件索引得到 inode 后，按照 mode 模式打开文件。

（1）"r" 表示以只读模式打开文本文件，"rb" 表示以只读模式打开二进制文件，文件流位置位于文件数据的开头。底层通过 open() 系统调用，设置 O_RDONLY 标志位。

（2）"r+" 表示以读写模式打开文本文件，"rb+" 表示以读写模式打开二进制文件，文件流位置位于文件数据的开头。底层通过 open() 系统调用，设置 O_RDONLY | O_RDWR 标志位。

（3）"w" 表示以只写模式打开文本文件，"wb" 表示以只写模式打开二进制文件，如果文件不存在则为之创建，文件存在则清空所有数据，从头开始写入。底层通过 open() 系统调用，设置 O_WRONLY | O_CREAT | O_TRUNC 标志位。

（4）其他模式还有"w+"、"wb+"、"a"、"ab"、"a+"、"ab+"。

fclose() 函数关闭已经通过 fopen() 打开的文件流。

字符串操作类函数

```
#include <string.h>

int strcmp(const char *s1, const char *s2);
int strncmp(const char s1[.n], const char s2[.n], size_t n);
char *strcpy(char *restrict dst, const char *restrict src);
char *strncpy(char *restrict dst, const char *restrict src, size_t n);
size_t strlen(const char *s);
```

strcmp() 和 strncmp() 两个函数比较字符串 s1 与 s2 的内容，不过 strncmp() 比较的是两个字符串的最多前 n 个字符。按照 s1 与 s2 的 ASCII 码进行字典序比较，如果两个字符串相同，返回 0。如果 s1 字典序大于 s2，返回正数。如果 s1 小于 s2，返回负数。

strcpy() 和 strncpy() 两个函数将源字符串 src 复制到目标字符串 dst，strncpy() 复制不超过 n 个字符。

strlen() 函数返回字符串 s 的长度，从 s 指针开始直到第一次遇到'\0' 为止，其中所有非空字符的数量。

动态内存类函数

```
#include <stdlib.h>

void *malloc(size_t size);
void *calloc(size_t nmemb, size_t size);
void free(void *ptr);
```

malloc() 函数向动态内存/堆申请 size 大小的空闲内存，但这块内存的数据是未初始化的，可能为随机值。应用程序申请内存时，不应该使用动态内存的未初始化值。

calloc() 函数解决初始化问题。calloc() 申请连续 nmemb 份大小为 size 的动态内存，并且将它们初始化为 0。相当于 malloc(nmemb * size)，并且 memset(ptr, 0, nmemb * size)。

分配较小的动态内存时，malloc() 与 calloc() 通过 sbrk() 系统调用调整虚拟内存中的 brk 指针，从而扩张堆的范围。如果分配内存较大（超过 MMAP_THRESHOD，通常为 120KB），则通过 mmap() 系统调用分配。

在多线程的情况下，malloc() 会使用**互斥锁**（Mutex）限制多线程的并发访问，以保护内部数据结构。

free() 函数释放已申请的动态内存，将内存块重新标记为空闲，等待后续 malloc/calloc 申请使用。

```
#include <string.h>

void *memset(void *s, int c, size_t n);
```

memset() 函数设置内存值，从 s 地址开始，将前 n 个字节设置为给定的常数 c。

非本地跳转函数

```
#include <setjmp.h>

void longjmp(jmp_buf env, int val);
int setjmp(jmp_buf env);
```

setjmp() 函数保存用户态的上下文，包括栈指针、程序计数器、其他寄存器等数据，将这些上下文数据保存在 env 中，以供后来 longjmp() 使用。

longjmp() 函数使用 setjmp() 所保存的 env 上下文，穿越调用栈中的所有函数帧，直接回到 setjmp() 所设置的跳转点。

setjmp() 与 longjmp() 组合使用，可以实现其他编程语言中的 try ... catch 错误处理功能。在第 5 章和第 6 章中，我们提过可以用这两个函数模拟 CPU 的中断。

进程管理类函数

```
#include <unistd.h>

pid_t fork(void);
int execve(const char *pathname, char *const _Nullable argv[],
    char *const _Nullable envp[]);
```

fork() 函数通过复制当前进程的数据结构从而创建新进程，在 fork() 刚完成时，父进程和子进程有相同的内存数据。复制成功，通过修改返回值寄存器，在父进程中返回子进程的 PID，在子进程中返回 0。

execve() 函数通过文件系统找到文件路径 pathname 所对应的可执行文件，将当前进程的代码段、数据段等全部换成可执行文件中的数据，并且初始化新的栈、堆内存，从而实现程序的加载。如果程序加载成功，execve() 不会返回到旧程序，毕竟旧的代码段已经全部换成新的代码段了。

argv 是新程序启动时的命令行参数。envp 是新程序的环境参数。

```
#include <sys/wait.h>

pid_t waitpid(pid_t pid, int *_Nullable wstatus, int options);
```

waitpid() 函数等待子进程发生状态变化，并且收集子进程的状态变化信息。状态变化包括：(1) 子进程结束 (SIGCHLD)；(2) 子进程被信号停止 (SIGSTOP)；(3) 子进程被信号恢复执行 (SIGCONT)。

pid 如果为 −1，表示当前进程等待任意一个子进程发生上述状态变化。大于 0 表示等待该 PID 的子进程发生状态变化。除此之外，进程 PID 可以分组 (Group)，pid 为负数、为 0 都表示等待某个组内的子进程发生状态变化，具体请见 waitpid 的说明手册。

options 是标志位，用来指示当前进程在收到子进程状态变化后的行为。

(1) 设置 WNOHANG，如果没有子进程结束（即只是停止执行与恢复执行），waitpid() 函数立刻返回到当前进程。

（2）设置 WCONTINUED，如果有一个处于停止执行状态的子进程因为收到 SIGCONT 信号而恢复执行，waitpid() 函数立刻返回到当前进程。

而子进程发生状态变化的具体原因会通过 wstatus 通告。Linux 将子进程的状态变化信息编码在 wstatus 中，又提供了一系列宏函数，用于解码 wstatus。

（1）WIFEXITED(wstatus) == 1 表示子进程正常结束，也就是通过 exit() 系统调用或从 main() 函数返回而结束。这时，可以通过 WEXITSTATUS(wstatus) 拿到子进程结束时的具体信息。

（2）WIFSIGNALED(wstatus) == 1 表示子进程因为收到信号而结束执行，可能是用户通过按 Ctrl + C 快捷键发送 SIGINT 强制打断子进程。这时，可以通过 WTERMSIG(wstatus) 拿到导致子进程结束的信号编号。

（3）WIFSTOPPED(wstatus) == 1 表示子进程因为收到信号而暂停执行，可能是用户通过按 Ctrl + Z 快捷键发送 SIGSTOP 强制暂停子进程。这时，可以通过 WSTOPSIG(wstatus) 拿到导致子进程结束的信号编号。

（4）WIFCONTINUED(wstatus) == 1 表示子进程因为收到 SIGCONT 信号而恢复执行。

附录 B　RISC-V 指令释义

R 类型指令

`add rd, rs1, rs2`：加法（Add），指令将源寄存器 `rs1` 与 `rs2` 中的数据相加，结果写入目标寄存器 `rd`。

`sub rd, rs1, rs2`：减法（Subtract），指令将源寄存器 `rs1` 与 `rs2` 中的数据相减，结果写入目标寄存器 `rd`。

`and rd, rs1, rs2`：逻辑与运算（And），指令对源寄存器 `rs1` 与 `rs2` 中的数据按位进行与运算，结果写入目标寄存器 `rd`。

`or rd, rs1, rs2`：逻辑或运算（Or），指令对源寄存器 `rs1` 与 `rs2` 中的数据按位进行或运算，结果写入目标寄存器 `rd`。

`xor rd, rs1, rs2`：逻辑异或运算（Exclusive Or），指令对源寄存器 `rs1` 与 `rs2` 中的数据按位进行异或运算，结果写入目标寄存器 `rd`。

`sll rd, rs1, rs2`：逻辑左移（Shift Left Logical），指令将源寄存器 `rs1` 中的数据逻辑左移 `rs2` 位，右侧填充为 `0`，结果写入目标寄存器 `rd`。其中 `rs2` 中的数据只考虑最低 5 位，因为 $2^5 = 32$，最低 5 位当作无符号数处理。

`srl rd, rs1, rs2`：逻辑右移（Shift Right Logical），指令将源寄存器 `rs1` 中的数据逻辑右移 `rs2` 位（最低 5 位无符号数），左侧填充为 `0`，结果写入目标寄存器 `rd`。

`sra rd, rs1, rs2`：算术左移（Shift Right Arithmetic），指令将源寄存器 `rs1` 中的数据算术左移 `rs2` 位（最低 5 位无符号数），右侧按照 `rs1` 的符号位填充（即保留符号位），结果写入目标寄存器 `rd`。

`slt rd, rs1, rs2`：小于时设置（Set Less Than），指令比较源寄存器 `rs1` 与 `rs2` 中的有符号数，如果 `rs1 < rs2`，将 `rd` 设置为 `1`。否则（`rs1 >= rs2`），将 `rd` 设置为 `0`。

`sltu rd, rs1, rs2`：无符号数小于时设置（Set Less Than Unsigned），指令比较源寄存器 `rs1` 与 `rs2` 中的无符号数，如果 `rs1 < rs2`，将 `rd` 设置为 `1`。否则（`rs1 >= rs2`），将 `rd` 设置为 `0`。

I 类型指令

`lb rd, offset(rs1)`：加载字节（Load Byte），指令将 12 位立即数 `offset` 按符号位扩展到 32 位，然后计算内存有效地址 `rs1 + offset`，从该地址加载一个字节的数据到目标寄存器

rd，按符号位扩展。例如，内存上的字节是 0xfa，则 rd 保存 0xfffffffa。

lh rd, offset(rs1)：加载半字（Load Halfword），指令将 12 位立即数 offset 按符号位扩展到 32 位，然后计算内存有效地址 rs1 + offset，从该地址加载两个字节的数据到目标寄存器 rd，按符号位扩展。

lw rd, offset(rs1)：加载字（Load Word），指令将 12 位立即数 offset 按符号位扩展到 32 位，然后计算内存有效地址 rs1 + offset，从该地址加载 4 字节的数据到目标寄存器 rd，按符号位扩展。

lbu rd, offset(rs1)：无符号加载字节（Load Byte Unsigned），指令将 12 位立即数 offset 按符号位扩展到 32 位，然后计算内存有效地址 rs1 + offset，从该地址加载 1 字节的数据到目标寄存器 rd，按 0 扩展。例如内存上的字节是 0xfa，则 rd 保存 0x000000fa。

lhu rd, offset(rs1)：无符号加载半字（Load Halfword Unsigned），指令将 12 位立即数 offset 按符号位扩展到 32 位，然后计算内存有效地址 rs1 + offset，从该地址加载 2 字节的数据到目标寄存器 rd，按 0 扩展。

addi rd, rs1, imm：立即数加法（Add Immediate），指令对立即数 imm 按符号位扩展到 32 位，然后与源寄存器 rs1 中的数据相加，结果写入目标寄存器 rd。

andi rd, rs1, imm：立即数按位与运算（And Immediate），指令对立即数 imm 按符号位扩展到 32 位，然后与源寄存器 rs1 中的数据按位逻辑与运算，结果写入目标寄存器 rd。

ori rd, rs1, imm：立即数按位或运算（Or Immediate），指令对立即数 imm 按符号位扩展到 32 位，然后与源寄存器 rs1 中的数据按位逻辑或运算，结果写入目标寄存器 rd。

xori rd, rs1, imm：立即数按位异或运算（Exclusive Or Immediate），指令对立即数 imm 按符号位扩展到 32 位，然后与源寄存器 rs1 中的数据按位逻辑异或运算，结果写入目标寄存器 rd。

slli rd, rs1, imm：立即数逻辑左移（Shift Left Logical Immediate），12 位立即数 imm 取值应为 0~31，源寄存器 rs1 中的数据逻辑左移 imm 位，右侧填充为 0，结果写入目标寄存器 rd。

srli rd, rs1, imm：立即数逻辑右移（Shift Right Logical Immediate），12 位立即数 imm 取值应为 0~31，源寄存器 rs1 中的数据逻辑右移 imm 位，左侧填充为 0，结果写入目标寄存器 rd。

srai rd, rs1, imm：立即数逻辑右移（Shift Right Arithmetic Immediate），12 位立即数 imm 取值应为 0~31，源寄存器 rs1 中的数据算术右移 imm 位，左侧按符号位填充，结果写入目标寄存器 rd。

slti rd, rs1, imm：立即数小于时设置（Set Less Than Immediate），12 位立即数 imm 按符号位扩充到 32 位，比较源寄存器 rs1 与 imm，如果 rs1 < imm，将 rd 设置为 1。否则（rs1 >= imm），将 rd 设置为 0。

sltiu rd, rs1, imm：无符号立即数小于时设置（Set Less Than Immediate Unsigned），12 位立即数 imm 按符号位扩充到 32 位，但是被当作无符号数进行比较。也就是说，imm = 0xfff 时会被扩充为 0xffffffff，然后被当作 $2^{32}-1$ 进行比较。如果 rs1 < imm，将 rd 设置为 1。否则（rs1 >= imm），将 rd 设置为 0。

jalr rd, offset(rs1)：跳转并链接寄存器（Jump and Link Register），指令将 12 位立即

数 offset 扩充到 32 位，然后计算内存有效地址 rs1 + offset。将返回地址（当前 jalr 指令的下一条指令，pc + 4）保存到目标寄存器 rd，同时跳转到目标地址 rs1 + offset。目标地址 rs1 + offset 向两字节对齐，也即最低位清零。

S 类型指令

sb rs2, offset(rs1)：储存字节（Store Byte），指令将 12 位立即数 offset 按符号位扩展到 32 位，然后计算内存有效地址 rs1 + offset，将源寄存器 rs2 中数据的最低字节保存到地址 rs1 + offset。

sh rs2, offset(rs1)：储存半字（Store Halfword），指令将 12 位立即数 offset 按符号位扩展到 32 位，然后计算内存有效地址 rs1 + offset，将源寄存器 rs2 中数据的最低 2 字节保存到地址 rs1 + offset。

sw rs2, offset(rs1)：储存字（Store Word），指令将 12 位立即数 offset 按符号位扩展到 32 位，然后计算内存有效地址 rs1 + offset，将源寄存器 rs2 中数据的最低 4 字节保存到地址 rs1 + offset。

B 类型指令

beq rs1, rs2, offset：相等条件分支（Branch If Equal），指令比较两个寄存器 rs1 与 rs2，如果两个源寄存器中的数据相同，则进行 PC 相对寻址，跳转到 pc + offset。正数向前跳转，负数向后跳转，offset 必须按 4 对齐。否则，执行下一条指令（NPC）。

bne rs1, rs2, offset：不等条件分支（Branch If Not Equal），指令比较两个寄存器 rs1 与 rs2，如果两个源寄存器中的数据不同，则跳转到 pc + offset。否则，执行下一条指令（NPC）。

blt rs1, rs2, offset：有符号数小于条件分支（Branch If Less Than），指令比较两个寄存器 rs1 与 rs2，如果有符号数比较 rs1 < rs2，则跳转到 pc + offset。否则，执行下一条指令（NPC）。

bge rs1, rs2, offset：有符号数大于等于条件分支（Branch If Greater than or Equal），指令比较两个寄存器 rs1 与 rs2，如果有符号数比较 rs1 >= rs2，则跳转到 pc + offset。否则，执行下一条指令（NPC）。

bltu rs1, rs2, offset：无符号数小于条件分支（Branch If Less Than Unsigned），指令比较两个寄存器 rs1 与 rs2，如果无符号数比较 rs1 < rs2，则跳转到 pc + offset。否则，执行下一条指令（NPC）。

bgeu rs1, rs2, offset：无符号数大于等于条件分支（Branch If Greater than or Equal），指令比较两个寄存器 rs1 与 rs2，如果无符号数比较 rs1 >= rs2，则跳转到 pc + offset。否则，执行下一条指令（NPC）。

U 类型指令

lui rd, imm：加载高位立即数（Load Upper Immediate），指令将立即数 imm 高 20 位写入目标寄存器 rd，并且将低 12 位清零。该指令通常与 addi 指令一起使用，用来设置 rd 为任意 32 位立即数。

`auipc rd, imm`：PC 加高位立即数（Add Upper Immediate to PC），指令计算一个 offset，其中高 20 位来自立即数 `imm`，低 12 位清零。将 `offset` 与 `pc` 相加，得到 `pc + offset`，写入目标寄存器 `rd`。

J 类型指令

`jal rd, offset`：跳转并链接（Jump and Link），指令进行 PC 相对寻址——计算 `pc + offset`，同时将下一条指令的地址 `pc + 4` 保存到目标寄存器 `rd`，然后跳转到 `pc + offset`。其中，`offset` 是按 2 对齐的，因为可能存在 `2`、`6` 长度的指令，这是为了向这些可能的指令兼容。

参考书目

[1] Nigel Cutland. *Computability: An introduction to recursive function theory*. Cambridge university press, 1980.

[2] Brian W Kernighan and Dennis M Ritchie. *The C programming language*. Pearson Education, 1988.

[3] Harold Abelson and Gerald Jay Sussman. *Structure and interpretation of computer programs*. The MIT Press, 1996.

[4] Daniel P. Friedman and Matthias Felleisen. *The little schemer (4. ed.)*. The MIT Press, 1996.

[5] Donald E. Knuth. *The art of computer programming, Volume 3: Sorting and searching.-2nd*. 1997.

[6] Andrew S. Tanenbaum. *Modern operating systems*. China-Pub-Com, 2002.

[7] Sun Microsystems Oracle. *Linker and libraries guide*. 2004.

[8] Daniel P. Bovet and Marco Cesati. *Understanding the linux kernel: From I/O ports to process management*. O' Reilly Media, Inc., 2005.

[9] John F. Wakerly. *Digital Design: principles and practices, 4/E*. Pearson Education India, 2008.

[10] Thomas H. Cormen. *Introduction to algorithms*. MIT press, 2009.

[11] Bruce Jacob, David Wang, and Spencer Ng. *Memory systems: Cache, DRAM, disk*. Morgan Kaufmann, 2010.

[12] Wolfgang Mauerer. *Professional linux kernel architecture*. John Wiley & Sons, 2010.

[13] John L. Hennessy and David A. Patterson. *Computer architecture: A quantitative approach*. Elsevier, 2011.

[14] Robert Sedgewick and Kevin Wayne. *Algorithms*. Addison-wesley professional, 2011.

[15] Randal E. Bryant and David R. O' Hallaron *Computer systems: A programmer' s perspective*. Pearson Education, 2016.

[16] Nicole Fruehauf. *Understanding computation from simple machines to impossible programs*. O' Reilly Media, 2016.

[17] John L Hennessy and David A. Patterson. *Computer organization and design risc-v edition: The hardware software interface*. 2017.

[18] Remzi H Arpaci-Dusseau and Andrea C. Arpaci-Dusseau. *Operating systems: Three easy pieces*. Arpaci-Dusseau Books LLC, 2018.